高等教育工程造价专业“十三五”规划系列教材

BIM与建模

BIM YU JIANMO

主　编⊙金永超　张宇帆

副主编⊙王　瑞　容绍波

参　编⊙周晓东　郑则直　杨志成　刘　杨

王永刚　金志辉　黄杨彬　王　韡

西南交通大学出版社

·成 都·

图书在版编目（C I P）数据

BIM 与建模 / 金永超，张宇帆主编. —成都：西南交通大学出版社，2016.5（2019.8 重印）
高等教育工程造价专业“十三五”规划系列教材
ISBN 978-7-5643-4637-9

Ⅰ. ①B… Ⅱ. ①金… ②张… Ⅲ. ①建筑设计 - 计算机辅助设计 - 应用软件 - 高等学校 - 教材 Ⅳ. ①TU201.4

中国版本图书馆 CIP 数据核字（2016）第 067352 号

高等教育工程造价专业“十三五”规划系列教材
BIM 与建模
主编　金永超　张宇帆

责任编辑	张　波
封面设计	墨创文化
出版发行	西南交通大学出版社（四川省成都市二环路北一段 111 号 西南交通大学创新大厦 21 楼）
发行部电话	028-87600564　028-87600533
邮政编码	610031
网址	http://www.xnjdcbs.com
印刷	成都中永印务有限责任公司
成品尺寸	185 mm × 260 mm
印张	17.25
字数	428 千
版次	2016 年 5 月第 1 版
印次	2019 年 8 月第 3 次
书号	ISBN 978-7-5643-4637-9
定价	44.00 元

课件咨询电话：028-87600533
图书如有印装质量问题　本社负责退换

高等教育工程造价专业“十三五”规划系列教材
建设委员会

本教材编委会

序

21 世纪，中国高等教育发生了翻天覆地的变化，从相对数量上看中国已成为全球第一高等教育大国。

自 20 世纪 90 年代中国高校开始出现工程造价专科教育起，到 1998 年在工程管理本科专业中设置工程造价专业方向，再到 2003 年工程造价专业成为独立办学的本科专业，如今工程造价专业已走过了 25 个年头。

据天津理工大学公共项目与工程造价研究所的最新统计，截至 2014 年 7 月，全国约 140 所本科院校、600 所专科院校开办了工程造价专业。2014 年工程造价专业招生人数为本科生 11 693 人，专科生 66 750 人。

如此庞大的学生群体，导致工程造价专业师资严重不足，工程造价专业系列教材更显匮乏。由于工程造价专业发展迅猛，出版一套既能满足工程造价专业教学需要，又能满足本、专科各个院校不同需求的工程造价系列教材已迫在眉睫。

2014 年，由云南大学发起，联合云南省 20 余所高等学校成立了“云南省大学生工程造价与工程管理专业技能竞赛委员会”，在共同举办的活动中，大家感到了交流的必要和联合的力量。

感谢西南交通大学出版社的远见卓识，愿意为推动工程造价专业的教材建设搭建平台。2014 年下半年，经过出版社几位策划编辑与各院校反复地磋商交流，成立工程造价专业系列教材建设委员会的时机已经成熟。2015 年 1 月 10 日，在昆明理工大学新迎校区专家楼召开了第一次云南省工程造价专业系列教材建设委员会会议，紧接着召开了主参编会议，落实了系列教材的主参编人员，并在 2015 年 3 月，出版社与系列教材各主编签订了出版合同。

我以为，这是一件大事也是一件好事。工程造价专业缺教材、缺合格师资是我们面临的急需解决的问题。组织教师编写教材，一是可以解教材匮乏之急，二是通过编写教材可以培养教师或者实现其他专业教师的转型发展。教师是一个特殊的职业—— 是一个需要不断学习更新自我的职业，教师也是特别能接受新知识并传授新知识的一个特殊群体，只要任务明确，有社会需要，教师自会完成自身的转型发展。因此教材建设一举两得。

我希望：系列教材的各位主参编老师与出版社齐心协力，在一两年内完成这一套工程造价专业系列教材编撰和出版工作，为工程造价教育事业添砖加瓦。我也希望：各位主参编老师本着对学生负责、对事业负责的精神，对教材的编写精益求精，努力将每一本教材都打造成精品，为培养工程造价专业合格人才贡献力量。

中国建设工程造价管理协会专家委员会委员
云南省工程造价专业系列教材建设委员会主任 张建平
2015 年 6 月

前　言

建筑业信息化是建筑业发展的一大趋势，建筑信息模型（BIM—Building Information Modeling）作为其中的新兴理念和技术支撑，正引领建筑业产生着革命性的变化。时至今日，BIM 已经成为工程建设行业的一个热词，BIM 应用落地成为当前业界讨论的主要话题。任何事物的推行，都需要有个过程，BIM 也概莫能外。这个过程当中，人才是一个重要因素，学校是培养人的重要基地，教材建设是前置条件。针对教学的迫切需求，我们组织了省内外专家学者，共同编写了本套教材。

高校引入 BIM 教学是时代赋予的使命，在本专科学生中开展 BIM 技术教育是现阶段行业生产发展对人才的要求。教材主要介绍 BIM 思维和学用主流 BIM 软件创建土建模型的方法和技巧。全书共分 7 章，从 BIM 概述和 BIM 应用前景开始，介绍了 BIM 建模软件，包括 Revit 软件、广联达软件、鲁班软件等的建模方法和技巧，并输出工程成果文件。特别把族单立一章，以体现族在 BIM 软件应用中的重要地位。全书由云南农业大学金永超统稿，参加编写的有昆明理工大学津桥学院张宇帆，云南农业大学王瑞，昆明融众建筑工程技术咨询有限公司容绍波、周晓东、郑则直，深圳斯维尔科技股份有限公司杨志成，云南大学刘杨，上海鲁班软件有限公司王永刚，云南经济管理学院金志辉，云南工商学院黄杨彬、王韡。云南农业大学 BIM 协会的同学参与了模型验证和部分图文的编辑加工。金永超、张宇帆担任主编，王瑞、容绍波担任副主编。本书可以作为高等院校工程造价、工程管理、土木工程等专业的教材，也可以作为工程技术人员的岗位培训教材和参考书。

本教材是高等院校工程造价专业系列教材建设规划教材，最初定位为工程造价专业服务，为识图和算量服务。考虑到目前高校几乎没有 BIM 教材的窘境，因此本教材也为开展 BIM 课程院校的其他土木建筑类专业服务，最终定位为土木建筑类专业 BIM 通识教材，另配套《BIM 应用课程设计指南》专为造价专业服务。因此，本教材除了考虑造价专业的知识技能需要外，也兼顾了其他木建筑类专业对 BIM 知识技能的需要。同时，结合目前各高校教学条件、师资、学生、课时等不同需求，对教材内容做了适应性安排以利于开展教学。为保证本教材编写不脱离行业的发展与现实需要，还聘请了专业顾问团队把关，力求做到简明、务实、求真。

建议安排 2 学分计 32 学时或 3 学分 48 学时，各学校根据实际情况选取内容（Revit 软件选用 2014 版，为必修内容，标题带星号*部分为选修内容）开展教学活动。

最后需要强调：BIM，是技术工具，是管理方法，更是思维模式。中国的 BIM 必须本土化，必须与生产实践相结合，必须与政府政策相适应，必须与民生需要相统一。我们应站在这样的角度去看待 BIM，才能真正做到传道授业解惑。

限于编者水平和时间，书中难免有错误和不当之处，恳请读者给予批评指正，以便再版时修正。联系邮箱：jinyongchao@ynau.edu.cn。

编　者

2016 年 1 月　昆明

教学资源下载

目 录

第 1 章　BIM 概述

【导读】

建筑信息模型（Building Information Modeling）是以建筑工程项目的各项相关信息数据作为模型的基础，进行建筑模型的建立，通过数字信息仿真模拟建筑物所具有的真实信息。它具有可视化、协调性、模拟性、优化性和可出图性等五大特点。本章主要介绍了 BIM 的起源、定义、特点等内容。BIM 的应用价值主要体现在七个方面：三维渲染，宣传展示；快速算量，精度提升；精确计划，减少浪费；多算对比，有效管控；虚拟施工，有效协同；碰撞检查，减少返工；冲突调用，决策支持。本章最后对 BIM 的应用前景做了展望。

学习要点：

- BIM 的定义
- BIM 的特点
- BIM 的应用价值
- BM 的核心思想

1.1　BIM 的来源与定义

1.1.1　BIM 的来源

1975 年，“BIM 之父”——佐治亚理工大学的 Chunk Eastman 教授创建了 BIM 理念至今，BIM 技术的研究经历了三大阶段：萌芽阶段、产生阶段和发展阶段。BIM 理念的启蒙，受到了 1973 年全球石油危机的影响，美国各行业需要考虑提高行业效益的问题，1975 年“BIM 之父”Eastman 教授在其研究的课题“Building Description System”中提出“a computer-based description of a building”，以便于实现建筑工程的可视化和量化分析，提高工程建设效率。

1.1.2 BIM 的定义

BIM 是英文 Building Information Modeling 的缩写，国内比较统一的翻译是：建筑信息模型。BIM 是以建筑工程项目的各类相关信息数据作为模型的基础，进行建筑模型的建立，通过数字信息仿真模拟建筑物所具有的真实信息。

国家建设职能部门对 BIM 做出了解释：BIM 技术是一种应用于工程设计、建造和管理的数据化工具，通过参数模型整合各种项目的相关信息，在项目设计、建造和运维的全生命周期过程中进行共享和传递，使工程技术人员对各种建筑信息做出正确理解和高效应对，为设计团队以及包括建筑运营单位在内的各方建设主体提供协同工作的基础，在提高生产效率、节约成本和缩短工期方面发挥重要作用。

目前，我国的《建筑信息模型应用统一标准》还在编制阶段，这里暂时引用美国国家 BIM 标准（NBIMS）对 BIM 的定义，该定义由 3 部分组成：

① BIM 是一个设施（建设项目）物理和功能特性的数字表达；

② BIM 是一个共享的知识资源，是一个分享有关这个设施的信息，为该设施从建设到拆除的全生命周期中的所有决策提供可靠依据的过程；

③ 在项目的不同阶段，不同利益相关方通过在 BIM 中插入、提取、更新和修改信息，以支持和反映其各自职责的协同作业。

我们认为 BIM 的定义如下：在建筑的全寿命周期内，通过参数化建模来进行建筑模型的数字化和信息化管理，从而实现各个专业在设计、建造、运营维护阶段的协同工作。

1.2 BIM 的特点

BIM 具有可视化、协调性、模拟性、优化性和可出图性五大特点。

1. 可视化

可视化即“所见即所得”的形式，对于建筑行业来说，可视化运用在建筑业的作用是非常大的，例如经常拿到的施工图纸，在图纸上只是采用线条绘制表达各个构件的信息，但是实际的构造形式就需要建筑业从业者去自行想象了。对于一般简单的结构来说，这种想象也未尝不可，但是近几年建筑形式各异，复杂造型不断推出，那么这种复杂结构光靠人脑去想象就未免有点不太现实了。而 BIM 提供了可视化的思路，让人们将以往的线条式的构件转变成一种三维的立体实物图形展示在人们的面前；建筑业中也有设计方面提供效果图的情况，但是这种效果图是分包给专业的效果图制作团队，对设计图进行识读，进而以线条信息制作出来的，并不是通过构件的信息自动生成的，缺少了同构件之间的互动性和反馈性，然而 BIM 的可视化是一种能够同构件之间形成互动性和反馈性的可视，在建筑信息模型中，由于整个过程都是可视化的，所以可视化的结果不仅可以用来做效果图的展示及报表的生成，更重要的是，项目设计、建造、运营过程中的沟通、讨论、决策都在可视化的状态下进行。

2. 协调性

协调性是建筑业中的重点内容，不管是施工单位还是业主及设计单位，无不在做着协调及相配合的工作。一旦项目的实施过程中遇到了问题，就要将各有关人士组织起来开协调会，找各施工问题发生的原因及解决办法，然后做出变更，或采取相应补救措施等，从而使问题得到解决。那么这个问题的协调真的就只能在问题出现后再进行协调吗？在设计时，往往由于各专业设计师之间的沟通不到位，而出现各种专业之间的碰撞问题，例如暖通等专业中的管道在进行布置时，由于施工图是各自绘制在各自的施工图纸上的，实际施工过程中，可能在布置管线时在此处正好有结构设计的梁等构件妨碍着管线的布置，这种就是施工中常遇到的。像这种碰撞问题的协调解决就只能在问题出现之后再进行吗？BIM的协调性服务就可以帮助处理这种问题，也就是说BIM可在建筑物建造前期对各专业的碰撞问题进行协调，生成协调数据，并提供出来。当然，BIM的协调作用也并不是只能解决各专业间的碰撞问题，它还可以解决如电梯井布置与其他设计布置及净空要求的协调、防火分区与其他设计布置的协调、地下排水布置与其他设计布置的协调等。

3. 模拟性

模拟性并不是只能模拟设计出的建筑物模型，还可以模拟不能够在真实世界中进行操作的事物。在设计阶段，BIM可以对设计上需要进行模拟的一些东西进行模拟实验，例如：节能模拟、紧急疏散模拟、日照模拟、热能传导模拟等；在招投标和施工阶段可以进行4D模拟（三维模型加项目的发展时间），也就是根据施工的组织设计模拟实际施工，从而确定合理的施工方案来指导施工。同时还可以进行5D模拟（基于3D模型的造价控制），从而来实现成本控制；后期运营阶段可以模拟日常紧急情况的处理方式，例如地震发生时人员逃生模拟及火警时人员疏散模拟等。

4. 优化性

事实上整个设计、施工、运营的过程就是一个不断优化的过程，当然优化和BIM也不存在实质性的必然联系，但在BIM的基础上可以做更好的优化、更好地做优化。优化受三方面的制约：信息、复杂程度和时间。没有准确的信息做不出合理的优化结果，BIM模型提供了建筑物实际存在的信息，包括几何信息、物理信息、规则信息，还提供了建筑物变化以后的实际状况。复杂程度高到一定程度，参与人员本身的能力无法掌握所有的信息，必须借助一定的科学技术和设备的帮助。现代建筑物的复杂程度大多超过参与人员本身的能力极限，BIM及与其配套的各种优化工具提供了对复杂项目进行优化的可能。基于BIM的优化可以做下面的工作：

（1）项目方案优化：把项目设计和投资回报分析结合起来，设计变化对投资回报的影响可以实时计算出来；这样业主对设计方案的选择就不会主要停留在对建筑外形的评价上，而更多的可以使得业主知道哪种项目设计方案更有利于自身的需求。

（2）特殊项目的设计优化：例如裙楼、幕墙、屋顶、大空间到处可以看到异型设计，这些占整个建筑的比例不大，但是占投资和工作量的比例和前者相比往往要大得多，而且通常也是施工难度比较大和施工问题比较多的地方，对这些部分的设计施工方案进行优化，可以带来显著的工期缩短和造价降低。

5. 可出图性

BIM 并不是为了出大家日常多见的设计院所出的设计图纸，及一些构件加工的图纸，而是通过对工程对象进行可视化展示、协调、模拟、优化以后，可以帮助业主出如下图纸：

（1）综合管线图（经过碰撞检查和设计修改，消除了相应错误以后）；

（2）综合结构留洞图（预埋套管图）；

（3）碰撞检查侦错报告和建议改进方案。

当然，功能较为完善的 BIM 软件也可以出传统的设计图纸，以满足当前工程建设的需要。

1.3 BIM 的应用现状

自 2002 年，工程建设行业开始采用 BIM 这一词汇，目前 BIM 在全球已经得到了很大的发展。

1.3.1 BIM 的国外应用现状

1. 美国

美国是较早启动建筑业信息化研究的国家，发展至今，BIM 研究与应用都走在世界前列。目前，美国大多建筑项目已经开始应用 BIM，BIM 的应用点也种类繁多，而且存在各种 BIM 协会，也出台了各种 BIM 标准。根据 McGraw Hill 的调研，2012 年工程建设行业采用 BIM 的比例从 2007 年的 28% 增长至 2009 年的 49% 直至 2012 年的 71%。其中 74% 的承包商已经在实施 BIM 了，超过了建筑师（70%）及机电工程师（67%）。BIM 的价值在不断被认可。关于美国 BIM 的发展，不得不提到几大 BIM 的相关机构。

（1）GSA

美国总务署（General Service Administration，GSA）负责美国所有的联邦设施的建造和运营。早在 2003 年，为了提高建筑领域的生产效率、提升建筑业信息化水平，GSA 下属的公共建筑服务（Public Building Service）部门的首席设计师办公室（Office of the Chief Architect，OCA）推出了全国 3D—4D—BIM 计划。3D—4D—BIM 计划的目标是为所有对 3D—4D—BIM 技术感兴趣的项目团队提供“一站式”服务，虽然每个项目功能、特点各异，OCA 将帮助每个项目团队，为其提供独特的战略建议与技术支持，目前 OCA 已经协助和支持了超过 100 个项目。

GSA 认识到 3D 的几何表达只是 BIM 的一部分，而且不是所有的 3D 模型都能称之为 BIM。但 3D 模型在设计概念的沟通方面已经比 2D 绘图要强很多。所以，即使项目中不能实施 BIM，至少可以采用 3D 建模技术。4D 在 3D 的基础上增加了时间维度，这对于施工工序与进度管理十分有用。因此，GSA 对于下属的建设项目有着更务实的流程，它承认并不是委托的所有公司都是 BIM 专家，但至少使用比 2D 绘图技术更先进的 3D、4D 技术，已经是很大的进步了。

GSA 要求，从 2007 年起，所有大型项目（招标级别）都需要应用 BIM，最低要求是空间规划验证和最终概念展示都需要提交 BIM 模型。所有 GSA 的项目都被鼓励采用 3D—4D—BIM 技术，并且根据采用这些技术的项目承包商的应用程序不同，给予不同程度的资金支持。目前 GSA 正在探讨在项目生命周期中应用 BIM 技术，包括：空间规划验证、4D 模拟，激光扫描、能耗和可持续发模拟、安全验证，等等，并陆续发布各领域的系列 BIM 指南，在官网提供下载，对于规范和推进 BIM 在实际项目中的应用起到了重要作用。

在美国，GSA 在工程建设行业技术会议如 AIA—TAP 等都十分活跃，GSA 项目也常被提名为年度 AIA BIM 大奖。因此，GSA 对 BIM 的强大宣传贯彻直接影响并提升了美国整个工程建设行业对 BIM 的应用。

（2）USACE

美国陆军工程兵团（the U.S. Army Corps of Engineers ，USACE）隶属于美国联邦政府和美国军队，为美国军队提供项目管理和施工管理服务，是世界最大的公共工程、设计和建筑管理机构。

2006 年 10 月，USACE 发布了为期 15 年的 BIM 发展路线规划（Building Information Modeling：A Road Map for Implementation to Support MILCON Transformation and Civil Works Projects within the U.S. Army Corps of Engineers），为 USACE 采用和实施 BIM 技术制定战略规划，以提升规划、设计和施工质量和效率。规划中，USACE 承诺未来所有军事建筑项目都将使用 BIM 技术。

其实在发布发展路线规划之前，USACE 就已经为实施 BIM 做准备了。USACE 的第一个 BIM 项目是由西雅图分区设计和管理的一个无家眷军人宿舍（enlist unaccompanied personnel housing）项目，利用 Bentley 的 BIM 软件进行碰撞检查以及算量。随后 2004 年 11 月，USACE 路易维尔分区在北卡罗来纳州的一个陆军预备役训练中心项目也实施了 BIM。2005 年 3 月，USACE 成立了项目交付小组（Project Delivery Team，PDT），研究 BIM 的价值并为 BIM 应用策略提供建议。发展路线规划即是 PDT 的成果。同时，USACE 还研究合同模板，制定合适的条款来促使承包商使用 BIM。此外，USACE 要求标准化中心（Centers of Standardization，COS）在标准化设计中应用 BIM，并提供指导。

在发展路线规划的附录中，USACE 还发布了 BIM 实施计划，从 BIM 团队建设、BIM 关键成员的角色与培训、标准与数据等方面为 BIM 的实施提供指导。2010 年，USACE 又发布了适用于军事建筑项目分别基于 Autodesk 平台和 Bentley 平台的 BIM 实施计划，并在 2011 年进行了更新。适用于民事建筑项目的 BIM 实施计划还在研究制定当中。

（3）bSa

BuildingSMART 联盟（BuildingSMART alliance，bSa）是美国建筑科学研究院（National Institute of Building Science，NIBS）在信息资源和技术领域的一个专业委员会，成立于 2007 年，同时也是 BuildingSMART 国际（buildingSMART International，bSI）的北美分会。bSI

的前身是国际数据互用联盟（International Alliance of Interoperability, IAI），开发了和维护 IFC（Industry Foundation Classes）标准以及 openBIM 标准。

bSa 致力于 BIM 的推广与研究，使项目所有参与者在项目生命周期各阶段都能共享准确的项目信息。BIM 通过收集和共享项目信息与数据，可以有效地节约成本、减少浪费。因此，美国 bSa 的目标是在 2020 年之前，帮助建设部门减少 31% 的浪费或者节约 4 亿美元。

bSa 下属的美国国家 BIM 标准项目委员会（the National Building Information Model Standard Project Committee-United States，NBIMS-US）专门负责美国国家 BIM 标准（National Building Information Model Standard，NBIMS）的研究与制定。2007 年 12 月，NBIMS-US 发布了 NBIMS 第 1 版的第 1 部分，主要包括信息交换和开发过程等方面的内容，明确了 BIM 过程和工具的各方定义、相互之间数据交换要求的明细和编码，使不同部门可以开发充分协商一致的 BIM 标准，更好地实现协同。2012 年 5 月，NBIMS-US 发布 NBIMS 第 2 版。NBIMS 第 2 版的编写过程采用了一个开放投稿（各专业 BIM 标准）、民主投票决定标准的内容（Open Consensus Process），因此，也被称为是第一份基于共识的 BIM 标准。2013 年 6 月，NBIMS 第 3 版已经开始接受提案。

除了 NBIMS 外，bSa 还负责其他的工程建设行业信息技术标准的开发与维护，包括：美国国家 CAD 标准（United States National CAD Standard）的制定与维护，2011 年 5 月已经发布了第 5 版；施工运营建筑信息交换数据标准（Construction Operations Building Information Exchange，COBie），2009 年 12 月已经发布国际 COBie 标准，以及设施工管理交付模型视力定义格式（Facility Management Handover Model View Definition formats）等。

2. 英国

英国政府要求强制使用 BIM。2011 年 5 月，英国内阁办公室发布了“政府建设战略”（Government Construction Strategy）文件，其中有整个章节关于 BIM，这些章节中明确要求，到 2016 年，政府要求全面协同的 3D · BIM，并将全部的文件以信息化管理。英国的设计公司在 BIM 实施方面已经相当领先了，因为伦敦是众多全球领先设计企业的总部所在地，如 Foster and Partners、Zaha Hadid Architects、BDP 和 Arup Sports，也是很多领先设计企业的欧洲总部所在地，如 HOK、SOM 和 Gensler。在这些背景下，一个政府发布的强制使用 BIM 的文件可以得到有效执行，因此，英国的建筑工程企业与世界其他地方相比，发展速度更快。

3. 北欧国家

北欧国家包括挪威、丹麦、瑞典和芬兰，是一些主要的建筑业信息技术的软件厂商所在地，如 Tekla 和 Solibri，而且对发源于邻近匈牙利的 ArchiCAD 的应用率也很高。

北欧四国政府强制却并未要求全部使用 BIM，由于当地气候的要求以及先进建筑信息技术软件的推动，BIM 技术的发展主要是企业的自觉行为。如 Senate Properties 一家芬兰国有企业，也是荷兰最大的物业资产管理公司。2007 年，Senate Properties 发布了一份建筑设计的 BIM 要求（Senate Properties'BIM Requirements for Architectural Design，2007）。自 2007 年 10 月 1 日起，Senate Properties 的项目仅强制要求建筑设计部分使用 BIM，其他设计部分可根据项目情况自行决定是否采用 BIM 技术，但目标将是全面使用 BIM。该报告还提出，在设计招标将有强制的 BIM 要求，这些 BIM 要求将成为项目合同的一部分，具有法律约束力；建议在项目协作时，建模任务需创建通用的视图，需要准确的定义；需要提交最终 BIM 模型，且建筑结构与模型内部的碰撞需要进行存档；建模流程分为 4 个阶段：

① Spatial Group BIM；

② Spatial BIM；

③ Preliminary Building Element BIM；

④ Building Element BIM。

4. 新加坡

1995 年新加坡国家发展部启动了一个名为 CORENET（Construction and Real Estate Network）的 IT 项目。主要目的是通过对业务流程进行流程再造（BPR），以实现作业时间、生产效率和效果上的提升，同时还注重于采用先进的信息技术实现建筑房地产业的参与方间实现高效、无缝的沟通和信息交流。CORENET 系统主要包括 3 个组成部分：e-Submission、e-plan Check 和 e-info。在整个系统中，居于核心地位的是 e-plan Check 子系统，同时其也是整个系统中最具特色之处。该子系统的作用是使用自动化程序对建筑设计的成果进行数字化的检查，以发现其中违反建筑规范要求之处。整个计划涉及 5 个政府部门中的 8 个相关机构。为了达到这一目的，系统采用了国际互可操作联盟（IAI）所制定的 IFC 2 × 2 标准作为建筑数据定义的方法和手段。整个系统采用 C/S 架构，利用该系统，设计人员可以先通过系统的 BIM 工具对设计成果进行加工准备，然后将其提交给系统进行在线的自动审查。

为了保证 CORENET 项目（特别是 e-plan check 系统）的顺利实施，新加坡政府采取了一系列的政策措施，取得了较好的效果。其中主要包括：

① 广泛的业界测试和试用以保证系统的运行效果；

② 注重通过各种形式与业界沟通，加强人才培养；

③ 在系统的研发过程中加强与国际组织的合作。

新加坡政府非常重视与相关国际组织的合作，这可以使得系统能得到来自国际组织的全方位支持，同时也可以在更大的范围得到认可。

5. 韩国和日本

韩国在运用 BIM 技术上十分领先。多个政府部门都致力于制定 BIM 标准，例如韩国公共采购服务中心和韩国国土交通海洋部。

韩国主要的建筑公司都已经在积极采用 BIM 技术，如现代建设、三星建设、空间综合建筑事务所、大宇建设、GS 建设、Daelim 建设等公司。其中，Daelim 建设公司应用 BIM 技术到桥梁的施工管理中，BMIS 公司利用 BIM 软件 digital project 对建筑设计阶段以及施工阶段的一体化的研究和实施等。

日本软件业较为发达，在建筑信息技术方面也拥有较多的国产软件，日本 BIM 相关软件厂商认识到，BIM 需要多个软件来互相配合，是数据集成的基本前提，因此多家日本 BIM

软件商在 IAI 日本分会的支持下，以福井计算机株式会社为主导，成立了日本国国产解决方案软件联盟。

1.3.2 BIM 的国内应用现状

1. BIM 标准的研究与制定

我国针对 BIM 标准化进行了一些基础性的研究工作。2007 年，中国建筑标准设计研究院提出了《建筑对象数字化定义》（JG/T 198—2007）标准，其非等效采用了国际上的 IFC 标准《工业基础类 IFC 平台规范》，只是对 IFC 标准进行了一定简化。2008 年，由中国建筑科学研究院、中国标准化研究院等单位共同起草了《工业基础类平台规范》（GB/T 25507—2010），等同采用 IFC（ISO/PAS 16739：2005），在技术内容上与其完全保持一致，仅为了将其转化为国家标准，并根据我国国家标准的制定要求，在编写格式上做了一些改动。2010 年清华大学软件学院 BIM 课题组提出了中国建筑信息模型标准框架（China Building Information Model Standards，CBIMS），框架中技术规范主要包括 3 个方面的内容：数据交格式标准 IFC、信息分类及数据字典 IFD 和流程规则 IDM，BIM 标准框架主要包括标准规范、使用指南和标准资源三大部分。

国内对 BIM 技术的研究刚刚起步，“十一五”期间部分高校和科研院所已开始研究和应用 BIM 技术，特别是数据标准化的研究。在国内，基于 IFC 的信息模型在国内的开发应用才刚刚起步。中国建筑科学研究院开发完成了 PKPM 软件的 IFC 接口，并在“十五”期间完成了建筑业信息化关键技术研究与示范项目——基于 IFC 标准的集成化建筑设计支撑平台研究；上海现代设计集团开发了基于 IFC 标准的建筑软件结构设计转换系统以及建筑 CAD 数据资源共享应用系统。此外，还有一些中小软件企业也进行了基于 IFC 的软件开发工作，例如：北京子路时代高科技有限公司开发了基于 Internet 的建筑结构协同设计系统，其数据交互格式就采用了 IFC 标准。

2. 标杆性企业的研究进展

中国建筑设计研究院是我国最早应用 BIM 技术的企业之一，也是我国在这个行业的标杆性企业。多年来，从初步应用到不断摸索，中国建筑设计研究院也在不断总结和完善自己的 BIM 技术。以中国移动国际信息港二期项目为例，这个项目在全专业、全过程中运用了 BIM 技术，并在过程中有了很多的拓展和应用。它在协同中用了多款的软件完成了协同设计研究、绿色方针、虚拟现实、云技术以及和施工相关的研究；在拓展中研究了标准、协作流程包括一些难点的攻关。这个项目当中应用了多款软件，最为关键的是多款软件中的信息传递问题，由于软件之间的接口不同，为了提高工作效率，同时不丢失相关信息，找到了从一款软件传递给另外一款软件的方法。

此外 BIM 技术的亮点是可以找到设计中的不足，并对这些缺陷进行优化和完善。在设计实践过程中，中国建筑设计研究院利用 BIM 技术在设计中找到了很多缺陷，例如门与消防栓的碰撞，以及缺失栏杆等各种各样小的设计失误。此外，在中国建筑设计研究院应用了云技术之后，原来在传统意义上需要用3 h进行渲染的工作，现在用30 min就能够完成，包括一些小的动画渲染也能够在30 min左右就能够完成，极大地提高了工作效率。同时，中国建筑设计研究院还帮助业主在设计上提供一些招标文件，这样业主可以在招标过程中有的放矢地找到合适的施工企业。

3. 软件兼容性问题

目前，在我国市场上具有影响力的BIM软件一共有32种，这32种软件主要集中在设计阶段和工程量计算阶段，施工管理和运营维护的软件比较少。而较有影响力的供应商主要包括Autodesk（美国）、Bentley（美国）、Progman（芬兰）、Graphisoft（匈牙利）以及中国的鸿业、理正、广联达、鲁班、斯维尔等。

根据业内人士的实验以及应用可以得出这样一个结论：32款BIM软件间的信息交互性是存在的，但是在项目运营阶段BIM技术并未得到充分应用，使得运营阶段在建设项目的全寿命周期内处于“孤立”状态。然而，在建设项目全寿命周期管理中理应以运营为导向实现建设项目价值最大化。如何使得BIM技术最大限度符合全寿命周期管理理念，提升我国建设行业生产力水平，值得深入研究。进一步分析，就某一个阶段BIM技术而言，应用价值也未达到充分的实现，比如设计阶段中“绿色设计”“规范检查”“造价管理”3个环节仍出现了“孤岛现象”。如何统筹管理，实现BIM在各阶段、各专业间的协同应用，是未来研究的关键。此外，BIM技术并未实现建筑业信息化的横向打通。通过对目前在设计阶段与设施运营阶段应用全球最具影响力的两款软件Revit、Archibus进行交互性分析发现，两款软件之间具有一定的交互性，但是在实际BIM的运用中两者并未产生沟通。Randy Deutsch指出，BIM是10%的技术问题加上90%的社会文化问题。而目前已有研究中90%是技术问题，这一现象说明，BIM技术的实现问题并非技术问题，而更多的是统筹管理问题。

1.4 BIM的应用前景

1.4.1 BIM在未来的主要应用

在过去的20多年中，CAD技术的普及和推广使建筑师、工程师们甩掉图板，从传统的手工绘图、设计和计算中解放出来，可以说是工程设计领域的第一次数字革命。而现在，BIM的出现将引发整个工程建设领域的第二次数字革命。BIM不仅带来现有技术的进步和更新换代，它也间接影响了生产组织模式和管理方式，并将更长远地影响人们思维模式的转变。

BIM技术的核心是通过在计算机中建立虚拟的建筑工程三维模型，同时利用数字化技术为这个模型提供完整的、与实际情况一致的建筑工程信息库。该信息库不仅包含描述建筑物构件的几何信息、专业属性及状态信息，还包含了非构件对象（例如空间、运动行为）的信息。借助这个富含建筑工程信息的三维模型，建筑工程的信息集成化程度大大提高，从而为建筑工程项目的相关利益方提供了一个工程信息交换和共享的平台。结合更多的相关数字化技术，BIM 模型中包含的工程信息还可以被用于模拟建筑物在真实世界中的状态和变化，使得建筑物在建成之前，相关利益方就能对整个工程项目的成败做出完整的分析和评估。如果将 BIM 放在全寿命周期视角下，那么 BIM 将可以有 20 种主要的用途。

1. BIM 模型维护

根据项目建设进度建立和维护 BIM 模型，实质是使用 BIM 平台汇总各项目团队所有的建筑工程信息，消除项目中的信息孤岛，并且将得到的信息结合三维模型进行整理和储存，以备项目全过程中各相关利益方随时共享。

由于 BIM 的用途决定了 BIM 模型细节的精度，同时仅靠一个 BIM 工具并不能完成所有的工作，所以目前业内主要采用"分布式"BIM 模型的方法，建立符合工程项目现有条件和用途的 BIM 模型。这些模型根据需要可能包括：设计模型、施工模型、进度模型、成本模型、制造模型、操作模型等。BIM"分布式"模型还体现在 BIM 模型往往由相关的设计单位、施工单位或者运营单位根据各自工作范围单独建立，最后通过统一的标准合成。这将增加对 BIM 建模标准、版本管理、数据安全的管理难度，所以有时候业主也会委托独立的 BIM 服务商统一规划、维护和管理整个工程项目的 BIM 应用，以确保 BIM 模型信息的准确、时效和安全。

2. 场地分析

场地分析研究影响建筑物定位的主要因素，是确定建筑物的空间方位和外观、建立建筑物与周围景观联系的过程。在规划阶段，场地的地貌、植被、气候条件都是影响设计决策的重要因素，往往需要通过场地分析来对景观规划、环境现状、施工配套及建成后交通流量等各种影响因素进行评价及分析。传统的场地分析存在诸如定量分析不足、主观因素过重、无法处理大量数据信息等弊端，通过 BIM 结合地理信息系统（Geographic Information System，GIS），对场地及拟建的建筑物空间数据进行建模，通过 BIM 及 GIS 软件的强大功能，迅速得出令人信服的分析结果，帮助项目在规划阶段评估场地的使用条件和特点，从而做出新建项目最理想的场地规划、交通流线组织关系、建筑布局等关键决策。

3. 建筑策划

建筑策划是在总体规划目标确定后，根据定量分析得出设计依据的过程。相对于根据经验确定设计内容及依据（设计任务书）的传统方法，建筑策划利用对建设目标所处社会环境及相关因素的逻辑数理分析，研究项目任务书对设计的合理导向，制定和论证建筑设计依据，科学地确定设计的内容，并寻找达到这一目标的科学方法。在这一过程中，除了需要运用建筑学的原理，借鉴过去的经验和遵守规范，更重要的是要以实态调查为基础，用计算机等现代化手段对目标进行研究。

BIM 能够帮助项目团队在建筑规划阶段，通过对空间进行分析来理解复杂空间的标准和法规，从而节省时间，提供对团队更多增值活动的可能。特别是在客户讨论需求、选择以及分析最佳方案时，能借助 BIM 及相关分析数据，做出关键性的决定。BIM 在建筑策划阶段的应用成果还会帮助建筑师在建筑设计阶段随时查看初步设计是否符合业主的要求，是否满足建筑策划阶段得到的设计依据，通过 BIM 连贯的信息传递或追溯，大大减少以后详图设计阶段发现不合格需要修改设计的巨大浪费。

4. 方案论证

在方案论证阶段，项目投资方可以使用 BIM 来评估设计方案的布局、视野、照明、安全、人体工程学、声学、纹理、色彩及规范的遵守情况。BIM 甚至可以做到建筑局部的细节推敲，迅速分析设计和施工中可能需要应对的问题。方案论证阶段还可以借助 BIM 提供方便的、低成本的不同解决方案供项目投资方进行选择，通过数据对比和模拟分析，找出不同解决方案的优缺点，帮助项目投资方迅速评估建筑投资方案的成本和时间。

对设计师来说，通过 BIM 来评估所设计的空间，可以获得较高的互动效应，以便从使用者和业主处获得积极的反馈。设计的实时修改往往基于最终用户的反馈，在 BIM 平台下，项目各方关注的焦点问题比较容易得到直观的展现并迅速达成共识，相应的决策需要的时间也会比以往减少。

5. 可视化设计

3Dmax、Sketchup 这些三维可视化设计软件的出现有力地弥补了业主及最终用户因缺乏对传统建筑图纸的理解能力而造成的和设计师之间的交流鸿沟，但由于这些软件设计理念和功能上的局限，使得这样的三维可视化展现不论用于前期方案推敲还是用于阶段性的效果图展现，与真正的设计方案之间都存在相当大的差距。

对于设计师而言，除了用于前期推敲和阶段展现，大量的设计工作还是要基于传统 CAD 平台，使用平、立、剖等三视图的方式表达和展现自己的设计成果。这种由于工具原因造成的信息割裂，在遇到项目复杂、工期紧的情况下，非常容易出错。BIM 的出现使得设计师不仅拥有了三维可视化的设计工具，所见即所得，更重要的是通过工具的提升，使设计师能使用三维的方式来完成建筑设计，同时也使业主及最终用户真正摆脱了技术壁垒的限制，随时知道自己的投资能获得什么。

6. 协同设计

协同设计是一种新兴的建筑设计方式，它可以使分布在不同地理位置的不同专业的设计人员通过网络的协同展开设计工作。协同设计是在建筑业环境发生深刻变化、建筑的传统设计方式必须得到改变的背景下出现的，也是数字化建筑设计技术与快速发展的网络技术相结合的产物。现有的协同设计主要是基于 CAD 平台，并不能充分实现专业间的信息交流，这是因为 CAD 的通用文件格式仅仅是对图形的描述，无法加载附加信息，导致专业间的数据不具有关联性。

BIM 的出现使协同已经不再是简单的文件参照，BIM 技术为协同设计提供底层支撑，大幅提升协同设计的技术含量。借助 BIM 的技术优势，协同的范畴也从单纯的设计阶段扩展到建筑全生命周期，需要规划、设计、施工、运营等各方的集体参与，因此具备了更广泛的意义，从而带来综合效益的大幅提升。

7. 性能化分析

利用计算机进行建筑物理性能化分析始于 20 世纪 60 年代甚至更早，早已形成成熟的理论支持，并开发出了丰富的工具软件。但是在 CAD 时代，无论什么样的分析软件都必须通过手工的方式输入相关数据才能开展分析计算，而操作和使用这些软件不仅需要专业技术人员经过培训才能完成，同时由于设计方案的调整，造成原本就耗时耗力的数据录入工作需要经常性的重复录入或者校核，导致包括建筑能耗分析在内的建筑物理性能化分析通常被安排在设计的最终阶段，成为一种象征性的工作，使建筑设计与性能化分析计算之间严重脱节。

利用 BIM 技术，建筑师在设计过程中创建的虚拟建筑模型已经包含了大量的设计信息（几何信息、材料性能、构件属性等），只要将模型导入相关的性能化分析软件，就可以得到相应的分析结果，原本需要专业人士花费大量时间输入大量专业数据的过程，如今可以自动完成，这大大降低了性能化分析的周期，提高了设计质量，同时也使设计公司能够为业主提供更专业的技能和服务。

8. 工程量统计

在 CAD 时代，由于 CAD 无法存储可以让计算机自动计算工程项目构件的必要信息，所以需要依靠人工根据图纸或者 CAD 文件进行测量和统计，或者使用专门的造价计算软件根据图纸或者 CAD 文件重新进行建模后由计算机自动进行统计。前者不仅需要消耗大量的人工，而且比较容易出现手工计算带来的差错，而后者同样需要不断地根据调整后的设计方案及时更新模型，如果滞后，得到的工程量统计数据也往往失效了。

而 BIM 是一个富含工程信息的数据库，可以真实地提供造价管理需要的工程量信息，借助这些信息，计算机可以快速对各种构件进行统计分析，大大减少了繁琐的人工操作和潜在错误，非常容易实现工程量信息与设计方案的完全一致。通过 BIM 获得准确的工程量统计可以用于前期设计过程中的成本估算、在业主预算范围内不同设计方案的探索或者不同设计方案建造成本的比较，以及施工开始前的工程量预算和施工完成后的工程量决算。

9. 管线综合

随着建筑物规模和使用功能、复杂程度的增加，无论设计企业还是施工企业甚至是业主对机电管线综合的要求愈加强烈。在 CAD 时代，设计企业主要由建筑或者机电专业牵头，将所有图纸打印成硫酸图，然后各专业将图纸叠在一起进行管线综合，由于二维图纸的信息缺失以及缺失直观的交流平台，导致管线综合成为建筑施工前让业主最不放心的技术环节。利用 BIM 技术，通过搭建各专业的 BIM 模型，设计师能够在虚拟的三维环境下方便地发现设计中的碰撞冲突，从而大大提高了管线综合的设计能力和工作效率。这不仅能及时排除项目施工环节中可能遇到的碰撞冲突，显著减少由此产生的变更，更大大提高了施工现场的生产效率，降低了由于施工协调造成的成本增长和工期延误。

10. 施工进度模拟

建筑施工是一个高度动态的过程，随着建筑工程规模不断扩大，复杂程度不断提高，使得施工项目管理变得极为复杂。当前建筑工程项目管理中经常用于表示进度计划的甘特图，由于专业性强、可视化程度低，无法清晰描述施工进度以及各种复杂关系，难以准确表达工程施工的动态变化过程。

通过将 BIM 与施工进度计划相链接，将空间信息与时间信息整合在一个可视的 4D（3D+Time）模型中，可以直观、精确地反映整个建筑的施工过程。4D 施工模拟技术可以在项目建造过程中合理制定施工计划、精确掌握施工进度，优化使用施工资源以及科学地进行场地布置，对整个工程的施工进度、资源和质量进行统一管理和控制，以缩短工期、降低成本、提高质量。此外借助 4D 模型，施工企业在工程项目投标中将获得竞标优势，BIM 可以协助评标专家从 4D 模型中很快了解投标单位对投标项目主要施工的控制方法、施工安排是否均衡、总体计划是否基本合理等，从而对投标单位的施工经验和实力做出更准确的评估。

11. 施工组织模拟

施工组织是对施工活动实行科学管理的重要手段，它决定了各阶段的施工准备工作内容，协调了施工过程中各施工单位、各施工工种、各项资源之间的相互关系。施工组织设计是用来指导施工项目全过程各项活动的技术、经济和组织的综合性解决方案，是施工技术与施工项目管理有机结合的产物。

通过 BIM 可以对项目的重点或难点部分进行可建性模拟，按月、日、时进行施工安装方案的分析优化。对于一些重要的施工环节或采用新施工工艺的关键部位、施工现场平面布置等施工指导措施进行模拟和分析，以提高计划的可行性；也可以利用 BIM 技术结合施工组织计划进行预演以提高复杂建筑体系的可造性（例如施工模板、玻璃装配、锚固等）。

借助 BIM 对施工组织的模拟，项目管理方能够非常直观地了解整个施工安装环节的时间节点和安装工序，并清晰把握在安装过程中的难点和要点，施工方也可以进一步对原有安装方案进行优化和改善，以提高施工效率和施工方案的安全性。

12. 数字化建造

制造行业目前的生产效率极高，其中部分原因是利用数字化数据模型实现了制造方法的自动化。同样，BIM 结合数字化制造也能够提高建筑行业的生产效率。通过 BIM 与数字化建造系统的结合，建筑行业也可以采用类似的方法来实现建筑施工流程的自动化。建筑中的许多构件可以异地加工，然后运到建筑施工现场，装配到建筑中（例如门窗、预制混凝土结构和钢结构等构件）。通过数字化建造，可以自动完成建筑物构件的预制，这些通过工厂精密机械技术制造出来的构件不仅降低了建造误差，并且大幅度提高构件制造的生产率，使得整个建筑建造的工期缩短并且容易掌控。

BIM 模型直接用于制造环节还可以在制造商与设计人员之间形成一种自然的反馈循环，

即在建筑设计流程中提前考虑尽可能多地实现数字化建造。同样与参与竞标的制造商共享构件模型也有助于缩短招标周期，便于制造商根据设计要求的构件用量编制更为统一的投标文件。同时标准化构件之间的协调也有助于减少现场发生的问题，降低不断上升的建造、安装成本。

13. 物料跟踪

随着建筑行业标准化、工厂化、数字化水平的提升，以及建筑使用设备复杂性的提高，越来越多的建筑及设备构件通过工厂加工并运送到施工现场进行高效的组装。而这些建筑构件及设备是否能够及时运到现场、是否满足设计要求、质量是否合格将成为整个建筑施工建造过程中影响施工计划关键路径的重要环节。

在 BIM 出现以前，建筑行业往往借助较为成熟的物流行业的管理经验及技术方案（例如 RFID 无线射频识别电子标签）。通过 RFID 可以把建筑物内各个设备构件贴上标签，以实现对这些物体的跟踪管理，但 RFID 本身无法进一步获取物体更详细的信息（如生产日期、生产厂家、构件尺寸等），而 BIM 模型恰好详细记录了建筑物及构件和设备的所有信息。此外 BIM 模型作为一个建筑物的多维度数据库，并不擅长记录各种构件的状态信息，而基于 RFID 技术的物流管理信息系统对物体的过程信息都有非常好的数据库记录和管理功能，这样 BIM 与 RFID 正好互补，从而可以解决建筑行业对日益增长的物料跟踪带来的管理压力。

14. 施工现场配合

BIM 不仅集成了建筑物的完整信息，同时还提供了一个三维的交流环境。与传统模式下项目各方人员在现场从图纸堆中找到有效信息后再进行交流相比，效率大大提高。BIM 逐渐成为一个便于施工现场各方交流的沟通平台，可以让项目各方人员方便地协调项目方案，论证项目的可造性，及时排除风险隐患，减少由此产生的变更，从而缩短施工时间，降低由于设计协调造成的成本增加，提高施工现场生产效率。

15. 竣工模型交付

建筑作为一个系统，当完成建造过程准备投入使用时，首先需要对建筑进行必要的测试和调整，以确保它可以按照当初的设计来运营。在项目完成后的移交环节，物业管理部门需要得到的不只是常规的设计图纸、竣工图纸，还需要能正确反映真实的设备状态、材料安装使用情况等与运营维护相关的文档和资料。

BIM 能将建筑物空间信息和设备参数信息有机地整合起来，从而为业主获取完整的建筑物全局信息提供途径。通过 BIM 与施工过程记录信息的关联，甚至能够实现包括隐蔽工程资料在内的竣工信息集成，不仅为后续的物业管理带来便利，并且可以在未来进行的翻新、改造、扩建过程中为业主及项目团队提供有效的历史信息。

16. 维护计划

在建筑物使用寿命期间，建筑物结构设施（如墙、楼板、屋顶等）和设备设施（如设备、管道等）都需要不断得到维护。一个成功的维护方案将提高建筑物性能、降低能耗和修理费用，进而降低总体维护成本。

BIM 模型结合运营维护管理系统可以充分发挥空间定位和数据记录的优势，合理制定维护计划，分配专人专项维护工作，以降低建筑物在使用过程中出现突发状况的概率。对一些重要设备还可以跟踪维护工作的历史记录，以便对设备的适用状态提前做出判断。

17. 资产管理

一套有序的资产管理系统将有效提升建筑资产或设施的管理水平，但由于建筑施工和运营的信息割裂，使得这些资产信息需要在运营初期依赖大量的人工操作来录入，而且很容易出现数据录入错误。BIM 中包含的大量建筑信息能够顺利导入资产管理系统，大大减少了系统初始化在数据准备方面的时间及人力投入。此外由于传统的资产管理系统本身无法准确定位资产位置，通过 BIM 结合 RFID 的资产标签芯片还可以使资产在建筑物中的定位及相关参数信息一目了然，快速查询。

18. 空间管理

空间管理是业主为节省空间成本、有效利用空间、为最终用户提供良好工作生活环境而对建筑空间所做的管理。BIM 不仅可以用于有效管理建筑设施及资产等资源，也可以帮助管理团队记录空间的使用情况，处理最终用户要求空间变更的请求，分析现有空间的使用情况，合理分配建筑物空间，确保空间资源的最大利用率。

19. 建筑系统分析

建筑系统分析是对照业主使用需求及设计规定来衡量建筑物性能的过程，包括机械系统如何操作和建筑物能耗分析、内外部气流模拟、照明分析、人流分析等涉及建筑物性能的评估。BIM 结合专业的建筑物系统分析软件避免了重复建立模型和采集系统参数。通过 BIM 可以验证建筑物是否按照特定的设计规定和可持续标准建造，通过这些分析模拟，最终确定、修改系统参数甚至系统改造计划，以提高整个建筑的性能。

20. 灾害应急模拟

利用 BIM 及相应灾害分析模拟软件，可以在灾害发生前，模拟灾害发生的过程，分析灾害发生的原因，制定避免灾害发生的措施，以及发生灾害后人员疏散、救援支持的应急预案。

当灾害发生后，BIM 可以提供救援人员紧急状况点的完整信息，这将有效提高突发状况应对措施水平。此外楼宇自动化系统能及时获取建筑物及设备的状态信息，通过 BIM 和楼宇自动化系统的结合，使得 BIM 能清晰地呈现出建筑物内部紧急状况的位置，甚至到紧急状况点最合适的路线，救援人员可以由此做出正确的现场处置，提高应急行动的成效。

1.4.2 BIM的应用价值

建立以BIM应用为载体的项目管理信息化，提升项目生产效率、提高建筑质量、缩短工期、降低建造成本。具体体现在：

1. 三维渲染，宣传展示

三维渲染动画，给人以真实感和直接的视觉冲击。建好的BIM模型可以作为二次渲染开发的模型基础，大大提高了三维渲染效果的精度与效率，给业主更为直观的宣传介绍，提升中标几率。

2. 快速算量，精度提升

BIM数据库的创建，通过建立5D关联数据库，可以准确快速计算工程量，提升施工预算的精度与效率。由于BIM数据库的数据详细程度达到构件级，可以快速提供支撑项目各条线管理所需的数据信息，有效提升施工管理效率。BIM技术能自动计算工程实物量，这个属于较传统的算量软件的功能，在国内此项应用案例非常多。

3. 精确计划，减少浪费

施工企业精细化管理很难实现的根本原因在于海量的工程数据，无法快速准确获取以支持资源计划，致使经验主义盛行。而BIM的出现可以让相关管理条线快速准确地获得工程基础数据，为施工企业制定精确人才计划提供有效支撑，大大减少了资源、物流和仓储环节的浪费，为实现限额领料、消耗控制提供技术支撑。

4. 多算对比，有效管控

管理的支撑是数据，项目管理的基础就是工程基础数据的管理，及时、准确地获取相关工程数据就是项目管理的核心竞争力。BIM数据库可以实现任一时点上工程基础信息的快速获取，通过合同、计划与实际施工的消耗量、分项单价、分项合价等数据的多算对比，可以有效了解项目运营是盈是亏、消耗量有无超标、进货分包单价有无失控等问题，实现对项目成本风险的有效管控。

5. 虚拟施工，有效协同

三维可视化功能再加上时间维度，可以进行虚拟施工，随时随地直观快速地将施工计划与实际进展进行对比，同时进行有效协同，施工方、监理方，甚至非工程行业出身的业主领导都对工程项目的各种问题和情况了如指掌。这样通过BIM技术结合施工方案、施工模拟和现场视频监测，大大减少建筑质量问题、安全问题，减少返工和整改。

6. 碰撞检查，减少返工

BIM 最直观的特点在于三维可视化，利用 BIM 的三维技术在前期可以进行碰撞检查，优化工程设计，减少在建筑施工阶段可能存在的错误损失和返工的可能性，而且优化净空，优化管线排布方案。最后施工人员可以利用碰撞优化后的三维管线方案，进行施工交底、施工模拟，提高施工质量，同时也提高了与业主沟通的能力。

7. 冲突调用，决策支持

BIM 数据库中的数据具有可计量（computable）的特点，大量工程相关的信息可以为工程提供数据后台的巨大支撑。BIM 中的项目基础数据可以在各管理部门进行协同和共享，工程量信息可以根据时空维度、构件类型等进行汇总、拆分、对比分析等，保证工程基础数据及时、准确地提供，为决策者制订工程造价项目群管理、进度款管理等方面的决策提供依据。

第 2 章　BIM 建模软件介绍

【导读】

想要认识 BIM，了解 BIM，掌握 BIM 在项目中的应用，离不开软件的支持。从设计到施工，从施工到运维管理，都需要建立 BIM 模型，从而增强甲乙双方之间的沟通。因此需求为导向，建模为基础，就需要对 BIM 建模软件有一定的认识。

本章主要介绍了 BIM 软件类型，并详细介绍了 BIM 核心软件的构成，核心建模软件的分类、作用以及功能。核心建模软件主要介绍了 Revit 软件、广联达软件、斯维尔软件和鲁班软件在 BIM 中的应用，各软件的具体操作方法请详见之后各章节。

学习要点：

- BIM 软件类型
- Revit 软件
- 广联达软件
- 斯维尔软件
- 鲁班软件

2.1　BIM 软件类型

现在的 BIM 软件有很多种类型，且每种类型都不一样，各有各的作用，但是概念上的误区导致有很多人分不清楚，要了解 BIM 软件是什么，首先必须分清楚软件的分类。目前市场上出现很多自称 BIM 软件的服务供应商，他们号称自己的软件就是 BIM，也从没正式说明过自己的软件就是彻底的 BIM 软件。其实 BIM 不是一个软件的事，而且 BIM 不止不是一个软件的事，准确一点应该说 BIM 不是一类软件的事，而且每一类软件的选择也不止是一个产品，这样一来要充分发挥 BIM 价值为项目创造效益涉及常用的 BIM 软件数量就有十几个到几十个之多了。BIM 软件的类型如图 2.1 所示。

图 2.1 BIM 软件类型

2.1.1 BIM 核心建模软件介绍

这类软件英文通常叫“BIM Authoring Software”，是 BIM 的基础，换句话说，正是因为有了这些软件才有了 BIM，也是从事 BIM 的同行第一类要碰到的 BIM 软件。因此我们称它们为“BIM 核心建模软件”，简称“BIM 建模软件”。BIM 核心建模软件分类详见图 2.2。

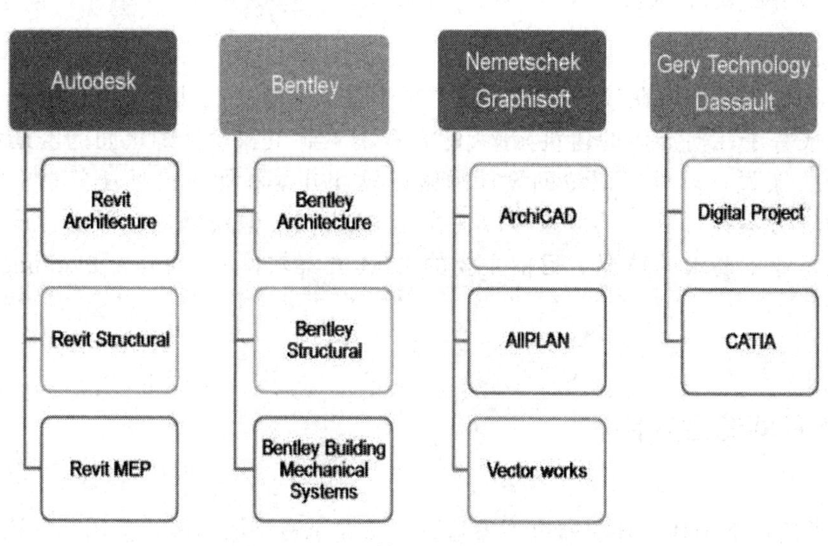

图 2.2 BIM 核心建模软件的分类

从图 2.2 中可以了解到，BIM 核心建模软件主要有以下 4 个方向：

（1）Autodesk 公司的 Revit 建筑、结构和机电系列，在民用建筑市场借助 AutoCAD 的已有的优势，有相当不错的市场表现。

（2）Bentley 建筑、结构和设备系列，Bentley 产品在工厂设计（石油、化工、电力、医药等）和基础设施（道路、桥梁、市政、水利等）领域有无可争辩的优势。

（3）2007 年 Nemetschek 收购 Graphisoft 以后，ArchiCAD/AllPLAN/VectorWorks 三个产品就被归到同一个系列里面了，其中国内同行最熟悉的是 ArchiCAD，属于一个面向全球市场的产品，应该可以说是最早的一个具有市场影响力的 BIM 核心建模软件，但是在中国由于其专业配套的功能（仅限于建筑专业）与多专业一体的设计院体制不匹配，很难实现业务突破。Nemetschek 的另外 2 个产品，AllPLAN 主要市场在德语区，VectorWorks 则是其在美国市场使用的产品名称。

（4）Dassault 公司的 CATIA 是全球最高端的机械设计制造软件，在航空、航天、汽车等领域具有接近垄断的市场地位，应用到工程建设行业无论是对复杂形体还是超大规模建筑其建模能力、表现能力和信息管理能力都比传统的建筑类软件有明显优势，而与工程建设行业的项目特点和人员特点的对接问题则是其不足之处。Digital Project 是 Gery Technology 公司在 CATIA 基础上开发的一个面向工程建设行业的应用软件（二次开发软件），其本质还是 CATIA，就跟天正的本质是 AutoCAD 一样。

因此，对于一个项目或企业 BIM 核心建模软件技术路线的确定，可以考虑如下基本原则：

（1）民用建筑用 Autodesk Revit；

（2）工厂设计和基础设施用 Bentley；

（3）单专业建筑事务所选择 ArchiCAD、Autodesk Revit、Bentley 都有可能成功；

（4）项目完全异形、预算比较充裕的可以选择 Digital Project 或 CATIA。

2.1.2 BIM 方案设计软件

BIM 方案设计软件用在设计初期，其主要功能是把业主设计任务书里面基于数字的项目要求转化成基于几何形体的建筑方案，此方案用于业主和设计师之间的沟通和方案研究论证。BIM 方案设计软件可以帮助设计师验证设计方案和业主设计任务书中的项目要求相匹配。BIM 方案设计软件的成果可以转换到 BIM 核心建模软件里面进行设计深化，并继续验证满足业主要求的情况。目前主要的 BIM 方案软件有 Onuma Planning System 和 Affinity 等。

2.1.3 BIM 几何造型软件

设计初期阶段的形体、体量研究或者遇到复杂建筑造型的情况，使用几何造型软件会比直接使用 BIM 核心建模软件更方便、效率更高，甚至可以实现 BIM 核心建模软件无法实现的功能。几何造型软件的成果可以作为 BIM 核心建模软件的输入。目前常用的 BIM 几何造型软件有 Sketchup、Rhino 和 FormZ 等。

2.1.4 BIM 可持续（绿色）分析软件

可持续或者绿色分析软件可以使用 BIM 模型的信息对项目进行日照、风环境、热工、景观可视度、噪声等方面的分析，主要软件有国外的 Echotect、IES、Green Building Studio 以及国内的 PKPM 等。

2.1.5 BIM 机电分析软件

水暖电等设备和电气分析软件国内产品有鸿业、博超等，国外产品有 Designmaster、IES Virtual Environment、Trane Trace 等。

2.1.6 BIM 结构分析软件

结构分析软件是目前和 BIM 核心建模软件集成度比较高的产品，基本上两者之间可以实现双向信息交换，即结构分析软件可以使用 BIM 核心建模软件的信息进行结构分析，分析结果对结构的调整又可以反馈回到 BIM 核心建模软件中去，自动更新 BIM 模型。主要软件有 ETABS、STAAD、Robot 等国外软件以及 PKPM 等国内软件。

2.1.7 BIM 可视化软件

有了 BIM 模型以后，对可视化软件的使用至少有如下好处：

（1）可视化建模的工作量减少了；

（2）模型的精度和与设计（实物）的吻合度提高了；

（3）可以在项目的不同阶段以及各种变化情况下快速产生可视化效果。

2.1.8 BIM 模型检查软件

BIM 模型检查软件既可以用来检查模型本身的质量和完整性，例如空间之间有没有重叠、空间有没有被适当的构件围闭、构件之间有没有冲突等；也可以用来检查设计是不是符合业主的要求、是否符合规范的要求等。目前具有市场影响的 BIM 模型检查软件是 Solibri Model Checker。

2.1.9 BIM 深化设计软件

Xsteel 是目前最有影响的基于 BIM 技术的钢结构深化设计软件，该软件可以使用 BIM 核心建模软件的数据，对钢结构进行面向加工、安装的详细设计，生成钢结构施工图（加工图、深化图、详图）、材料表、数控机床加工代码等。

2.1.10 BIM 模型综合碰撞检查软件

模型综合碰撞检查软件的基本功能包括集成各种三维软件（包括 BIM 软件、三维工厂设计软件、三维机械设计软件等）创建的模型，进行 3D 协调、4D 计划、可视化、动态模拟等，属于项目评估、审核软件的一种。常见的模型综合碰撞检查软件有 Autodesk Navisworks、Bentley Projectwise Navigator 和 Solibri Model Checker 等。

2.1.11 BIM 造价管理软件

造价管理软件利用 BIM 模型提供的信息进行工程量统计和造价分析，由于 BIM 模型结构化数据的支持，基于 BIM 技术的造价管理软件可以根据工程施工计划动态提供造价管理需要的数据，这就是所谓 BIM 技术的 5D 应用。国外的 BIM 造价管理有 Innovaya 和 Solibri，广联达、斯维尔和鲁班是国内 BIM 造价管理软件的代表。

2.1.12 BIM 运营管理软件

BIM 模型为建筑物的运营管理阶段服务是 BIM 应用重要的推动力和工作目标，在这方面美国运营管理软件 ArchiBUS 是最有市场影响的软件之一。

2.1.13 BIM 发布审核软件

发布审核软件把 BIM 的成果发布成静态的、轻型的、包含大部分智能信息的、不能编辑修改但可以标注审核意见的、更多人可以访问的格式如 DWF/PDF/3D PDF 等，供项目其他参与方进行审核或者利用。最常用的 BIM 成果发布审核软件包括 Autodesk Design Review、Adobe PDF 和 Adobe 3D PDF。

2.2 Revit 软件

2.2.1 Revit 软件介绍

Revit 是目前最常用的建筑建模软件。1997 年 Charles Revit Software 公司成立，Revit 开始发展。2000 年该公司更名为 Revit 科技股份有限公司，Revit 1.0 版上市，只租不卖。2002 年 Autodesk 公司以 1.33 亿美元并购 Revit 公司，并投入更多资源进行软件的研究和发展。Revit Structure 和 Revit MEP 相继加入，整合了结构和水电环控。2006 年 Revit Building 更名为 Revit Architecture。2013 年开始发行整套 Building Design Suit。

Revit 软件有七个显著的特点：

（1）Revit Structure 是 Autodesk 公司专门针对建筑结构设计行业推出的以 BIM 为重点的建筑结构设计软件。具体的说，此软件并不能直接的进行结构计算，但它为建筑结构工程师的结构计算"前处理"和"后处理"工作带来了方便。在基于 BIM 技术的基础上，Revit 软件可以方便地实现"三维协同设计"，即在三维状态中，可与建筑、结构、水暖电等几个专业形成完整的 BIM 模型。

（2）Revit 模型中，所有的图纸、平面视图、三维视图和明细表都是建立在同一个建筑信息模型的数据库中，它可以收集到建立在建筑信息模型中的所有数据，并在项目的其他表现形式中可以协调信息，以便于实现模型中的参数化（参数化是指模型中可以通过设置参数的形式建立各个建筑结构图元之间的关系）。建筑施工图图纸文档的生成和修改维护简单方便，因为它的绘图方式是基于 BIM 技术的三维模型，模型和图纸之间有着紧密的关联性，所以一方修改，另一方会自动修改，节省了大量的人力和时间。

（3）Revit 具有结构设计和结构建模的强大工具，可以将复杂材质的物理模型和单独的可编辑模型进行集成，更重要的是为常用的结构分析软件提供了双向连接的可编程接口，即强大的 API 接口功能。这样，它既能在建筑结构施工前进行模型的可视化，还可以在早期的设计阶段制定部分更加明确的决策，最大限度地减少建筑结构设计中的一些错误，也能加强整个建筑项目中各个团队之间的合作。

（4）建筑结构工程师利用 Revit 软件作为结构建模工具，提供给链接分析和计算软件所用，这样结构工程师就节约了学习多种建模工具的时间，而把更多的时间用在结构设计上，在建模的过程中它还可以提供给用户出色的工程洞察力。如：Revit 软件在把模型发送到分析工具之前，它可以自动的检测到分析工具中不支持的结构元素或模型的局部不稳定性，以及结构框架的一些反常等。

（5）Revit Structure 软件支持多工种工作方式：首先，建筑结构设计师和绘图师都可以在此软件中创建模型；其次，建筑结构工程师可以在此模型中加入荷载、荷载组合、约束条件以及一些材料属性来具体完善模型；最后，对整个模型进行分析和更改，更深层次地完成模型的建立。

（6）Revit 软件提供了建筑结构模型中所需的大部分建筑图元，这类构件以结构构件的形式出现。此软件也允许用户自己通过自定义"族"（family，族就是类似于几何图形的一个编组）设计结构构件，可以使结构设计师灵活地发挥创作要求。

(7)Revit 软件中实现协同设计的前期准备主要包括：多工种专业间协同模式的选择方式；准备一些适应多工种的视图环境和模板文件；设计适合多工种协同的族库。

2.2.2 Revit 软件在 BIM 中的应用

Revit 是专门为 BIM 而创建的软件，是建模软件的元老。它利用现成的墙、楼板、窗、楼梯、幕墙等各种构件来建模，当然在特别需求的时候也可以自建模块，各种构件的属性非常清楚，所以非常智能化。比如窗会自动在墙上挖洞附上去，幕墙上画竖梃，也可以按需求自建竖梃模型，极为方便。不仅如此，建模同时平、立、剖面都可以显示出来，所以平立剖之间不可能有不符的地方。图纸的各种符号比如标高等也可以很方便地生成。另外它可以渲染，效果也是非常不错。Revit 软件模型展示如图 2.3 所示。

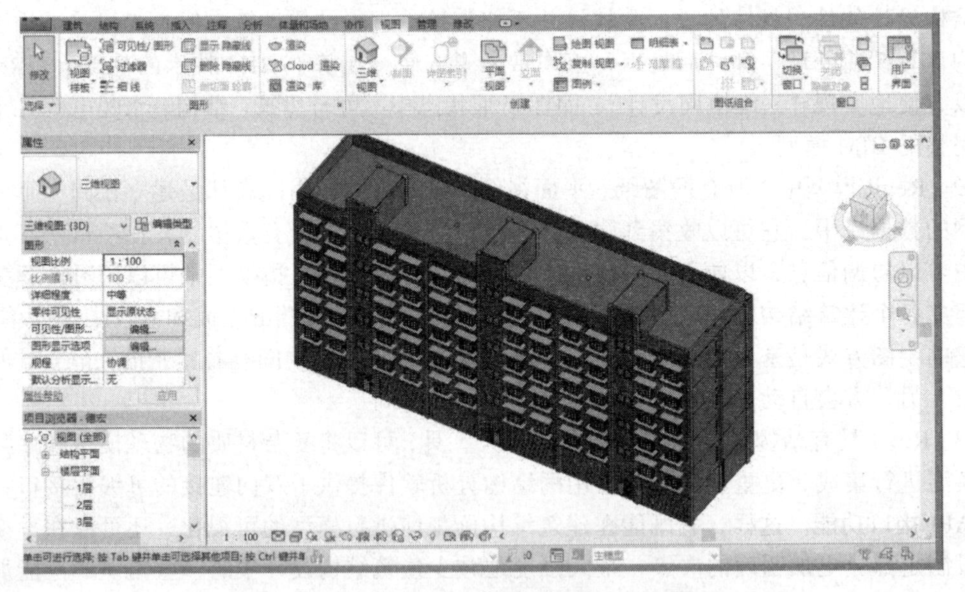

图 2.3　Revit 软件模型展示

经过近 10 年的发展，BIM 已在全球范围内得到非常迅速的接受和应用。在北美和欧洲，大部分建筑设计以及施工企业已经将 BIM 技术应用于广泛的工程项目建设过程中，普及率较高。而国内一部分技术水平领先的建筑设计企业，也已经开始在应用 BIM 进行设计技术革新方面有所突破，并取得了一定的成果。在这个 BIM 的普及过程中 Revit 得以广为人知，并在欧美和中国迅速普及，有了大量的用户群体，Revit 的使用技术和应用水平也不断加深和提高。全球各地涌现出各种 Revit 俱乐部、Revit 用户小组、Revit 论坛以及 Revit 博客，等等。近几年来，中国图学学会和中国建设教育协会为了 BIM 能在中国迅速地发展起来，在各地举办 BIM 建模师资的培训与考试，并通过培训机构组织 BIM 一级建模师的培训与考试，一年两次由学会在全国统一命题和考评，考试成绩通过者可获得由学会颁发的 BIM 一级建模师的合格证书，这为 BIM 在中国的发展注入了新鲜血液。

目前中国正在进行着世界上最大规模的工程建设，因此 Revit 在 BIM 中的应用也正在被有力的推进，尤其是在民用建[illegible]国建筑工程技术的更新换代。Revit 软件于 2004 年进入国内市场，最早在[illegible]设计企业得以应用和实施，逐渐发展到一些施工企业和业主单位，同时 R[illegible]传统的建筑行业扩展到水电行业、制造业甚至交通行业。Revit 的应用程度[illegible]内工程建设行业 BIM 的普及度和应用度。

2.3　斯维尔软件

2.3.1　斯维尔公司与 B[illegible]

斯维尔公司本着为“企业培养和发现顶尖复合形人才”的宗旨，于 2009 年开始与中国建设教育协会合作在全国各高校推行 BIM 理念，并于 2010 年至今在全国高校举办了六届“全国高等院校斯维尔杯 BIM 软件建模大赛”。为了让高校学生了解 BIM，让学生学会使用专业软件建立建筑信息模型，斯维尔公司与中国建设教育协会合作编写了 BIM 实训教材，对应 BIM 应用中的专项软件，学生可以对照书本利用附带的视频光盘进行学习。

为了能真正实现 BIM 应用，斯维尔主要做到能在一个软件内解决的问题，绝不需要用另外的软件操作，如安装工程中的管线、设备碰撞检查，管线设备与土建结构的柱、梁、板、墙的碰撞检查，土建工程的钢筋与构件的联动计算，特别是钢筋与构件的联动计算，斯维尔三维算量软件完全是按照“混凝土结构施工图平面整体表示方法制图规则和构造详图”设计的，这一举措不但符合标准要求，也符合 BIM 数据传输理念，因为钢筋本来就和混凝土构件一体，修改构件就能将钢筋联动修改。为了让软件操作起来简单方便，数据计算准确，满足异形构件模型的建立，便于二次开发。另外，据调查现在高校工科学生，其计算机工程制图课程几乎全部都是用 AutoCAD。斯维尔公司所有软件均选用国际最权威最成熟且使用最广泛的 AutoCAD 作为平台，并拥有 Autodesk 授权。这一做法也是迎合我国几乎所有设计企业都是用 Autodesk 产品出图的实际，要完成 BIM，斯维尔从源头就与专业设计进行了信息共享。

2.3.2　斯维尔 BIM 建模软件介绍

1. 三维算量（土建计量）软件 TH-3DA

软件基于 AutoCAD 平台，所有利用 AutoCAD 平台开发的软件均可与“三维算量软件”数据共享互导，是真正意义上的“BIM”系列建模软件。学生只要学习过 CAD 制图，通过简单的培训即可熟练操作此软件。该软件具有以下优点：

（1）手动布置和自动识别相结合，快速准确，通过导入设计院电子文档进行识别，快速生成三维构件工程量计算模型。

（2）构件与钢筋建模均在同一个软件中进行，严格按照“混凝土结构施工图平面整体表示方法制图规则和构造详图”将构件与钢筋同时表述的原则，符合高校教学实际，不将学生的学习引入歧途。

（3）当构件尺寸或相关参数出现变化时其钢筋构造同时改变，符合现行高规、混规、抗震规范标准。软件做到构件工程量和钢筋工程量同时出量，结果准确，真正简化了操作步骤；多视口操作，可二维与三维图形同时显示，且在三维状态下也可编辑修改构件，直观方便；复杂钢筋完美处理，智能分析跃层、错层和跨层构件的扣减关系。

（4）构件核对，按传统手工模式输出工程量计算式，可对构件进行核对核查，并且图视和动态显示扣减明细内容。

（5）清单或定额挂接，一模多算，所建算量模型可以按照清单规则和定额计算规则同时计算工程量，对于不懂清单、定额挂接的学生，可直接输出带有换算信息的工程量，便于下步人员进行套价操作，完成 BIM 模型的传递。

算量结果可直接导入“清单计价”软件，实现 BIM 数据传递。

工程进度管理：将时间赋予构件，在软件中按照某时间段提取相关构件的工程量，经过工料机分析，得出相关工料机的消耗；可以知道在某时间段需要投入的工种和数量，知道需投入的材料是什么名称、规格型号，知道需投入使用的机械是什么名称、规格型号、多少台班。便于进行工程施工管理，包括资金投入准备等工作。

（6）构件信息管理，可在构件或设备上挂接制作、安装等过程信息，包括产品名称、规格型号、产地、施工日期、施工人员，以至于当时的天气环境等；可以是图片、表格、文字、视频等，将这些信息挂接保留到构件或设备上，便于今后的物业管理，如对房间用途改造、保修期出质量事故后对施工过程索源索赔，了解设备的维修时间、使用方法、注意事项等。

斯维尔三维算量（土建计量）软件 TH-3DA 模型展示，如图 2.4 所示。

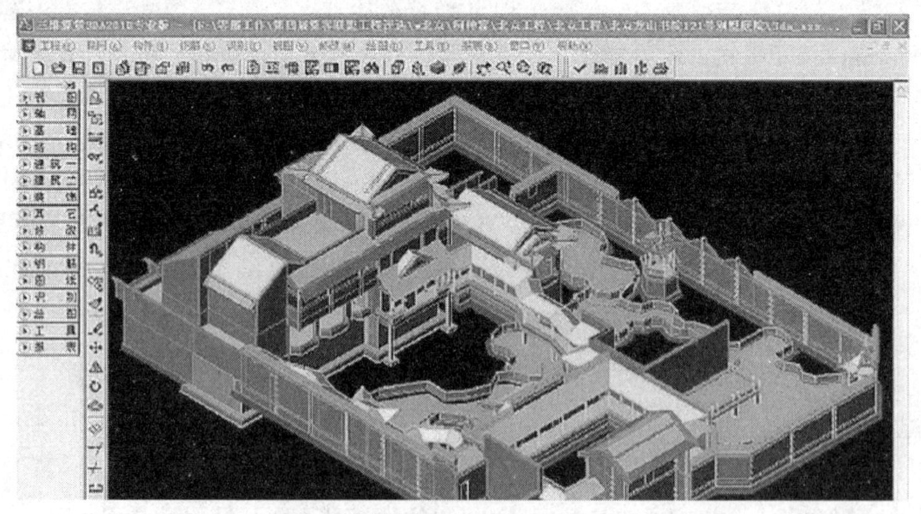

图 2.4　斯维尔三维算量（土建计量）软件模型展示

2. 安装算量软件 TH-3DM

软件基于 AutoCAD 平台，所有利用 AutoCAD 平台开发的软件均可与“安装算量软件”数据共享互导，特别是与“三维算量软件”可以共享建筑模型，安装工程中的构件直接在共享的土建模型中进行布置，可以直接对安装器材与器材、器材与土建结构构件进行碰撞检查，无须再次用其他软件和手段进行碰撞建模检查，是真正意义上的“BIM”系列建模软件。学生只要学习过 CAD 制图，通过简单的培训即可熟练操作此软件。该软件具有以下优点：

（1）通过真实的三维图形模型，利用构件相关属性和计算数据，辅以灵活的计算规则设置，完全满足给排水、通风空调、电气、采暖、消防等安装工程全专业的工程量计算。

（2）手动布置和自动识别相结合，快速准确，可以直接导入 MEP 协同包设备设计软件绘制的电子文档图纸，对系统图、材料表、电子图纸进行识别，建立算量模型。

（3）自动计算的规则符合现行各种规范和标准，结果准确，真正简化了操作步骤；多视口操作，可二维与三维图形同时显示，且在三维状态下也可编辑修改构件，直观方便；构件核对，按传统手工模式输出工程量计算式，可对构件进行核对核查，并且图视和动态显示扣减明细内容；

（4）清单或定额挂接，一模多算，所建算量模型可以按照清单规则和定额计算规则同时计算工程量，对于不懂清单、定额挂接的学生，可直接输出带有换算信息的工程量，便于下步人员进行套价操作，完成 BIM 模型的传递。

（5）算量结果可直接导入“清单计价”软件，实现 BIM 数据传递。

（6）构件信息管理，可在构件或设备上挂接制作、安装等过程信息，包括产品名称、规格型号、产地、施工日期、施工人员，以至于当时的天气环境等；可以是图片、表格、文字、视频等，将这些信息挂接保留到构件或设备上，便于今后的物业管理，如对房间用途改造、保修期出质量事故后对施工过程索源索赔，了解设备的维修时间、使用方法、注意事项等。

斯维尔安装算量软件 TH-3DM 模型展示如图 2.5 所示。

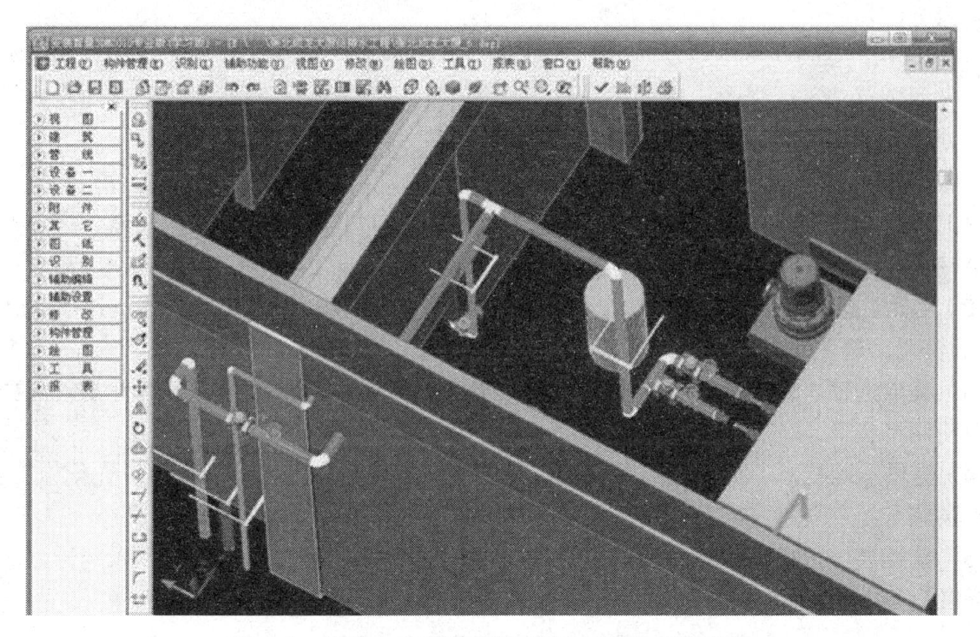

图 2.5　斯维尔安装算量软件 TH-3DM 模型展示

2.4 广联达软件

2.4.1 广联达公司与 BIM

广联达是服务于建筑产品的建筑者、运维者和使用者的平台运营商，为客户提供建设工程全生命周期的信息化解决方案。

广联达立足建设工程领域，围绕工程项目的全生命周期，提供以 4MC（项目管理-PM、建筑信息模型-BIM、数据服务与管理-DM、移动应用服务-Mobile、云计算-Cloud）为独特优势的一流产品和服务，支持客户打造智慧建筑，实现智慧建造和智慧运维，提升经营效益。3D 图形算法居国际领先水平，而在针对项目全生命周期的 BIM 解决方案、云计算，以及管理业务技术平台方面，均有深厚积累。

2.4.2 广联达 BIM5D 介绍

广联达 BIM5D 以 BIM 平台为核心，集成土建、机电、钢构等全专业数据实体模型、同时可导入场地、机械措施模型，并以 BIM 模型为载体，实现进度、预算、物资、图纸、合同、质量、安全等业务信息关联，通过三维漫游、施工流水划分、工况模拟、复杂节点模拟、施工交底、形象进度查看、物资提量、分包审核等核心应用，帮助技术、生产、商务、管理等人员进行有效决策和精细管理，从而达到减少项目变更，缩短项目工期、控制项目成本、提升施工质量的目的。

BIM5D 指的是 3D 实体+1D 时间+1D 成本。其平台包含：基础数据、模型管理、流水段划分、模型浏览、进度视图、进度关联、进度模拟、方案模拟、图纸关联、碰撞检查、清单关联、分包关联、模型计量、物质查询等功能。

广联达 BIM5D 的核心优势有以下 5 点：

（1）集成结构、机电、钢构、幕墙等实体模型，同时可以集成场地、机械、措施模型，实现全专业、全方位模型浏览，便于沟通、指导施工。

（2）无缝对接广联达各专业算量、建模软件，支持国际 IFC 标准，导入 Revit、MagiCAD、Tekla 等模型，避免重复建模，降低成本。

（3）集成进度、预算等关键信息，通过形象进度查看，调整资金与资源计划，达到资金与资源使用平衡。

（4）提供动画机制，实现大工况穿插、复杂节点施工、技术方案的模拟，优化施工方案，指导现场施工。

（5）按楼层、进度、规格型号等维度统计物资量，指导编制物资供应和采购计划。

广联达 BIM5D 平台整合模型整合展示如图 2.6 所示。

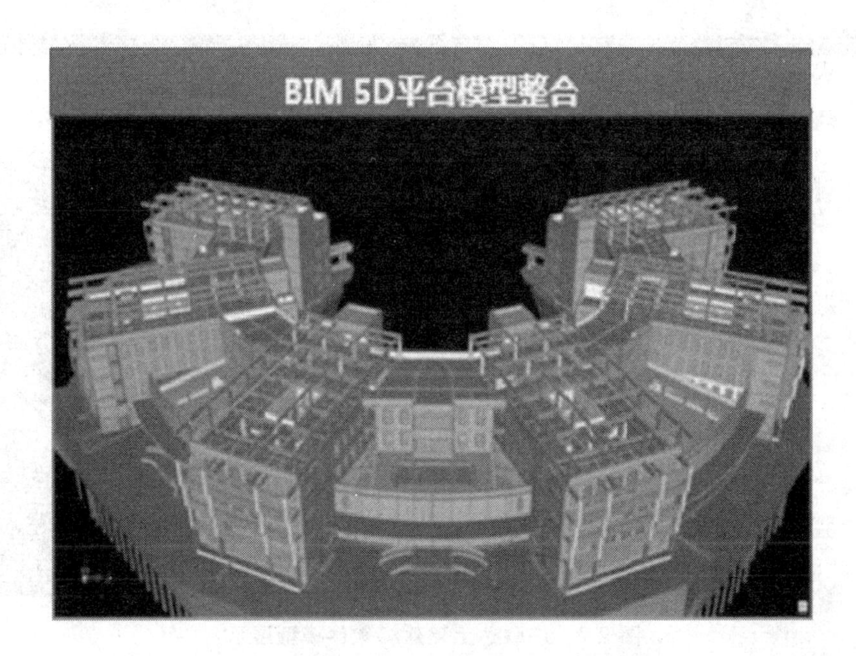

图 2.6　广联达 BIM5D 平台整合模型整合

2.4.3　广联达土建建模软件介绍

广联达土建建模软件是一款专为土建专业学生了解建筑功能、建筑形状和建筑特点的 BIM 建模软件。本软件能够快速完成建筑模型，通过模型的创建可以让学生掌握建模的技能，并且通过建模软件可以让他们提升建筑识图能力。

广联达土建建模软件的核心优势有以下 7 点：

（1）广联达土建建模软件 GMT 是广联达自主图形平台研发的一款基于 BIM 技术的建模软件，无需安装 CAD 即可运行。

（2）可以通过三维绘图导入 BIM 设计模型（支持国际通用接口 IFC 文件、Revit、ArchiCAD 文件）。

（3）识别二维 CAD 图纸建立 BIM 土建模型。

（4）三维状态自由绘图、编辑，高效且直观、简单。

（5）土建建模软件创建的模型可以直接导出 GFC 格式文件直接用于工程量的计算。

（6）斜拱构件，业内领先：GMT2014 是目前行业内唯一能够快速、精确处理变截面柱、斜柱、斜墙、挡土墙、异形墙构件及其装修的建模软件。软件中拱墙、拱梁、拱板构件建模灵活，业内领先。

（7）三维绘图，直观易学：GMT2014 中构件的绘制和编辑都基于三维视图上进行，不仅可以按传统方式在俯视图上绘制构件，还可以在立面图、轴测图上进行绘制，数倍提升建模效率。

广联达土建建模软件模型展示如图 2.7 所示。

图 2.7　广联达土建建模软件模型展示

2.4.4　广联达 BIM 浏览器介绍

广联达 BIM 浏览器是一款集成多专业模型、查看、管理 BIM 模型及构件信息的软件，提供 PC 和移动版，用户可随时随地浏览检查三维模型，用于直观的指导施工与协同管理。

广联达 BIM 浏览器功能强大，能随时查看 BIM 模型，其功能有：

（1）支持国际 IFC 标准，可集成 Revit，MagicCAD，Tekla 等多专业设计模型。

（2）可通过将土建模型、钢筋模型、安装模型导入，快速实现多专业模型集成。

（3）便捷的三维模型浏览功能，可按楼层、按专业多角度进行组合检查。

（4）可以在模型中任意点击构件查看其类型、材质、体积等属性信息。

（5）将模型构件与二维码关联，使用拍照二维码，快速定位所需构件。

（6）批注与视点保存功能随时记录关键信息，方便查询与沟通。

（7）支持手机与平板电脑，随时随地查看模型。

（8）具备云存储、共享和协作功能。

2.5　鲁班软件

2.5.1　鲁班软件公司与 BIM

鲁班软件是国内领先的 BIM 软件厂商和解决方案供应商，从个人岗位级应用，到项目级应用及企业级应用，形成了一套完整的基于 BIM 技术的软件系统和解决方案，并且实现与上下游的开放共享。

鲁班 BIM 解决方案，首先通过鲁班 BIM 建模软件高效、准确地创建 7D 结构化 BIM 模型，即 3D 实体、1D 时间、1D · BBS（投标工序）、1D · EDS（企业定额工序）、1D · WBS（进度工序）。创建完成的各专业 BIM 模型，进入基于互联网的鲁班 BIM 管理协同系统，形成 BIM 数据库。经过授权，可通过鲁班 BIM 各应用客户端实现模型、数据的按需共享，提高协同效率，轻松实现 BIM 从岗位级到项目级及企业级的应用。

鲁班 BIM 技术的特点和优势可以更快捷、更方便地帮助项目参与方进行协调管理，BIM 技术应用的项目将收获巨大价值。具体实现可以分为创建、管理和共享 3 个阶段，如图 2.8 所示。

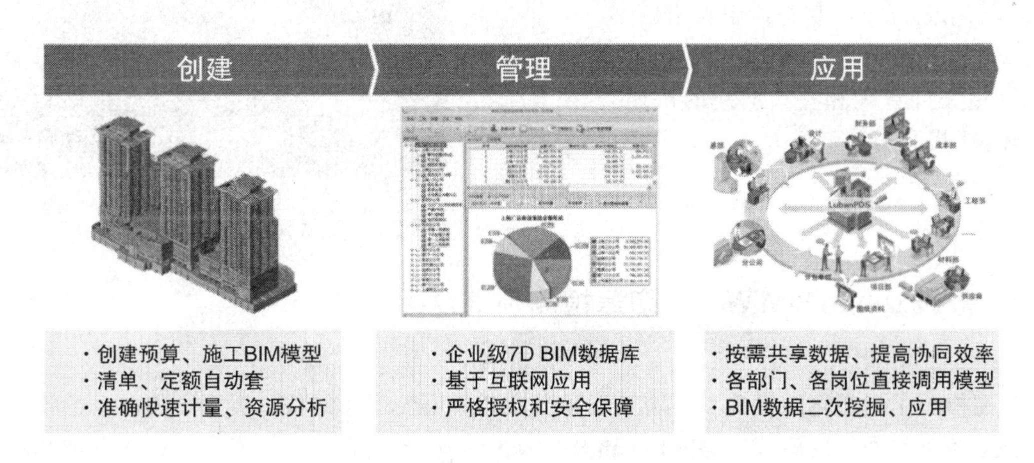

图 2.8 创建、管理、应用三阶段示意图

鲁班 BIM 创建了强大的 BIM 软件体系，主要有：

（1）鲁班项目基础数据分析系统（LubanPDS）；

（2）系统客户端：LubanMC-管理驾驶舱；

（3）LubanBE-BIM 浏览器（LubanBIM Explorer）；

（4）鲁班碰撞检测系统（Luban BIM Works）；

（5）虚拟施工漫游系统（Luban BIM Works）、后台管理端（Luban PDS）。

配套使用的建模软件有：

（1）鲁班造价软件（Luban Estimator）；

（2）鲁班土建软件（Luban Architecture）；

（3）鲁班钢筋软件（Luban Steel）；

（4）鲁班安装软件（Luban MEP）；

（5）鲁班施工软件（Luban PR）。

2.5.2 鲁班 LubanBE-BIM 浏览器（LubanBIM Explorer）介绍

鲁班建筑信息模型浏览器，是系统的前端应用。通过 Luban BE 浏览器，工程项目管理人员可以随时随地快速查询管理基础数据，操作简单方便，实现按时间、区域多维度检索与统计数据。在项目全过程管理中，使材料采购流程、资金审批流程、限额领料流程、分包管理、成本核算、资源调配计划等方面及时准确地获得基础数据的支撑。

Luban BE 浏览器资料存储模块，可以存储与项目相关的所有工程图纸、变更、隐蔽记录、合同、材料设备合格证书、试验报告、现场照片等所有项目资料，实现无纸化文件管理和基于网络的快速查询、浏览，提高协同工作效率和减少管理成本，如图 2.9 所示。

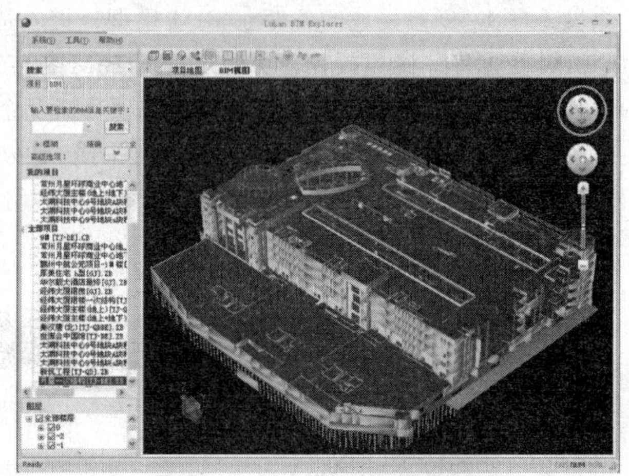

图 2.9　BIM 浏览器模型展示

2.5.3 鲁班 Luban BIM Works 碰撞检测系统介绍

碰撞检查是指在电脑中提前预警工程项目中各不同专业（结构、暖通、消防、给排水、电气桥架等）空间上的碰撞冲突。Luban BIM works 充分发挥 BIM 技术和云技术两者相结合的优势，把原来分专业的二维平面图纸转化成三维 BIM 模型，并通过 Luban BIM Works 云计算功能查找工程中的碰撞点，如图 2.10 所示。

图 2.10　碰撞点检查

Luban BIM Works 碰撞检测系统可以对多专业 BIM 模型进行空间碰撞检查，对于因图纸造成的问题进行提前预警，可第一时间发现和解决涉及问题。例如，某些管道由于技术参数原因禁止弯折，必须通过施工前的碰撞预警才能有效避免其状况发生。检查出的碰撞点提示如图 2.11 所示。

地下室-2层（梁与风管）碰撞报告，共计6点

	名称：碰撞79 构件一：暖通\风管\送风管\送风管-1000×400 构件二：土建\梁\框架梁\KL-B1-30 位置：距CB轴25893.07mm，距CB轴1854.89mm 备注：框架梁\KL-B1-30，底标高为 2900，送风管-1000×400，顶标高为3650

图 2.11　碰撞报告分析

2.5.4　鲁班土建软件（Luban Architecture）介绍

鲁班土建软件，是一款用于项目土建施工图的三维建模软件，内含丰富的土建建筑模块、个性化的图元库，参数化布置，鼠标拖曳即能绘制成图。该软件二维 CAD 图纸转化识别效率高，能兼容主流三维 BIM 建模软件的设计成果，充分利用设计成果。鲁班土建软件内置全国各地清单、定额及其计算规则，建模后不仅能直观显示三维效果，展示构件空间关系，还可以高效计算工程量用于造价和成本管理。鲁班创建建模智能检查系统，基于云技术的在线检查，可以随时随地对创建的模型进行检查，减少建模错误和遗漏，如图 2.12 所示。

图 2.12　鲁班土建软件模型展示

本章小结

前面介绍的国内常用的 4 个建模软件，Autodesk 公司的 Revit 软件应用最为普遍，国内知名行业软件提供商斯维尔、广联达和鲁班软件公司也研发了 BIM 建模软件和造价管理软件。BIM 建模软件均可以导入 Revit 软件的模型数据，也可将 CAD 二维图纸转换为 3D 三维图纸，三维模型可帮助学生建立三维空间概念，掌握建筑构造的特点。与之配套的造价管理软件，既可以根据施工图建立三维模型，软件中内置全国各地的清单库与定额库，也可以套用相关清单项与定额项，计算出工程量，为计算工程造价提供计价依据。

第 3 章 Revit 建模基础

【导读】

学习 BIM 最好的方法就是动手创建 BIM 模型，通过软件建模的操作学习，不断深入理解 BIM 的理念。Revit 系列软件是 Autodesk 公司针对建筑设计行业开发的三维参数化设计软件平台，自 2004 年进入中国以来，已成为最流行的 BIM 模型创建工具，越来越多的设计企业、工程公司使用它完成三维设计工作和 BIM 模型创建工作。

第 1 节主要介绍 Revit 的操作基础，包括 Revit 的启动、界面操作，项目、项目样板及族的基本概念，以及族类型、文件格式等。内容多以概念为主，这些概念是学习掌握 Revit 的基础。

第 2 节通过实际操作，详细阐述了如何用鼠标配合键盘控制视图的浏览、缩放、旋转等基本功能以及对图元的复制、移动、对齐、阵列的基本编辑操作；还介绍了通过尺寸标注来约束图元及临时尺寸标注修改图元位置。这些内容都是 Revit 操作的基础，只有掌握基本的操作后，才能更加灵活地操作软件，创建和编辑各种复杂的模型。

3.1 Revit 操作基础

学习要点：

- Revit 启动
- Revit 界面
- Revit 术语
- Revit 文件格式

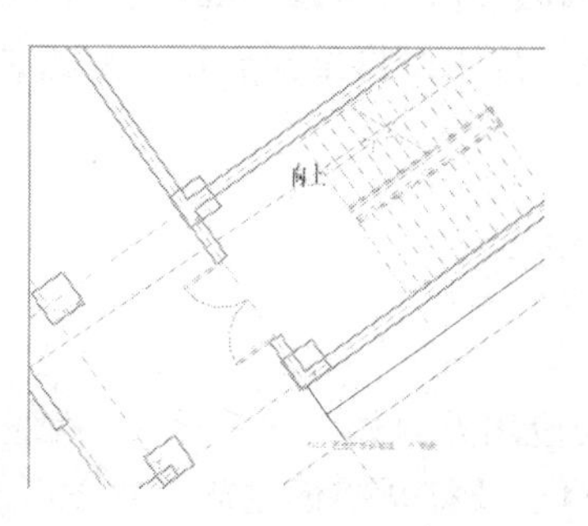

3.1.1 Revit 的启动

Revit 是标准的 Windows 应用程序，可以通过双击快捷方式启动 Revit 主程序。启动后，默认会显示“最近使用的文件”界面。如果在启动 Revit 时，不希望显示“最近使用的文件界面”，可以按以下步骤来设置。

（1）启动 Revit，单击左上角“应用程序菜单”按钮，在菜单中选择位于右下角的选项按钮，选出“选项”对话框，如图 3.1 所示。

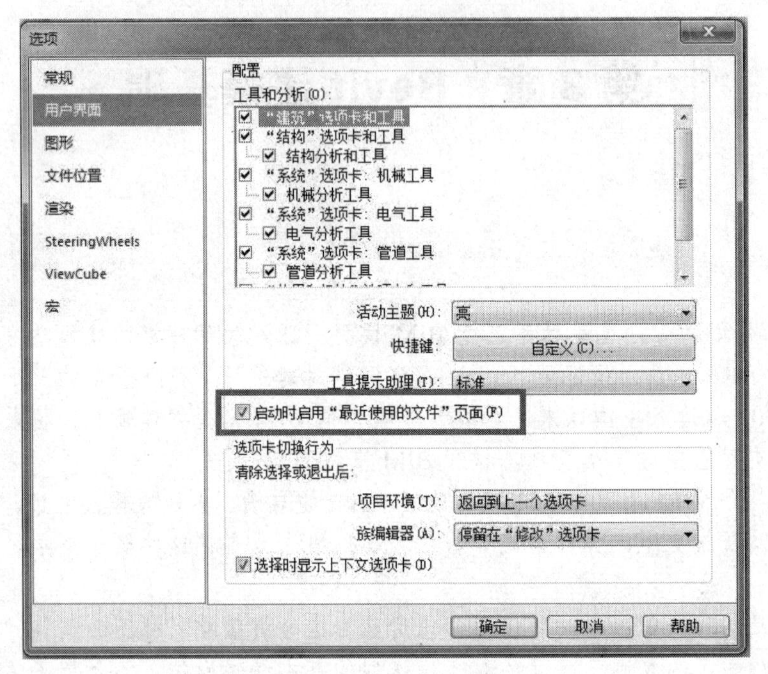

图 3.1 “用户界面”选项卡

（2）在“选项”对话框中，切换至“常规”选项卡，清除“启动时启用‘最近使用文件’页面”复选框，设置完成后单击确定按钮，退出“选项”对话框。

（3）单击“应用程序菜单”按钮，单击右下角退出 Revit按钮关闭 Revit，重新启动 Revit，此时将不再显示“最近使用的文件”界面，仅显示空白界面。

（4）使用相同的方法，勾选“选项”对话框中“启动时启用‘最近使用文件’页面”复选框并单击确定按钮，将重新启用“最近使用的文件”界面。

3.1.2 Revit 的界面

Revit 2014 的应用界面如图 3.2 所示。在主界面中，主要包含项目和族两大区域。分别用于打开或创建项目以及打开或创建族。在 Revit 2014 中，已整合了包括建筑、结构、机电各专业的功能，因此，在项目区域中，提供了建筑、结构、机械、构造等项目创建的快捷方式。单击不同类型的项目快捷方式，将采用各项目默认的项目样板进入新项目创建模式。

项目样板是 Revit 工作的基础。在项目样板中预设了新建的项目所有默认设置，包括长度单位、轴网标高样式、墙体类型等。项目样板仅为项目提供默认预设工作环境，在项目创建过程中，Revit 允许用户在项目中自定义和修改这些默认设置。

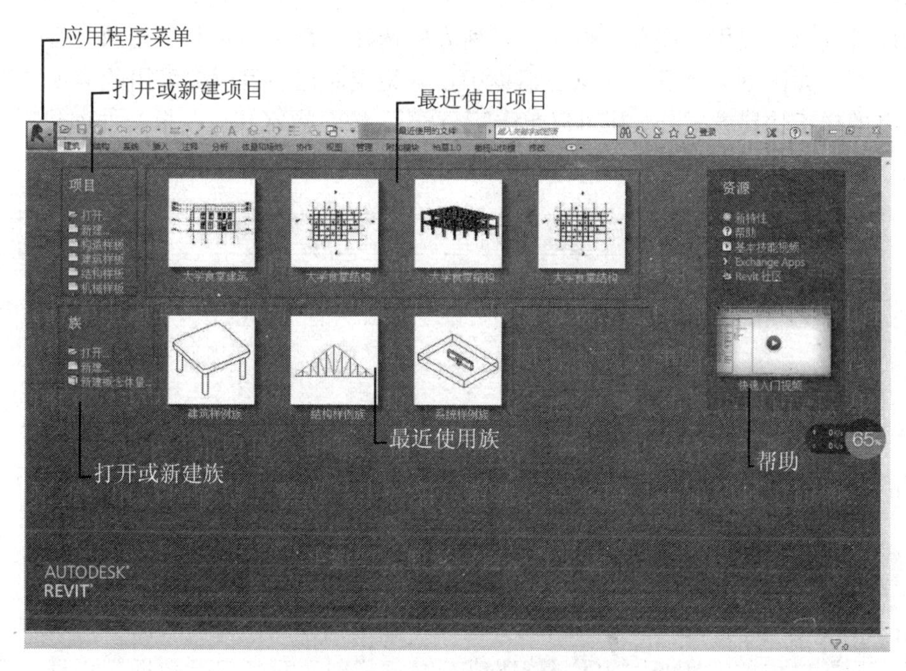

图 3.2 Revit 界面

如图 3.3 所示，在“选项”对话框中，切换至“文件位置”选项卡，可以查看 Revit 中各类项目所采用的样板设置。在该对话框中，还允许用户添加新的样板快捷方式，浏览指定所采用的项目样板。

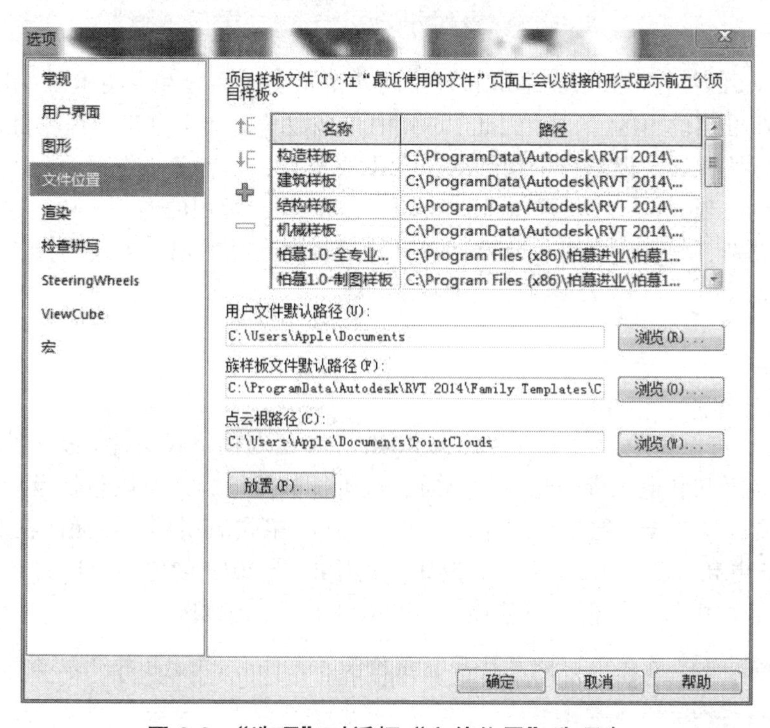

图 3.3 “选项”对话框“文件位置”选项卡

还可以通过单击应用程序菜单按钮，在列表中选择“新建>>项目”选项，将弹出“新建项目”对话框，如图 3.4 所示。在该对话框中可以指定新建项目时要采用的样板文件，除可以选择已有的样板快捷方式外，还可以单击 浏览(B)... 按钮指定其他样板文件创建项目。在该对话框中，选择“新建”的项目为“项目样板”的方式，用于自定义项目样板。

图 3.4 “新建项目”对话框

使用帮助与信息中心：

Revit 提供了完善的帮助文件系统，以方便用户在遇到使用困难时查阅。可以随时单击“帮助与信息中心”栏中的“Help” ? 按钮或按键盘“F1”键，打开帮助文档进行查阅。目前，Revit 已将帮助文件以在线的方式提供，因此必须连接 Internet 才能正常查看帮助文档。

3.1.3 Revit 基本术语

要掌握 Revit 的操作，必须先理解软件中的几个重要的概念和专用术语。由于 Revit 是针对工程建设行业推出的 BIM 工具，因此 Revit 中大多数术语均来自于工程项目，例如结构墙、门、窗、楼板、楼梯等。但软件中包括几个专用的术语，读者务必掌握。

除前面介绍的参数化、项目样板外，Revit 还包括几个常用的专用术语。这些常用术语包括项目、对象类别、族、族类型、族实例等。必须理解这些术语的概念与涵义，才能灵活创建模型和文档。

1. 项 目

在 Revit 中，可以简单地将项目理解为 Revit 的默认存档格式文件。该文件中包含了工程中所有的模型信息和其他工程信息，如材质、造价、数量等，还可以包括设计中生成的各种图纸和视图。项目以“.rvt”数据格式保存。注意“.rvt”格式的项目文件无法在低版本的 Revit 打开，但可以被更高版本的 Revit 打开。例如，使用 Revit 2012 创建的项目文件，无法在 Revit 2011 或更低的版本中打开，但可以使用 Revit 2014 打开或编辑。

提示：使用高版本的软件打开文件后，当在保存文件时，Revit 将升级项目文件格式为新版本文件格式。升级后的文件也将无法使用低版本软件打开了。

前面提到，项目样板是创建项目的基础。事实上在 Revit 中创建任何项目时，均会采用默认的项目样板文件。项目样板文件以“.rte”格式保存。与项目文件类似，无法在低版本的 Revit 软件中使用高版本创建的样板文件。

2. 图 元

图元是构成项目的基础。在项目中，各图元主要起 3 种作用：

（1）基准图元可帮助定义项目的定位信息。例如，轴网、标高和参照平面都是基准图元。

（2）模型图元表示建筑的实际三维几何图形。它们显示在模型的相关视图中。例如，墙、窗、门和屋顶是模型图元。

（3）视图专有图元只显示在放置这些图元的视图中。它们可帮助对模型进行描述或归档。例如，尺寸标注、标记和详图构件都是视图专有图元。

而模型图元又分为 2 种类型：

（1）主体（或主体图元）通常在构造场地在位构建。例如，墙和楼板是主体。

（2）构件是建筑模型中其他所有类型的图元。例如，窗、门和橱柜是模型构件。

对于视图专有图元，则分为以下 2 种类型：

（1）标注是对模型信息进行提取并在图纸上以标记文字的方式显示其名称、特性。例如，尺寸标注、标记和注释记号都是注释图元。当模型发生变更时，这些注释图元将随模型的变化而自动更新。

（2）详图是在特定视图中提供有关建筑模型详细信息的二维项。例如包括详图线、填充区域和详图构件。这类图元类似于 AutoCAD 中绘制的图块，不随模型的变化而自动变化。

如图 3.5 所示，列举了 Revit 中各不同性质和作用的图元的使用方式，供读者参考。

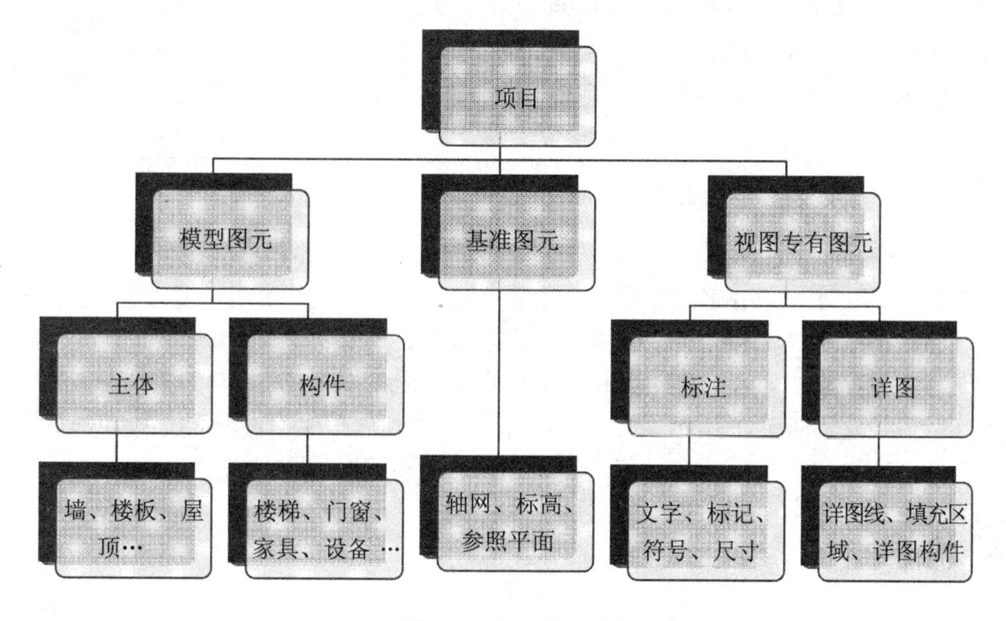

图 3.5 图元关系图

3. 对象类别

与 AutoCAD 不同，Revit 不提供图层的概念。Revit 中的轴网、墙、尺寸标注、文字注释等对象以对象类别的方式进行自动归类和管理。Revit 通过对象类别进行细分管理。例如，模型图元类别包括墙、楼梯、楼板等；注释类别包括门窗标记、尺寸标注、轴网、文字等。

在项目任意视图中通过按键盘默认快捷键 VV，将打开“可见性图形替换”对话框，如图 3.6 所示，在该对话框中可以查看 Revit 包含的详细类别名称。

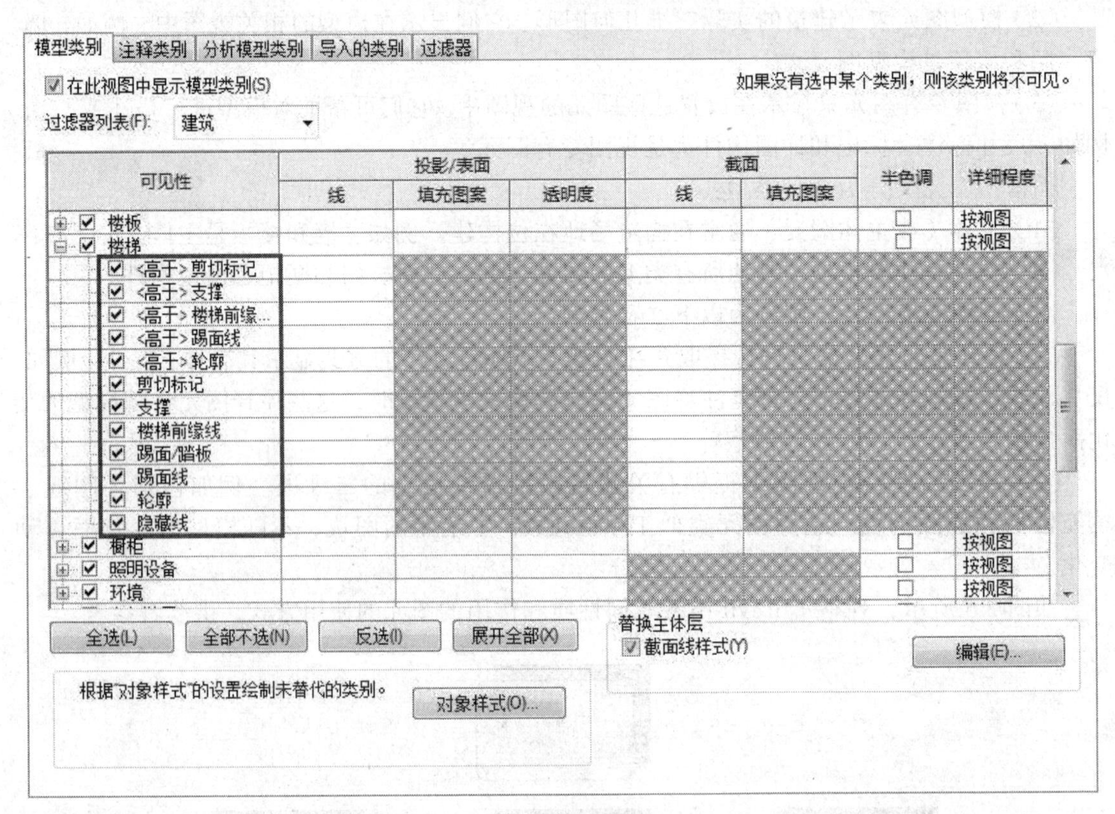

图 3.6 “可见性图形替换”对话框

注意在 Revit 的各类别对象中，还将包含子类别定义，例如楼梯类别中，还可以包含踢面线、轮廓等子类别。Revit 通过控制对象中各子类别的可见性、线型、线宽等设置，控制三维模型对象在视图中的显示，以满足建筑出图的要求。

在创建各类对象时，Revit 会自动根据对象所使用的族将该图元自动归类到正确的对象类别当中。例如，放置门时，Revit 会自动将该图元归类于“门”，而不必像 AutoCAD 那样预先指定图层。

4. 族

Revit 的项目是由墙、门、窗、楼板、楼梯等一系列基本对象“堆积”而成，这些基本的零件就是图元。除三维图元外，包括文字、尺寸标注等单个对象也称之为图元。

族是 Revit 的重要基础。Revit 的任何单一图元都由某一个特定族产生。例如，一扇门、面墙、一个尺寸标注、一个图框。由一个族产生的各图元均具有相似的属性或参数。例如，对于一个平开门族，由该族产生的图元可以具有都将高度、宽度等参数，但具体每个门的高度、宽度的值可以不同，这由该族的类型或实例参数定义决定。

在 Revit 中，族分为 3 种：

（1）可载入族。

可载入族是指单独保存为族“.rfa”格式的独立族文件，且可以随时载入到项目中的族。Revit 提供了族样板文件，允许用户自定义任意形式的族。在 Revit 中门、窗、结构柱、卫浴装置等均为可载入族。

（2）系统族。

系统族仅能利用系统提供的默认参数进行定义，不能作为单个族文件载入或创建。系统族包括墙、尺寸标注、天花板、屋顶、楼板等。系统族中定义的族类型可以使用“项目传递”功能在不同的项目之间进行传递。

（3）内建族。

在项目中，由用户在项目中直接创建的族称为内建族。内建族仅能在本项目中使用，即不能保存为单独的“.rfa”格式的族文件，也不能通过“项目传递”功能将其传递给其他项目。

与其他族不同，内建族仅能包含一种类型。Revit 不允许用户通过复制内建族类型来创建新的族类型。

5. 类型和实例

除内建族外，每一个族包含一个或多个不同的类型，用于定义不同的对象特性。例如，对于墙来说，可以通过创建不同的族类型，定义不同的墙厚和墙构造。而每个是放置在项目中的实际墙图元，则称之为该类型的一个实例。Revit 通过类型属性参数和实例属性参数控制图元的类型或实例参数特征。同一类型的所有实例均具备相同的类型属性参数设置，而同一类型的不同实例，可以具备完全不同的实例参数设置。

如图 3.7 所示，列举了 Revit 中族类别、族、族类型和族实例之间的相互关系。

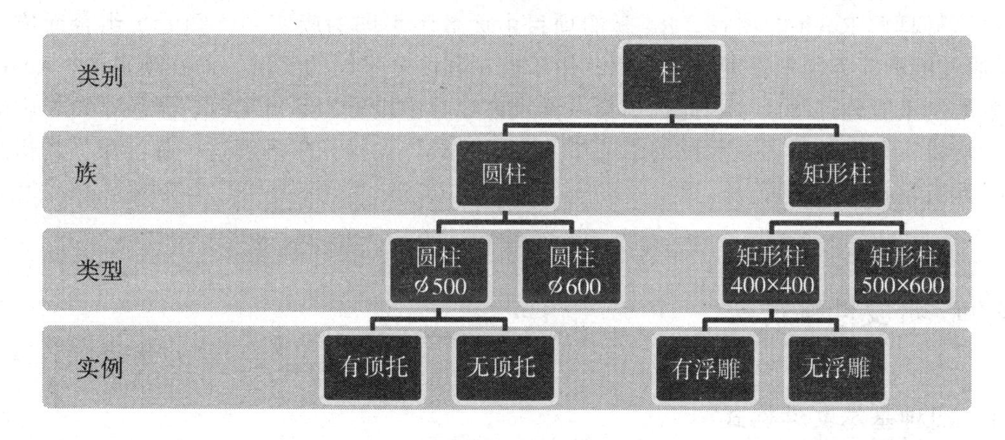

图 3.7　族关系

例如，对于同一类型的不同墙实例，它们均具备相同的墙厚度和墙构造定义，但可以具备不同的高度、底部标高、顶部标高等信息。

修改类型属性的值会影响该族类型的所有实例，而修改实例属性时，仅影响所有被选择的实例。要修改某个实例具有不同的类型定义，必须为族创建新的族类型。例如，要将其中一个厚度 240 mm 的墙图元修改为 300 mm 厚的墙图元，必须为墙创建新的类型，以便于在类型属性中定义墙的厚度。

6. 各术语间的关系

在 Revit 中，各类术语间对象的关系如图 3.8 所示。

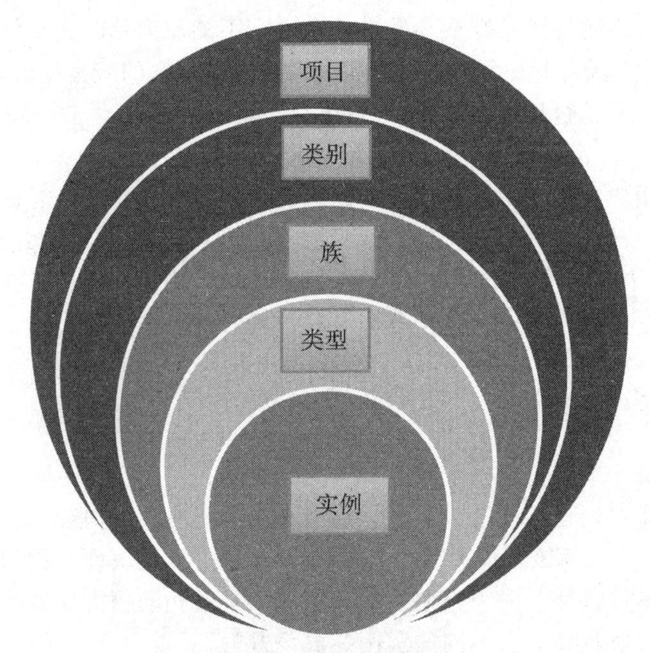

图 3.8　对象关系图

可这样理解 Revit 的项目，Revit 的项目由无数个不同的族实例（图元）组合而成，而 Revit 通过族和族类别来管理这些实例，用于控制和区分不同的实例。而在项目中，Revit 通过对象类别来管理这些族。因此，当某一类别在项目中设置为不可见时，隶属于该类别的所有图元均将不可见。本书在后续的章节中，将通过具体的操作来理解这些晦涩难懂的概念。读者在此有基本理解即可。

3.1.4　Revit 文件格式

1. 四种基本文件格式

（1）ret 格式。

项目样板文件格式。包含项目单位、标注样式、文字样式、线型、线宽、线样式、导入/

导出设置等内容。为规范设计和避免重复设置，对 Revit 自带的项目样板文件，根据用户自身需要、内部标准设置，并保存成项目样板文件，便于用户新建项目文件时选用。

（2）rvt 格式。

项目文件格式。包含项目所有的建筑模型、注释、视图、图纸等项目内容。通常基于项目样板文件（.rte）创建项目文件，编辑完成后保存为 rvt 文件，作为设计使用的项目文件。

（3）rft 格式。

可载入族的样板文件格式。创建不同类别的族要选择不同族的样板文件。

（4）rfa 格式。

可载入族的文件格式。用户可以根据项目需要创建自己的常用族文件，以便随时在项目中调用。

2. 支持的其他文件格式

在项目设计、管理时，用户经常会使用多种设计、管理工具来实现自己的意图，为了实现多软件环境的协同工作，Revit 提供了“导入”“链接”“导出”工具，可以支持 CAD、FBX、IFC、gbXML 等多种文件格式。用户可以根据需要进行有选择地导入和导出，如图 3.9 所示。

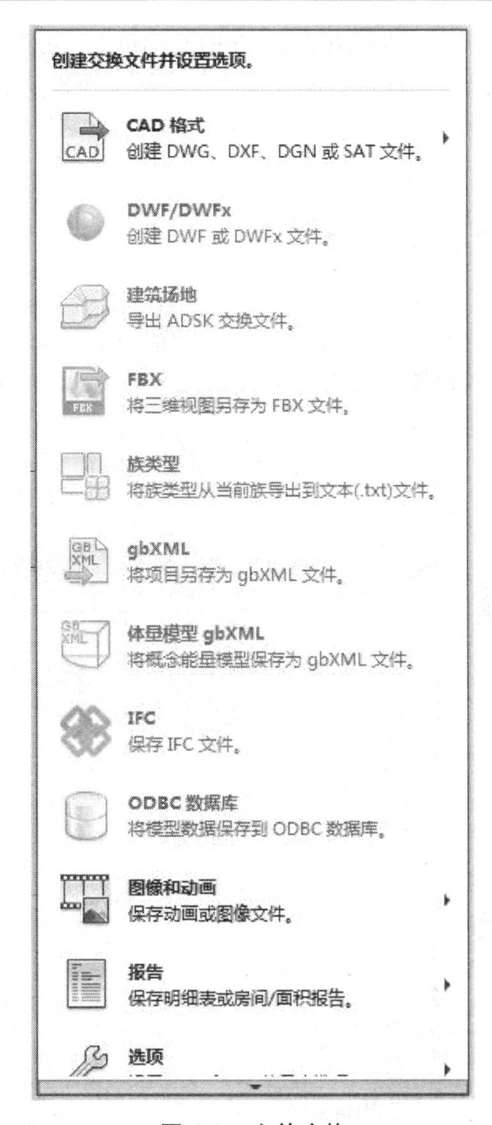

图 3.9　文件交换

3.2 Revit 基本操作

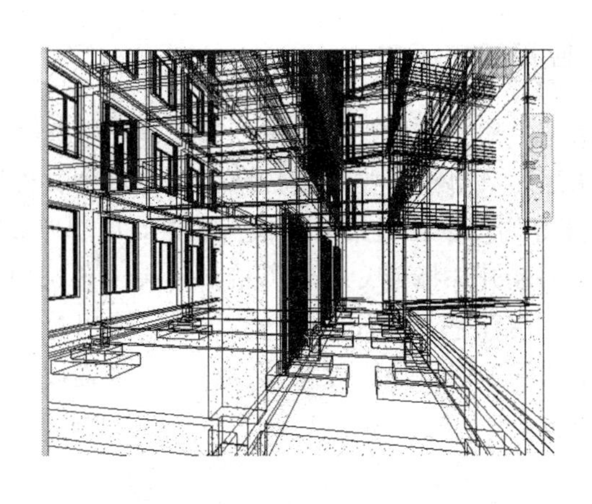

学习要点：

- 操作界面
- 视图
- 基本修改、编辑命令
- 临时尺寸标注
- 快捷操作命令

上一节介绍了 Revit 的基础概念。由于读者刚刚接触 Revit 软件，这些概念显得相当难以理解，即使读者不能理解这些概念也没关系，随着对 Revit 操作的熟练和理解的加深，这些概念会自然理解。接下来，将介绍 Revit 的基本操作和编辑工具。

3.2.1 用户界面

Revit 使用了 Ribbon 界面，用户可以根据自己的需要修改界面布局。例如，可以将功能区设置为 4 种显示设置之一。还可以同时显示若干个项目视图，或修改项目浏览器的默认位置。

如图 3.10 所示，为在项目编辑模式下 Revit 的界面形式。

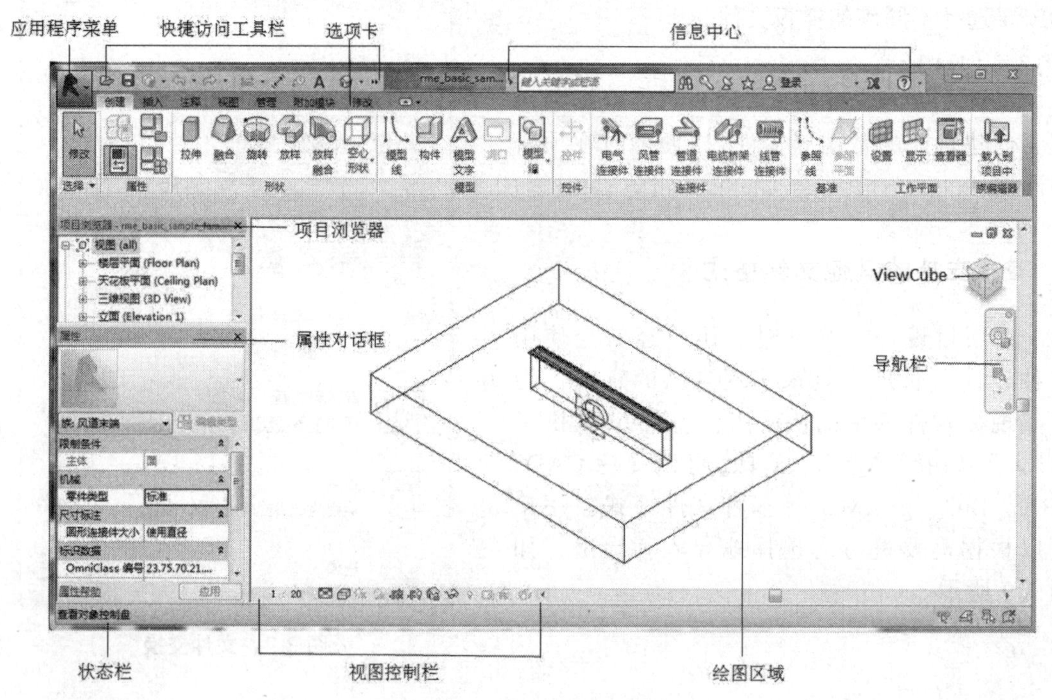

图 3.10 Revit 工作界面

1. 应用程序菜单

单击左上角“应用程序菜单”按钮 可以打开应用程序菜单列表，如图 3.11 所示。

应用程序菜单按钮类似于传统界面下的“文件”菜单，包括【新建】【保存】【打印】【退出 Revit】等均可以在此菜单下执行。在应用程序菜单中，可以单击各菜单右侧的箭头查看每个菜单项的展开选择项，然后再单击列表中各选项执行相应的操作。

单击应用程序菜单右下角 选项 按钮，可以打开【选项】对话框。如图 3.12 所示，在【用户界面】选项卡中，用户可根据自己的工作需要自定义出现在功能区域的选项卡命令，并**自定义快捷键**。

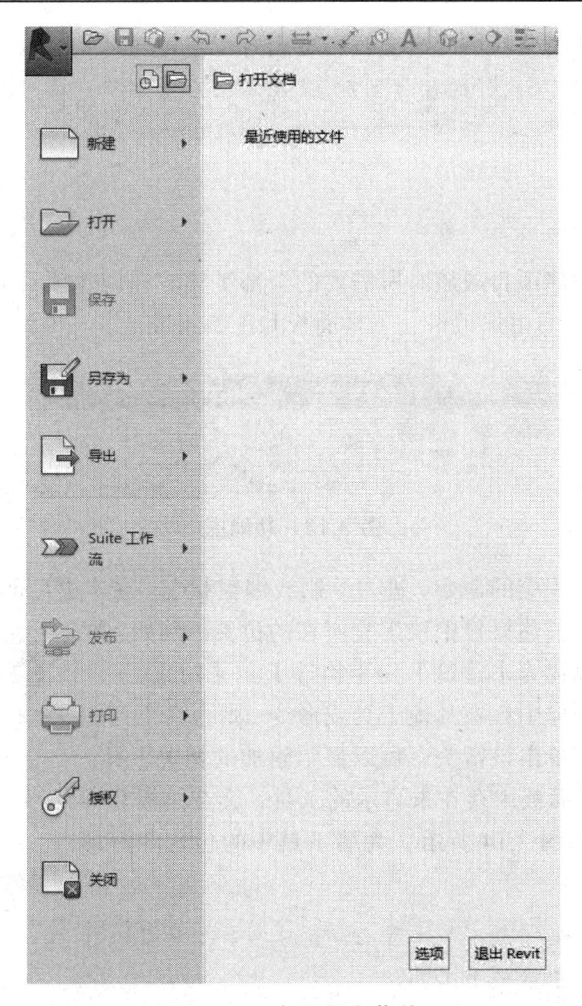

图 3.11 应用程序菜单

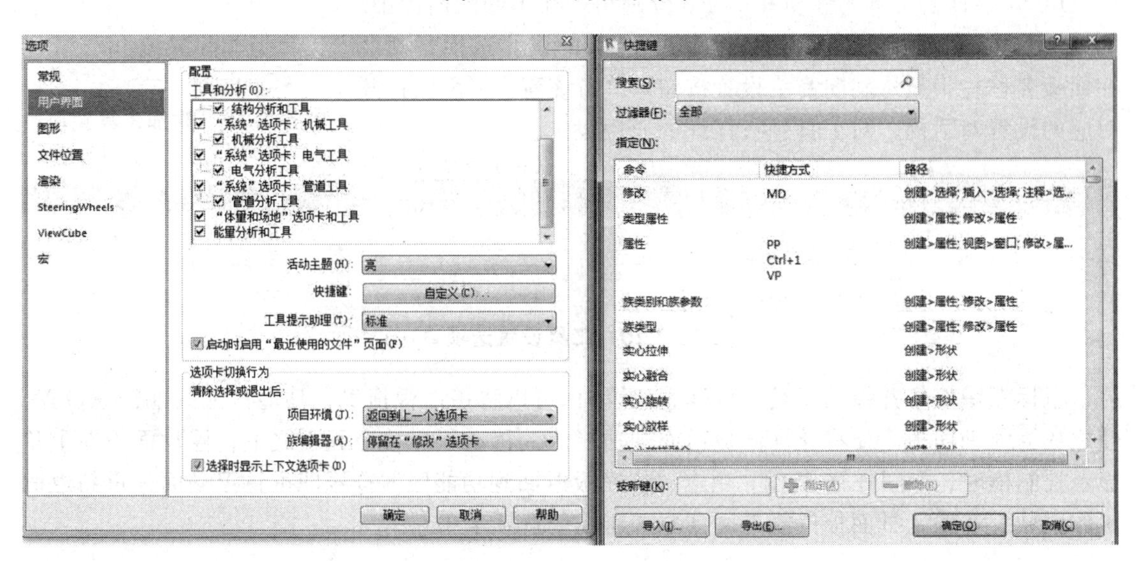

图 3.12 自定义快捷键

提示：在 Revit 中使用快捷键时直接按键盘对应字母即可，输入完成后无需输入空格或回车（注意与 AutoCAD 等软件的操作区别）。在本书后续章节，将对操作中使用到的每一个工具说明默认快捷键。

2. 功能区

功能区提供了在创建项目或族时所需要的全部工具。在创建项目文件时，功能区显示如图 3.13 所示。功能区主要由选项卡、工具面板和工具组成。

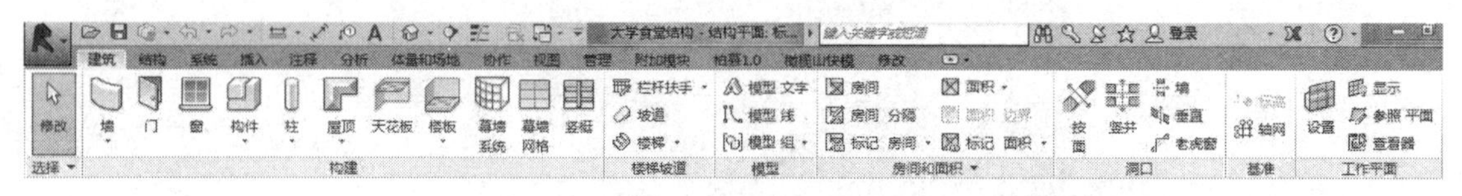

图 3.13　功能区

单击工具可以执行相应的命令，进入绘制或编辑状态。在本书后面章节中，会按选项卡、工具面板和工具的顺序描述操作中该工具所在的位置。例如，要执行“门”工具，将描述为【建筑】>>【构件】>>【门】。

如果同一个工具图标中存在其他工具或命令，则会在工具图标下方显示下拉箭头，单击该箭头，可以显示附加的相关工具。与之类似，如果在工具面板中存在未显示的工具，会在面板名称位置显示下拉箭头。如图 3.14 所示，为墙工具中的包含的附加工具。

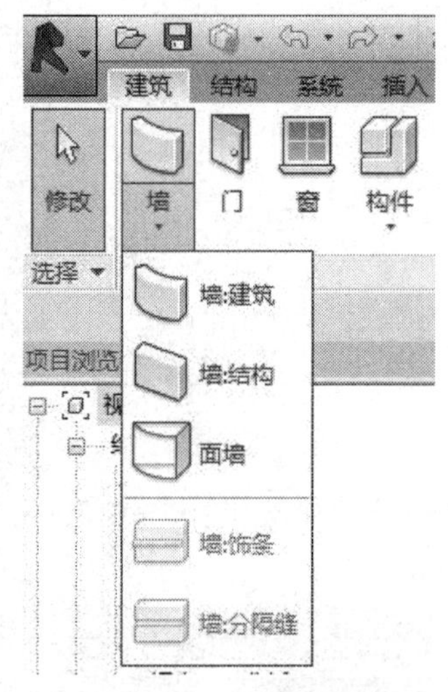

图 3.14　附加工具菜单

提示：如果工具按钮中存在下拉箭头，直接单击工具将执行最常用的工具，即列表中第一个工具。

Revit 根据各工具的性质和用途，分别组织在不同的面板中。如图 3.15 所示，如果存在与面板中工具相关的设置选项，则会在面板名称栏中显示斜向箭头设置按钮。单击该箭头，可以打开对应的设置对话框，对工具进行详细的通用设定。

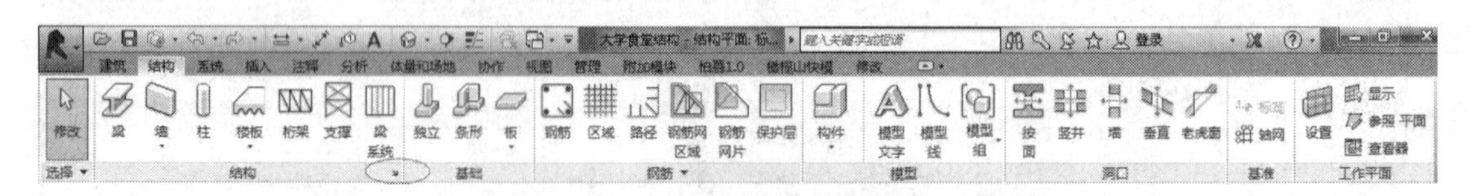

图 3.15　工具设置选项

鼠标左键按住并拖动工具面板标签位置时，可以将该面板拖曳到功能区上其他任意位置，使之成为浮动面板。要将浮动面板返回到功能区，移动鼠标移至面板之上，浮动面板右上角显示控制柄时，如图 3.16 所示，单击“将面板返回到功能区”符号即可将浮动面板重新返回工作区域。注意工具面板仅能返回其原来所在的选项卡中。

图 3.16 面板返回到功能区按钮

Revit 提供了 3 种不同的功能区面板显示状态。单击选项卡右侧的功能区状态切换符号 ，可以将功能区视图在显示完整的功能区、最小化到面板平铺、最小化至选项卡状态间循环切换。如图 3.17 所示，为最小化到面板平铺时功能区的显示状态。

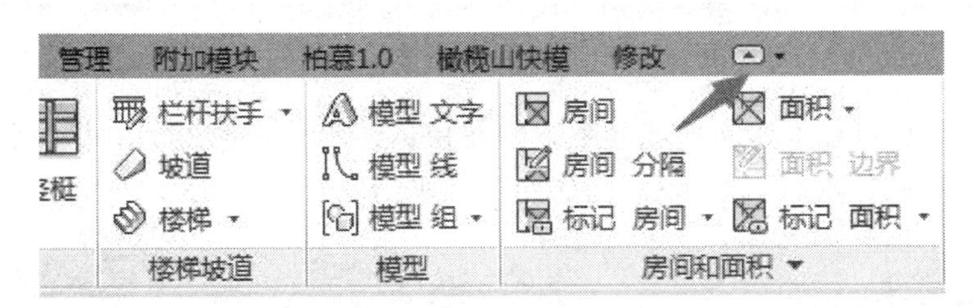

图 3.17 功能区状态切换按钮

3. 快速访问工具栏

除可以在功能区域内单击工具或命令外，Revit 还提供了快速访问工具栏，用于将执行最使用的命令。默认情况下快速访问工具栏包含的项目见表 3.1。

表 3.1 快速访问工具栏

快速访问工具栏项目	说 明
（打开）	打开项目、族、注释、建筑构件或 IFC 文件
（保存）	用于保存当前的项目、族、注释或样板文件
（撤消）	用于在默认情况下取消上次的操作。显示在任务执行期间执行的所有操作的列表
（恢复）	恢复上次取消的操作。另外还可显示在执行任务期间所执行的所有已恢复操作的列表
（切换窗口）	点击下拉箭头，然后单击要显示切换的视图
（三维视图）	打开或创建视图，包括默认三维视图、相机视图和漫游视图
（同步并修改设置）	用于将本地文件与中心服务器上的文件进行同步
（定义快速访问工具栏）	用于自定义快速访问工具栏上显示的项目。要启用或禁用项目，请在“自定义快速访问工具栏”下拉列表上该工具的旁边单击

可以根据需要自定义快速访问栏中的工具内容，根据自己的需要重新排列顺序。例如，要将在快速访问栏中创建墙工具，如图 3.18 所示，右键单击功能区【墙】工具，弹出快捷菜单中选择“添加到快速访问工具栏”即可将墙及其附加工具同时添加至快速访问栏中。使用

类似的方式，在快速访问栏中右键单击任意工具，选择“从快速访问栏中删除”，可以将工具从快速访问栏中移除。

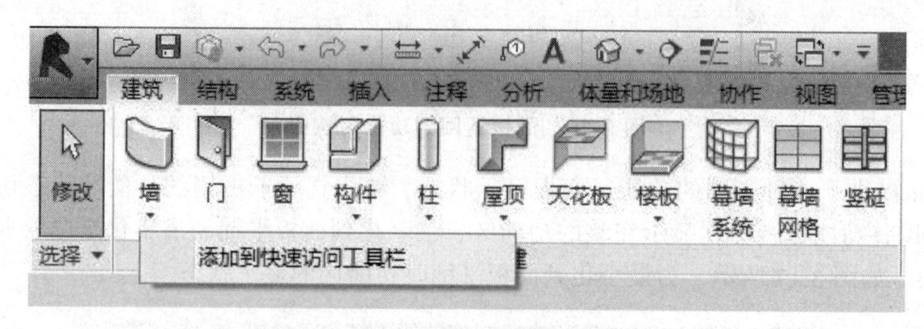

图 3.18　添加到快速访问工具栏

快速访问工具栏可以设置在功能区下方。在快速访问工具栏上单击“自定义快速访问工具栏”下拉菜单“在功能区下方显示”，如图 3.19 所示。

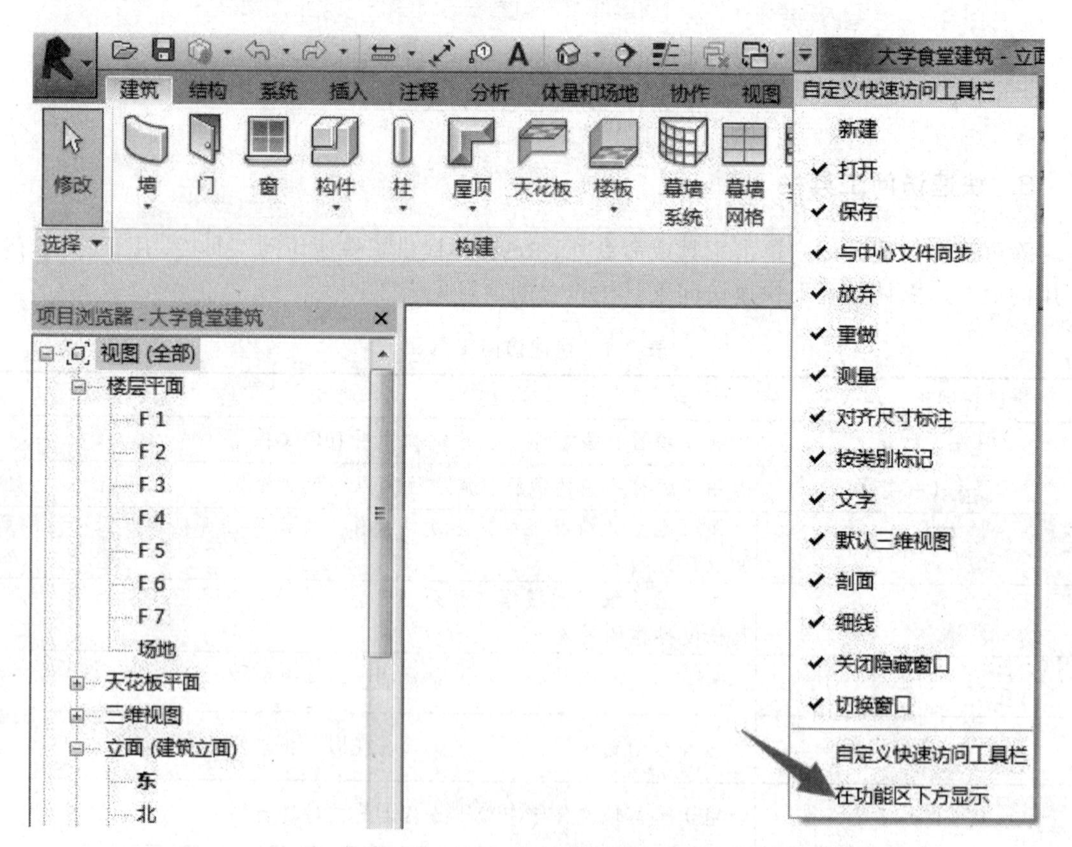

图 3.19　自定义快速访问工具栏

单击“自定义快速访问工具栏”下拉菜单，在列表中选择“自定义快速访问栏”选项，将弹出如图 3.20 所示的“自定义快速访问工具栏”对话框。使用该对话框，可以重新排列快速访问栏中的工具显示顺序，并根据需要添加分隔线。勾选该对话框中的“在功能区下方显示快速访问工具栏”选项也可以修改快速访问栏的位置。

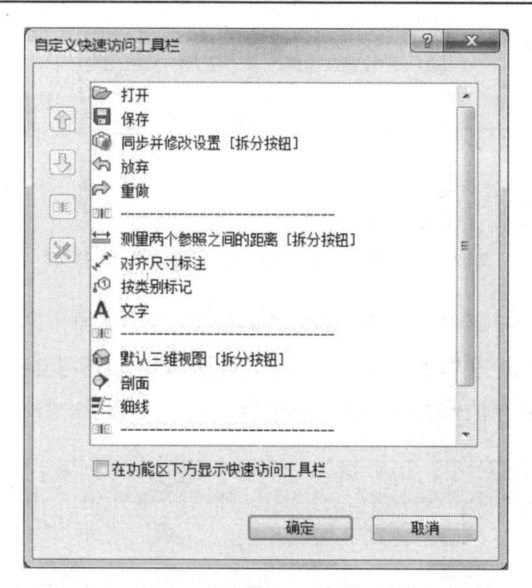

图 3.20　“自定义快速访问工具栏”对话框

4. 选项栏

选项栏默认位于功能区下方，用于当前正在执行操作的细节设置。选项栏的内容比较类似于 AutoCAD 的命令提示行，其内容因当前所执行的工具或所选图元的不同而不同。如图 3.21 所示，为使用墙工具时，选项栏的设置内容。

图 3.21　选项栏

可以根据需要将选项栏移动到 Revit 窗口的底部，在选项栏上单击鼠标右键，然后选择“固定在底部”选项即可。

5. 项目浏览器

项目浏览器用于组织和管理当前项目中包括的所有信息。包括项目中所有视图、明细表、图纸、族、组、链接的 Revit 模型等项目资源。Revit 按逻辑层次关系组织这些项目资源，方便用户管理。展开和折叠各分支时，将显示下一层集的内容。如图 3.22 所示，为项目浏览器中包含的项目内容。项目浏览器中，项目类别前显示“⊞”表示该类别中还包括其他子类别项目。在 Revit 中进行项目设计时，最常用的操作就是利用项目浏览器在各视图中切换。

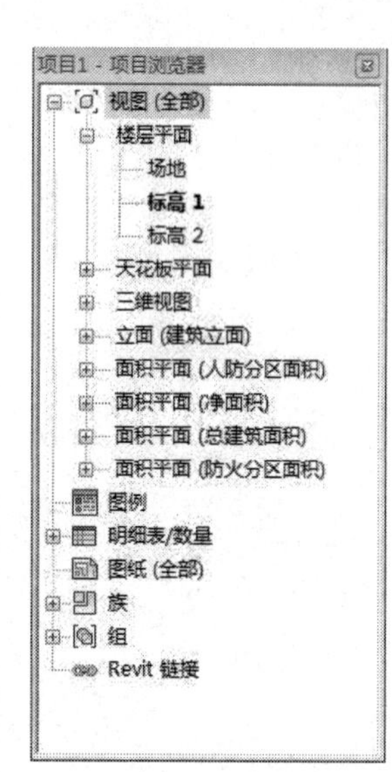

图 3.22　项目浏览器

在 Revit 中，可以在项目浏览器对话框任意栏目名称上单击鼠标右键，在弹出右键菜单中选择【搜索】选项，打开“在项目浏览器中搜索”对话框，如图 3.23 所示。可以使用该对话框在项目浏览器中对视图、族及族类型名称进行查找定位。

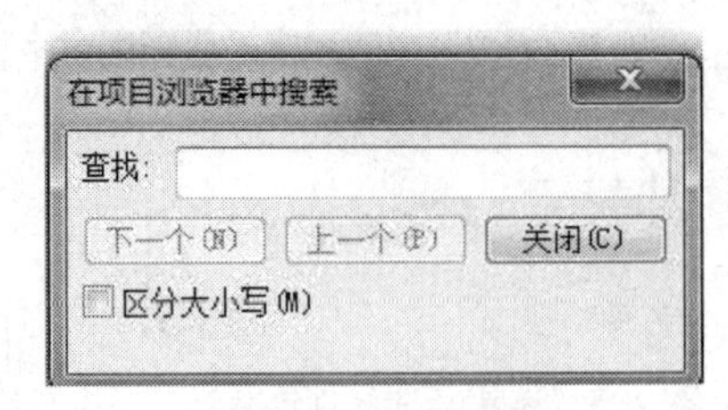

图 3.23 “在项目浏览器中搜索”对话框

在项目浏览器中，右键单击第一行“视图（全部）”，在弹出右键快捷菜单中选择【类型属性】选项，将打开项目浏览器的“类型属性”对话框，如图 3.24 所示。可以自定义项目视图的组织方式，包括排序方法和显示条件过滤器。

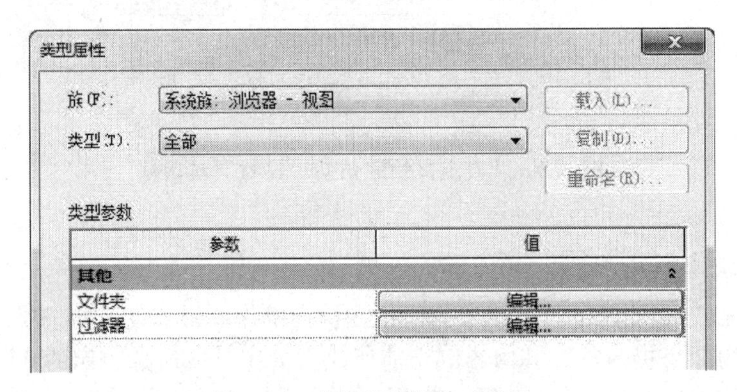

图 3.24 “类型属性”对话框

6. 属性面板

“属性”面板可以查看和修改用来定义 Revit 中图元实例属性的参数。属性面板各部分的功能如图 3.25 所示。

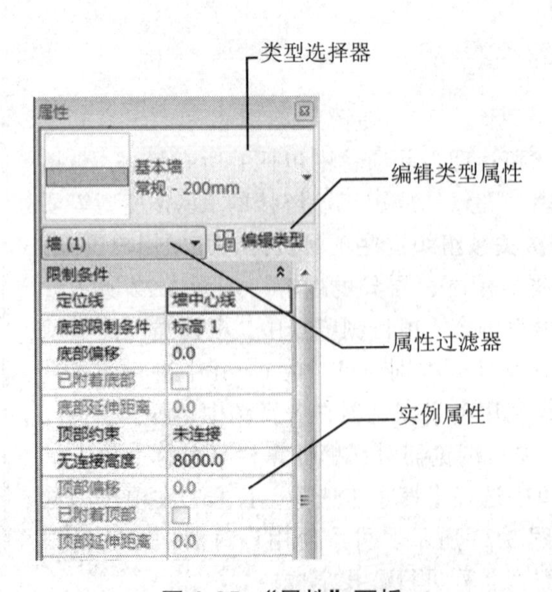

图 3.25 “属性”面板

在任何情况下，按键盘快捷键“Ctrl+1”，均可打开或关闭属性面板。还可以选择任意图元，单击上下文关联选项卡中按钮；或在绘图区域中单击鼠标右键，在弹出的快捷菜单中选择【属性】选项将其打开。可以将属性面板固定到 Revit 窗口的任一侧，也可以将其拖拽到绘图区域的任意位置成为浮动面板。

当选择图元对象时，属性面板将显示当前所选择对象的实例属性；如果未选择任何图元，则选项板上将显示活动视图的属性。

7. 绘图区域

Revit 窗口中的绘图区域显示当前项目的楼层平面视图以及图纸和明细表视图。在 Revit 中每当切换至新视图时，都在绘图区域将创建新的视图窗口，且保留所有已打开的其他视图。

默认情况下，绘图区域的背景颜色为白色。在“选项”对话框“图形”选项卡中，可以设置视图中的绘图区域背景反转为黑色。如图 3.26 所示，使用【视图】>>【窗口】>>【平铺】或【层叠】工具，并可设置所有已打开视图排列方式为平铺、层叠等。

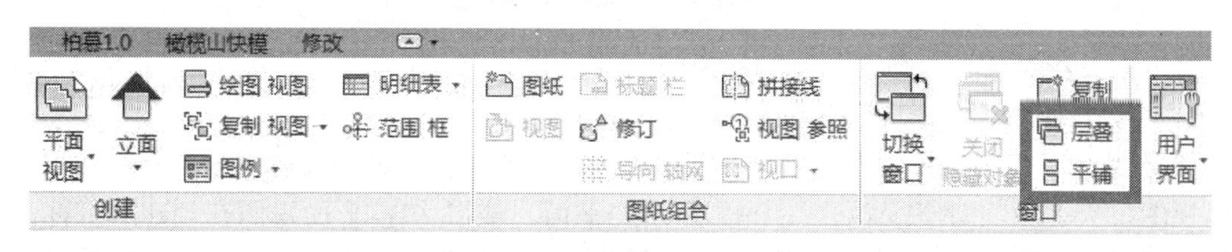

图 3.26 视图排列方式

8. 视图控制栏

在楼层平面视图和三维视图中，绘图区各视图窗口底部均会出现视图控制栏，如图 3.27 所示。

1 : 100

图 3.27 视图控制栏

通过控制栏，可以快速访问影响当前视图的功能，其中包括下列 12 个功能：

比例、详细程度、视觉样式、打开/关闭日光路径、打开/关闭阴影、显示/隐藏渲染对话框、裁剪视图、显示/隐藏裁剪区域、解锁/锁定三维视图、临时隔离/隐藏、显示隐藏的图元、分析模型的可见性。在后面将详细介绍视图控制栏中各项工具的使用。

3.2.2 视图控制

1. 项目视图种类

Revit 视图有很多种形式，每种视图类型都有特定用途，视图不同于 CAD 绘制的图纸，它是 Revit 项目中 BIM 模型根据不同的规则显示的投影。

常用的视图有平面视图、立面视图、剖面视图、详图索引视图、三维视图、图例视图、明细表视图等。同一项目可以有任意多个视图，例如，对于“1F”标高，可以根据需要创建任意数量的楼层平面视图，用于表现不同的功能要求，如“1F”梁布置视图、“1F”柱布置视图、“1F”房间功能视图、“1F”建筑平面图等。所有视图均根据模型剖切投影生成。

如图 3.28 所示，Revit 在“视图”选项卡“创建”面板中提供了创建各种视图的工具。也可以在项目浏览器中根据需要创建不同视图类型。

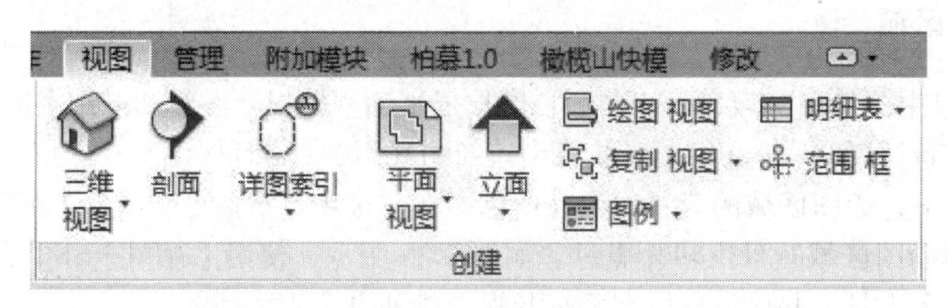

图 3.28 视图工具

接下来，将对各类视图进行详细的说明。

（1）楼层平面视图及天花板平面。

楼层/结构平面视图及天花板视图是沿项目水平方向，按指定的标高偏移位置剖切项目生成的视图。大多数项目至少包含一个楼层/结构平面。楼层/结构平面视图在创建项目标高时默认可以自动创建对应的楼层平面视图（建筑样板创建的是楼层平面，结构样板创建的是结构平面）；在立面中，已创建的楼层平面视图的标高标头显示为蓝色，无平面关联的标高标头是黑色。除使用项目浏览器外，在立面中可以通过双击蓝色标高标头进入对应的楼层平面视图；使用【视图】>>【创建】>>【平面视图】工具可以手动创建楼层平面视图。

在楼层平面视图中，当不选择任何图元时，“属性”面板将显示当前视图的属性。在“属性”面板中单击“视图范围”后的编辑按钮，将打开“视图范围”对话框，如图 3.29 所示。在该对话框中，可以定义视图的剖切位置以及范围。

图 3.29 “视图范围”对话框

该对话框中，各主要功能介绍如下：

• 视图主要范围。

每个平面视图都具有“视图范围”视图属性，该属性也称为可见范围。视图范围是用于控制视图中模型对象的可见性和外观的一组水平平面，分别称“顶部平面”“剖切面”和“底部平面”。顶部平面和底部平面用于制定视图范围最顶部和底部位置，剖切面是确定剖切高度的平面，这3个平面用于定义视图范围的“主要范围”。

• 视图深度范围。

“视图深度”是视图范围外的附加平面，可以设置视图深度的标高，以显示位于底裁剪平面之下的图元，默认情况下该标高与底部重合。“主要范围”的底不能超过“视图深度”设置的范围。

各深度范围图解如图3.30所示。

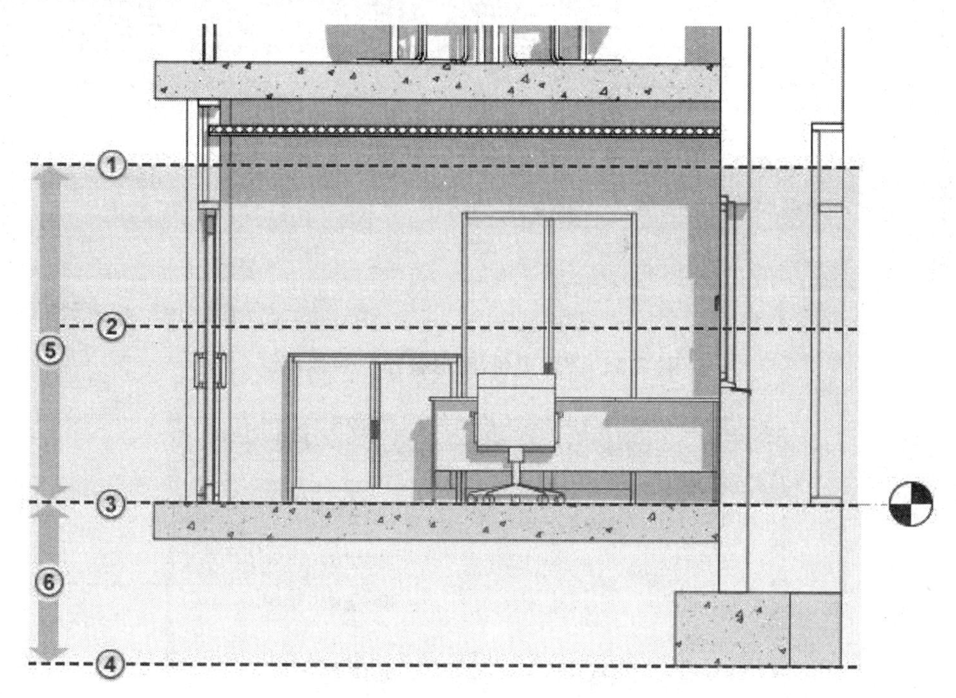

图3.30 视图范围分层图

①—顶部；②—剖切面；③—底部；④—偏移量；⑤—主要范围；⑥—视图深度

• 视图范围内图元样式设置。

“主要范围”内图元投影样式设置：视图-可见性/图形-模型类别-投影/表面选项内的对象样式设置。

“主要范围”内图元截面样式设置：视图-可见性/图形-模型类别-截面选项内的对象样式设置。

“深度范围”内图元线样式设置：视图-可见性图形设置-模型类别-可见性-线-<超出>。

以上设置如图3.31所示。

天花板视图与楼层平面视图类似，同样沿水平方向指定标高位置对模型进行剖切生成投影。但天花板视图与楼层平面视图观察的方向相反：天花板视图为从剖切面的位置向上查看模型进行投影显示，而楼层平面视图为从剖切面位置向下查看模型进行投影显示。如图3.32所示，为天花板平面的视图范围定义。

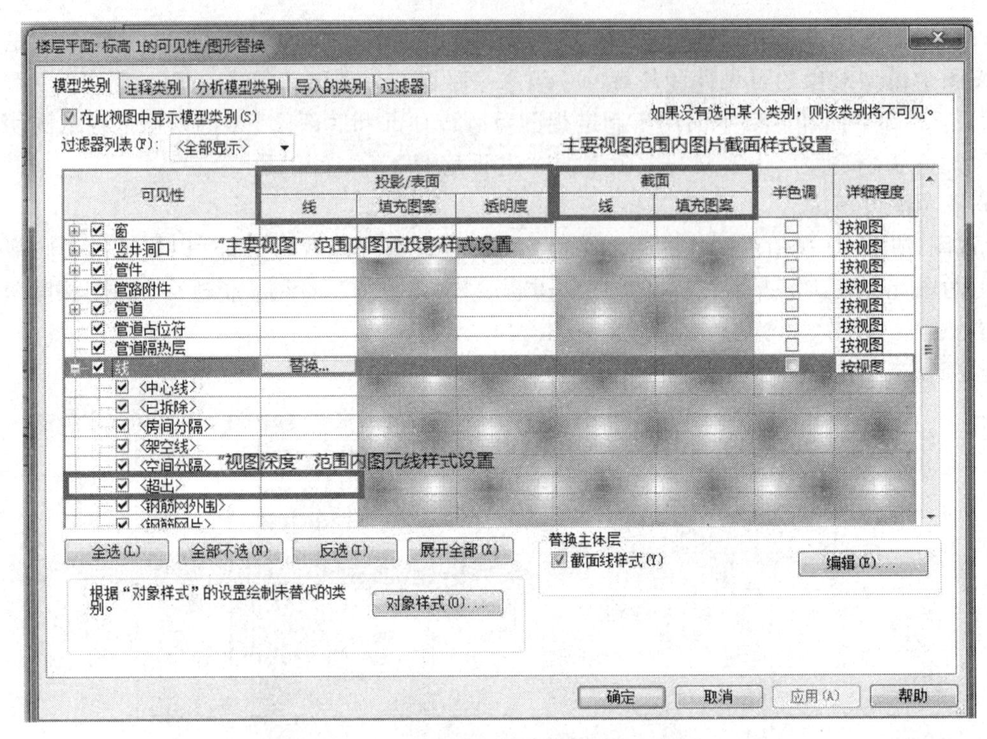

图 3.31 “可见性/图形替换”对话框

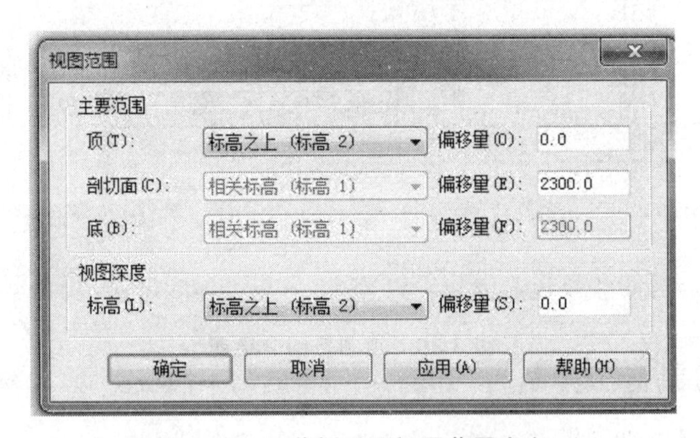

图 3.32 天花板平面视图范围定义

（2）立面视图。

立面视图是项目模型在立面方向上的投影视图。在 Revit 中，默认每个项目将包含东、西、南、北 4 个立面视图，并在楼层平面视图中显示立面视图符号 。双击平面视图中立面标记中黑色小三角，会直接进入立面视图。Revit 允许用户在楼层平面视图或天花板视图中创建任意立面视图。

（3）剖面视图。

剖面视图允许用户在平面、立面或详图视图中通过在指定位置绘制剖面符号线，在该位置对模型进行剖切，并根据剖面视图的剖切和投影方向生成模型投影。剖面视图具有明确的剖切范围，单击剖面标头即将显示剖切深度范围，可以通过鼠标自由拖曳。

（4）详图索引视图。

当需要对模型的局部细节进行放大显示时，可以使用详图索引视图。可向平面视图、剖面视图、详图视图或立面视图中添加详图索引，这个创建详图索引的视图，被称之为“父视图”。在详图索引范围内的模型部分，将以详图索引视图中设置的比例显示在独立的视图中。详图索引视图显示父视图中某一部分的放大版本，且所显示的内容与原模型关联。

绘制详图索引的视图是该详图索引视图的父视图。如果删除父视图，则该详图索引视图也将删除。

（5）三维视图。

使用三维视图，可以直观查看模型的状态。Revit 中三维视图分两种：正交三维视图和透视图。在正交三维视图中，不管相机距离的远近，所有构件的大小均相同，可以点击快速访问栏“默认三维视图”图标直接进入默认三维视图，可以配合使用“Shift”键和鼠标中键根据需要灵活调整视图角度，如图 3.33 所示。

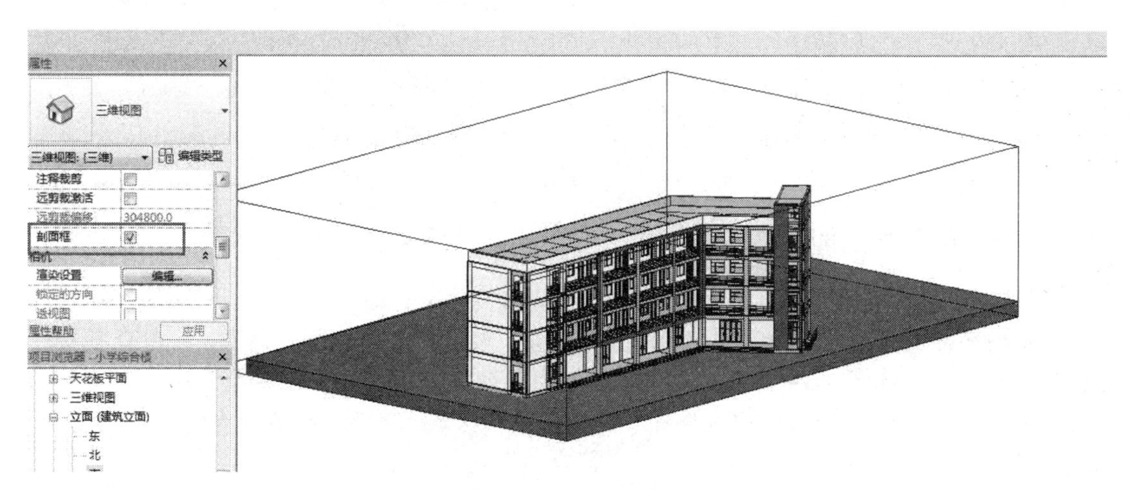

图 3.33　三维视图

如图 3.34 所示，使用【视图】>>【创建】>>【三维视图】>>【相机】工具创建相机视图。在透视三维视图中，越远的构件显示得越小，越近的构件显示得越大，这种视图更符合人眼的观察视角。

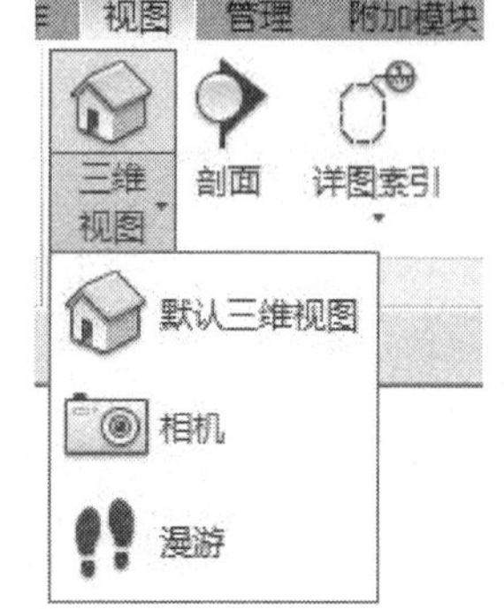

图 3.34　相机视图工具

2. 视图基本操作

可以通过鼠标、ViewCube 和视图导航来实现对 Revit 视图进行平移、缩放等操作。在平面、立面或三维视图中，通过滚动鼠标中键可以对视图进行缩放；按住鼠标中键并拖动，可以实现视图的平移。在默认三维视图中，按住键盘“Shift”键并按住鼠标中键拖动鼠标，可以实现对三维视图的旋转。注意，视图旋转仅对三维视图有效。

在三维视图中，Revit 还提供了 ViewCube，用于实现对三维视图的进控制。

ViewCube 默认位于屏幕右上方，如图 3.35 所示。通过单击 ViewCube 的面、顶点、或边，可以在模型的各立面、等轴测视图间进行切换。按住鼠标左键按住并拖曳 ViewCube 下方的圆环指南针，还可以修改三维视图的方向为任意方向，其作用与按住键盘“Shift”键和鼠标中键并拖拽的效果类似。

为更加灵活地进行视图缩放控制，Revit 提供了“导航栏”工具条，如图 3.36 所示。默认情况下，导航栏位于视图右侧 ViewCube 下方。在任意视图中，都可通过导航栏对视图进行控制。

图 3.35 ViewCube

导航栏主要提供两类工具：视图平移查看工具和视图缩放工具。单击导航栏中上方第一个圆盘图标，将进入全导航控制盘控制模式，如图 3.37 所示，导航控制盘将跟随鼠标指针的移动而移动。全导航盘中提供【缩放】【平移】【动态观察（视图旋转）】等命令，移动鼠标指针至导航盘中命令位置，按住左键不动即可执行相应的操作。

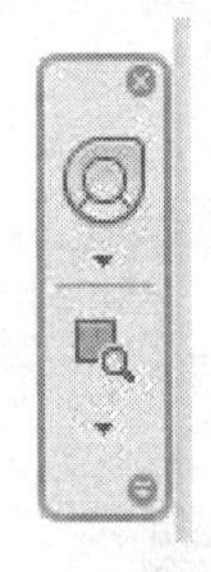

图 3.36 “导航栏”工具

图 3.37 全导航控制盘

【快捷键】显示或隐藏导航盘的快捷键为“Shift+W”。

导航栏中提供的另外一个工具为【缩放】工具，单击缩放工具下拉列表，可以查看 Revit 提供的缩放选项，如图 3.38 所示。在实际操作中，最常使用的缩放工具为【区域放大】，使用该缩放命令时，Revit 允许用户选择任意的范围窗口区域，将该区域范围内的图元放大至充满视口显示。

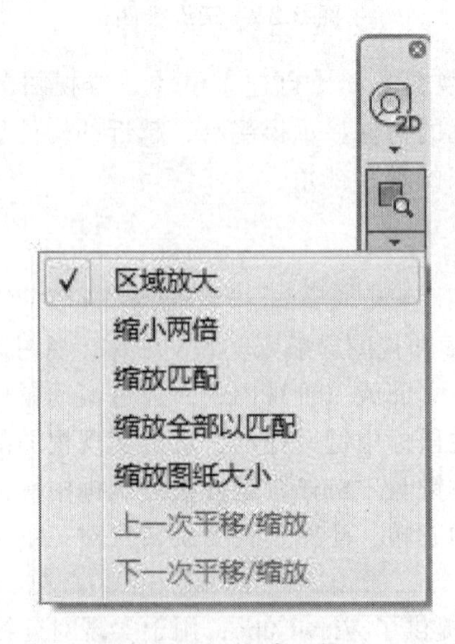

图 3.38 缩放工具

【快捷键】区域放大的快捷键为 ZR。

任何时候使用视图控制栏缩放列表中【缩放全部以匹配】选项，都可以将缩放显示当前视图中全部图元。在 Revit 中，双击鼠标中键，也会执行该操作。

三角箭头用于修改窗口中的可视区域。用鼠标点击下拉箭头，勾选下拉列表中的缩放模式，就能实现缩放。

【快捷键】缩放全部以匹配的默认快捷键为 ZF。

除对视口中进行缩放、平移、旋转外，还可以对视图窗口进行控制。前面已经介绍过，在项目浏览器中切换视图时，Revit 将创建新的视图窗口。可以对这些已打开的视图窗口进行控制。如图 3.39 所示，在【视图】选项卡【窗口】面板中提供了【平铺】【切换窗口】【关闭隐藏对象】等窗口操作命令。

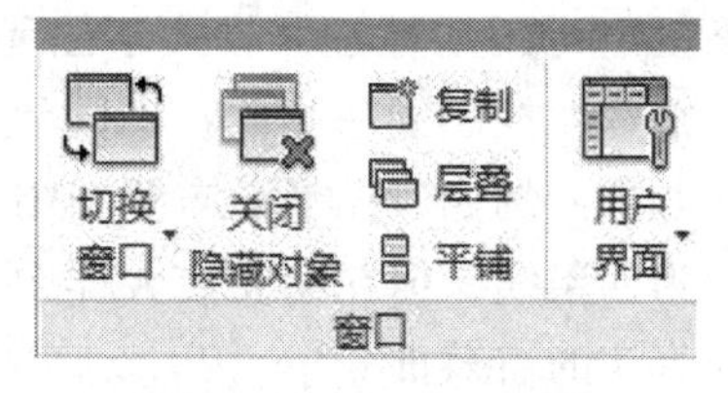

图 3.39 窗口操作命令

使用【平铺】，可以同时查看所有已打开的视图窗口，各窗口将以合适的大小并列显示。在非常多的视图中进行切换时，Revit 将打开非常多的视图。这些视图将占用大量的计算机内存资源，造成系统运行效率下降。可以使用【关闭隐藏对象】命令一次性关闭所有隐藏的视图，节省项目消耗系统资源。注意【关闭隐藏对象】工具不能在平铺、层叠视图模式下使用。切换窗口工具用于在多个已打开的视图窗口间进行切换。

【快捷键】窗口平铺的默认快捷键为 WT；窗口层叠的快捷键为 WC。

3. 视图显示及样式

通过视图控制栏（图 3.40），可以对视图中的图元进行显示控制。视图控制栏从左至右分别为：视图比例、视图详细程度、视觉样式、打开/关闭日光路径、阴影、渲染（仅三维视图）、视图裁剪控制、视图显示控制选项。注意由于在 Revit 中各视图均采用独立的窗口显示，因此，在任何视图中进行视图控制栏的设置，均不会影响其他视图的设置。

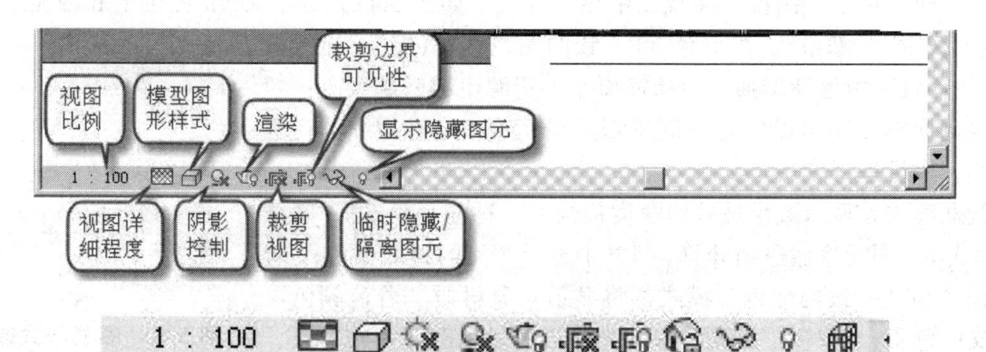

图 3.40 视图控制栏

（1）比例。

视图比例用于控制模型尺寸与当前视图显示之前的关系。如图 3.41 所示，单击视图控制栏 1 : 100 按钮，在比例列表中选择比例值即可修改当前视图的比例。注意无论视图比例如何调整，均不会修改模型的实际尺寸，仅会影响当前视图中添加的文字、尺寸标注等注释信息的相对大小。Revit 允许为项目中的每个视图指定不同比例，也可以创建自定义视图比例。

自定义...
1:1
1:2
1:5
1:10
1:20
1:50
1:100
1:200
1:500
1:1000
1:2000
1:5000
1 : 100

图 3.41　视图比例

（2）详细程度。

Revit 提供了 3 种视图详细程度：粗略、中等、精细。Revit 中的图元可以在族中定义在不同视图详细程度模式下要显示的模型。如图 3.42 所示，在门族中分别定义“粗略”“中等”“精细”模式下图元的表现。Revit 通过视图详细程度控制同一图元在不同状态下的显示，以满足出图的要求。例如，在平面布置图中，平面视图中的窗可以显示为四条线；但在窗安装大样中，平面视图中的窗将显示为真实的窗截面。

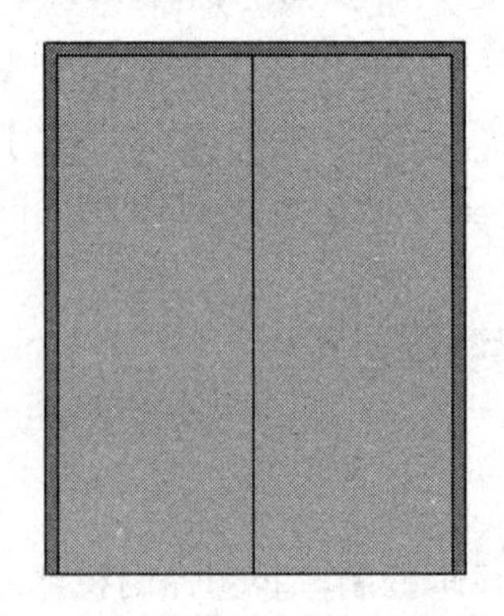

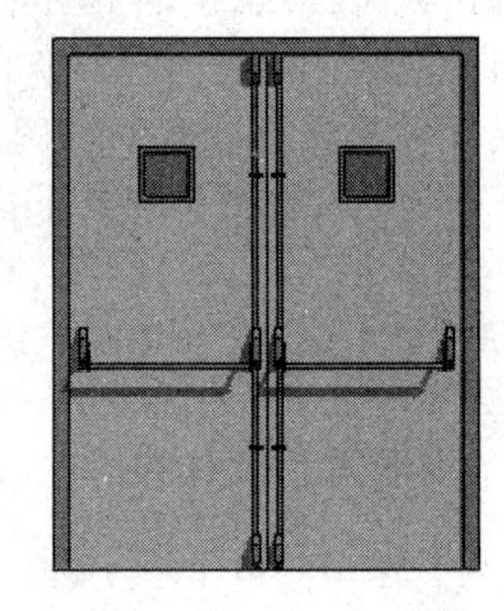

图 3.42　视图详细程度

（3）视觉样式。

视觉样式用于控制模型在视图中显示方式。如图 3.43 所示，Revit 提供了 6 种显示视觉样式：“线框”“隐藏线”“着色”“一致的颜色”“真实”“光线追踪”。显示效果由逐渐增强，但所需要系统资源也越来越大。一般平面或剖面施工图可设置为线框或隐藏线模式，这样系统消耗资源较小，项目运行较快。

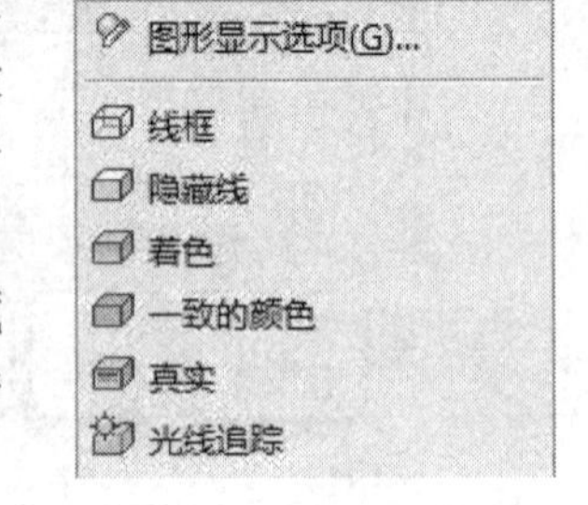

图 3.43　视觉样式选项

线框模式是显示效果最差但速度最快的一种显示模式。“隐藏线”模式下，图元将做遮挡计算，但并不显示图元的材质颜色；“着色”模式和“一致的颜色”模式都将显示对象材质“着色颜色”中定义的色彩，“着色”模式将根据光线设置显示图元明暗关系，“一致的颜色”模式下，图元将不显示明暗关系。

“真实”模式和材质定义中“外观”选项参数有关，用于显示图元渲染时的材质纹理。光线追踪模式将对视图中的模型进行实时渲染，效果最佳，但将消耗大量的计算机资源。

如图 3.44 所示，为在默认三维视图中同一段墙体在 6 种不同模式下的不同表现。

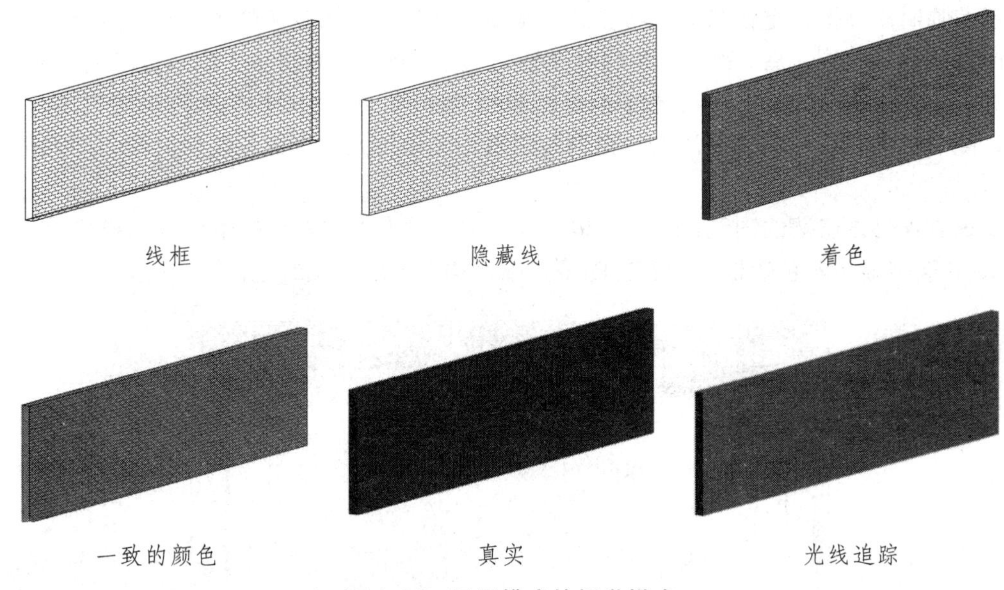

图 3.44　不同模式的视觉样式

在本书后续章节中，将详细介绍如何自定义图元的材质。读者可参考相关章节内容，以便加深对本节所述内容的理解。

（4）打开/关闭日光路径、打开/关闭阴影。

在视图中，可以通过打开/关闭阴影开关在视图中显示模型的光照阴影，增强模型的表现力。在日光路径里面按钮中，还可以对日光进行详细设置。

（5）裁剪视图、显示/隐藏裁剪区域。

视图裁剪区域定义了视图中用于显示项目的范围，由两个工具组成：是否启用裁剪及是否显示剪裁区域。可以单击按钮在视图中显示裁剪区域，再通过启用裁剪按钮将视图剪裁功能启用，通过拖曳裁剪边界，对视图进行裁剪。裁剪后，裁剪框外的图元不显示。

（6）临时隔离/隐藏选项和显示隐藏的图元选项。

在视图中可以根据需要临时隐藏任意图元。如图 3.45 所示，选择图元后，单击临时隐藏或隔离图元（或图元类别）命令，将弹出隐藏或隔离图元选项。可以分别对所选择图元进行隐藏和隔离。其中隐藏图元选项将隐藏所选图元；隔离图元选项将在视图隐藏所有未被选定的图元。可以根据图元（所有选择的图元对象）或类别（所有与被选择的图元对象属于同一类别的图元）的方式对图元的隐藏或隔离进行控制。

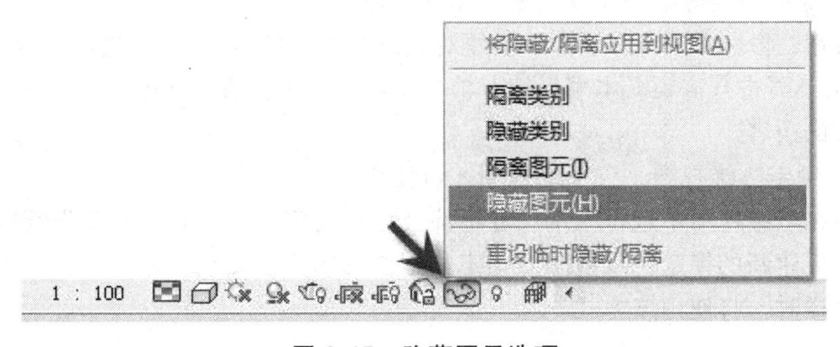

图 3.45　隐藏图元选项

所谓临时隐藏图元是指当关闭项目后，重新打开项目时被隐藏的图元将恢复显示。视图中临时隐藏或隔离图元后，视图周边将显示蓝色边框。此时，再次单击隐藏或隔离图元命令，可以选择【重设临时隐藏/隔离】选项恢复被隐藏的图元。或选择【将隐藏/隔离应用到视图】选项，此时视图周边蓝色边框消失，将永久隐藏不可见图元，即无论任何时候，图元都将不再显示。

要查看项目中隐藏的图元，如图 3.46 所示，可以单击视图控制栏中显示隐藏的图元命令。Revit 会将显示彩色边框，所有被隐藏的图元均会显示为亮红色。

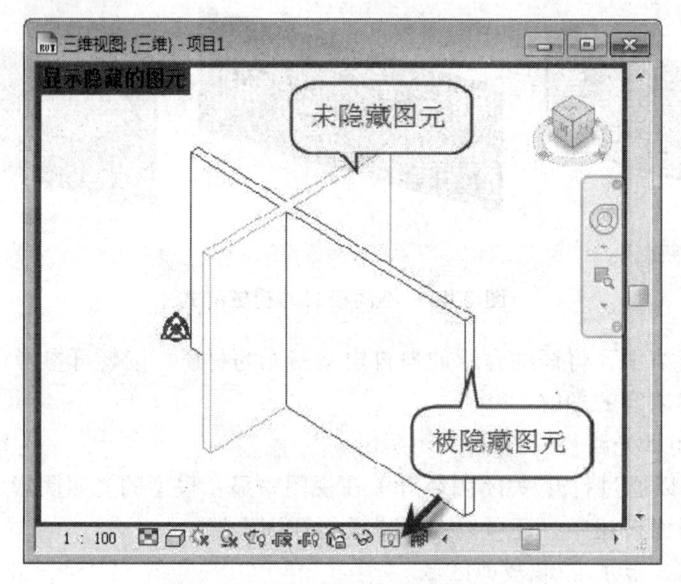

图 3.46　查看项目中隐藏的图元

如图 3.47 所示，单击选择被隐藏的图元，点击【显示隐藏的图元】>>【取消隐藏图元】选项可以恢复图元在视图中的显示。注意恢复图元显示后，务必单击“切换显示隐藏图元模式”按钮或再次单击视图控制栏按钮返回正常显示模式。

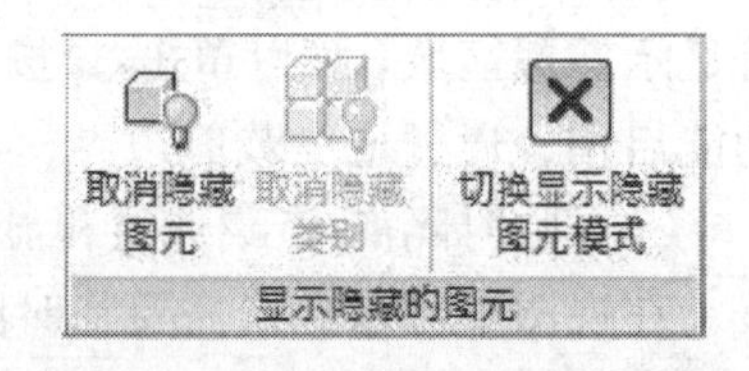

图 3.47　恢复显示被隐藏的图元

提示：也可以在选择隐藏的图元后单击鼠标右键，在右键菜单中选择【取消在视图中隐藏】>>【按图元】，取消图元的隐藏。

（7）显示/隐藏渲染对话框（仅三维视图才可使用）。

单击该按钮，将打开渲染对话框，以便对渲染质量、光照等进行详细的设置。Revit 采用 Mental Ray 渲染器进行渲染。本书后续章节中，将介绍如何在 Revit 中进行渲染。读者可以参考相关章节的内容。

（8）解锁/锁定三维视图（仅三维视图才可使用）。

如果需要在三维视图中进行三维尺寸标注及添加文字注释信息，需要先锁定三维视图。单击该工具将创建新的锁定三维视图。锁定的三维视图不能旋转，但可以平移和缩放。在创建三维详图大样时，将使用该方式。

（9）分析模型的可见性。

临时仅显示分析模型类别：结构图元的分析线会显示一个临时视图模式，隐藏项目视图中的物理模型并仅显示分析模型类别，这是一种临时状态，并不会随项目一起保存，清除此选项则退出临时分析模型视图。

3.2.3 图元基本操作

1. 图元选择

在 Revit 中，要对图元进行修改和编辑，必须选择图元。在 Revit 中可以使用 4 种方式进行图元的选择，即点选、框选、特性选择、过滤器选择。

（1）点选。

移动鼠标至任意图元上，Revit 将高亮显示该图元并在状态栏中显示有关该图元的信息，单击鼠标左键将选择被高亮显示的图元。在选择时如果多个图元彼此重叠，可以移动鼠标至图元位置，循环按键盘“Tab”键，Revit 将循环高亮预览显示各图元，当要选择的图元高亮显示后单击鼠标左键将选择该图元。

提示：按“Shift+Tab”键可以按相反的顺序循环切换图元。

如图 3.48 所示，要选择多个图元，可以按住键盘“Ctrl”键后，再次单击要添加到选择集中的图元；如果按住键盘“Shift”键单击已选择的图元，将从选择集中取消该图元的选择。

图 3.48　选择多个图元

Revit 中，当选择多个图元时，可以将当前选择的图元选择集进行保存，保存后的选择集可以随时被调用。如图 3.49 所示，选择多个图元后，单击【选择】>> 保存 按钮，即可弹出“保存选择”对话框，输入选择集的名称，即可保存该选择集。要调用已保存的选择集，单击【管理】>>【选择】>> 载入 按钮，将弹出“恢复过滤器”对话框，在列表中选择已保存的选择集名称即可。

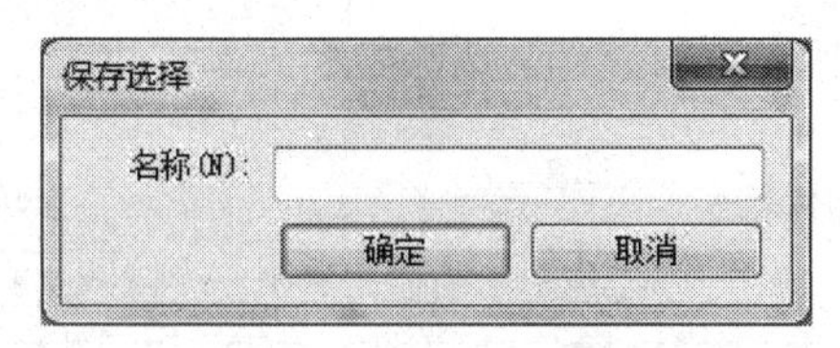

图 3.49　保存选择

（2）框选。

将光标放在要选择的图元一侧，并对角拖曳光标以形成矩形边界，可以绘制选择范围框。当从左至右拖曳光标绘制范围框时，将生成“**实线**范围框”。被实线范围框全部位包围的图元才能选中；当从右至左拖曳光标绘制范围框时，将生成“**虚线**范围框”，所有被完全包围或与范围框边界相交的图元均可被选中，如图 3.50 所示。

（3）特性选择。

鼠标左键单击图元，选中后高亮显示；再在图元上单击鼠标右键，用“选择全部实例”工具，在项目或视图中选择某一图元或族类型的所有实例。有公共端点的图元，在连接的构件上单击鼠标右键，然后单击“选择连接的图元”，能把这些同端点链接图元一起选中，如图 3.51 所示。

图 3.50　框选

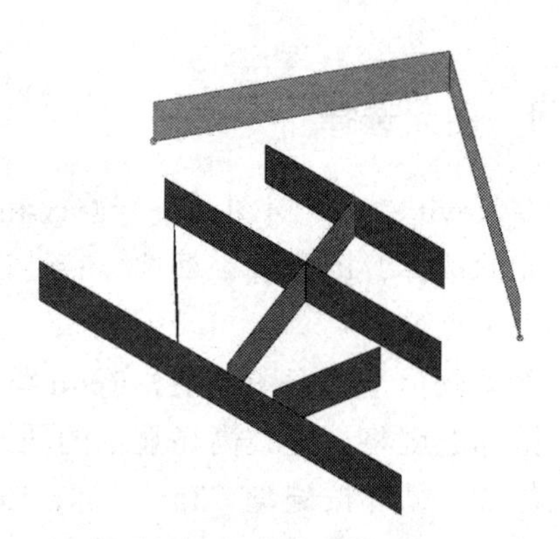

图 3.51　特性选择

（4）过滤器选择。

选择多个图元对象后，单击状态栏过滤器，能查看到图元类型，在“过滤器”对话框中，选择或取消部分图元的选择，如图 3.52 所示。

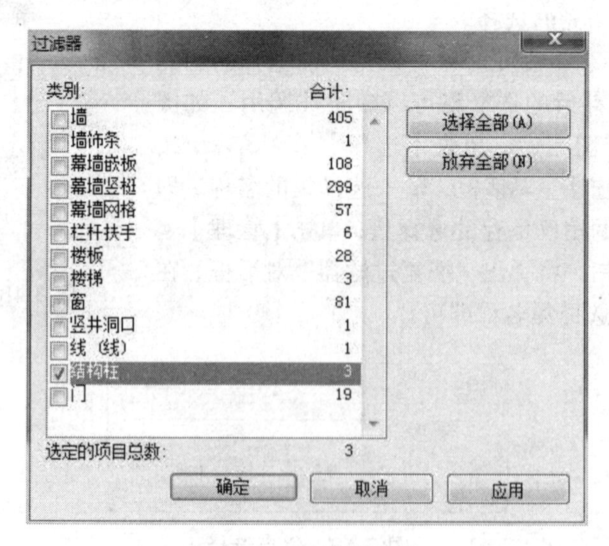

图 3.52　过滤器选择

2. 图元编辑

如图 3.53 所示，在修改面板中，Revit 提供了【修改】【移动】【复制】【镜像】【旋转】等命令，利用这些命令可以对图元进行编辑和修改操作。

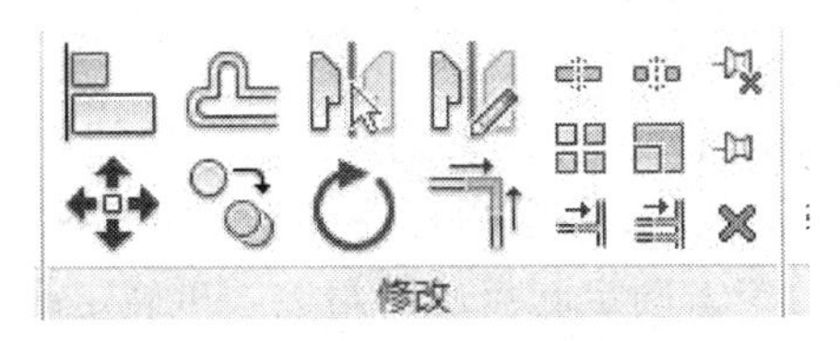

图 3.53 图元编辑面板

移动 :【移动】命令能将一个或多个图元从一个位置移动到另一个位置。移动的时候，可以选择图元上某点或某线来移动，也可以在空白处随意移动。

【快捷键】移动命令的默认快捷键为 MV。

复制 :【复制】命令可复制一个或多个选定图元，并生成副本。点选图元，复制时，选项栏如图 3.54 所示。可以通过勾选“多个”选项进实现连续复制图元。

图 3.54 关联选项栏

【快捷键】复制命令的默认快捷键为 CO。

阵列复制 :【阵列】命令用于创建一个或多个相同图元的线性阵列或半径阵列。在族中使用【阵列】命令，可以方便地控制阵列图元的数量和间距，如百叶窗的百叶数量和间距。阵列后的图元会自动成组，如果要修改阵列后的图元，需进入编辑组命令，然后才能对成组图元进行修改。

【快捷键】阵列复制命令的默认快捷键为 AR。

对齐 :【对齐】命令将一个或多个图元与选定位置对齐。如图 3.55 所示，对齐操作时，要求先单击选择对齐的目标位置，再单击选择要移动的对象图元，选择的对象将自动对齐至目标位置。对齐工具可以以任意的图元或参照平面为目标，在选择墙对象图元时，还可以在选项栏中指定首选的参照墙的位置；要将多个对象对齐至目标位置，在选项栏中勾选“多重对齐”选项即可。

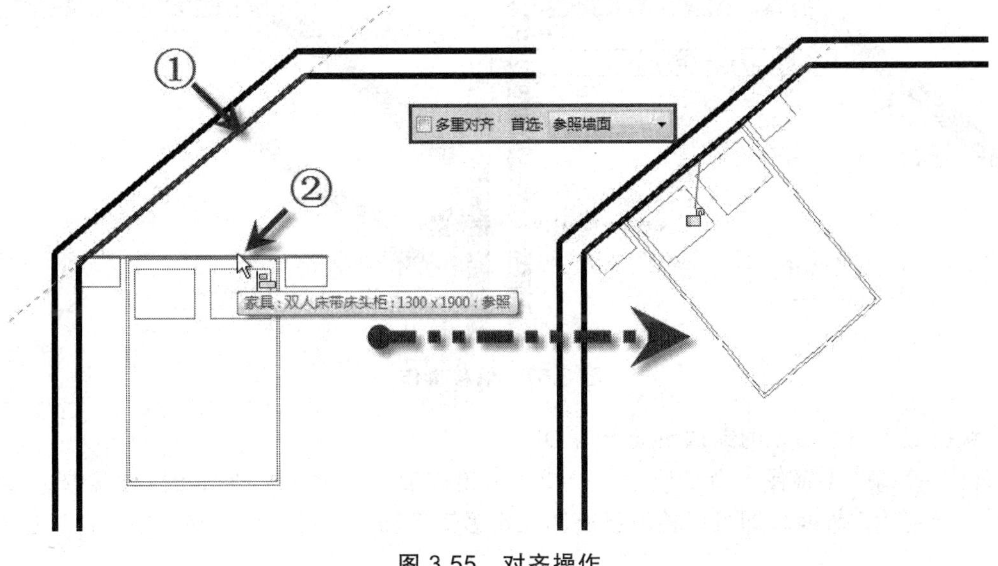

图 3.55 对齐操作

【快捷键】对齐工具的默认快捷键为 AL。

旋转 ：【旋转】命令可使图元绕指定轴旋转。默认旋转中心位于图元中心，如图 3.56 所示，移动鼠标至旋转中心标记位置，按住鼠标左键不放将其拖拽至新的位置松开鼠标左键，可设置旋转中心的位置。然后单击确定起点旋转角边，再确定终点旋转角边，就能确定图元旋转后的位置。在执行旋转命令时，勾选选项栏中【复制】选项可在旋转时创建所选图元的副本，而在原来位置上保留原始对象。

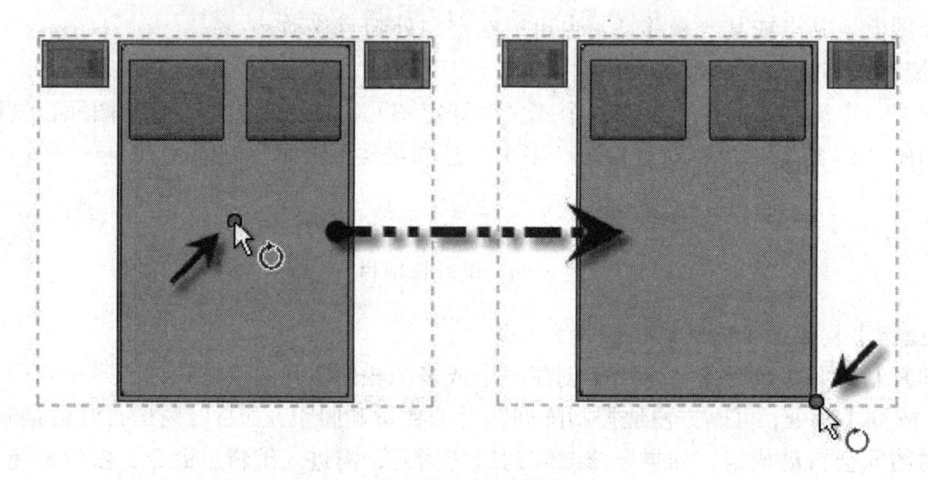

图 3.56 旋转操作

【快捷键】旋转命令的默认快捷键为 RO。

偏移 ：【偏移】命令可以生成与所选择的模型线、详图线、墙或梁等图元进行复制或在与其长度垂直的方向移动指定的距离。如图 3.57 所示，可以在选项栏中指定拖曳图形方式或输入距离数值方式来偏移图元。不勾选复制时，生成偏移后的图元时将删除原图元（相当于移动图元）。

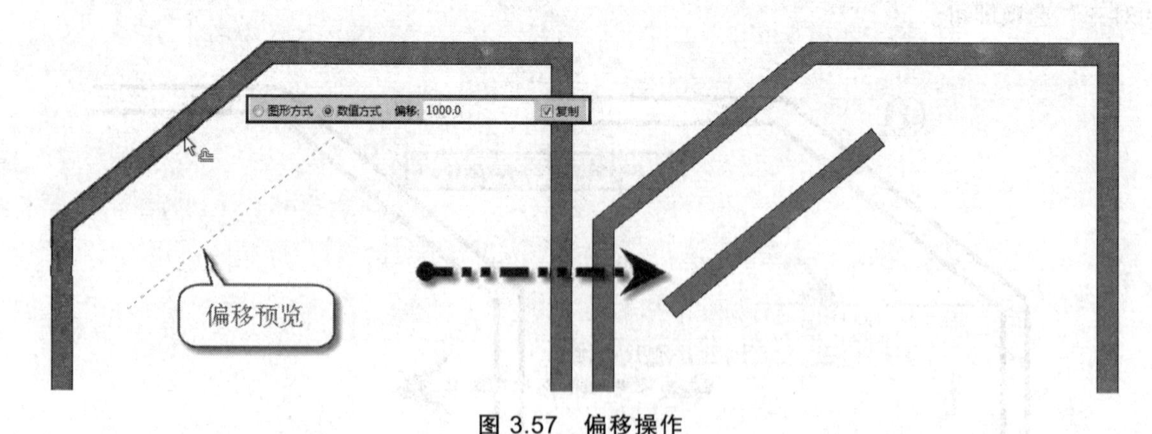

图 3.57 偏移操作

【快捷键】偏移命令的默认快捷键为 OF。

镜像 ：【镜像】命令使用一条线作为镜像轴，对所选模型图元执行镜像（反转其位置）。确定镜像轴时，即可以拾取已有图元作为镜像轴，也可以绘制临时轴。通过选项栏，可以确定镜像操作时是否需要复制原对象。

修剪和延伸：如图 3.58 所示，修剪和延伸共有 3 个工具，从左至右分别为修剪/延伸为角、单个图元修剪和多个图元修剪工具。

图 3.58 镜像操作

【快捷键】修剪命延伸为角命令的默认快捷键为 TR。

如图 3.59 所示，使用【修剪】和【延伸】命令时必须先选择修剪或延伸的目标位置，然后选择要修剪或延伸的对象即可。对于多个图元的修剪工具，可以在选择目标后，多次选择要修改的图元，这些图元都将延伸至所选择的目标位置。可以将这些工具用于墙、线、梁或支撑等图元的编辑。对于 MEP 中的管线，也可以使用这些工具进行编辑和修改。

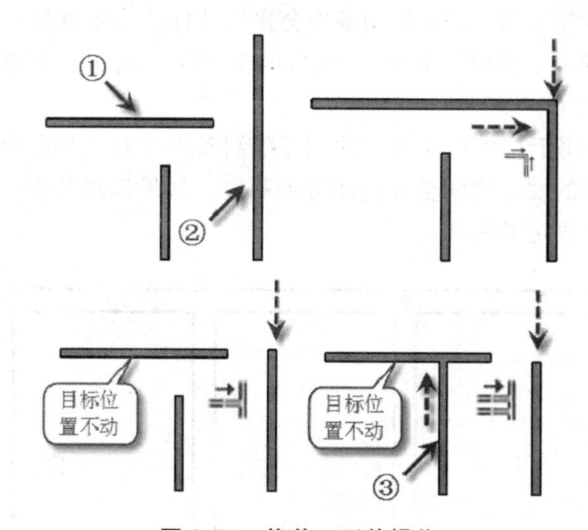

图 3.59 修剪、延伸操作

提示：在修剪或延伸编辑时，鼠标单击拾取的图元位置将被保留。

拆分图元：拆分工具有两种使用方法：拆分图元和用间隙拆分，通过【拆分】命令，可将图元分割为两个单独的部分，可删除两个点之间的线段，也可在两面墙之间创建定义的间隙。

删除图元：【删除】命令可将选定图元从绘图中删除，和用 Delete 命令直接删除效果一样。

【快捷键】删除命令的默认快捷键为 DE。

3. 图元限制及临时尺寸

（1）尺寸标注的限制条件。

在放置永久性尺寸标注时，可以锁定这些尺寸标注。锁定尺寸标注时，即创建了限制条件。选择限制条件的参照时，会显示该限制条件（蓝色虚线），如图 3.60 所示。

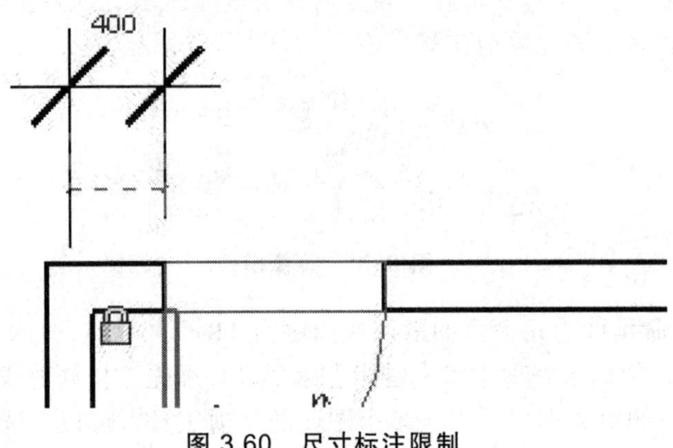

图 3.60　尺寸标注限制

（2）相等限制条件。

选择一个多段尺寸标注时，相等限制条件会在尺寸标注线附近显示为一个“EQ” 符号。如果选择尺寸标注线的一个参照（如墙），则会出现“EQ”符号，在参照的中间会出现一条蓝色虚线，如图 3.61 所示。

“EQ”符号表示应用于尺寸标注参照的相等限制条件图元。当此限制条件处于活动状态时，参照（以图形表示的墙）之间会保持相等的距离。如果选择其中一面墙并移动它，则所有墙都将随之移动一段固定的距离。

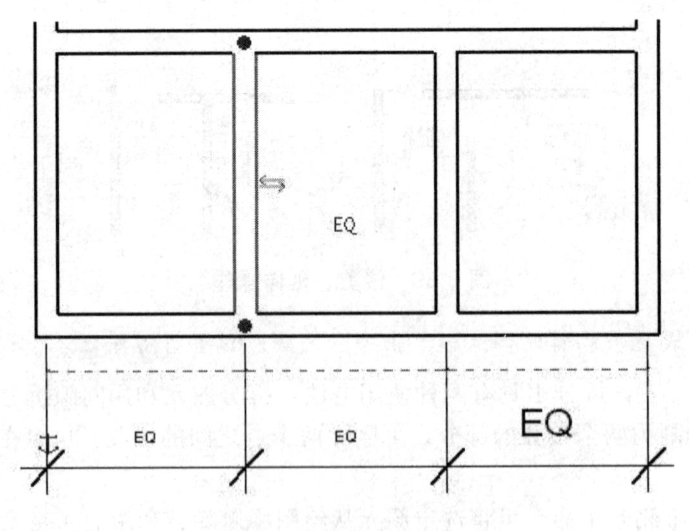

图 3.61　相等限制

（3）临时尺寸。

临时尺寸标注是相对最近的垂直构件进行创建的，并按照设置值进行递增。点选项目中的图元，图元周围就会出现蓝色的临时尺寸，修改尺寸上的数值，就可以修改图元位置。可以通过移动尺寸界线来修改临时尺寸标注，以参照所需构件，如图 3.62 所示。

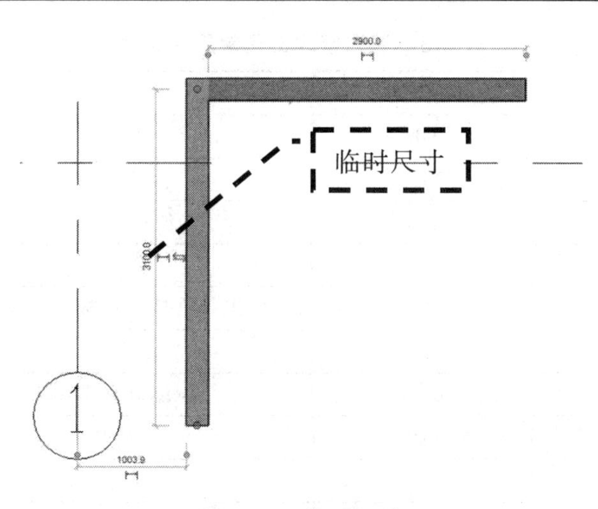

图 3.62 临时尺寸

单击在临时尺寸标注附近出现的尺寸标注符号 ⊢⊣，然后即可修改新尺寸标注的属性和类型。

3.2.4 快捷操作命令

1. 常用快捷键

为提高工作效率，汇总常用快捷键见表 3.2 ~ 3.5，用户在任何时候都可以通过键盘输入快捷键直接访问至指定工具。

表 3.2 建模与绘图工具常用快捷键

命令	快捷键	命令	快捷键
墙	WA	对齐标注	DI
门	DR	标高	LL
窗	WN	高程点标注	EL
放置构件	CM	绘制参照平面	RP
房间	RM	模型线	LI
房间标记	RT	按类别标注	TG
轴线	GR	详图线	DL
文字	TX		

表 3.3 编辑修改工具常用快捷键

命令	快捷键	命令	快捷键
删除	DE	对齐	AL
移动	MV	拆分图元	SL
复制	CO	修剪/延伸	TR
旋转	RO	偏移	OF
定义旋转中心	R3	在整个项目中选择全部实例	SA
列阵	AR	重复上上个命令	RC
镜像、拾取轴	MM	匹配对象类型	MA
创建组	GP	线处理	LW
锁定位置	PP	填色	PT
解锁位置	UP	拆分区域	SF

表 3.4 捕捉替代常用快捷键

命令	快捷键	命令	快捷键
捕捉远距离对象	SR	捕捉到远点	PC
象限点	SQ	点	SX
垂足	SP	工作平面网格	SW
最近点	SN	切点	ST
中点	SM	关闭替换	SS
交点	SI	形状闭合	SZ
端点	SE	关闭捕捉	SO
中心	SC		

表 3.5 视图控制常用快捷键

命令	快捷键	命令	快捷键
区域放大	ZR	临时隐藏类别	RC
缩放配置	ZF	临时隔离类别	IC
上一次缩放	ZP	重设临时隐藏	HR
动态视图	F8	隐藏图元	EH
线框显示模式	WF	隐藏类别	VH
隐藏线显示模式	HL	取消隐藏图元	EU
带边框着色显示模式	SD	取消隐藏类别	VU
细线显示模式	TL	切换显示隐藏图元模式	RH
视图图元属性	VP	渲染	RR
可见性图形	VV	快捷键定义窗口	KS
临时隐藏图元	HH	视图窗口平铺	WT
临时隔离图元	HI	视图窗口层叠	WC

2. 自定义快捷键

除了系统自带的快捷键外，Revit 用户亦可以根据自己的习惯修改其中的快捷键命令。下面以修改“墙”定义快捷键“M”为例，来详细讲解如何在 Revit 中自定义快捷键。

（1）如图 3.63 所示，单击【视图】>>【窗口】>>【用户界面】>>【快捷键】选项，如图 3.64 所示，打开【快捷键】对话框。

（2）如图 3.65 所示，在“搜索”文本框中，输入要定义快捷键的命令的名称“门”，将列出名称中所显示的“门”的命令或通过“过滤器”下拉框找到要定义的快捷键的命令所在的选项卡，来过滤显示该选项卡中的命令列表内容。

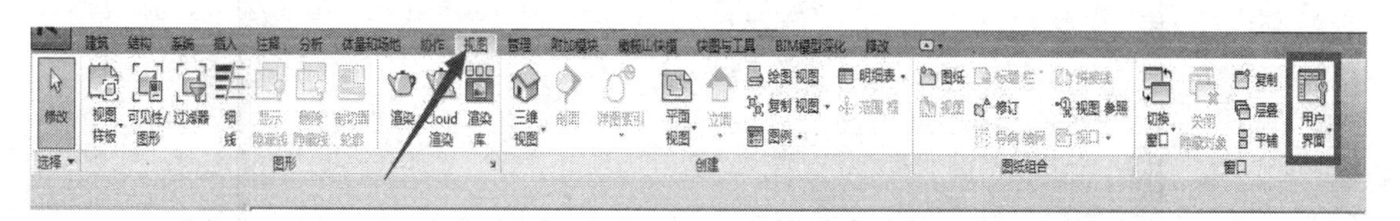

图 3.63　自定义快捷键

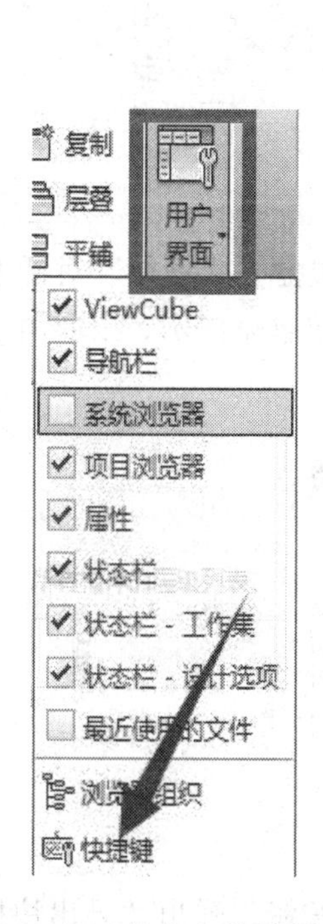

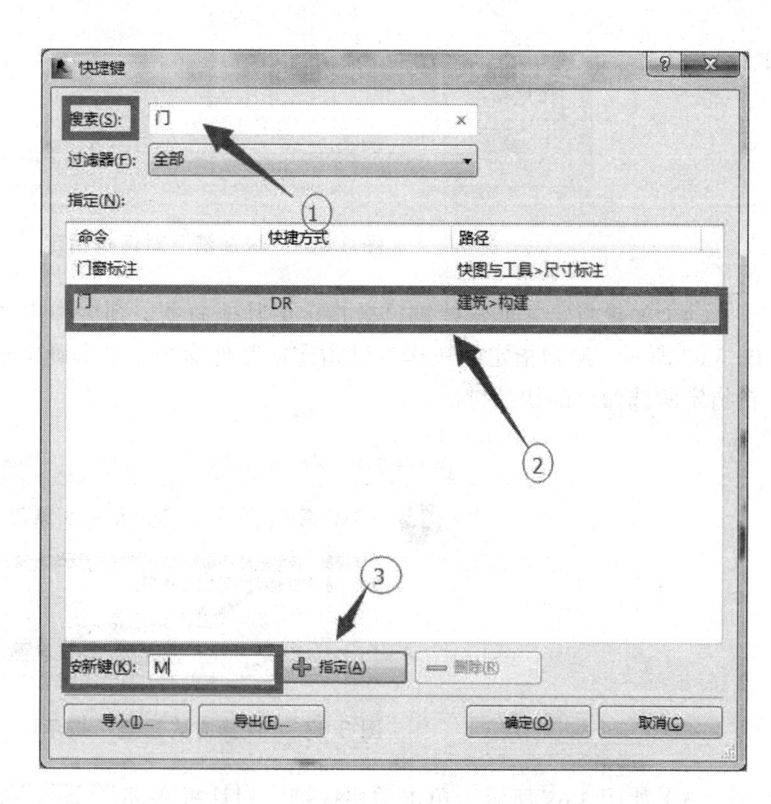

图 3.64　打开自定义快捷键命令　　　　图 3.65　“快捷键”对话框搜索

（3）在“指定”列表中，第一步选择所需命令“门”，第二步在“按新建”文本框中输入快捷键字符“M”，第三步单击 指定(A) 按钮。新定义的快捷将显示在选定命令的“快捷方式”列，如图 3.66 所示。

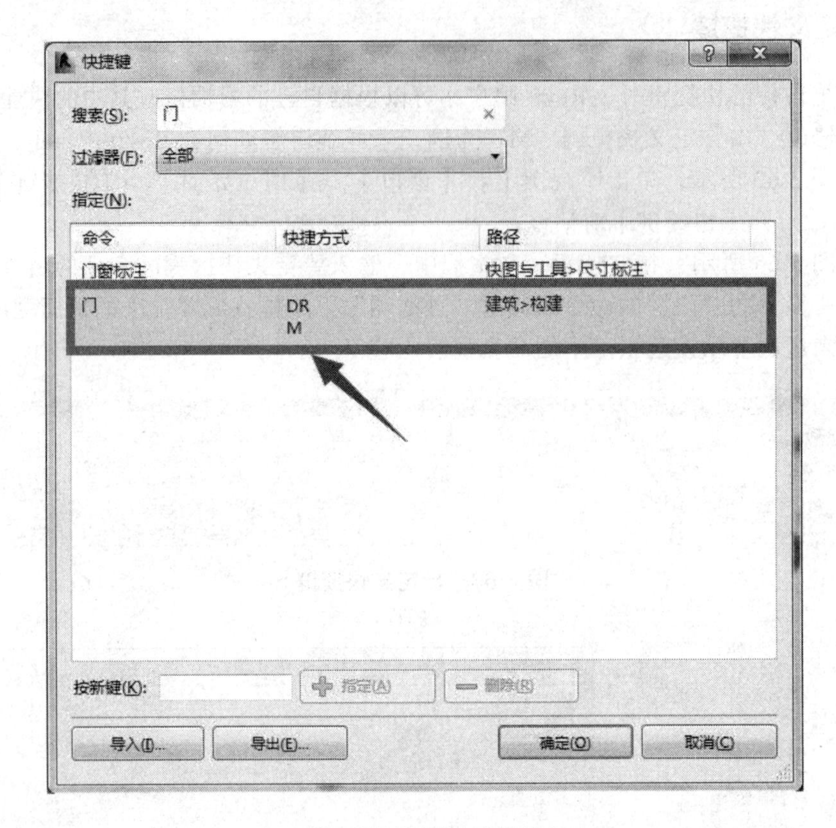

图 3.66 “快捷键”对话框指定

（4）如果自定义的快捷键已被指定给其他命令，则会弹出“快捷方式重复”对话框，如图 3.67 所示，通知指定的快捷键已指定给其他命令。单击确定按钮忽略提示，按取消按钮重新指定所选命令的快捷键。

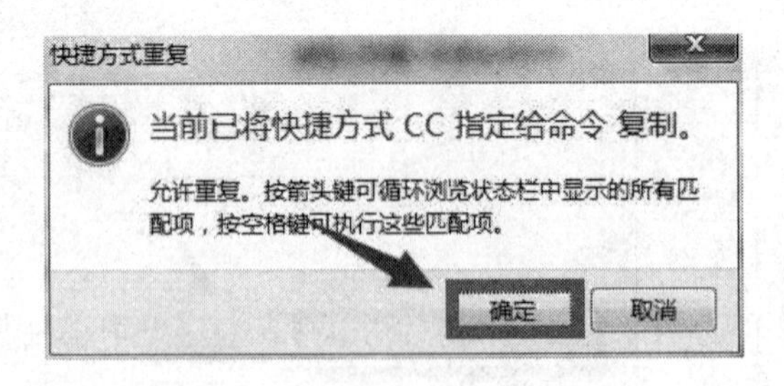

图 3.67 “快捷方式重复”提示

（5）如图 3.68 所示，单击“快捷键”对话框底部 导出(E)... 按钮，弹出“导出快捷键”对话框，如图 3.69 所示，输入要导出的快捷键文件名称，单击 保存(S) 按钮可以将所有自己定义的快捷键保存为.xml 格式的数据文件。

（6）当重新安装 Revit 2016 时，可以通过“快捷键”对话框底部的【导入】工具，导入已保存的“.xml”格式快捷键文件。同一命令可以指定给多个不同的快捷键。

图 3.68 “导出快捷键”对话框

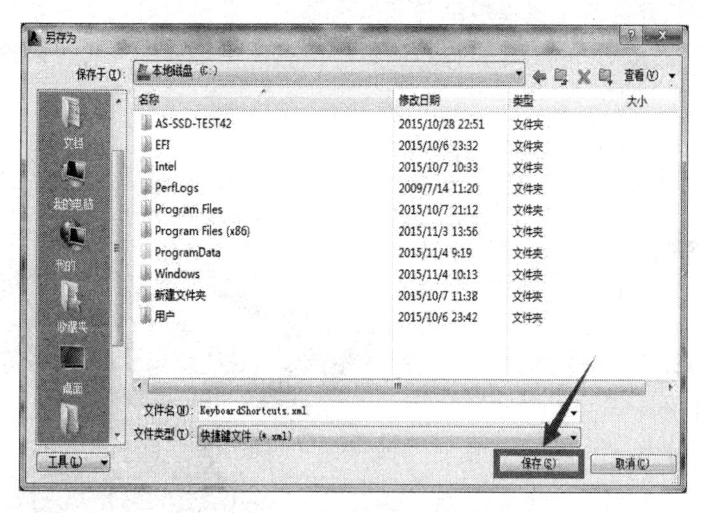

图 3.69 保存“快捷键”

第 4 章　Revit 建模

【导读】

从本章开始，将通过在 Revit 2014 中进行操作，以教学综合楼项目为蓝本，从零开始进行土建模型的创建。

第 1 节介绍该项目的一些基本情况，以及用 Revit 创建出来的模型造型，并提供部分建筑、结构的平面图、立面图等，让大家对项目有个初步的认识。接着创建项目标高、轴网，完成轴网的尺寸标注，为项目建立定位信息。

第 2 节具体介绍如何用 Revit 实现这个项目。按先结构框架后建筑构件的模式逐步完成该项目的土建模型创建，最后还介绍了场地和 RPC 构件。

第 3 节介绍对已建立的工程模型进行展示与表现。考虑到对教学设备性能的要求，这里有选择地介绍如何在 Revit 中创建相机和漫游视图以及使用视觉样式，以进一步表达工程模型的展现效果。

4.1　项目准备

学习要点：

- 项目基本情况
- 项目模型创建要求
- 项目图纸

4.1.1　项目概况

在进行模型创建之前，读者需要熟悉教学综合楼项目的基本情况。

1. 项目说明

工程名称：教学综合楼

建筑面积：1 991.59 m^2

建筑层数：地上 4 层

建筑高度：16.35 m

建筑的耐火等级为一级，设计使用年限为 50 年。

建筑结构为钢筋混凝土框架结构，抗震设防烈度为 7 度，结构安全等级为一级。

本建筑室内 ± 0.000 标高相对于绝对标高为 1 672.940。

2. 模型创建要求

（1）外墙采用 200 mm 厚的加气混凝土砌块，外墙外部采用涂料、饰面砖等，内部采用乳胶漆喷涂。

（2）内墙采用 200 mm 厚的加气混凝土砌块，墙身内外均采用乳胶漆喷涂。

（3）楼板层采用 100 mm 厚的现浇钢筋混凝土，采用水泥砂浆地面。

（4）外窗采用 90 系列断热铝合金窗（3+12+3 中空玻璃）。

如图 4.1 所示，为该项目模型的建筑造型效果图。

图 4.1 建筑造型效果图

3. 主要图纸

本教学综合楼项目包括建筑和结构两部分内容。创建模型时，应严格按照图纸的尺寸进行创建。相关图纸见本书资源文件。

（1）建筑平面图。

教学综合楼项目建筑部分的各层平面主要尺寸如图 4.2 ~ 4.6 所示。

（2）建筑立面图。

本项目各立面形式、标高如图 4.7 ~ 4.9 所示。

（3）结构图纸。

本项目中，除建筑部分外，还包含完整的结构柱、结构梁、基础，在 Revit 中创建模型时，需要根据各结构构件的尺寸创建精确的结构部分模型。具体布置如图 4.10 ~ 4.17 所示。

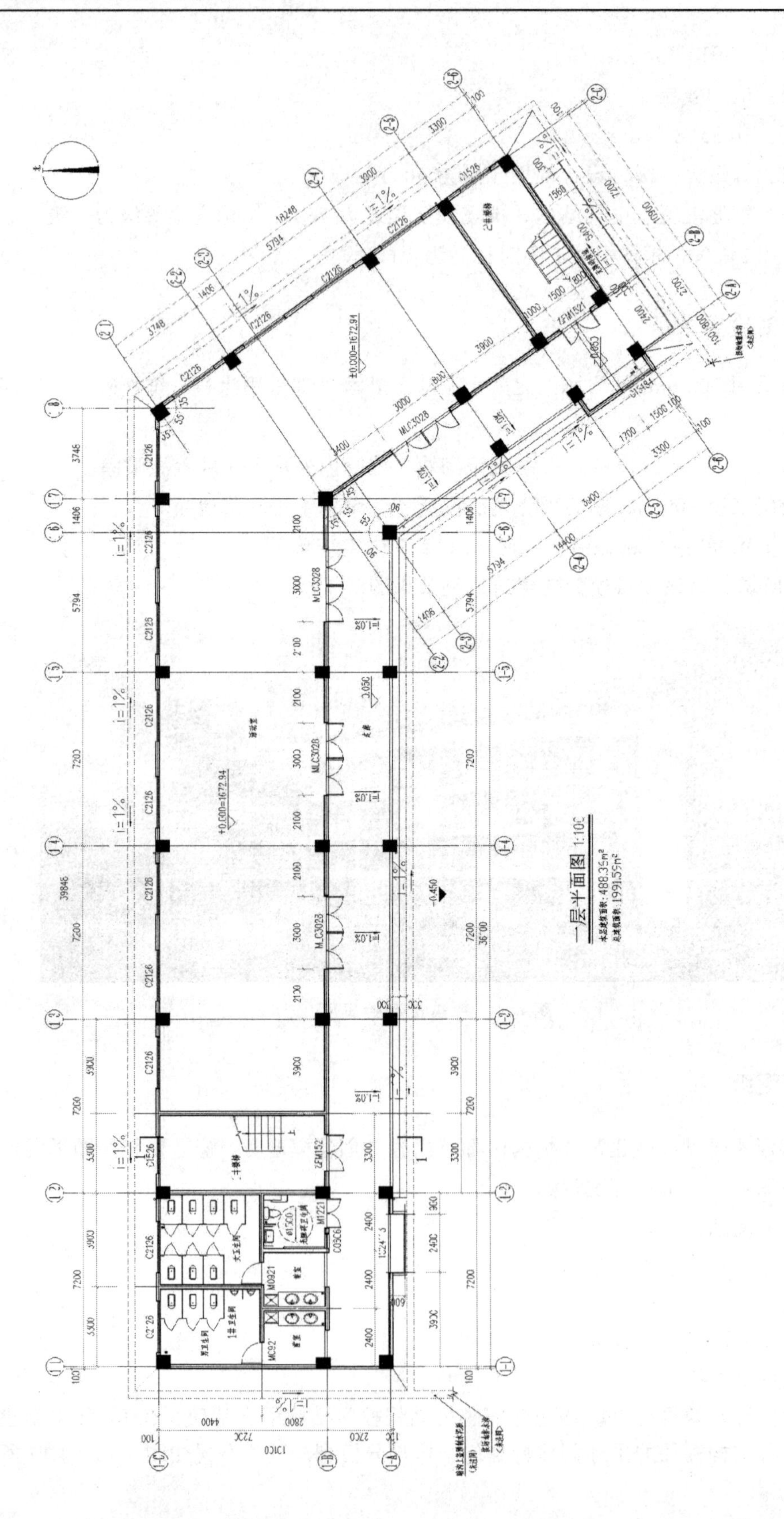

图 4.2　一层平面图

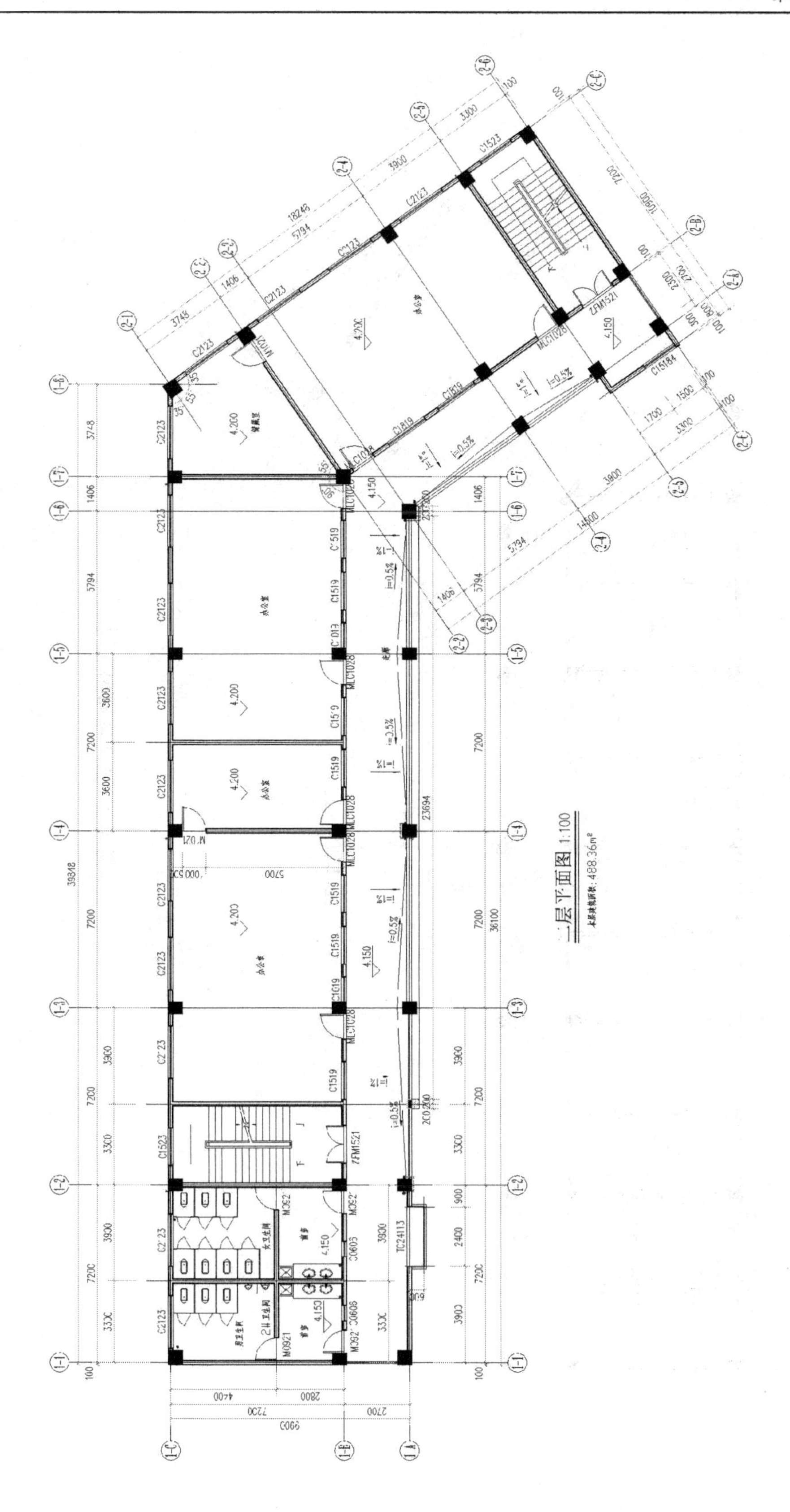

图 4.3　二层平面图

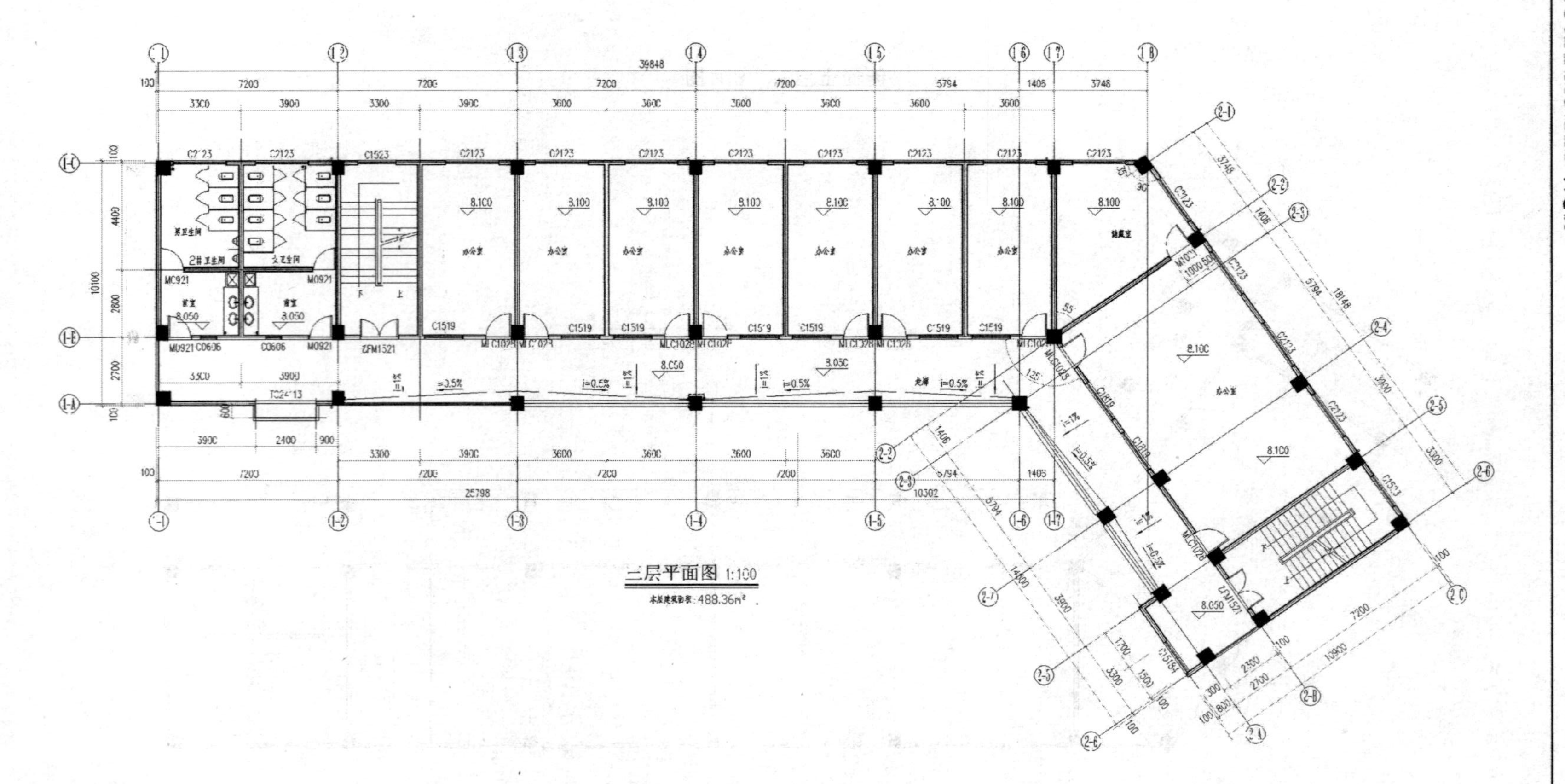

图 4.4　三层平面图

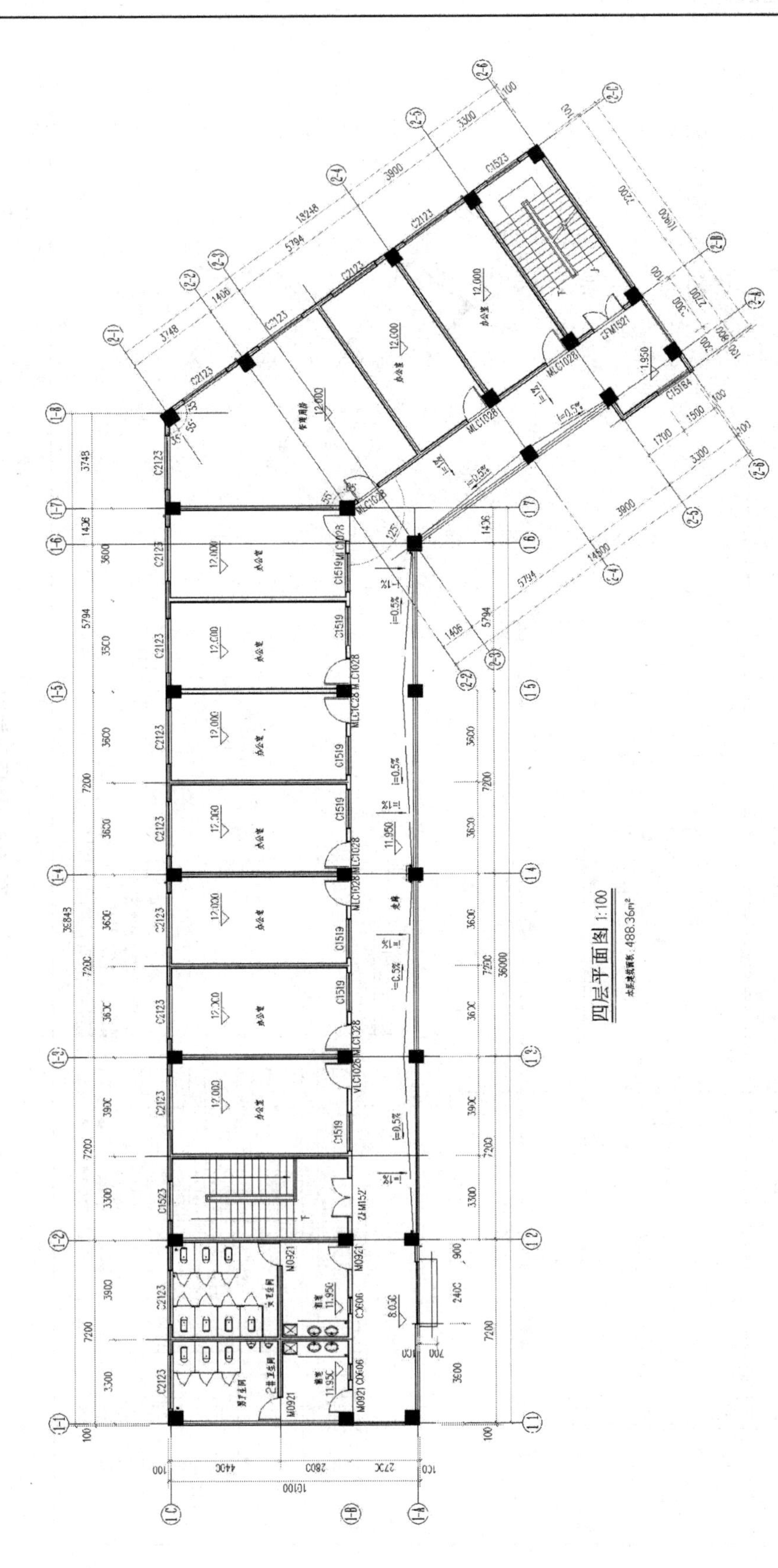

图 4.5 四层平面图

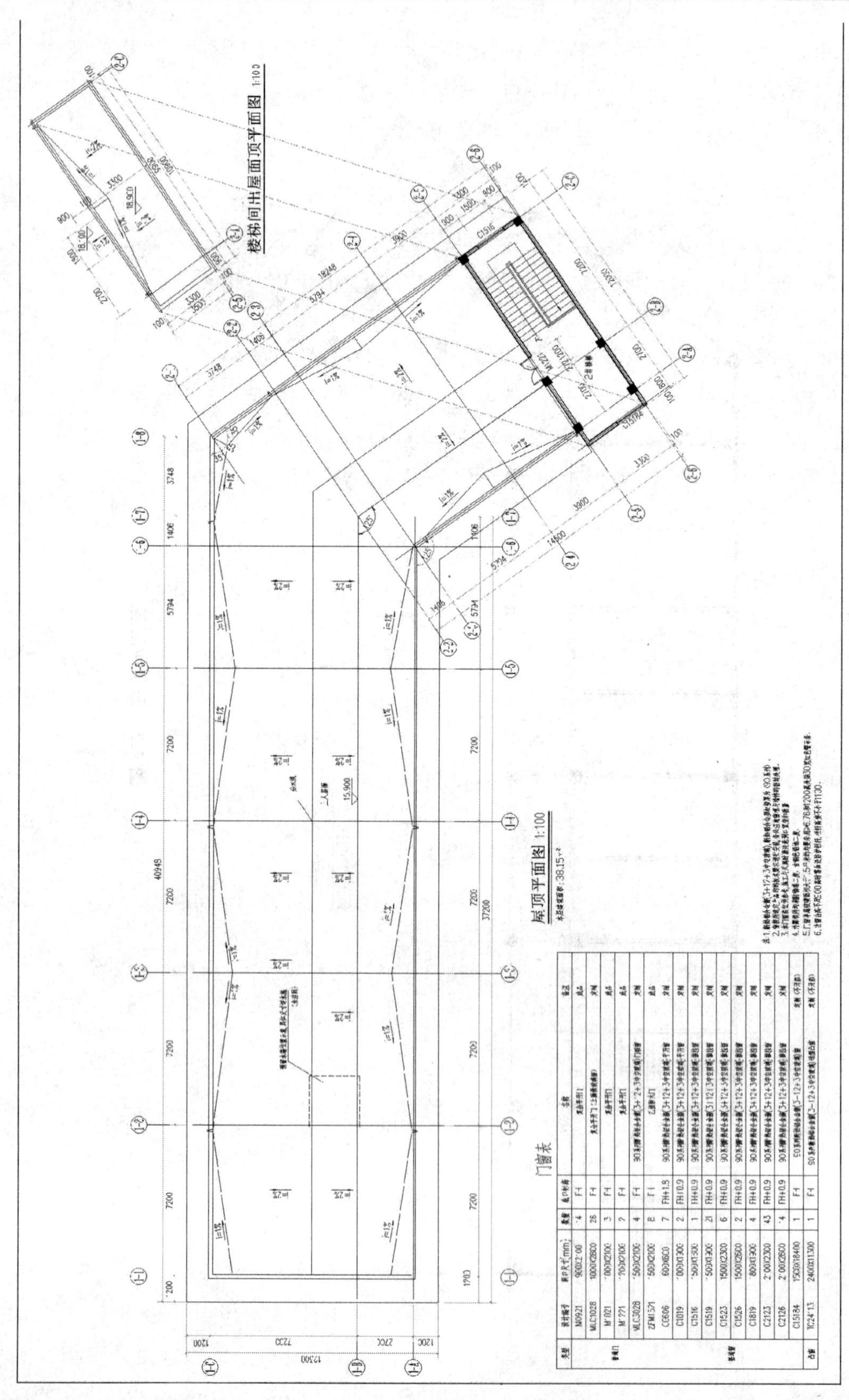

图 4.6 屋顶平面图

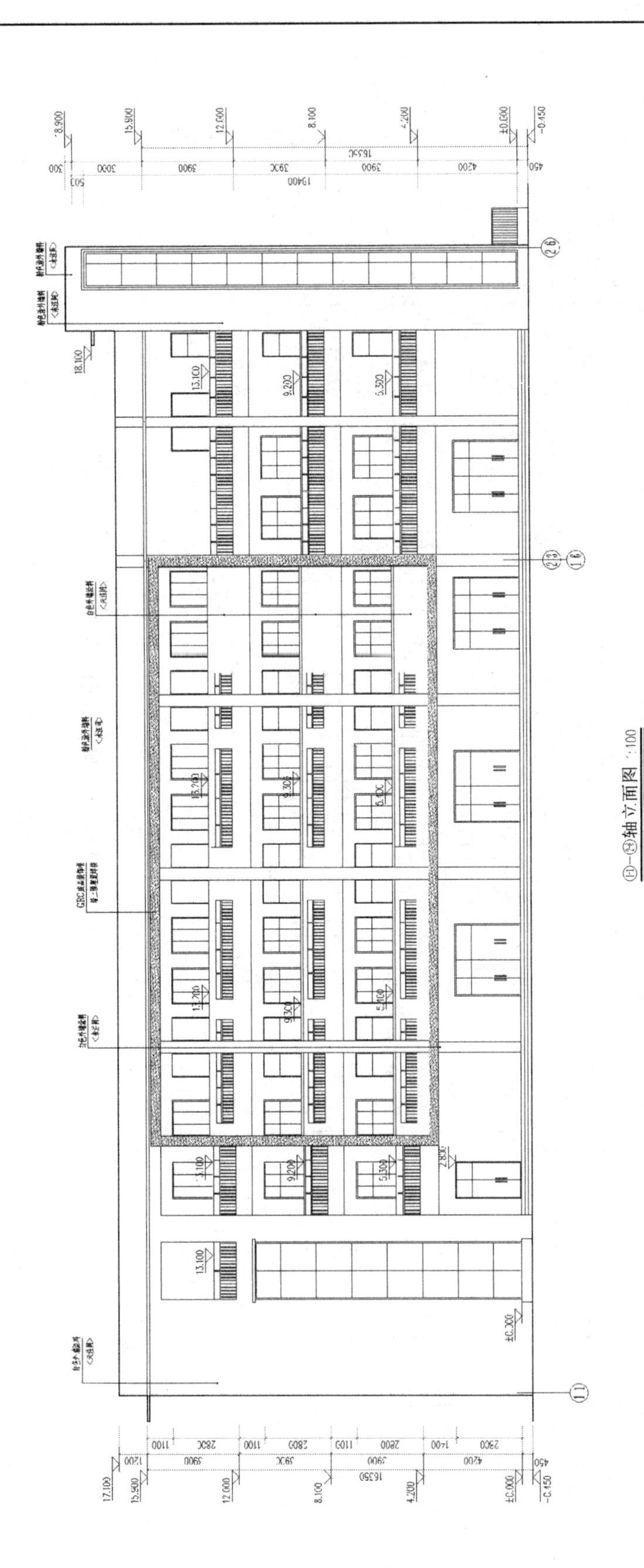

图 4.7 1-1～2-6 轴立面图

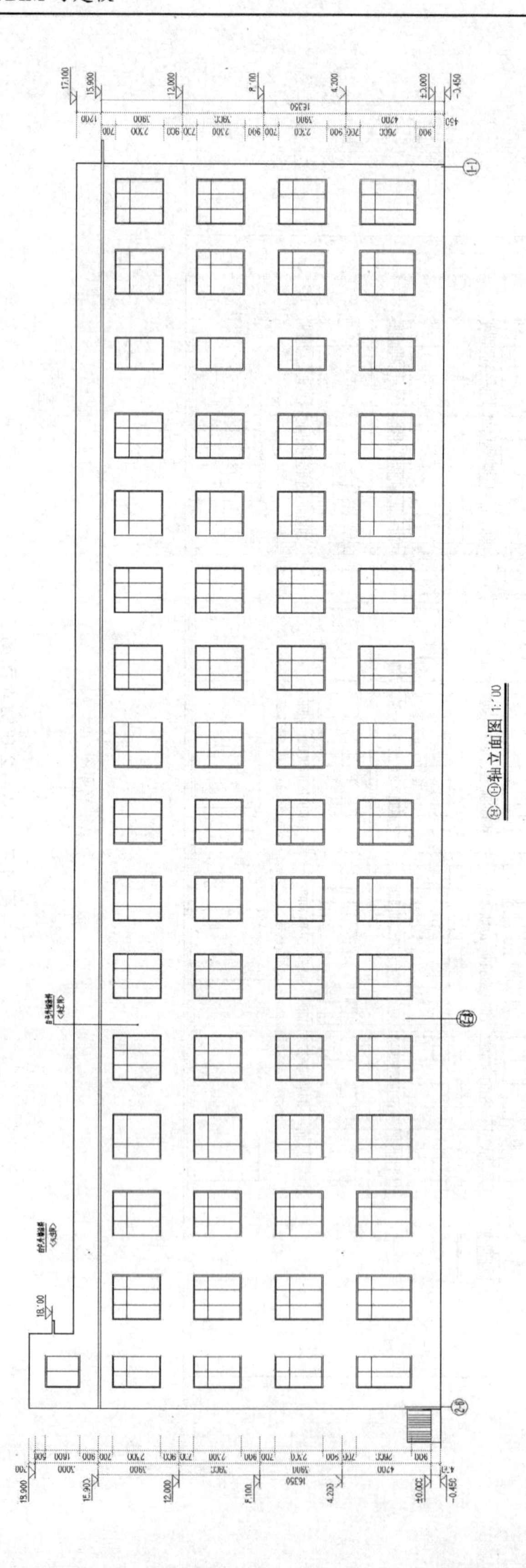

图 4.8　2-6～1-1 轴立面图

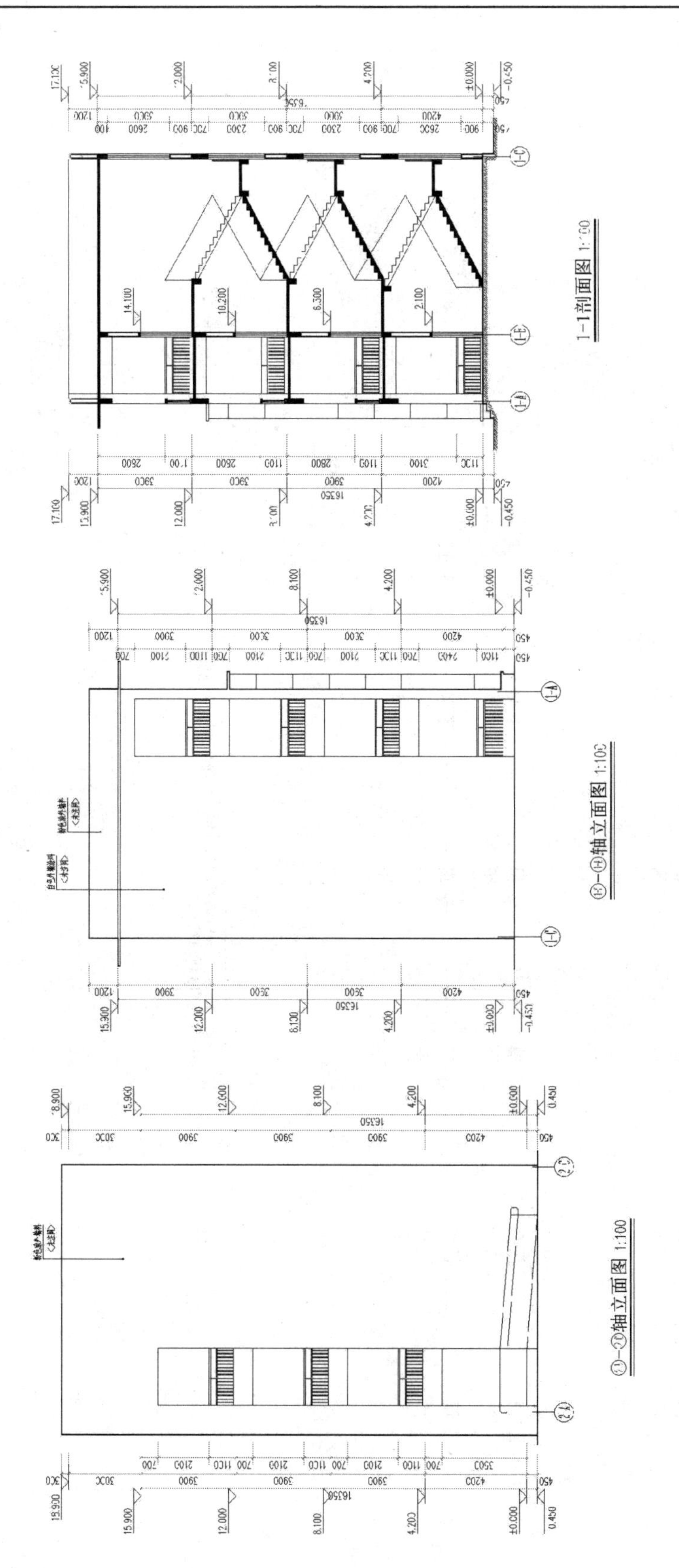

图 4.9 2-A ~ 2-C 轴立面图、1-A ~ 1-C 轴立面图、1-1 剖面图

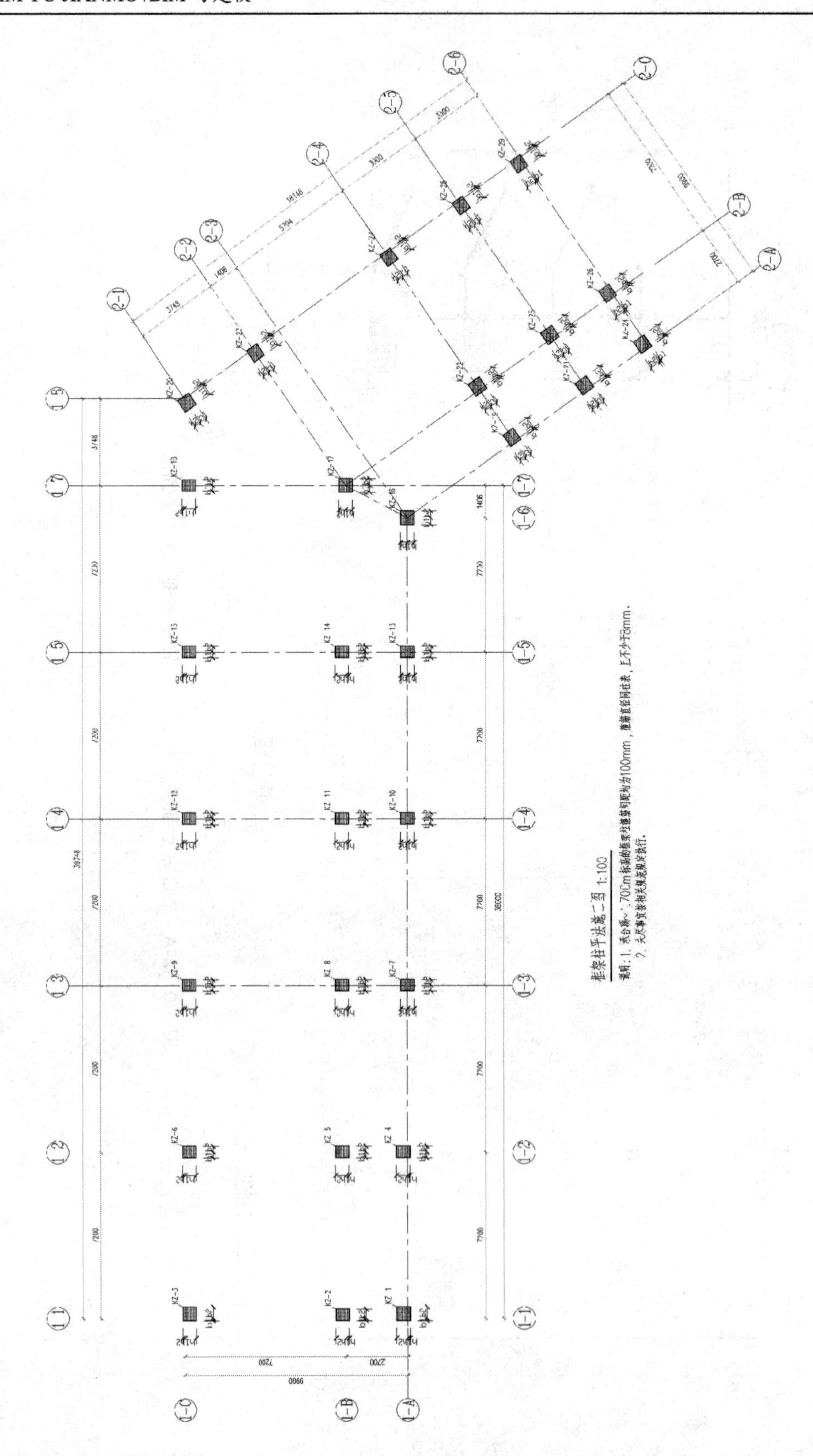

图 4.10　结构柱布置图

箍筋类型1 (m×n)　箍筋类型2　箍筋类型3　箍筋类型4　箍筋类型5　箍筋类型6　箍筋类型7　箍筋类型8　箍筋类型9　箍筋类型10

柱号	标高	b×h (bi×hi)(圆柱直径D)	b1	b2	h1	h2	全部纵筋	角筋	b边一侧中部筋	h边一侧中部筋	箍筋类型号	箍筋	节点核心区
KZ-1	基础顶-4.200	600×600	100	500	100	500		4Φ25	7Φ25	6Φ25	1.(4×4)	Φ10@100	
	4.200-8.100	600×600	100	500	100	500		4Φ25	4Φ25	4Φ25	1.(4×4)	Φ8@100	
	8.100-12.000	600×600	100	500	100	500		4Φ25	2Φ25	2Φ20	1.(4×4)	Φ8@100	
	12.000-15.900	600×600	100	500	100	500		4Φ20	2Φ20	2Φ20	1.(4×4)	Φ8@100/150	
KZ-2	基础顶-4.200	500×600	100	400	125	475		4Φ25	5Φ25	2Φ20	1.(4×4)	Φ8@100	
	4.200-8.100	500×600	100	400	125	475		4Φ25	5Φ25	2Φ20	1.(4×4)	Φ10@100	
	8.100-12.000	500×600	100	400	125	475		4Φ22	3Φ22	2Φ20	1.(4×4)	Φ8@100	
	12.000-15.900	500×600	100	400	125	475		4Φ20	2Φ20	2Φ20	1.(4×4)	Φ8@100/150	
KZ-3	基础顶-4.200	600×600	100	500	500	100		4Φ25	4Φ25	5Φ25	1.(4×4)	Φ8@100	
	4.200-8.100	600×600	100	500	500	100	12Φ25				1.(4×4)	Φ8@100	
	8.100-12.000	600×600	100	500	500	100		4Φ25	3Φ25	2Φ20	1.(4×4)	Φ8@100	
	12.000-15.900	600×600	100	500	500	100		4Φ25	3Φ25	2Φ20	1.(4×4)	Φ8@100	
KZ-4	基础顶-4.200	500×600	250	250	100	500		4Φ25	3Φ25	4Φ25	1.(4×4)	Φ8@100/150	
	4.200-8.100	500×600	250	250	100	500		4Φ25	2Φ25	2Φ25	1.(4×4)	Φ8@100/150	
	12.000-15.900	500×600	250	250	100	500		4Φ20	2Φ20	2Φ20	1.(4×4)	Φ8@100/150	
KZ-5	基础顶-4.200	500×600	250	250	125	475		4Φ25	4Φ25	2Φ20	1.(4×4)	Φ8@100	
	4.200-8.100	500×600	250	250	125	475		4Φ25	3Φ25	2Φ20	1.(4×4)	Φ8@100	
	8.100-12.000	500×600	250	250	125	475		4Φ25	3Φ25	2Φ20	1.(4×4)	Φ8@100	
	12.000-15.900	500×600	250	250	125	475		4Φ20	2Φ20	2Φ20	1.(4×4)	Φ8@100	
KZ-6	基础顶-4.200	500×600	250	250	500	100		4Φ25	2Φ25	2Φ20	1.(4×4)	Φ8@100/200	
	4.200-8.100	500×600	250	250	500	100		4Φ20	2Φ20	2Φ20	1.(4×4)	Φ8@100/150	
	8.100-12.000	500×600	250	250	500	100		4Φ20	2Φ20	2Φ20	1.(4×4)	Φ8@100/150	
	12.000-15.900	500×600	250	250	500	100		4Φ20	2Φ20	2Φ20	1.(4×4)	Φ8@100/150	
KZ-7	基础顶-4.200	500×600	250	250	300	300		4Φ25	5Φ25	4Φ25	1.(4×4)	Φ8@100/150	
	4.200-8.100	500×600	250	250	300	300		4Φ20	2Φ20	2Φ20	1.(4×4)	Φ8@100/150	
	12.000-15.900	500×600	250	250	300	300		4Φ20	2Φ20	2Φ20	1.(4×4)	Φ8@100/150	
KZ-8	基础顶-4.200	500×600	250	250	125	475		4Φ25	3Φ25	2Φ20	1.(4×4)	Φ8@100/150	
	4.200-8.100	500×600	250	250	125	475		4Φ25	2Φ22	2Φ20	1.(4×4)	Φ8@100/200	
	12.000-15.900	500×600	250	250	125	475		4Φ20	2Φ20	2Φ20	1.(4×4)	Φ8@100/150	
KZ-9	基础顶-4.200	500×600	250	250	500	100		4Φ25	2Φ22	2Φ22	1.(4×4)	Φ8@100/200	
	4.200-8.100	500×600	250	250	500	100		4Φ20	2Φ20	2Φ20	1.(4×4)	Φ8@100/150	
	8.100-12.000	500×600	250	250	500	100	12Φ20				1.(4×4)	Φ8@100/150	
	12.000-15.900	500×600	250	250	500	100		4Φ20	2Φ20	2Φ20	1.(4×4)	Φ8@100/150	
KZ-10	基础顶-4.200	500×600	250	250	300	300	16Φ25				1.(4×4)	Φ8@100/200	
	4.200-8.100	500×600	250	250	300	300		4Φ20	2Φ20	2Φ20	1.(4×4)	Φ8@100/150	
	12.000-15.900	500×600	250	250	300	300		4Φ20	2Φ20	2Φ20	1.(4×4)	Φ8@100/150	
KZ-11	基础顶-4.200	500×600	250	250	125	475		4Φ25	2Φ25	2Φ20	1.(4×4)	Φ8@100/200	
	4.200-8.100	500×600	250	250	125	475		4Φ25	2Φ22	2Φ20	1.(4×4)	Φ8@100/200	
	8.100-12.000	500×600	250	250	125	475		4Φ22	2Φ20	2Φ20	1.(4×4)	Φ8@100/150	
	12.000-15.900	500×600	250	250	125	475		4Φ20	2Φ20	2Φ20	1.(4×4)	Φ8@100/150	
KZ-12	基础顶-4.200	500×600	250	250	500	100		4Φ20	2Φ20	3Φ20	1.(4×4)	Φ8@100/200	
	4.200-8.100	500×600	250	250	500	100		4Φ20	2Φ20	2Φ20	1.(4×4)	Φ8@100/150	
	12.000-15.900	500×600	250	250	500	100		4Φ20	2Φ20	2Φ20	1.(4×4)	Φ8@100/150	
KZ-13	基础顶-4.200	500×600	250	250	300	300		4Φ25	3Φ25	4Φ25	1.(4×4)	Φ8@100/200	
	4.200-8.100	500×600	250	250	300	300		4Φ20	2Φ20	3Φ20	1.(4×4)	Φ8@100/150	
	12.000-15.900	500×600	250	250	300	300		4Φ20	2Φ20	2Φ20	1.(4×4)	Φ8@100/150	
KZ-14	基础顶-4.200	500×600	250	250	125	475		4Φ25	2Φ22	2Φ20	1.(4×4)	Φ8@100/200	
	4.200-8.100	500×600	250	250	125	475		4Φ22	2Φ22	2Φ20	1.(4×4)	Φ8@100/150	
	8.100-12.000	500×600	250	250	125	475		4Φ20	2Φ20	2Φ20	1.(4×4)	Φ8@100/150	
	12.000-15.900	500×600	250	250	125	475		4Φ20	2Φ20	2Φ20	1.(4×4)	Φ8@100/150	
KZ-15	基础顶-4.200	500×600	250	250	500	100		4Φ25	2Φ20	2Φ22	1.(4×4)	Φ8@100/200	
	4.200-8.100	500×600	250	250	500	100		4Φ20	2Φ20	2Φ20	1.(4×4)	Φ8@100/150	
	12.000-15.900	500×600	250	250	500	100		4Φ20	2Φ20	2Φ20	1.(4×4)	Φ8@100/150	
KZ-16	基础顶-4.200	600×600	300	300	300	300		4Φ25	4Φ25	3Φ25	1.(4×4)	Φ8@100	
	4.200-8.100	600×600	300	300	300	300		4Φ22	2Φ20	2Φ22	1.(4×4)	Φ8@100	
	8.100-12.000	600×600	300	300	300	300		4Φ22	2Φ20	2Φ20	1.(4×4)	Φ8@100	
	12.000-15.900	600×600	300	300	300	300		4Φ20	2Φ20	2Φ20	1.(4×4)	Φ8@100	
KZ-17	基础顶-4.200	600×600	300	300	300	300		4Φ22	3Φ22	3Φ22	1.(4×4)	Φ8@100/200	
	4.200-8.100	600×600	300	300	300	300		4Φ25	2Φ25	2Φ20	1.(4×4)	Φ8@100/150	
	8.100-12.000	600×600	300	300	300	300		4Φ20	2Φ20	2Φ20	1.(4×4)	Φ8@100/150	
	12.000-15.900	600×600	300	300	300	300		4Φ20	2Φ20	2Φ20	1.(4×4)	Φ8@100/150	
KZ-18	基础顶-4.200	500×600	250	250	500	100		4Φ25	2Φ20	3Φ25	1.(4×4)	Φ8@100/200	
	4.200-8.100	500×600	250	250	500	100		4Φ20	2Φ20	2Φ20	1.(4×4)	Φ8@100/150	
	12.000-15.900	500×600	250	250	500	100		4Φ20	2Φ20	2Φ20	1.(4×4)	Φ8@100/150	
KZ-19	基础顶-4.200	600×550	100	500	275	275		4Φ25	5Φ25	4Φ25	1.(4×4)	Φ8@100/200	
	4.200-8.100	600×550	100	500	275	275		4Φ20	4Φ20	2Φ20	1.(4×4)	Φ8@100/200	
	8.100-12.000	600×550	100	500	275	275		4Φ20	2Φ20	2Φ20	1.(4×4)	Φ8@100/150	
	12.000-15.900	600×550	100	500	275	275	12Φ20				1.(4×4)	Φ8@100/150	
KZ-20	基础顶-4.200	600×600	500	100	300	300		4Φ25	7Φ25	5Φ25	1.(4×4)	Φ8@100	
	4.200-8.100	600×600	500	100	300	300		4Φ25	3Φ25	2Φ20	1.(4×4)	Φ8@100	
	8.100-12.000	600×600	500	100	300	300		4Φ22	2Φ20	2Φ20	1.(4×4)	Φ8@100	
	12.000-15.900	600×600	500	100	300	300		4Φ22	2Φ22	2Φ20	1.(4×4)	Φ8@100	
KZ-21	基础顶-4.200	600×600	100	500	300	300		4Φ25	6Φ25	4Φ25	1.(4×4)	Φ8@100/150	
	4.200-8.100	600×550	100	500	275	275		4Φ22	3Φ22	2Φ20	1.(4×4)	Φ8@100/150	
	8.100-12.000	600×550	100	500	275	275		4Φ20	2Φ20	2Φ20	1.(4×4)	Φ8@100/150	
	12.000-15.900	600×550	100	500	275	275	12Φ20				1.(4×4)	Φ8@100/150	
	15.900-18.900	400×400	100	299	200	200	8Φ20				1.(3×3)	Φ8@100/150	
KZ-22	基础顶-4.200	600×600	125	475	300	300		4Φ25	3Φ25	3Φ25	1.(4×4)	Φ8@100/200	
	4.200-8.100	600×550	125	475	275	275		4Φ22	2Φ20	2Φ22	1.(4×4)	Φ8@100/150	
	12.000-15.900	600×550	125	475	275	275	12Φ20				1.(4×4)	Φ8@100/150	

楼层号	标高(m)	混凝土标号
楼梯间屋面	18.900	C30
4	15.900	
3	12.000	
2	8.100	C35
1	4.200	
地梁顶标高	-0.450	

结构层楼百标高表

(a)

柱号	标高	bxh(bixhi) (圆柱直径D)	b1	b2	h1	h2	全部纵筋	角筋	b边一侧 中部筋	h边一侧 中部筋	箍筋类型号	箍筋	备注
KZ-23	基础顶-4.200	600x550	500	100	275	275		4Φ25	3Φ22	2Φ20	1.(4x4)	Φ8@100/200	
	4.200-8.100	600x600	500	100	300	300		4Φ22	2Φ22	2Φ20	1.(4x4)	Φ8@100/150	
	8.100-15.900	600x550	500	100	275	275	12Φ20				1.(4x4)	Φ8@100/150	
KZ-24	基础顶-4.200	600x550	100	500	100	450		4Φ25	2Φ25	4Φ25	1.(4x4)	Φ8@100	
	4.200-8.100	600x550	100	500	100	450		4Φ25	2Φ22	2Φ20	1.(4x4)	Φ8@100	
	8.100-12.000	600x550	100	500	100	450		4Φ22	2Φ20	2Φ20	1.(4x4)	Φ8@100	
	12.000-15.900	600x550	100	500	100	450		4Φ20	2Φ20	2Φ20	1.(4x4)	Φ8@100	
	15.900-18.900	400x400	100	300	100	300		4Φ20	1Φ20	1Φ20	1.(3x3)	Φ8@100	
KZ-25	基础顶-4.200	600x600	125	475	300	300	16Φ25				1.(4x4)	Φ8@100/200	
	4.200-15.900	600x550	125	475	275	275	12Φ20				1.(4x4)	Φ8@100/150	
	15.900-18.900	400x400	125	475	200	200	8Φ20				1.(3x3)	Φ8@100/150	
KZ-26	基础顶-4.200	600x550	125	475	100	500		4Φ25	3Φ25	4Φ25	1.(4x4)	Φ8@100/200	
	4.200-8.100	600x550	125	475	100	500		4Φ22	2Φ20	2Φ22	1.(4x4)	Φ8@100/150	
	8.100-15.900	600x550	125	475	100	500	12Φ20				1.(4x4)	Φ8@100/150	
	15.900-18.900	400x400	125	275	100	300	8Φ20				1.(3x3)	Φ8@100/150	
KZ-27	基础顶-4.200	600x550	500	100	275	275		4Φ25	3Φ25	2Φ22	1.(4x4)	Φ8@100/200	
	4.200-8.100	600x550	500	100	275	275		4Φ22	3Φ22	2Φ20	1.(4x4)	Φ8@100/150	
	8.100-15.900	600x550	500	100	275	275	12Φ20				1.(4x4)	Φ8@100/150	
KZ-28	基础顶-4.200	600x550	500	100	275	275		4Φ25	3Φ25	2Φ20	1.(4x4)	Φ8@100/200	
	4.200-8.100	600x550	500	100	275	275		4Φ25	2Φ22	2Φ20	1.(4x4)	Φ8@100/200	
	8.100-15.900	600x550	500	100	275	275	12Φ20				1.(4x4)	Φ8@100/150	
	15.900-18.900	400x400	300	100	200	200		4Φ20	1Φ20	1Φ20	1.(3x3)	Φ8@100/150	
KZ-29	基础顶-4.200	600x550	500	100	100	450		4Φ25	3Φ25	2Φ25	1.(4x4)	Φ8@100	
	4.200-8.100	600x550	500	100	100	450		4Φ20	2Φ20	2Φ20	1.(4x4)	Φ8@100	
	8.100-15.900	600x550	500	100	100	450		4Φ20	2Φ20	2Φ20	1.(4x4)	Φ8@100	
	15.900-18.900	400x400	300	100	100	300		4Φ22	1Φ20	1Φ20	1.(3x3)	Φ8@100	

（b）

图 4.11　结构柱表

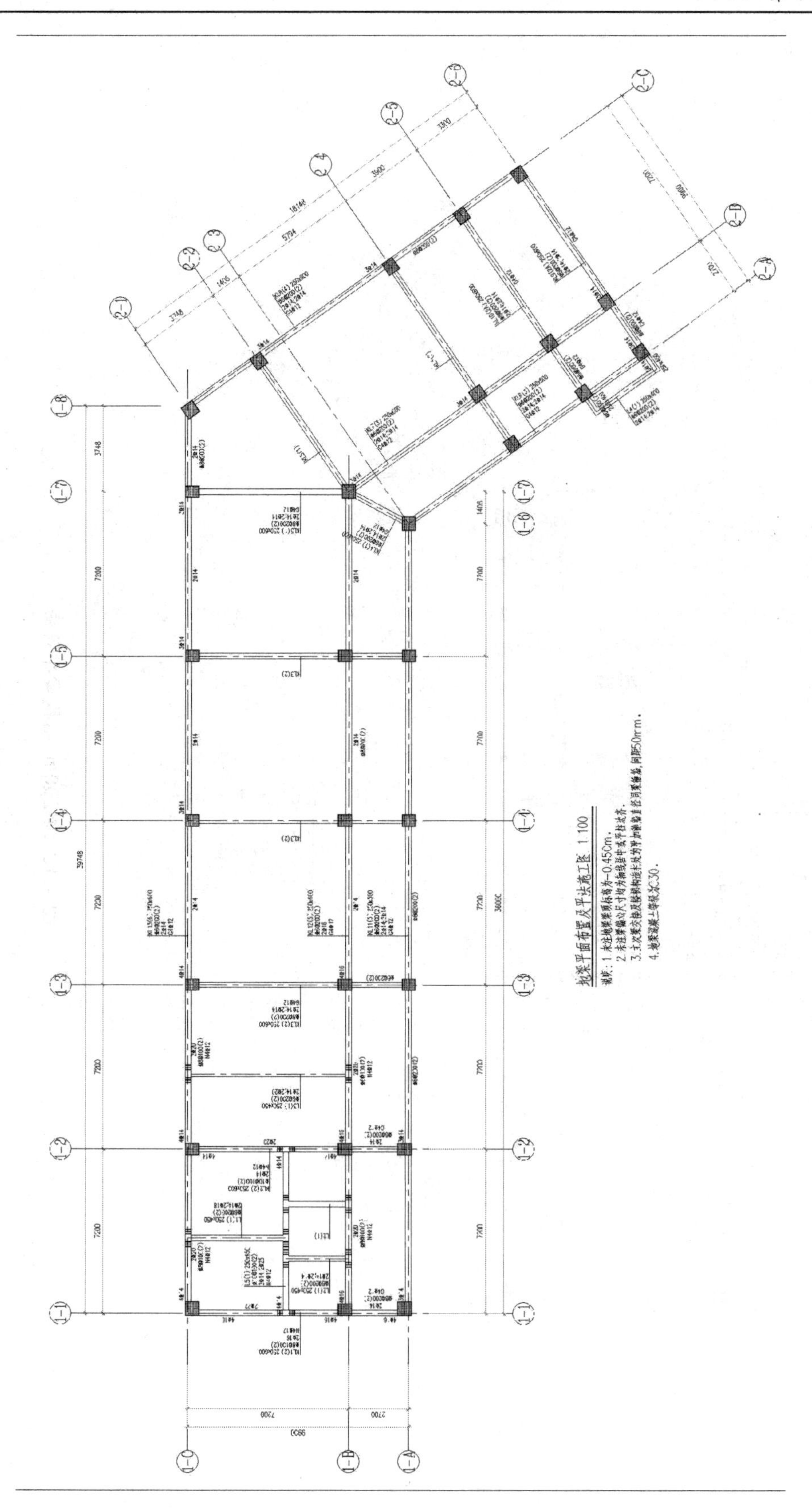

图 4.12 结构地梁布置图

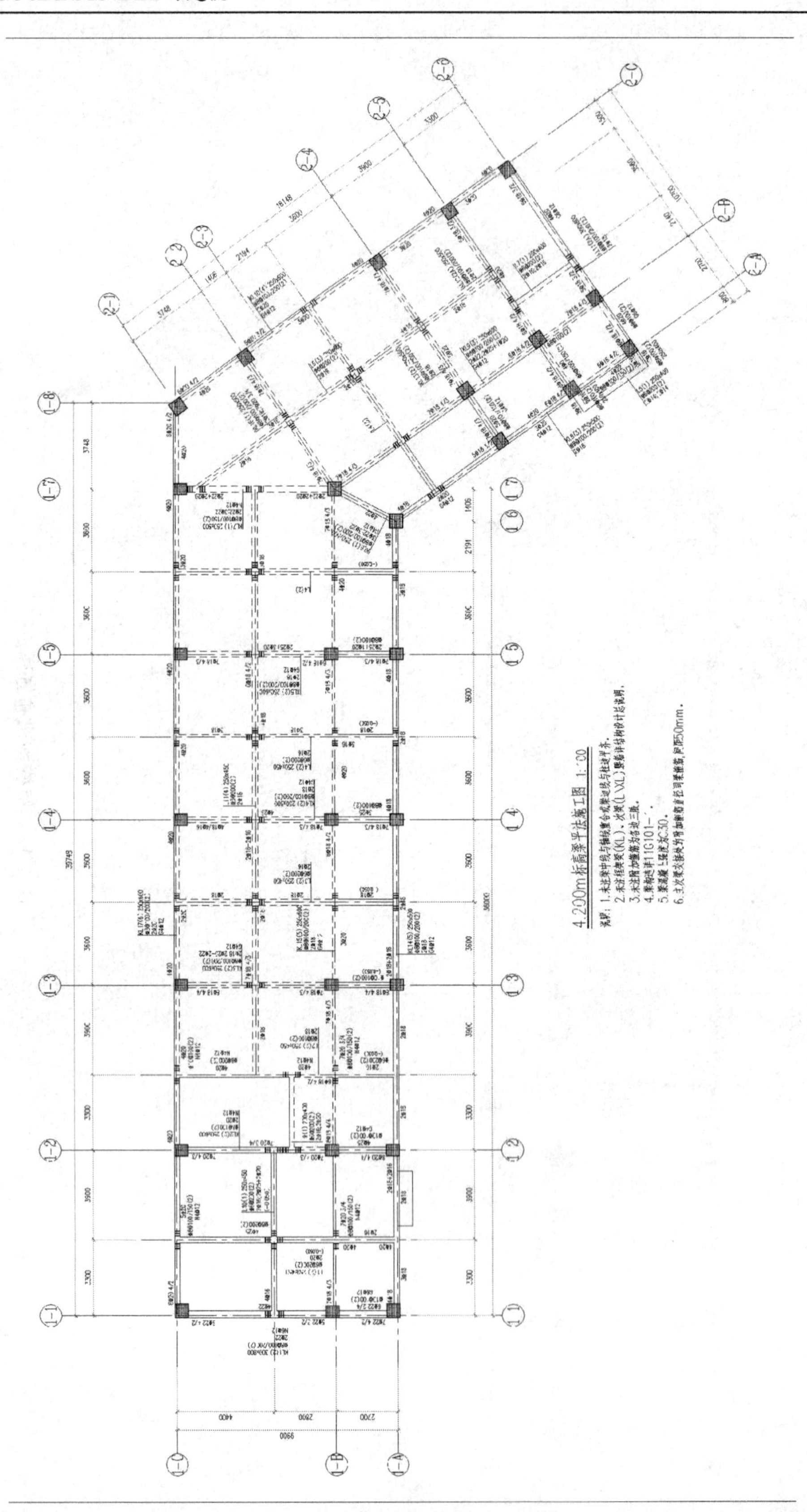

图 4.13　4.200 m 结构梁布置图

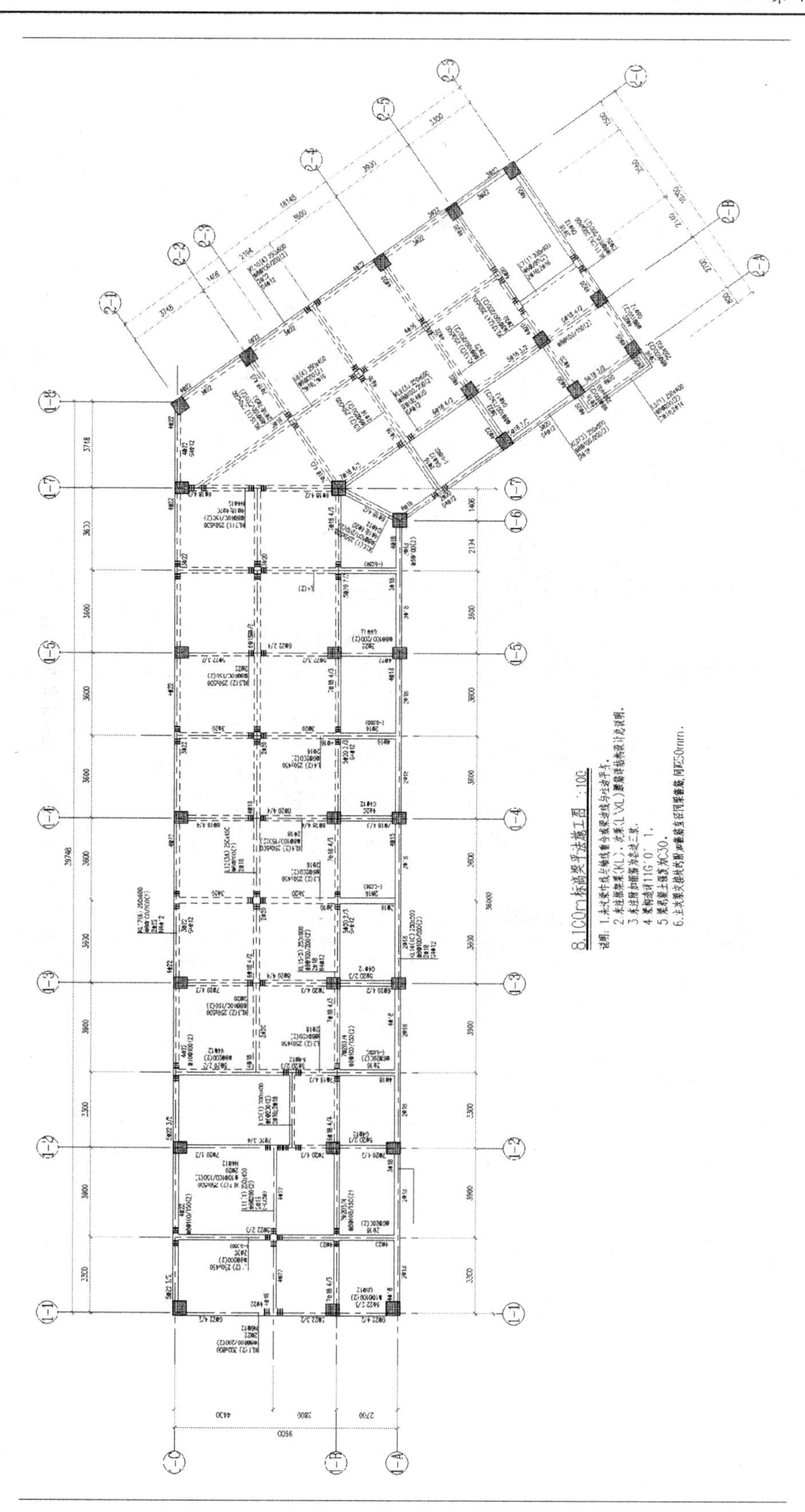

图 4.14 8.100 m 结构梁布置图

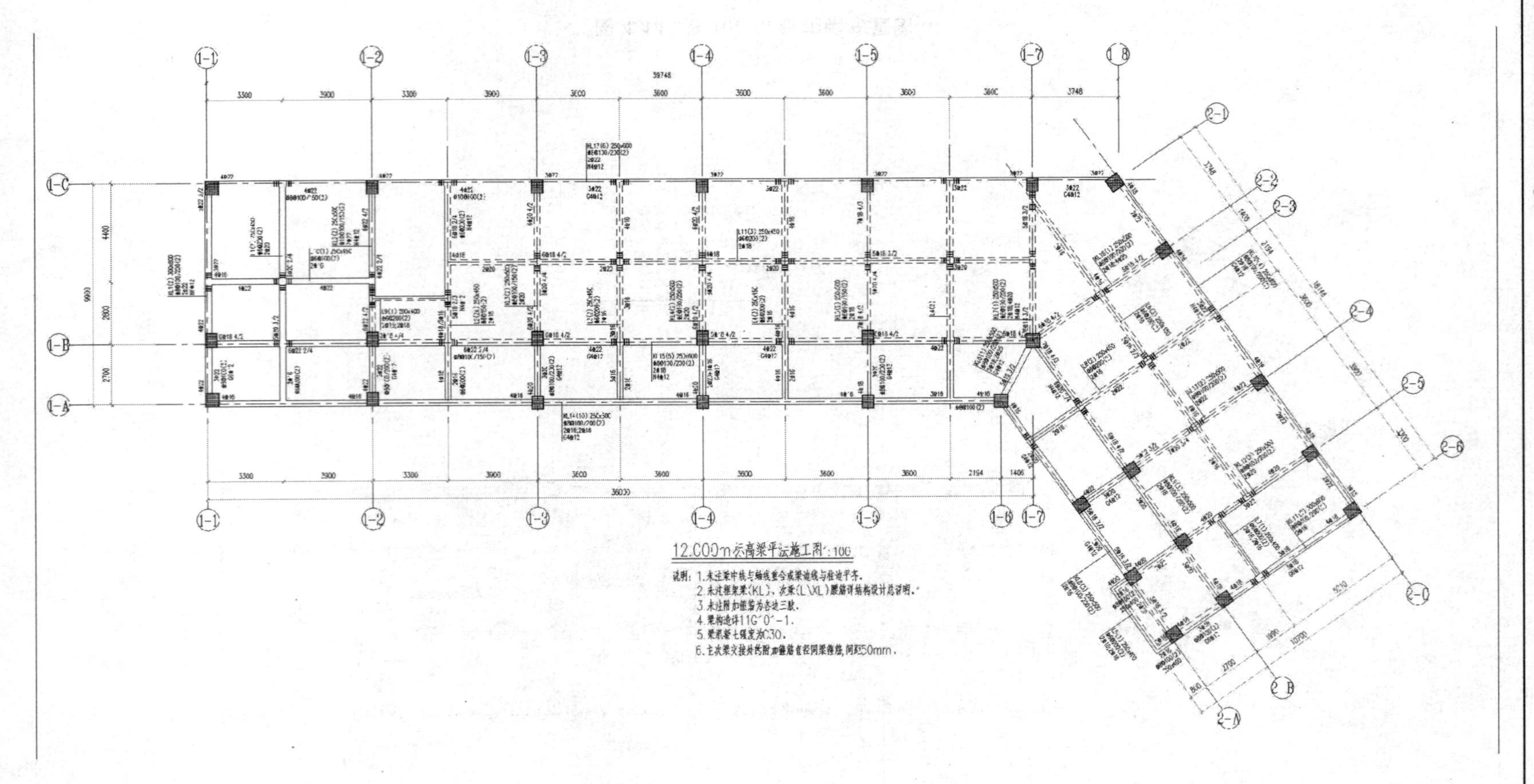

图 4.15　12.000 m 结构梁布置图

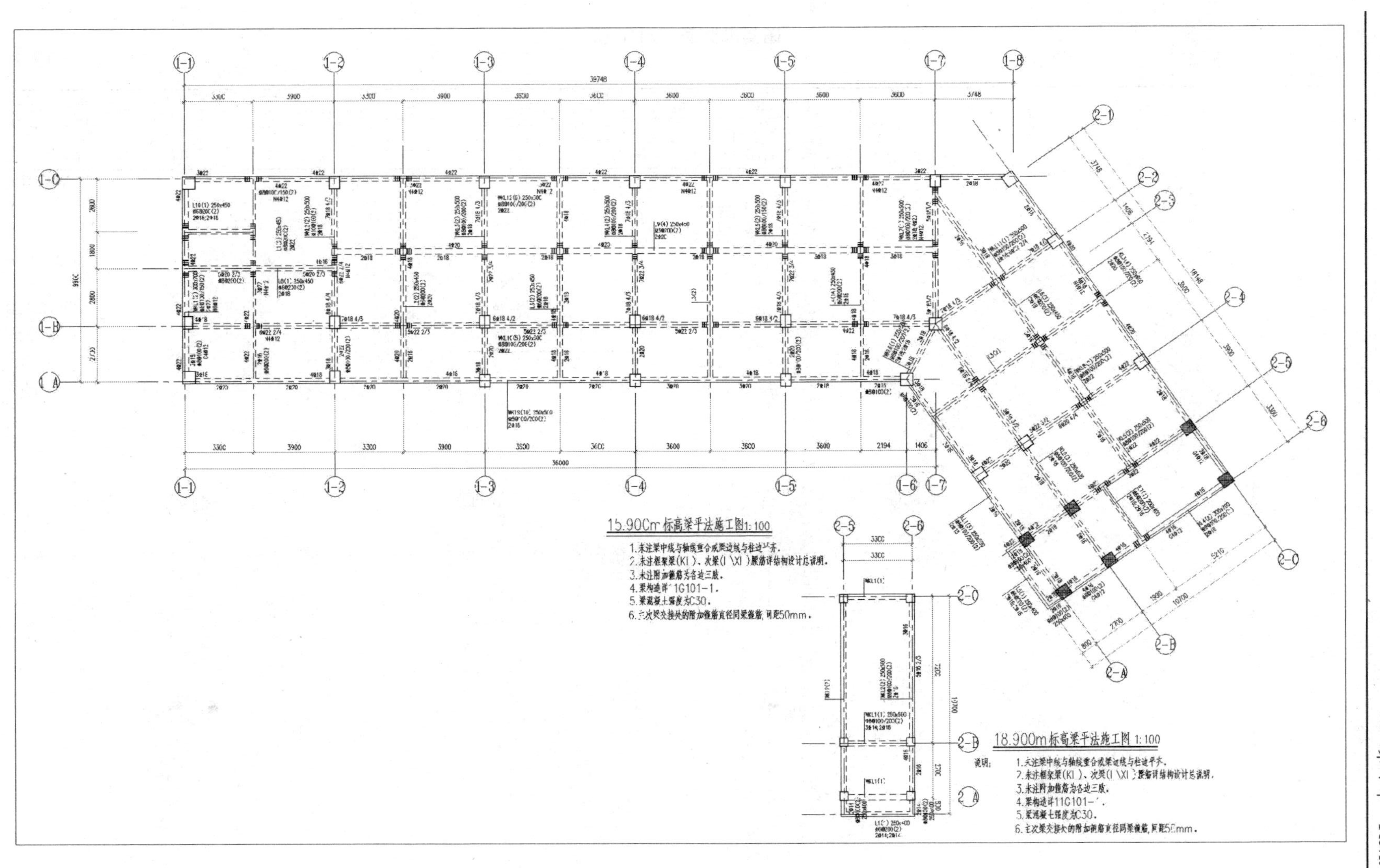

图 4.16 15.900 m、18.900 m 结构梁布置图

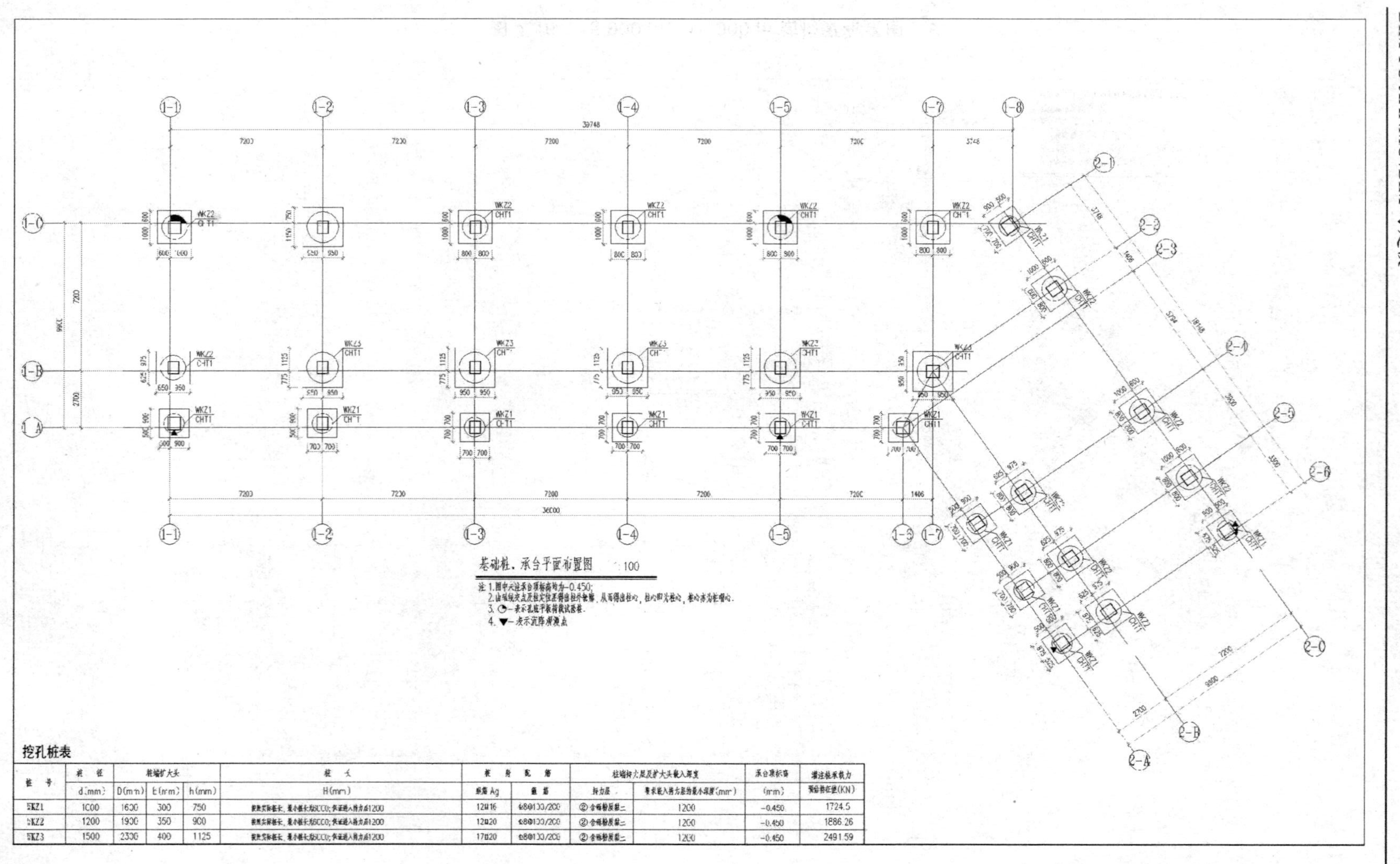

挖孔桩表

桩号	桩径	桩端扩大头			桩长	桩身配筋		桩端持力层及扩大头嵌入深度		承台顶标高	灌注桩承载力
	d(mm)	D(mm)	E(mm)	h(mm)	H(mm)	纵筋 Ag	箍筋	持力层	要求嵌入持力层的最小深度(mm)	(mm)	预估特征值(KN)
WKZ1	1000	1600	300	750	按实际桩长，最小桩长为6000；保证进入持力层1200	12⌀16	⌀8@100/200	② 含砾粉质黏土	1200	-0.450	1724.5
WKZ2	1200	1900	350	900	按实际桩长，最小桩长为6000；保证进入持力层1200	12⌀20	⌀8@100/200	② 含砾粉质黏土	1200	-0.450	1886.26
WKZ3	1500	2300	400	1125	按实际桩长，最小桩长为6000；保证进入持力层1200	17⌀20	⌀8@100/200	② 含砾粉质黏土	1200	-0.450	2491.59

图 4.17　基础布置图

（4）透视图。

通过透视图，能够更加直观、准确地理解项目的整体概况。在 Revit 中，完成模型创建后可以根据需要生成任意角度的透视图。教学综合楼项目模型透视图如图 4.18 所示。

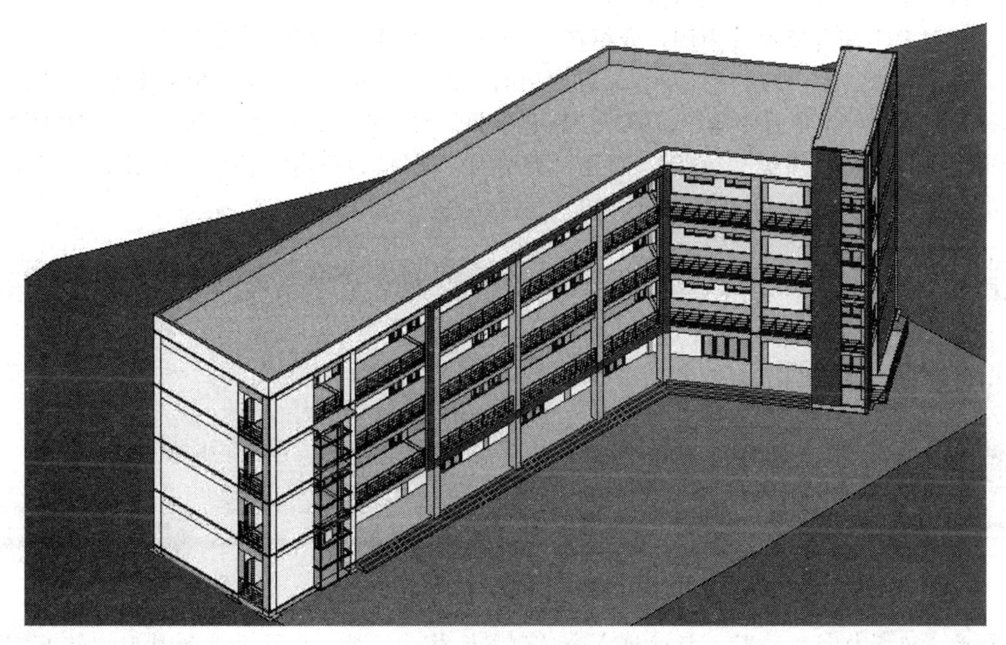

图 4.18　透视图

结合本章各层的平面、立面尺寸值，可以在 Revit 中建立精确、完整的 BIM 模型。在本教材后面的章节中，将通过实际操作步骤，创建教学综合楼项目的建筑、结构模型，并使用该模型进行渲染、表现。

4.1.2　标高和轴网管理

学习要点：

- 标高和轴网的概念
- 标高和轴网的创建方式
- 轴网的尺寸标注方式

标高和轴网是建筑设计、施工中重要的定位信息。Revit 通过标高和轴网为建筑模型中各构件的空间关系定位，从项目的标高和轴网开始，再根据标高和轴网信息建立建筑中梁、柱、墙、门、窗等模型构件。

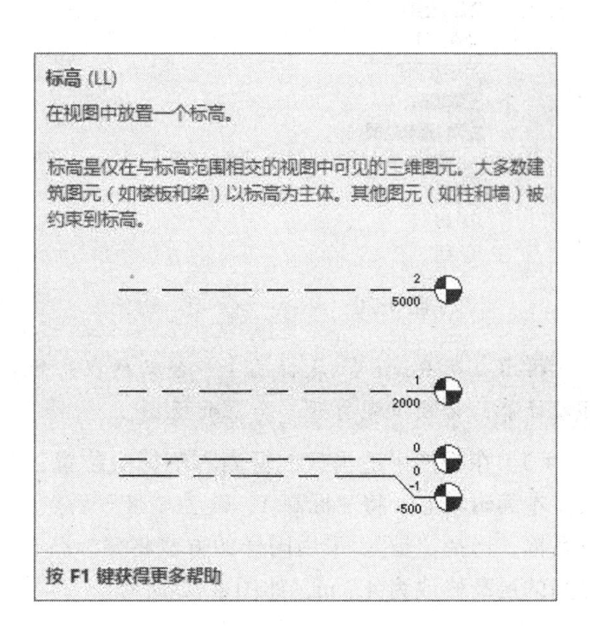

1. 创建项目标高

标高用于反映建筑构件在高度方向上的定位情况，因此在 Revit 中开始进行建模前，应先对项目的层高和标高信息做出整体规划。

下面以教学综合楼项目为例，介绍在 Revit 中创建项目标高的一般步骤。

（1）启动 Revit，默认将打开“最近使用的文件”页面。单击左上角的按钮，在列表中选择【新建】>>【项目】命令，弹出“新建项目”对话框，如图 4.19 所示。在“样板文件”的选项中选择“建筑样板”，确认“新建”类型为“项目”，单击 确定 按钮，即完成了新项目的创建。

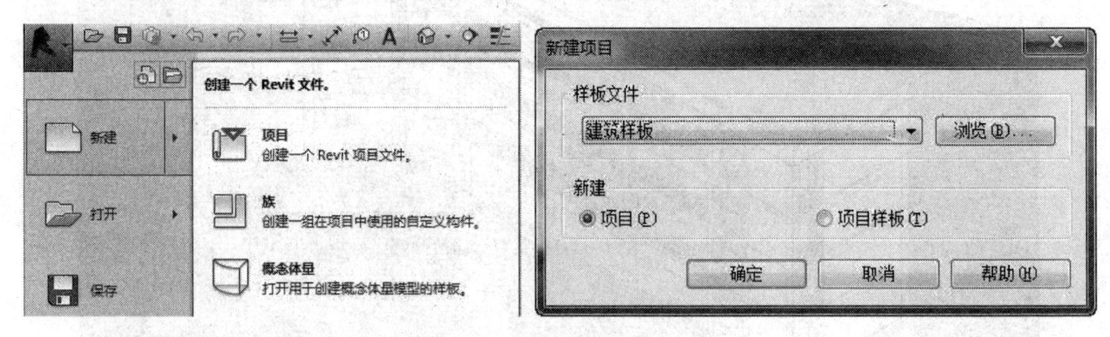

图 4.19

提示：选择样板文件时，可通过点击“浏览”按钮选择除默认外其他类型的样板文件。

（2）在项目浏览器中展开“立面（建筑立面）”项，双击视图名称“南”进入南立面视图，如图 4.20 所示。在南立面视图中，显示项目样板中设置的默认标高“标高 1”和“标高 2”，且“标高 1”的标高为“±0.000”，“标高 2”的标高为“4.000”，如图 4.21 所示。

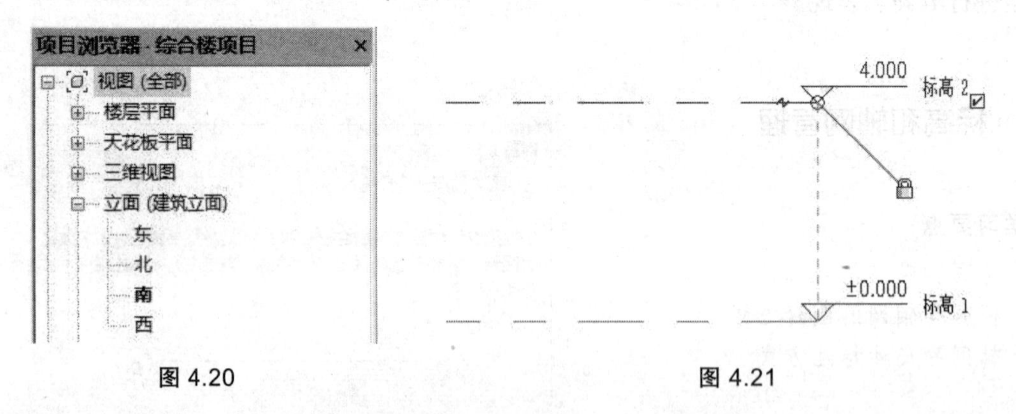

图 4.20　　　　图 4.21

提示：在 Revit 中，【标高】命令必须在立面和剖面视图中才能使用，因此在正式开始项目设计前，必须事先打开一个立面视图。

（3）在视图中适当放大标高右侧标头位置，单击鼠标左键选中“标高 1”文字部分，进入文本编辑状态，将“标高 1”改为“1F”后点击回车，会弹出“是否希望重命名相关视图”对话框，选择“是”。采用同样的方法将“标高 2”改为“2F”。调整 2F 标高，将一层与二层之间的层高修改为 4.2 m，如图 4.22 所示。

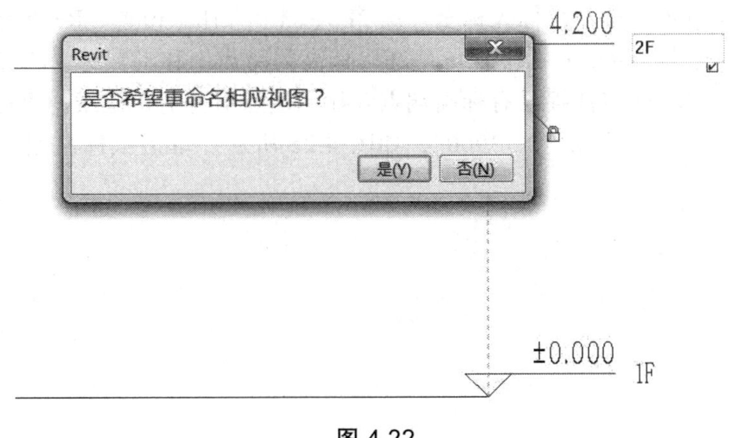

图 4.22

（4）移动鼠标至“标高 2”标高值位置，双击标高值，进入标高值文本编辑状态。按键盘上的 Delete 键，删除文本编辑框内的数字，键入“4.2”后按回车键确认。此时 Revit 将修改“2F”的标高值为“4.2 m”，并自动向上移动“2F”标高线，如图 4.23 所示。

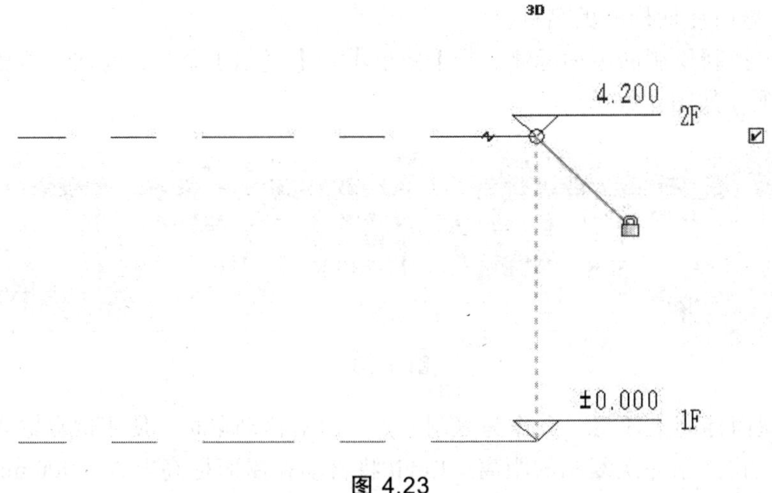

图 4.23

提示：在样板文件中，已设置标高对象标高值的单位为“m”，因此在标高值处输入“4.2”，Revit 将自动换算成项目单位“4 200 mm”。

（5）如图 4.24 所示，单击【建筑】>>【基准】>>【标高】命令，进入放置标高模式，Revit 将自动切换至【放置标高】上下文选项卡。

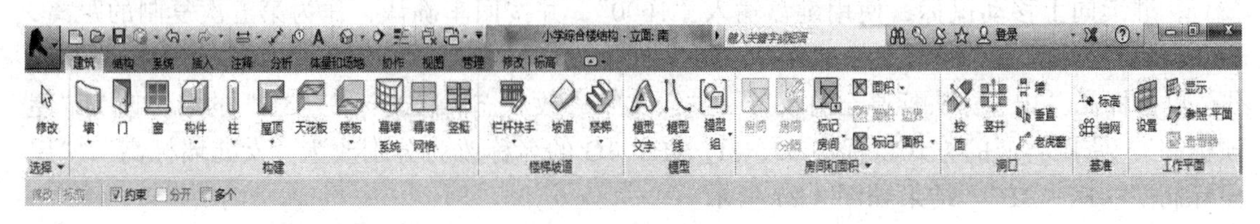

图 4.24

（6）采用默认设置，移动鼠标光标至标高 2F 左侧上方任意位置，Revit 将在光标与标高“2F”间显示临时尺寸，指示光标位置与“2F”标高的距离。移动鼠标，当光标位置与标高“2F”端点对齐时，Revit 将捕捉已有标高端点并显示端点对齐蓝色虚线，再通过键盘输入屋面标高与标高“2F”的标高差值“3900”，如图 4.25 所示。单击鼠标左键，确定屋面标高起点。

图 4.25

（7）沿水平方向向右移动鼠标光标，在光标和鼠标间绘制标高。适当放大视图，当光标移动至已有标高右侧端点时，Revit 将显示端点对齐位置，单击鼠标左键完成屋面标高的绘制，并按步骤（2）修改屋面标高的名称。

（8）单击选择新绘制的屋面标高，在【修改】>>【复制】命令，勾选选项栏中的“约束”和“多个”选项，如图 4.26 所示。

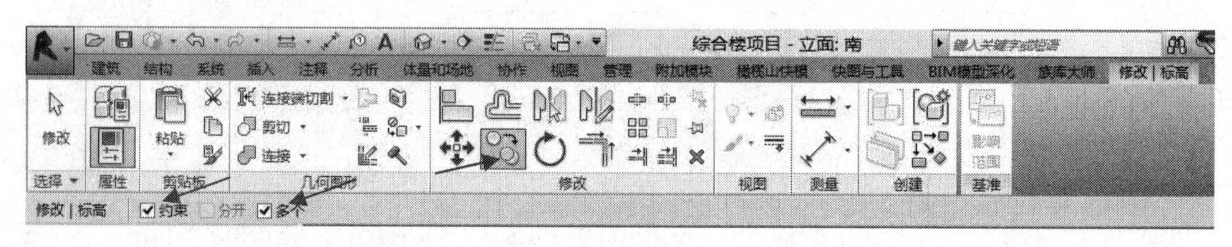

图 4.26

（9）单击屋面标高上任意一点作为复制基点，向上移动鼠标，使用键盘输入数值“3900”并按回车确认，作为第一次复制的距离，Revit 将自动在屋面标高上方 3 900 mm 处生成新标高“3G”；继续向上移动鼠标，使用键盘输入“3900”，并按回车确认，作为第二次复制的距离，Revit 将自动在标高“3G”上方“3 900 mm”处生成新标高“3H”；继续向上移动鼠标，使用键盘输入“3900”，并按回车确认，作为第三次复制的距离，Revit 将自动在标高“2H”上方“3 900 mm”处生成新标高“3I”；继续向上移动鼠标，使用键盘输入“1200”，并按回车确认，作为第四次复制的距离，Revit 将自动在标高“3I”上方“1 200 mm”处生成新标高“2J”；继续向上移动鼠标，使用键盘输入“1000”，并按回车确认，作为第五次复制的距离，Revit 将自动在标高“3J”上方“1 800 mm”处生成新标高“3K”；按“ESC”键完成复制操作。单击标高“3K”标头标高名称文字，进入文字修改状态，修改标高“3K”的名称改为“屋顶标高”。使用类似的方式将标高 3J，3I，3H，3G 的名称改为分别改为“女儿墙标高”，“屋面标高”“4F”“3F”。结果如图 4.27 所示。

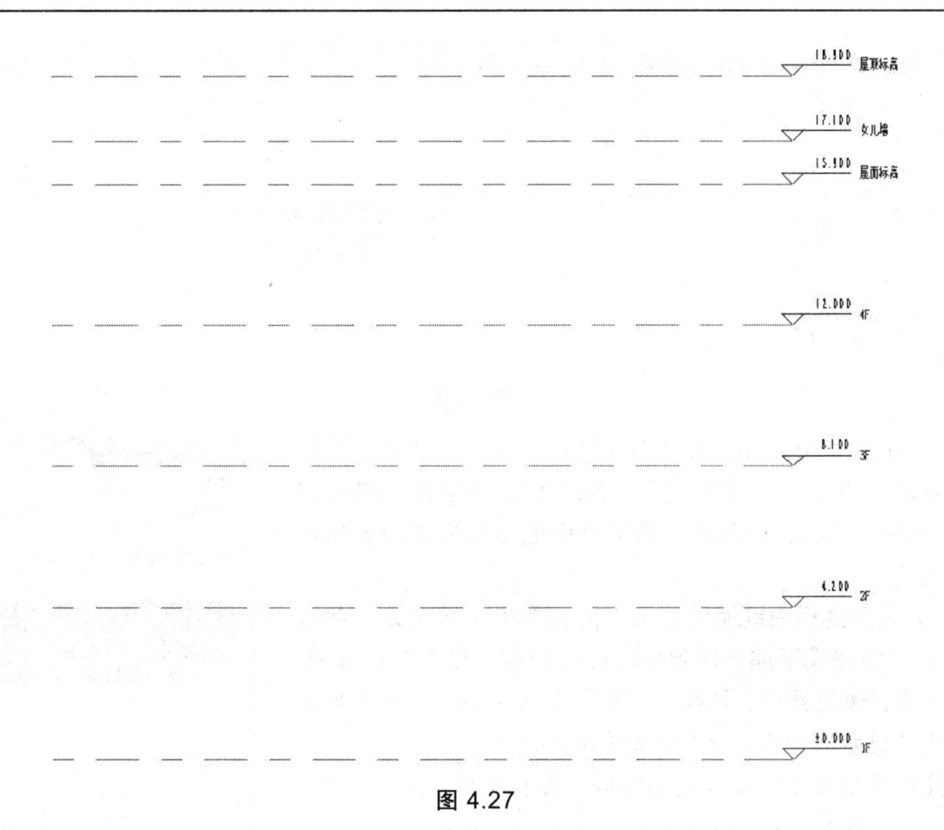

图 4.27

（10）单击选择标高“1F”，在【修改】>>【复制】命令，再单击标高“1F”上任意一点作为复制基点，向下移动鼠标，使用键盘输入数值“450”并按回车确认，作为复制的距离，Revit将自动在标高“1F”下方450 mm处生成新标高“3G”，修改其标高名称为“地面标高”，选中“地面标高”轴线在属性面板中将其改为下标头，结果如图4.28所示。

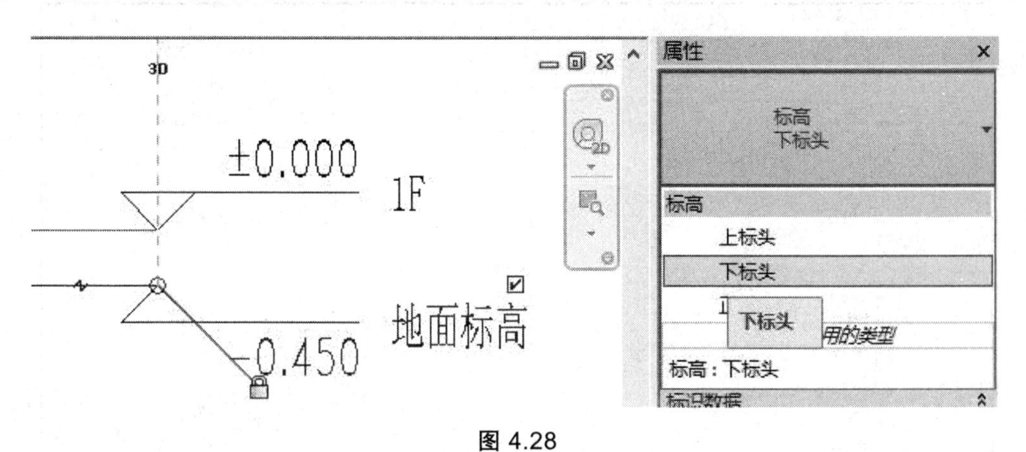

图 4.28

提示：采用复制方式创建的标高，Revit不会为该标高生成楼层平面视图。

（11）如图4.29所示，单击【视图】>>【创建】>>平面视图>>【楼层平面】命令，Revit将打开“新建楼层平面”对话框。

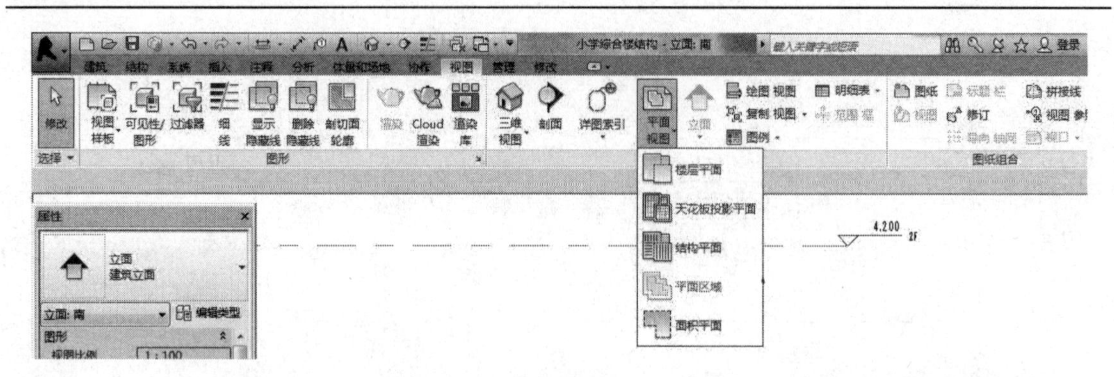

图 4.29

（12）如图 4.30 所示，在“新建楼层平面”对话框中按住键盘“shift”点击“屋顶标高”，选择中这些标高，然后按 确定 按钮，Revit 将在项目浏览器中创建与标高同名的楼层平面视图。

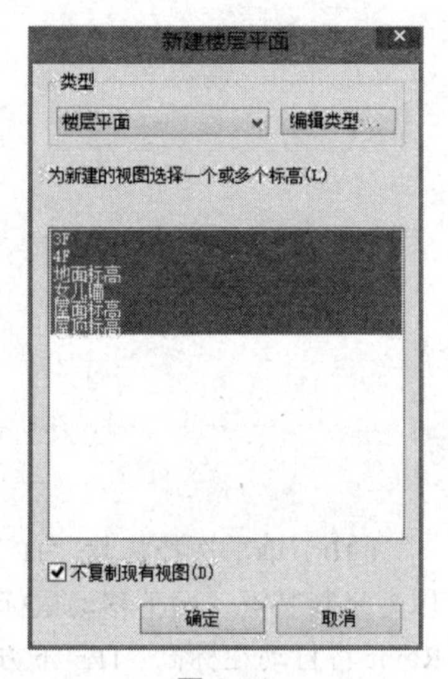

图 4.30

（13）双击鼠标中键缩放显示当前视图中全部图元，此时已在 Revit 中完成了综合楼项目的标高绘制，结果如图 4.31 所示。在项目浏览器中，切换至“东”立面视图，注意在东立面视图中，已生成与南立面完全相同的标高。

至此建筑的各个标高以创建完成，保存文件。

提示：在 Revit 中，标高对象实质为一组平行的水平面，该标高平面会投影显示在所有的立面或剖面视图当中。因此在任意立面视图中绘制标高图元后，会在其余相关标高中生成与当前绘制视图中完全相同的标高。

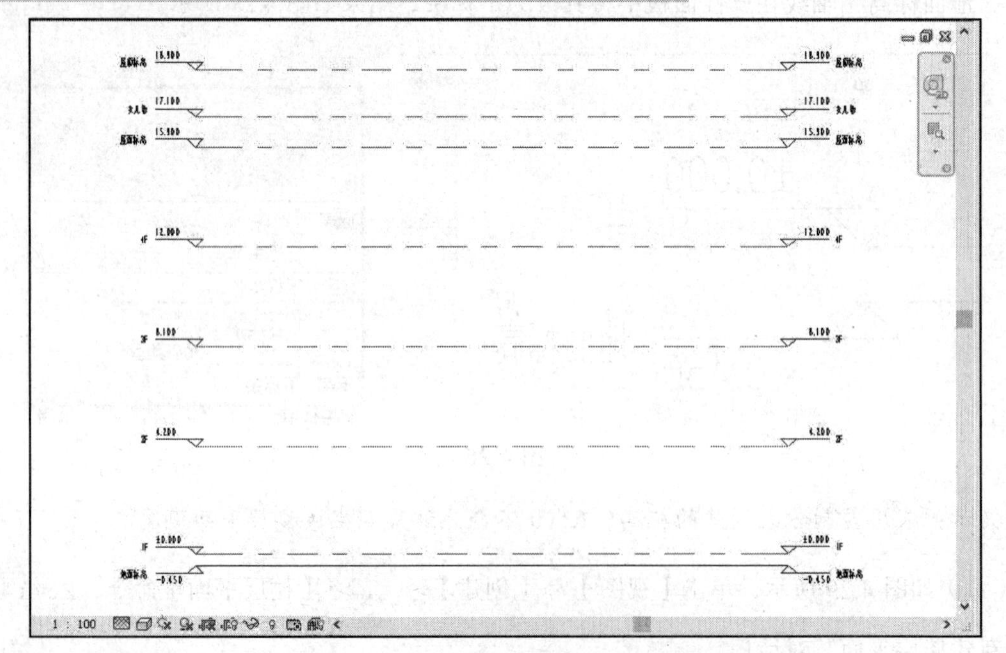

图 4.31

2. 创建项目轴网

标高创建完成以后，可以切换至任何平面视图，例如楼层平面视图，创建和编辑轴网。轴网用于在平面视图中定位图元，Revit 提供了【轴网】命令，用于创建轴网对象，其操作与创建标高的操作一致。在 Revit 中轴网只需要在任意一个平面视图中绘制一次，其他平面和立面、剖面视图中都将自动显示。

（1）接上节轴网练习，或打开资源文件“第 4 章\4.1.2 标高.rvt”项目文件。切换至“1F”楼层平面视图，打开首层平面视图。

（2）如图 4.32 所示，单击【建筑】>>【基准】>>【轴网】命令，自动切换至【放置轴网】上下文选项卡中，进入轴网放置状态。

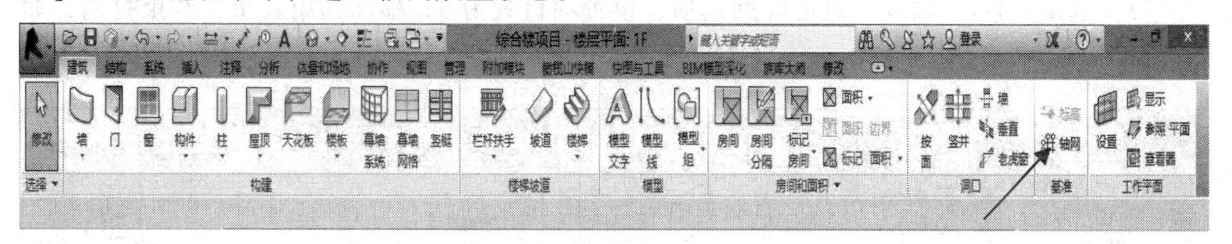

图 4.32

（3）单击【属性】面板中 编辑类型 按钮，弹出“类型属性”对话框。如图 4.33 所示，单击“符号”参数值下拉列表，在列表中选择“符号_单圈轴号：宽度系数 0.5”；在“轴线中段”参数值下拉列表中选择“连续”，“轴线末端颜色”选择“红色”，并勾选“平面视图轴号端点 1”和“平面视图轴号端点 2”，单击 确定 按钮退出“类型属性”对话框。

提示：Revit 默认会按上一次修改的编号加 1 的方式命名新生成的轴网编号。

类型属性

族(F)： 系统族：轴网　载入(L)...

类型(T)： 6.5mm 编号间隙　复制(D)...

重命名(R)...

类型参数

参数	值
图形	
符号	符号 单圈轴号：宽度系数 0.5
轴线中段	连续
轴线末段宽度	1
轴线末段颜色	红色
轴线末段填充图案	轴网线
平面视图轴号端点 1 (默认)	☑
平面视图轴号端点 2 (默认)	☑
非平面视图符号(默认)	底

<< 预览(P)　确定　取消　应用

图 4.33

提示：“符号”参数列表中的族为当前项目中已载入的轴网标头族及其类型。Revit 允许用户自定义该标头族，并在项目中使用。在标高对象的“类型属性”对话框中，也将看到类似的设置。

（4）移动鼠标光标至空白视图左下角空白处单击，确定第 1 条垂直轴线起点，沿垂直方向向上移动鼠标光标，Revit 将在光标位置与起点之间显示轴线预览，当光标移动至左上角位置时，单击鼠标左键完成第一条垂直轴线的绘制，并自动将该轴线编号为“1-1”。

提示：在绘制时，当光标处于垂直或水平方向时，Revit 将显示垂直或水平方向捕捉。在绘制时按住键盘 Shift 键，可将光标锁定在水平或垂直方向。

（5）选中“1-1”轴线，点击阵列选项，设置项目数为 5，移动到第二个，约束打钩，如图 4.34 所示。

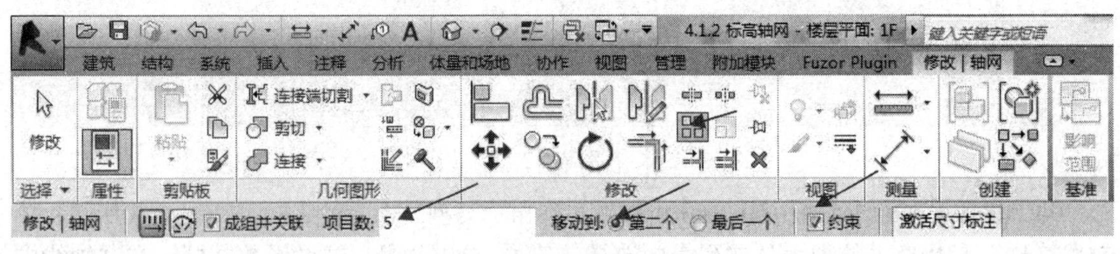

图 4.34

（6）点击“1-1”轴线，往右边移动鼠标光标，用键盘输入“7200”，并按“Enter”键，如图 4.35 所示。

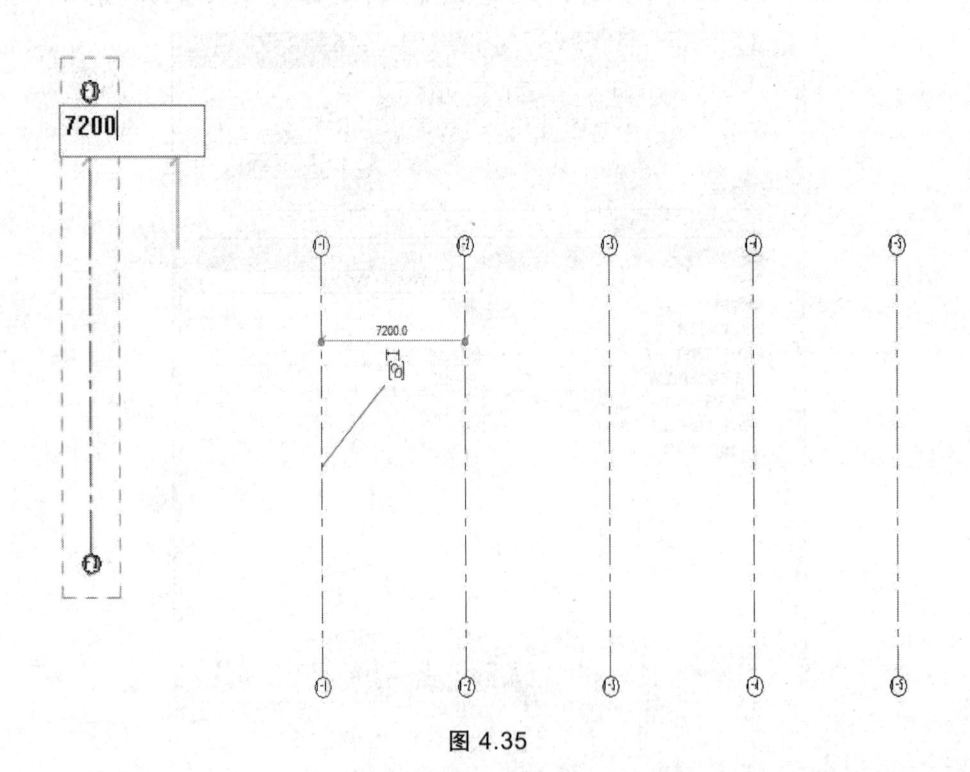

图 4.35

提示：用阵列绘制的轴网，将不能进行拉伸处理，在绘制时处理好轴线长度。

（7）选中“1-5”轴网，往右移动鼠标光标，用键盘输入 5794，并按“Enter”键，得到“1-6”轴线，选中“1-6”轴网，往右移动鼠标光标，用键盘输入 1406，并按“Enter”键，得到“1-7”轴线，单击【轴网】命令，鼠标放在“1-7”轴线顶端，输入 3748，往下移动鼠标光标到适当位置得到“1-8”轴线，如图 4.36 所示。

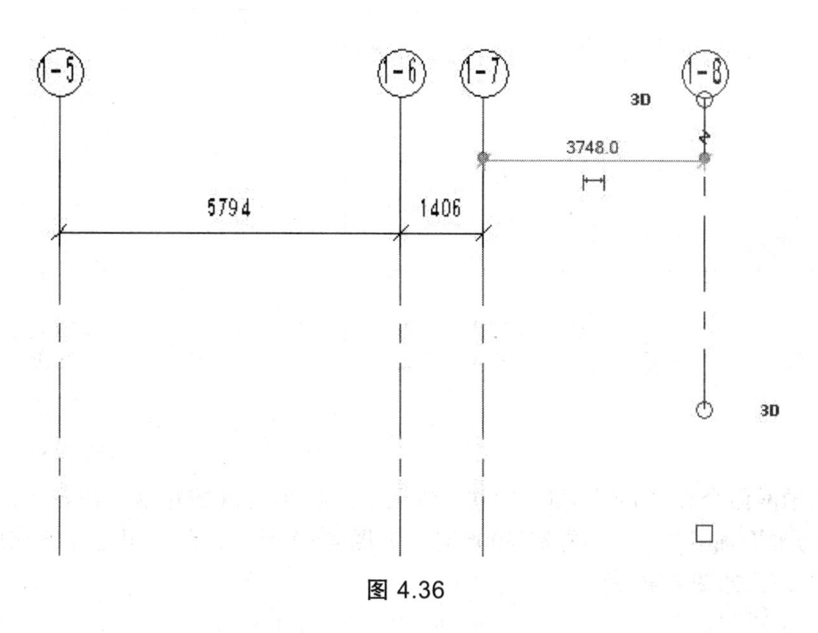

图 4.36

（8）单击【轴网】命令，移动鼠标光标至空白视图左下角空白处单击，确定水平轴线起点，沿水平方向向右移动鼠标光标，Revit 将在光标位置与起点之间显示轴线预览，当光标移动至右侧与“1-6”位置相交时，单击鼠标左键完成第一条水平轴线的绘制，修改其轴线编号为“1-A”。按“Esc”键两次退出放置轴网模式。确认 Revit 仍处于放置轴线状态。移动鼠标光标至上一步中绘制完成的轴线 1-A 起始端点上侧任意位置，Revit 将自动捕捉该轴线的起点，给出端点对齐捕捉参考线，并在光标与轴线 1-A 间显示临时尺寸标注，指示光标与轴线 1-A 的间距。利用键盘输入“2700”并按下回车，将在距轴线 1-A 上方 2 700 mm 处确定第二根水平轴线起点，沿水平方向向右移动鼠标光标，直到与“1-7”轴线相交时，单击鼠标左键完成第二条水平轴线“1-B”的绘制，如图 4.37 所示。

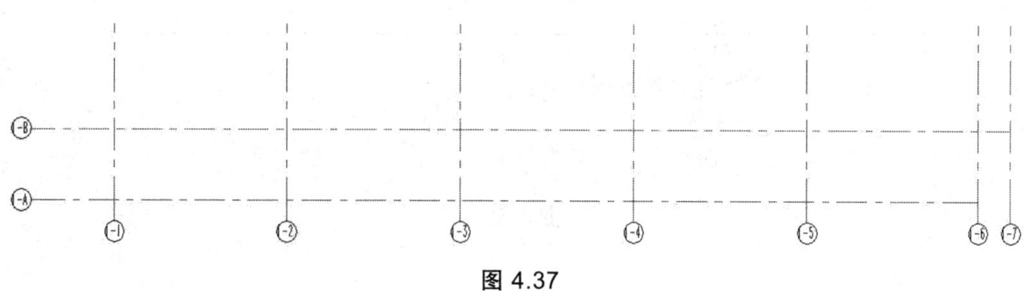

图 4.37

（9）按照步骤（8）画出距轴线 1-B 上方 7 200 mm 处第三根水平轴线起点，沿水平方向向右移动鼠标光标，直到与“1-8”轴线相交时，单击鼠标左键完成第三条水平轴线“1-C”

的绘制，同时隐藏“1-A”“1-B”“1-C”右边的编号，去掉方框里面的勾即可，如图 4.38 所示。

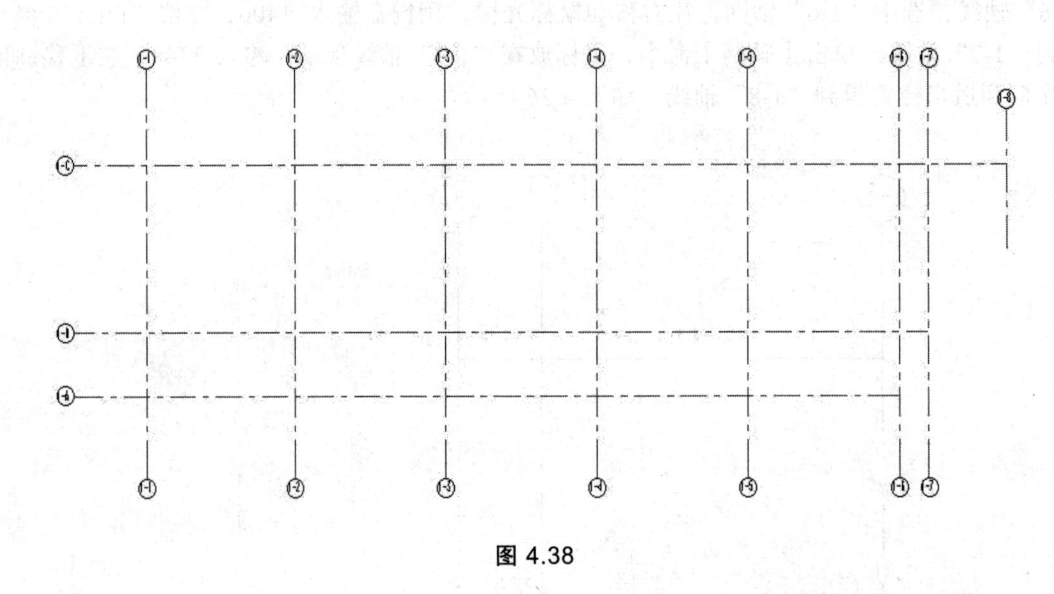

图 4.38

（10）用轴网命令在“1-C”与 “1-8”轴网交点出单机鼠标左键，往右上方移动鼠标光标，当轴线与水平轴线“1-C”成 35.000° 时，如图 4.39 所示，单击鼠标左键完成轴网绘制，改轴号为“2-1”，如图 4.40 所示。

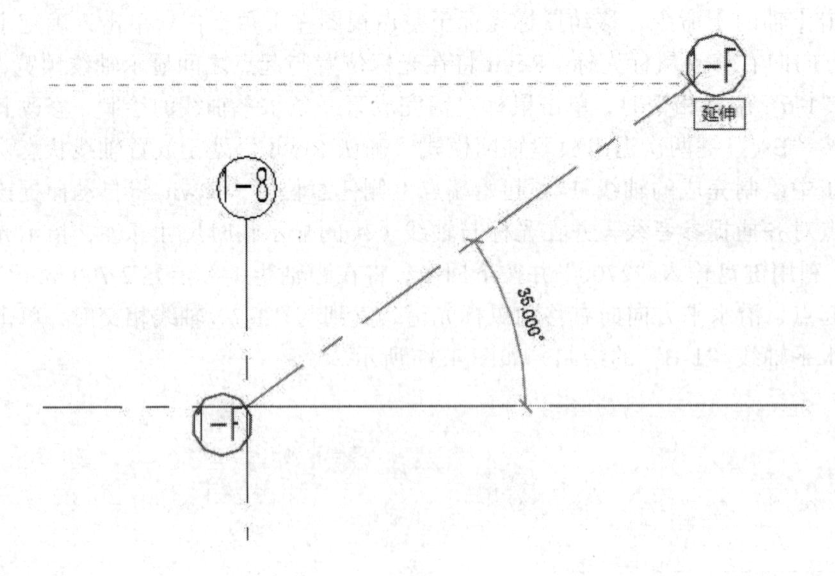

图 4.39

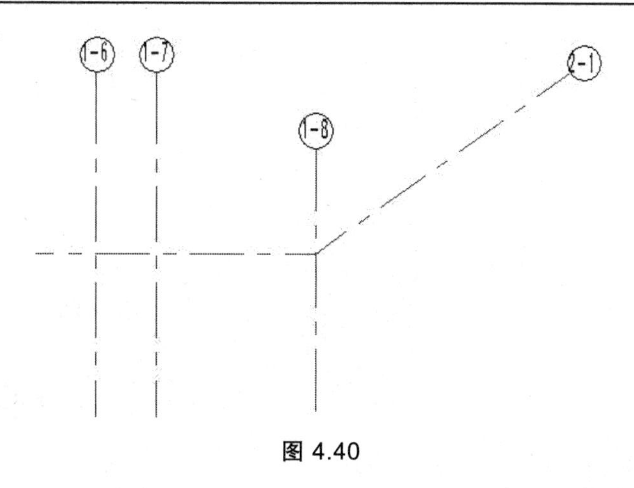

图 4.40

（11）单击【轴网】命令，移动鼠标光标至上一步中绘制完成的轴线“2-1”末端端点右下方任意位置，Revit 将自动捕捉该轴线的起点，给出端点对齐捕捉参考线，并在光标与轴线“2-1”间显示临时尺寸标注，指示光标与轴线“2-1”的间距。利用键盘输入“3748”并按下回车，将在距轴线“2-1”右下方 3 748 mm 处确定第二根斜轴线“2-2”起点，沿与水平线成 145.00° 的方向移动鼠标光标，至如图 4.41 所示位置。

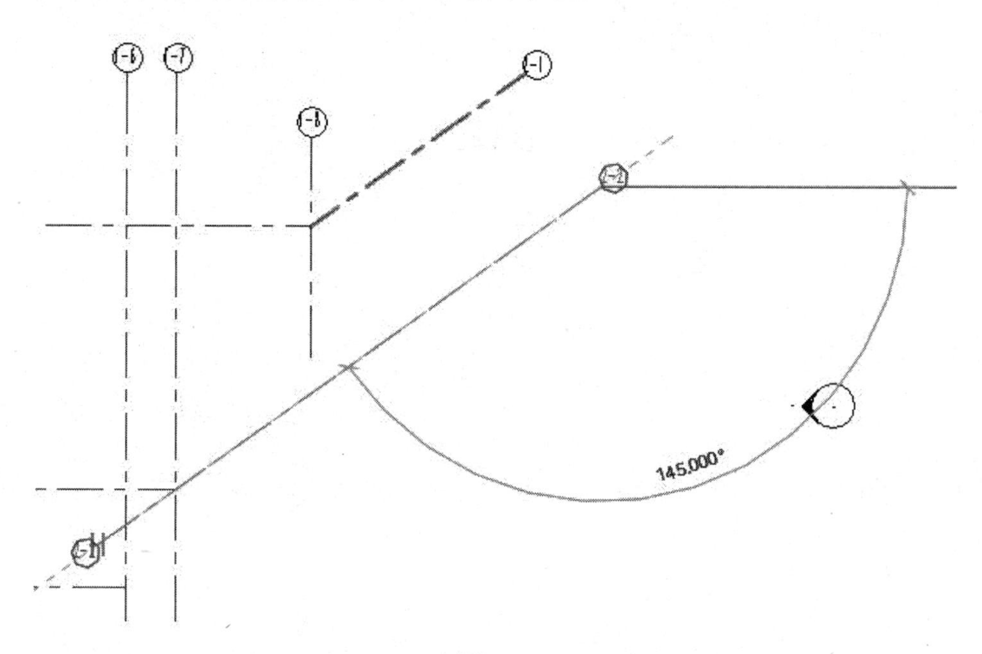

图 4.41

（12）用此方式画出轴线“2-3”“2-4”“2-5”“2-6”，间距依次为 1406，5794，3900，3300。如图 4.42 所示。

（13）单击【轴网】命令，移动鼠标光标至“1-6”与“2-3”轴线交点处单击鼠标左键，往右下方移动鼠标光标使轴线与水平线成 55.00°，画出轴线并修改轴号为“2-A”，如图 4.43 所示。

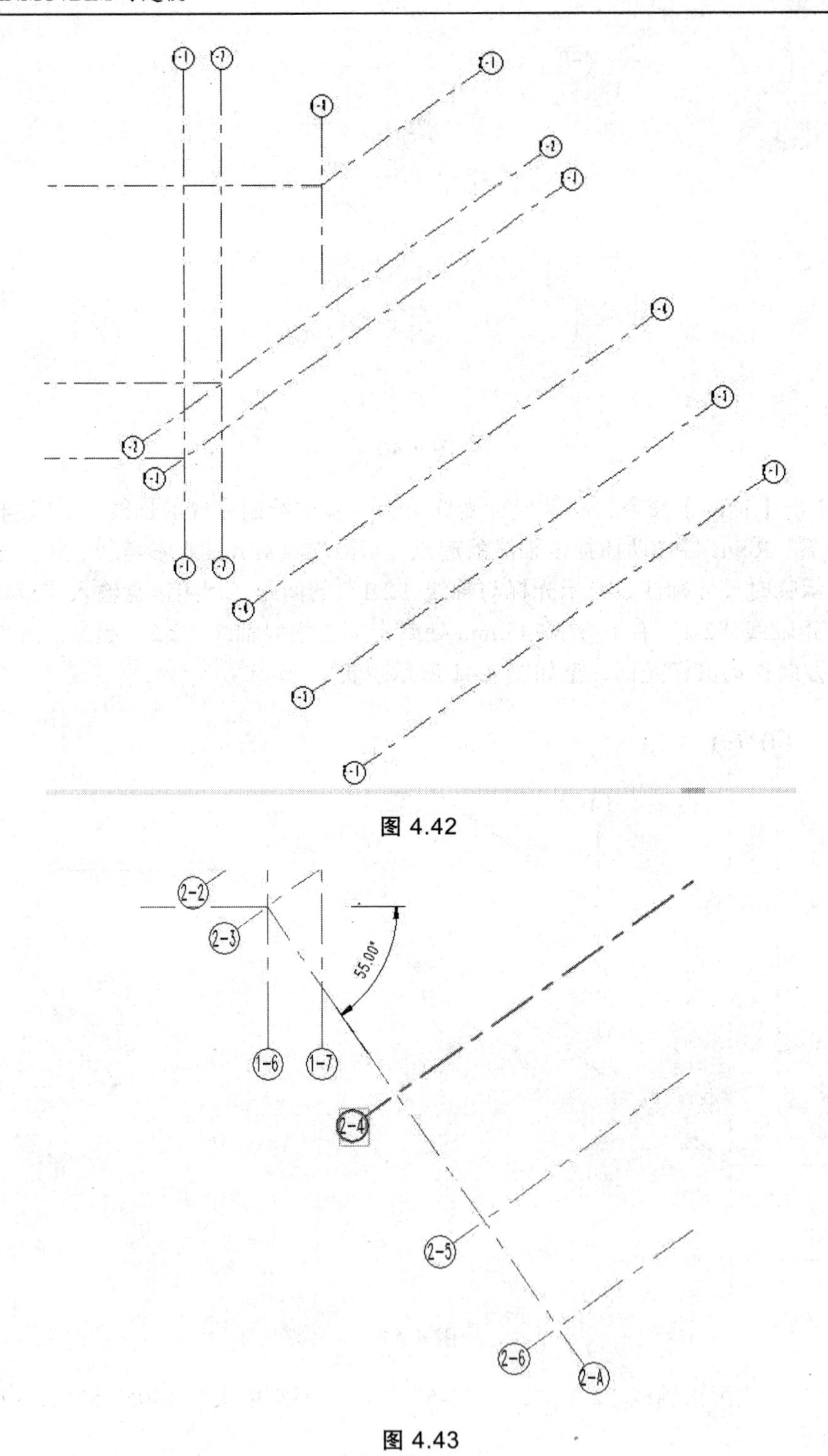

图 4.42

图 4.43

（14）用步骤（13）的方法画出轴线“2-B”“2-C”，如图 4.44 所示。

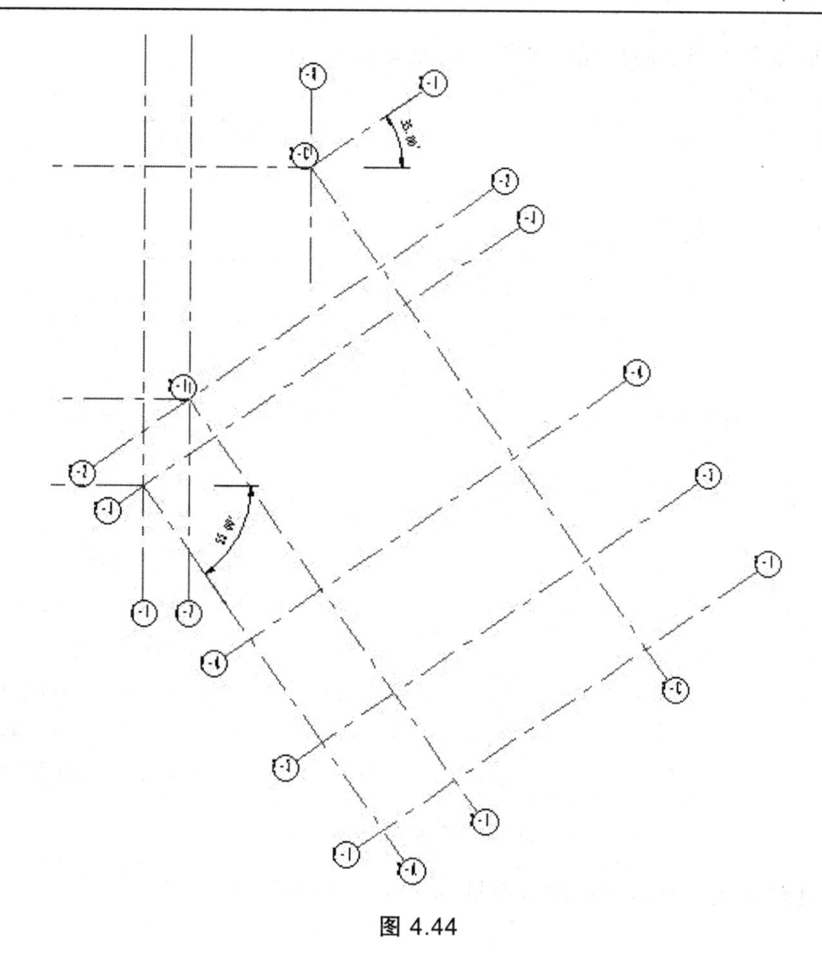

图 4.44

（15）在轴线“2-A”与“2-5”“2-6”相交的地方，单击【轴网】命令画出一条与轴线“2-A”平行且距离为 800 mm 的轴线，如图 4.45 所示。

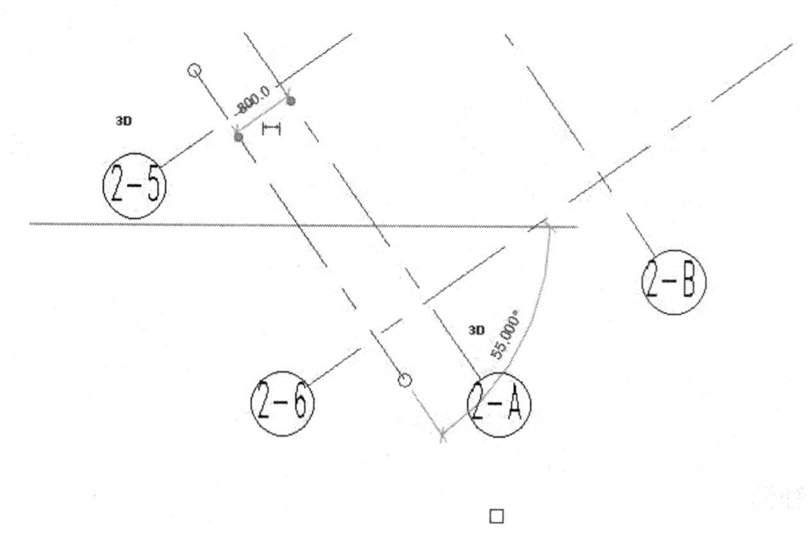

□

图 4.45

（16）按照步骤（15）画出辅助轴线，如图 4.46 所示。

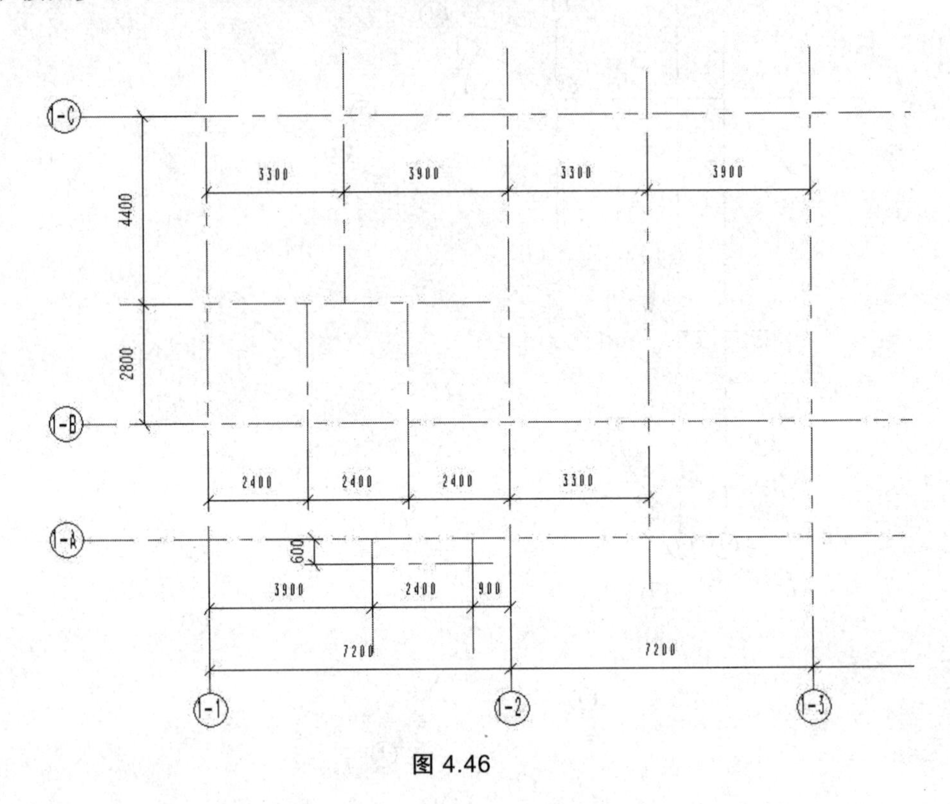

图 4.46

（17）至此已完成综合楼项目的全部轴网，如图 4.47 所示。

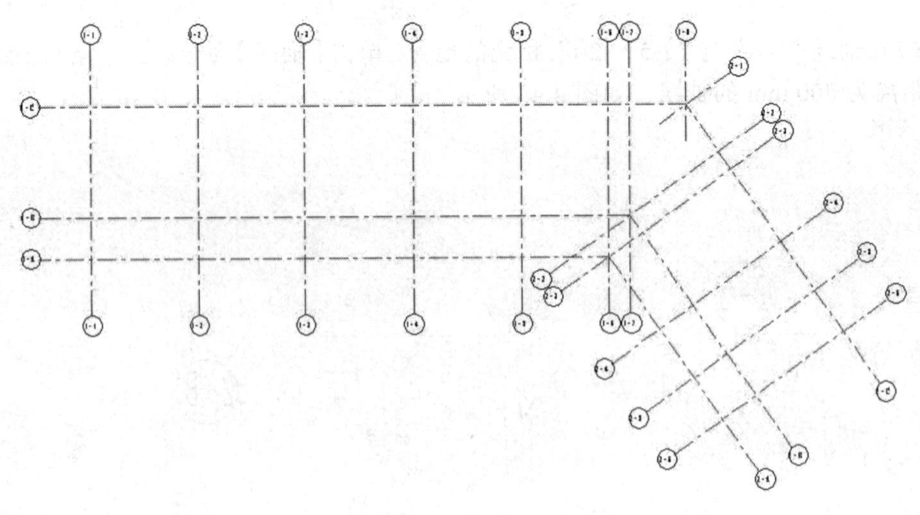

图 4.47

3. 标注轴网

绘制完成轴网后，可以使用 Revit【注释】>>【对齐尺寸标注】命令，为各楼层平面视图中的轴网添加尺寸标注。为了美观，在标注之前，应对轴网的长度进行适当修改。

（1）接上节练习，或资源文件“第四章\4.1.2 标高轴网.rvt”项目文件切换至 1F 楼层平面视图。

（2）单击轴网“1-A”，选择该轴网图元，自动进入到【修改|轴网】上下文选项卡。如图 4.48 所示，移动鼠标至轴线“1-A”标头与轴线连接处圆圈位置，按住鼠标左键不放，水平移动鼠标，拖动该位置至图中所示位置后松开鼠标左键，Revit 将修改已有轴线长度。

提示：由于 Revit 默认会使所有同侧同方向轴线保持标头对齐状态，因此修改任意轴网后，同侧同方向的轴线标头位置将同时被修改，而阵列的轴网将不能使用此功能。

（3）使用相同的方式，适当修改水平方向轴线长度。切换至 2F 楼层平面视图，注意该

视图中，轴网长度已经被同时修改。

（4）如图 4.49 所示，单击【注释】>>【尺寸标注】>>【对齐尺寸标注】命令，Revit 进入放置尺寸标注模式。

（5）在【属性】面板类型选择器中，选择当前标注类型为“对角线-3mm RomanD”。移动鼠标光标至轴线“1-1”上任意一点，单击鼠标左键作为对齐尺寸标注的起点，向右移动鼠标至轴线“1-2”上任一点并单击鼠标左键，以此类推，分别拾取并单击轴线“1-3”、轴线“1-4”、轴线“1-5”、轴线“1-6”、轴线“1-7”，完成后向下移动鼠标至轴线下适当位置点击空白处，即完成垂直轴线的尺寸标注，结果如图 4.50 所示。

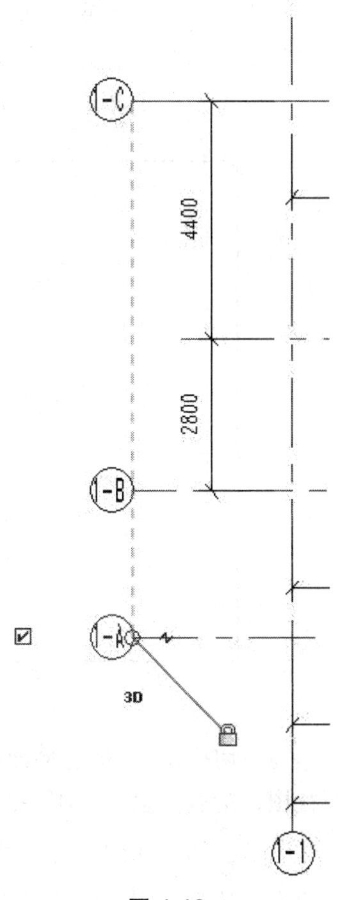

图 4.48

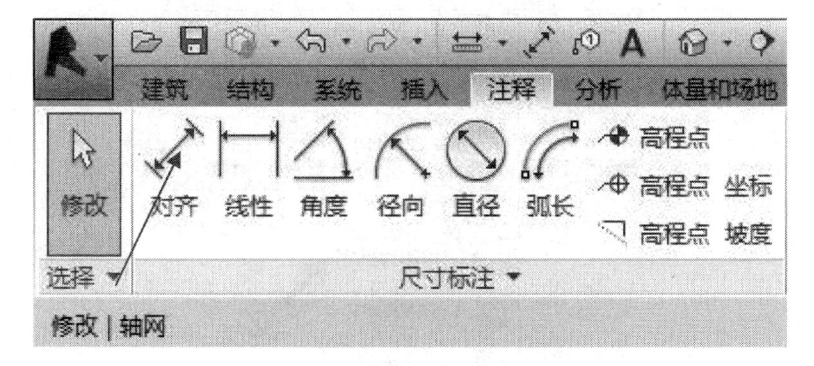

图 4.49

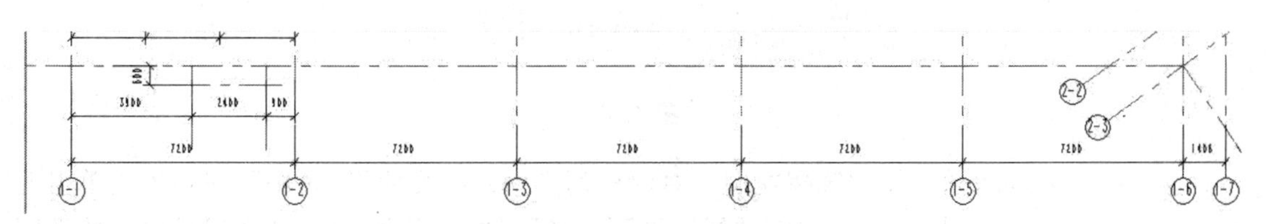
图 4.50

（6）确认仍处于对齐尺寸标注状态。依次拾取轴线 1 及轴线 5，在上一步骤中创建尺寸线下方单击放置生成总尺寸线。

> 提示：对齐尺寸标注仅可对互相平行的对象进行尺寸标注。

（7）重复上一步骤，使用相同的方式完成项目轴线的尺寸标注，结果如图 4.51 所示。

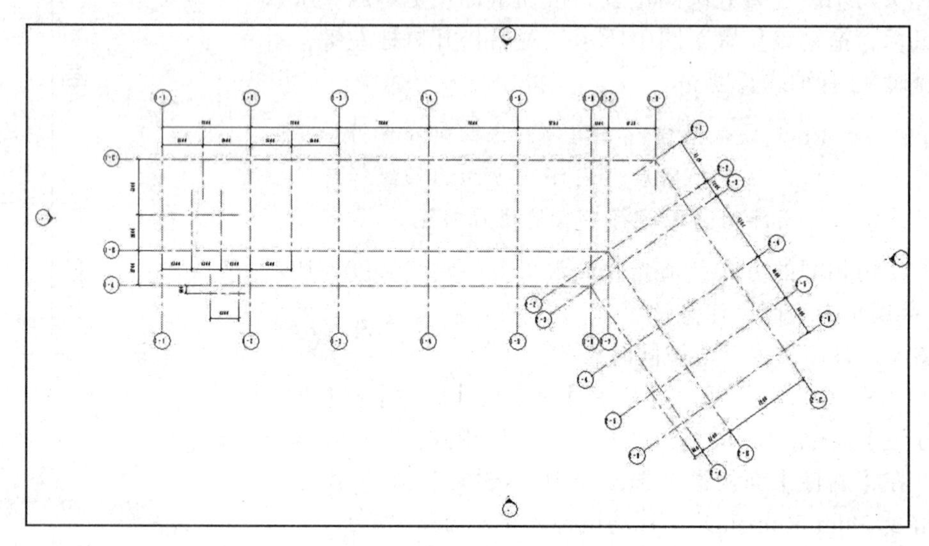

图 4.51

（8）切换至 2F 楼层平面视图，注意该视图中并未生成尺寸标注。再次切换回 1F 楼层平面视图，配合键盘“Ctrl”键，选择已添加的尺寸标注，自动切换至【修改|尺寸标注】上下文选项卡。如图 4.52 所示，单击【剪贴板】>>按钮>>粘贴>>【与选定的视图对齐】选项，将弹出“选择视图”对话框。

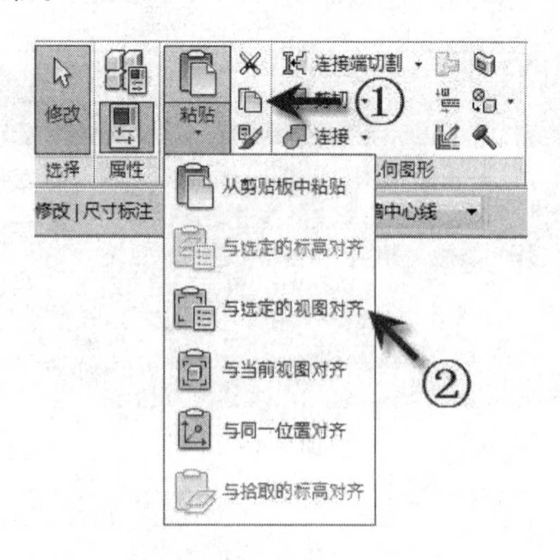

图 4.52

（9）如图 4.53 所示，在“选择视图”对话框列表中，配合使用“Ctrl”键，依次单击选择“楼层平面：1F”“楼层平面：2F”“楼层平面：3F”“楼层平面：4F”“楼层平面：地面标高”“楼层平面：场地”“楼层平面：女儿墙”“楼层平面：屋面标高 F”“楼层平面：屋顶标高”，单击“确定”按钮退出“选择视图”对话框。

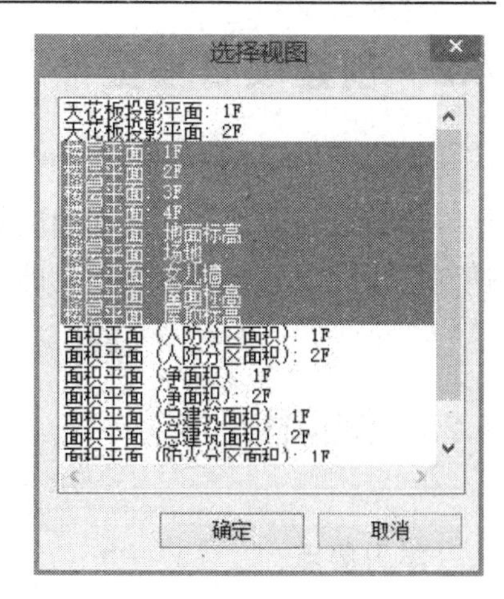

图 4.53

（10）切换至 2F 楼层平面视图。注意所选择尺寸标注已经出现在当前视图中。使用相同的方式查看其他视图中的轴网尺寸标注。

（11）保存该项目。

除逐个为轴网添加尺寸标注外，还可以利用自动标注功能批量生成轴网的尺寸标注。具体方法如下：首先使用【墙】命令绘制任意一面穿过所有垂直或水平轴网的墙体。单击【注释】>>【尺寸标注】>>【对齐尺寸标注】命令，并在选项栏选“拾取：整个墙”，并单击后面的“选项”，在“自动尺寸标注选项”对话框中勾选“相交轴网”，如图 4.54 所示。然后单击墙体即可为所有与该墙相交的轴网图元生成尺寸，再次单击空白位置确定尺寸线位置即可。

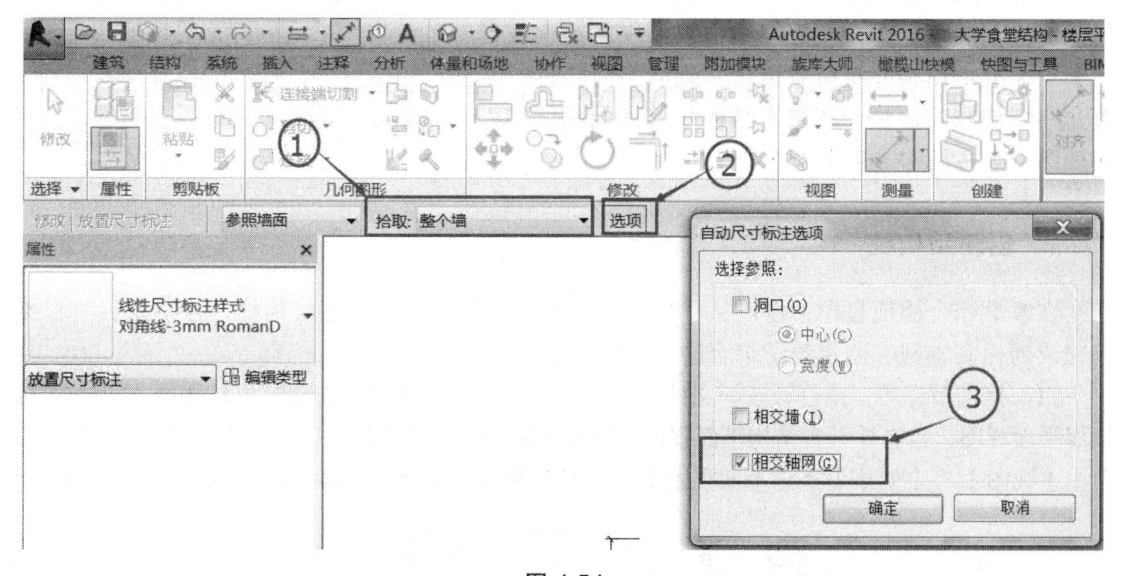

图 4.54

默认 Revit 会为墙两端点位置生成尺寸标注，删除墙体图元时，墙两侧端点的尺寸标注即可自动删除。在后面章节中将详细介绍墙的生成，读者可参考相关内容。

在添加轴网后，还应分别在南立面与东立面视图中，采用与修改轴网长度相同的方式修改标高的长度，使之穿过所有轴网。请读者自行尝试该操作，在此不再赘述。

提示：创建轴网还可以通过链接 CAD 图纸到 Revit 中进行绘制轴网，因本书主要针对 Revit 初学者，以掌握基本理念和操作为主，没有采用快速创建轴网的方式。

本节结合教学综合楼项目主要介绍了新建项目、项目设置与保存、项目标高和项目轴网的创建过程，以及如何完成轴网的尺寸标注。这些内容是一个新建项目的基础，在下一节中，将按照教学综合楼项目的创建流程介绍 Revit 中关于建筑结构柱的布置方法。

4.2　创建项目模型

前节已经建立了标高和轴网的项目定位信息。从本节开始，按先结构框架后建筑构件的模式逐步完成教学综合楼项目的土建模型创建。

4.2.1　结构柱（CL）

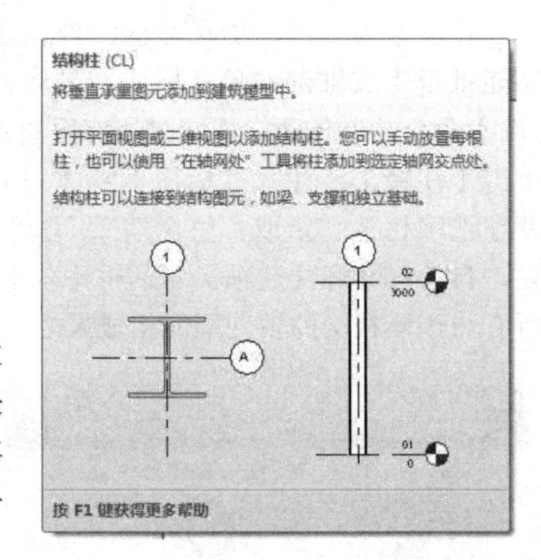

学习要点：

- 结构柱的创建
- 结构柱的编辑

Revit 提供两种柱，即结构柱和建筑柱。建筑柱适用于墙垛、装饰柱等。在框架结构模型中，结构柱是用来支撑上部结构并将荷载传至基础的竖向构件。本节介绍结构柱的创建，在布置结构柱前需创建结构平面视图，并在结构选项卡中完成。

1. 创建结构柱

在教学综合楼项目中，可以从"1F"标高开始，分层创建各层结构柱。接下来，将根据已完成的标高轴网，创建教学综合楼项目结构柱。

（1）接前节练习，或打开资源文件"第 4 章\4.1.2 标高轴网标注.rvt"项目文件。切换至 1F 楼层平面视图，检查并设置结构平面视图"属性"面板中"规程"为"结构"。如图 4.55 所示，单击【视图】>>【创建】>>【平面视图】>>【结构平面】选项，弹出"新建结构平面"对话框。

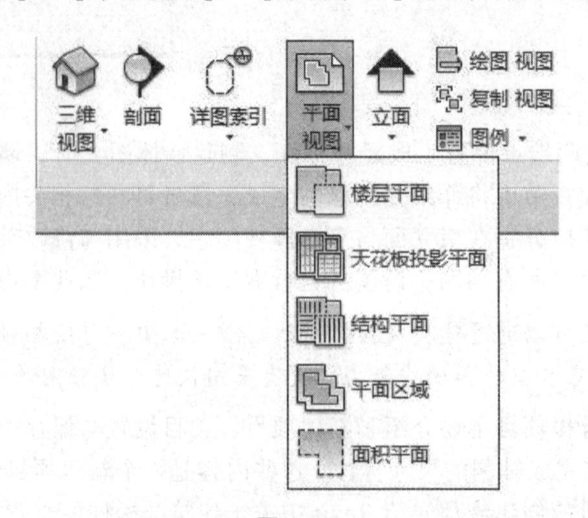

图 4.55

（2）如图 4.56 所示，在“新建结构平面”对话框中，将列出所有未创建结构平面视图的标高。配合键盘“Ctrl 键”，在标高列表中选择“1F”“2F”以及“屋面标高”。单击确定按钮，退出“新建结构平面”对话框。Revit 将为所选择的标高创建结构平面视图。并在项目浏览器视图类别中创建“结构平面”视图类别。

提示：勾选“新建结构平面”对话框中“不复制现有视图”选项，将在列表中隐藏已创建结构平面视图的标高。

（3）切换至 1F 结构平面视图。不选择任何图元，Revit 将在“属性”面板中显示当前视图属性。如图 4.57 所示，修改“属性”面板“规程”为“结构”，单击应用按钮应用该设置。

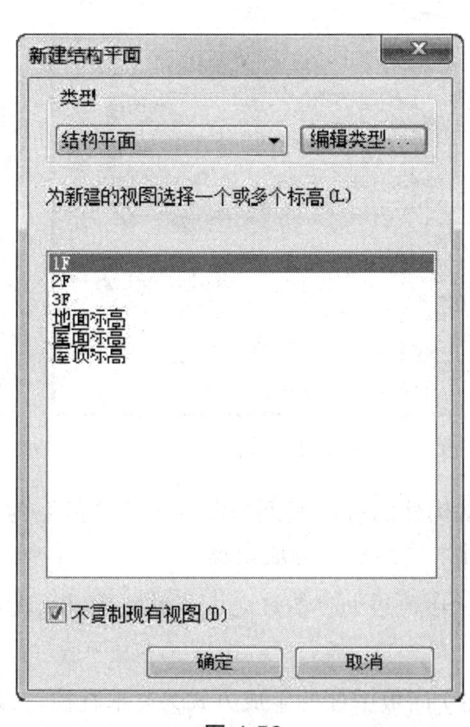

图 4.56

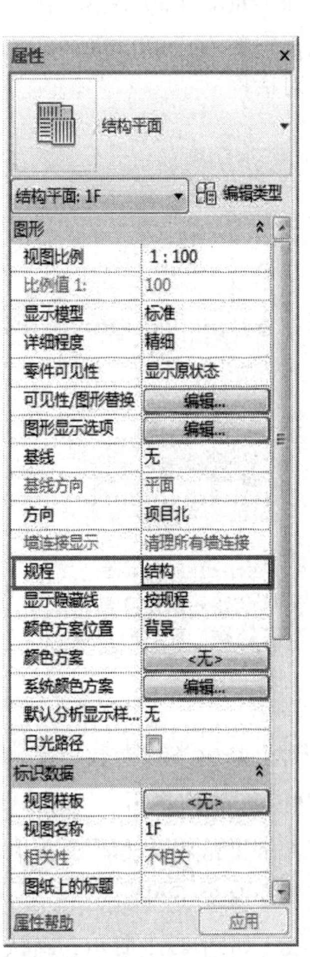

图 4.57

提示：Revit 使用“规程”用于控制各类别图元的显示方式。Revit 提供建筑、结构、机械、电气、卫浴和协调共 6 种规程。在结构规程中会隐藏“建筑墙”“建筑楼板”等非结构图元，而“墙饰条”“幕墙”等图元不会被隐藏。

（4）切换至“1F”结构平面视图，单击【结构】>>【柱】工具，进入结构柱放置模式。自动切换至【修改|放置结构柱】上下文选项卡，如图 4.58 所示。

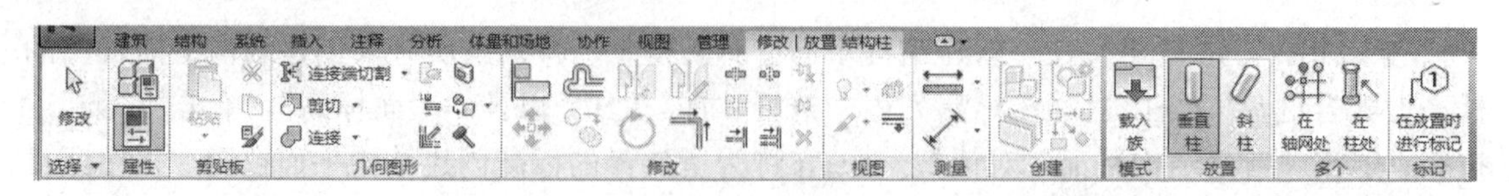

图 4.58

提示：在【建筑】>>【柱】下拉列表中，提供了【结构柱】选项。其功能及用法与【结构】>>【柱】工具相同。

（5）如图 4.59 所示，单击“属性”面板中【编辑类型】>>【类型属性】对话框，确认“族”为“混凝土-矩形-柱”。

（6）如图 4.60 所示，在“类型属性”对话框中，单击 复制(D)... 按钮，在弹出的【名称】对话框中输入“600 mm × 600 mm”作为新类型名称，完成后单击 确定 按钮返回“类型属性”对话框。

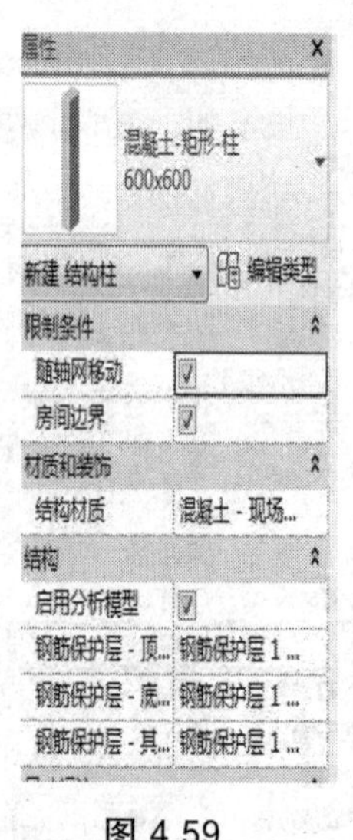

图 4.59

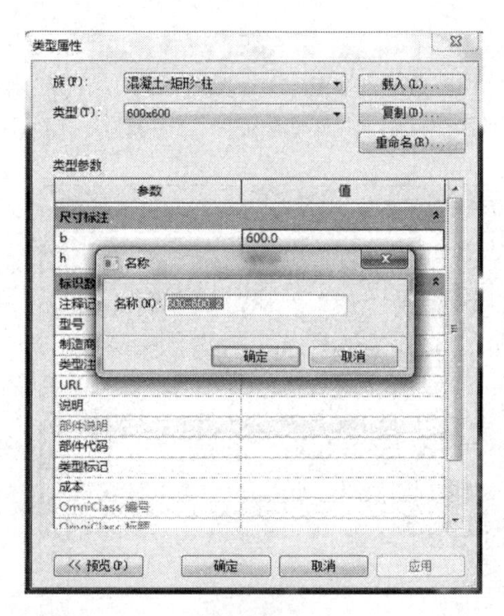

图 4.60

（7）修改类型参数“b”和“h”（分别代表结构柱的截面宽度和深度）的“值”为 600 和 600。完成后单击 确定 按钮退出“类型属性”对话框，完成设置。

提示：结构柱类型属性中参数内容主要取决于结构族中的参数定义。不同结构柱族可用的参数可能会不同。

（8）如图 4.61 所示，确认【修改|放置 结构柱】面板中柱的生成方式为“垂直柱”；修改选项栏中结构柱的生成方式为“高度”，在其后下拉列表中选择结构柱到达的标高为 2F。

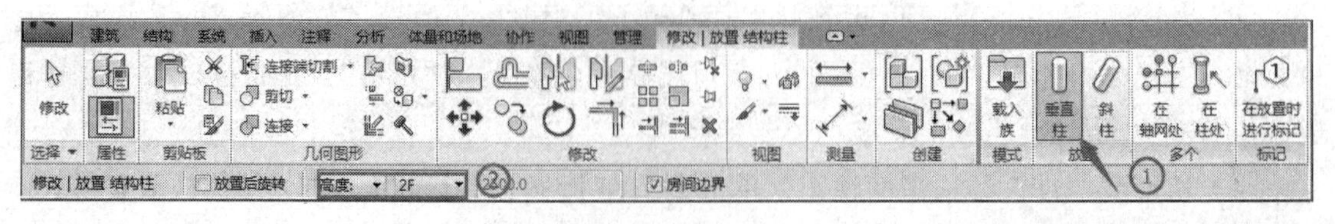

图 4.61

提示："高度"是指创建的结构柱将以当前视图所在标高为底，通过设置顶部标高的形式生成结构柱，所生成的结构柱在当前楼层平面标高之上；"深度"是指创建的结构柱以当前视图所在标高为顶，通过设置底部标高的形式生成结构柱，所生成的结构柱在当前楼层平面标高之下。

（9）单击功能区【多个】>>【在轴网处】>>【在轴网交点处】放置结构柱模式，自动切换至【修改|放置结构柱】>>【在轴网交点处】上下文选项卡。如图 4.62 所示，移动鼠标至 1-1 轴线点击选中，然后按住 Ctrl 键分别点击选中 1-C、1-A 轴线，则上述被选择的轴线变成蓝色显示，并在选择框内所选轴线交点处出现结构柱的预览图形，单击【多个】面板中完成按钮，Revit 将在预览位置生成结构柱。

（10）使用类似的方式继续创建其他轴线的结构柱，结果如图 4.63 所示。

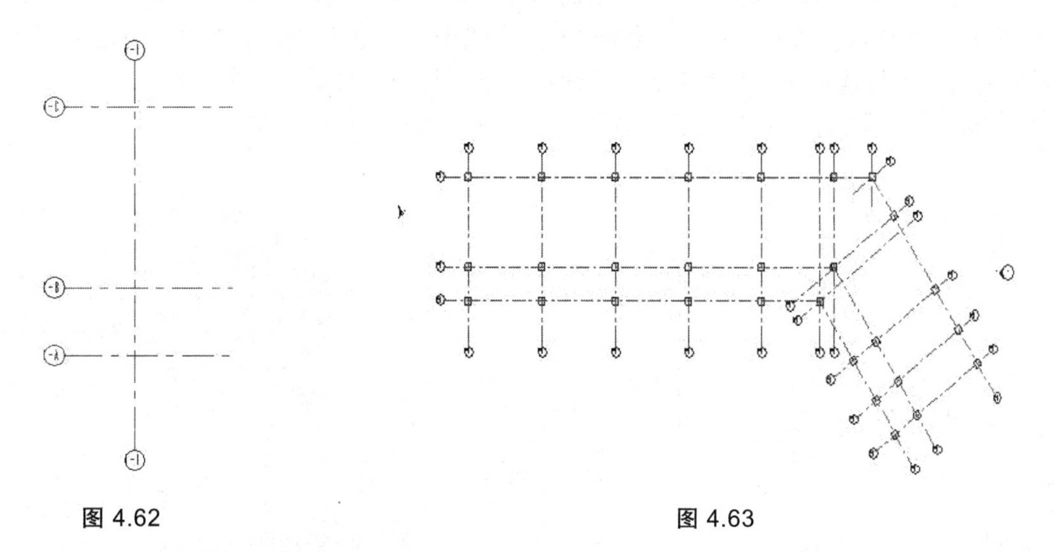

图 4.62　　　　图 4.63

提示：部分轴上为偏心柱，放置柱后点击柱出现临时尺寸，修改临时尺寸如图 4.64 所示，同时配合对齐、移动等命令可以将柱调整到正确位置。

（11）保存该文件。

在通过选项栏指定结构柱标高时，还可以选择"未连接"选项。该选项允许用户通过在后面高度值栏中输入结构柱的实际高度值。

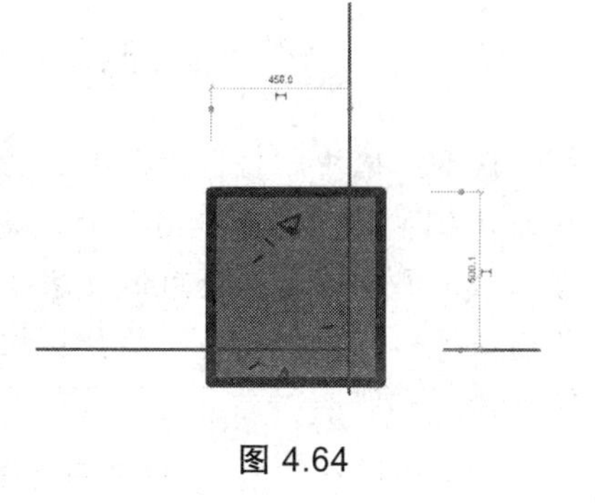

图 4.64

2. 手动放置结构柱

除可以基于轴网的交点放置结构柱外，还可以单击手动放置结构柱，并配合使用复制、阵列、镜像等图元修改工具对结构柱进行修改。本节将采用手动放置结构柱方式创建"1F"标高其余结构柱。

（1）接上面练习，或打开资源文件"第 4 章\4.1.2 标高轴网标注.rvt"项目文件。切换至"1F 结构平面视图"。单击【结构】>>【柱】>>【修改|放置结构柱】上下文选项卡。确认结

构柱创建方式为“垂直”；不勾选选项栏“放置后旋转”选项；设置结构柱生成方式为“高度”；设置结构柱到达标高为“2F”。

（2）确认当前结构柱类型为同样方法创建的“600 mm × 600 mm”。移动鼠标光标分别捕捉至 1-1 轴线和 1-A、1-B、1-C 轴线交点位置单击放置 3 根“600 mm × 600 mm”结构柱。按“Esc 键”两次结束【结构柱】命令。

（3）选择上一步中创建的 3 根结构柱。自动切换至【修改|结构柱】上下文选项卡。单击【修改】>>【复制】>>【约束】选项，同时勾选选项栏【多个】选项，捕捉②轴线任意一点单击作为复制的基点，水平向右移动鼠标，捕捉至 1-2 轴线，1-3 轴线交点位置将会出现结构柱的预览图形，单击鼠标“左键”完成复制，继续水平向右移动鼠标，捕捉至 1-4 轴线，单击鼠标“左键”完成复制，按“Esc 键”两次退出复制工具，如图 4.65 所示。

（4）选中“1F 结构平面视图”中所有结构柱。如图 4.66 所示，单击【修改|结构柱】>>【剪贴板】>>【复制】命令，再单击【剪贴板】>>【粘贴】工具下方的下拉三角箭头，从下拉菜单中选择【与选定标高对齐】选项，弹出“选择标高”对话框。在列表中选择“2F”，单击 确定 按钮，将结构柱对齐粘贴至“2F”标高位置。依次类推。

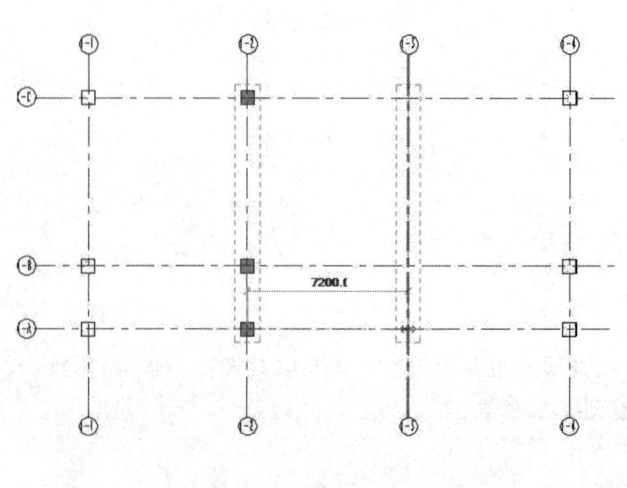

图 4.65

图 4.66

提示：选中“1F”结构柱，修改属性“顶部偏移”标高值为“屋面标高”，可生成贯穿标高“2F”至“屋面标高”的结构柱。该结构柱可在“2F”“屋面标高”结构平面视图中均可产生正确的投影。使用该方法创建的结构柱为单一模型图元，而使用对齐粘贴方式生成的各标高结构柱，各标高间结构柱相互独立。这点差异在后期用模中有很大不同，必须引起足够重视。

（5）切换至“2F 结构平面视图”，已在当前标高中生成相同类型的结构柱图元。选择所有结构柱，将结构柱“属性”中“底部标高”与“顶部标高”分别设置为“2F”“3F”，“底部偏移”和“顶部偏移”均为“0.00”。依次类推。

接下来，需修改“1F”标高的结构柱底部高度至基础顶面位置。

（6）切换至“1F 楼层平面视图”。

（7）选中所有结构柱，如图 4.67 所示，确认“属性”中“底部标高”所在标高“1F”，修改“底部偏移”值为“-1 600 mm”，完成后，单击 应用 按钮应用该值，Revit 将修改所选择结构柱图元的高度。切换至默认三维视图，完成后的结构柱如图 4.68 所示。

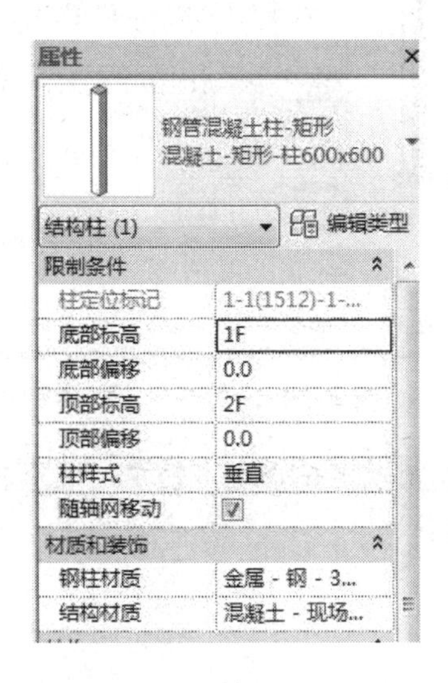

图 4.67

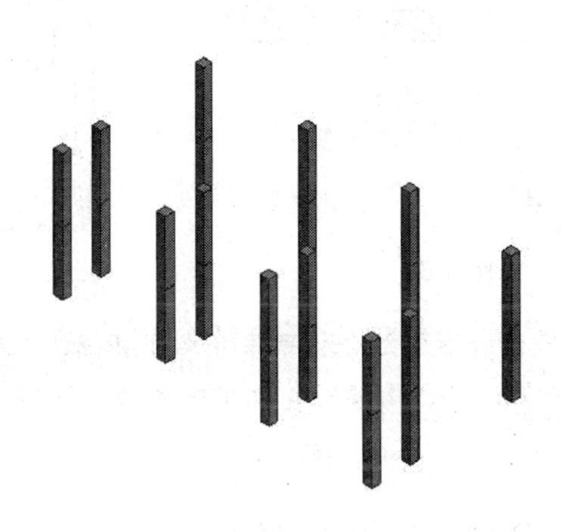

图 4.68

（8）保存该项目文件。

提示：创建结构柱时，默认会勾选“属性”面板中“房间边界”选项。计算房间面积时，自动将扣减柱的占位面积。Revit 默认还会勾选结构柱的“随轴网移动”选项，勾选该选项时，当移动轴网时，位于轴网交点位置的结构柱将随轴网一起移动。

3. 绘制变截面结构柱

在实际工程中，往往会出现同一根柱随着标高的增加，截面变小的情况。但是 Revit 默认相同编号的柱截面必须相等，这里将为读者介绍绘制相同编号但是变截面的柱的方法。

前面已经设置了所有框架柱的相关属性，并进行了等截面柱的绘制。但是 KZ-21、KZ-22、KZ-23、KZ-24、KZ-25、KZ-26、KZ-28、KZ-29 的截面在不同标高位置发生了变化。根据 Revit 的建模规则，相同编号的柱具有相同的截面尺寸，要获得不同的尺寸就需要设置不同的编号，但是重新编一个柱号不利于模型管理，所以可以考虑在原柱编号的基础上添加标高的信息作为柱变截面的编号。

以 KZ-29 在 15.900 m 处由 600 × 550 变为 400*400 为例。在“结构柱”属性面板的下拉菜单中选择 KZ-29，如图 4.69 所示，点击“编辑类型”进入“类型属性”编辑面板，复制 KZ-29，把名称改为“KZ-29 15.9 400*400”，修改尺寸标注 b 为“400”，h 为“400”，如图 4.70 所示。用相同的方法编辑其他变截面的柱编号，然后进行绘制。

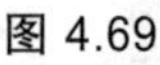

图 4.69

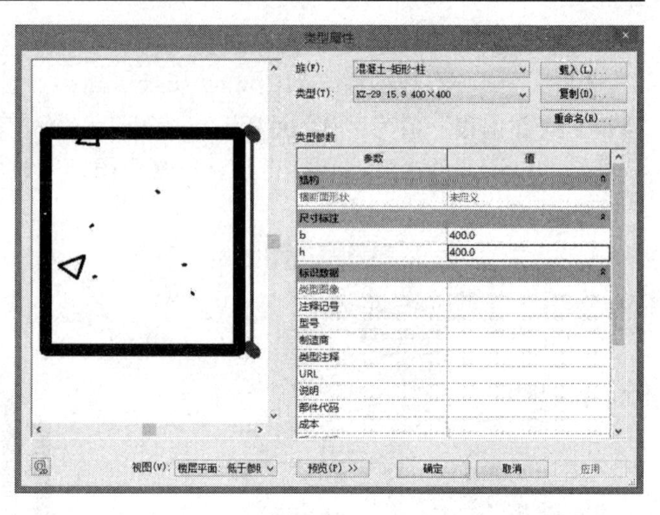

图 4.70

本节结合教学综合楼项目介绍了 Revit 中结构柱的布置方法和步骤，在下一节中将使用 Revit 中梁工具，继续完成教学综合楼项目结构模型创建。

4.2.2　创建结构梁（BM）

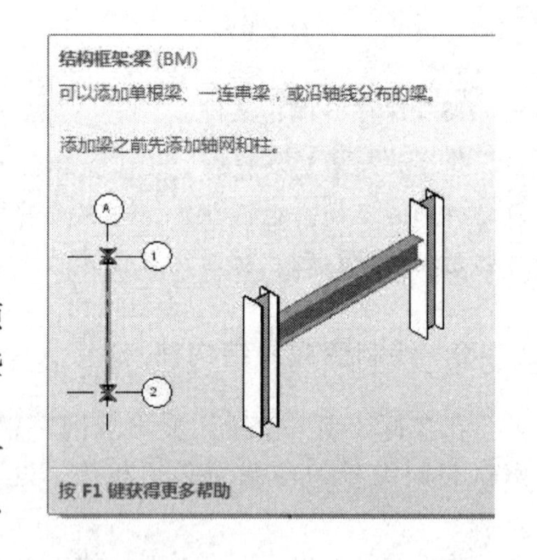

学习要点：

- 结构梁的创建
- 结构梁的编辑

在前述章节中，使用结构柱工具为教学综合楼项目创建了结构柱，本节将继续完成结构梁创建，这些工作将继续在结构选项卡中完成。

Revit 提供了梁和梁系统两种创建结构梁的方式。使用梁时必须先载入相关的梁族文件。接下来以为教学综合楼添加部分楼层梁，学习梁的使用方法。

（1）接上节模型，或打开资源文件包“第 4 章\4.2.1 结构柱.rvt”项目文件。切换至“1F”结构平面视图，检查并设置结构平面视图“属性”面板中“规程”为“结构”。单击功能区【结构】>>【结构】>>【梁】命令，自动切换至“修改|放置梁”上下文选项卡中。

（2）单击“模式”面板中的【载入族】命令，资源文件包中的“混凝土-矩形-梁.rfa”族文件。Revit 将当前族类型设置为刚刚载入的族文件。

（3）打开“类型属性”对话框，复制并新建名称为“250 × 500”的梁类型。如图 4.71 所示，修改类型参数中的宽度为 250，高度为 500。注意修改“类型标记”值为“250 × 500”。完成后，单击“确定”按钮退出“类型属性”对话框。

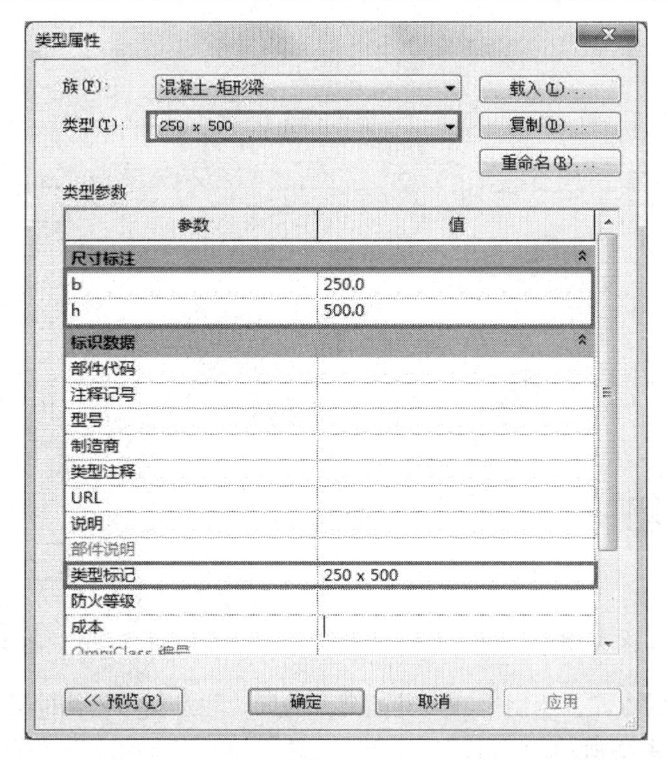

图 4.71

提示：类型标记”值将在绘制时出现在梁标签中。

（4）如图 4.72 所示，确认【绘制】面板中的绘制方式为【直线】，激活【标记】面板中【在放置时进行标记】选项；设置选项栏中的【放置平面】为“2F”，修改结构用途为“大梁”，不勾选【三维捕捉】和【链】选项。

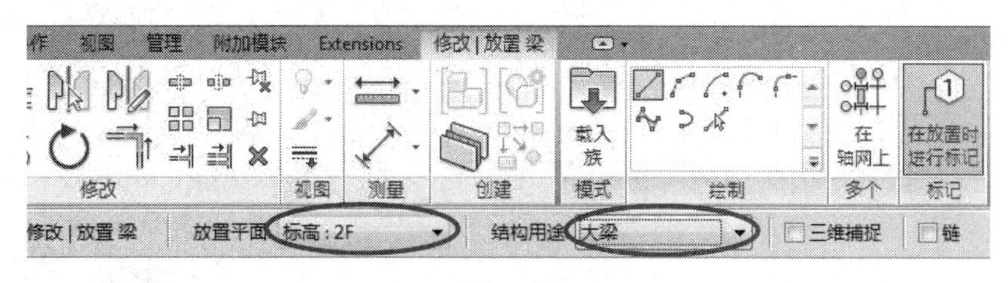

图 4.72

（5）确认“属性”面板中。“Z 方向对正”设置为“顶”。即所绘制的梁将以梁图元顶面与“放置平面”标高对齐。如图 4.73 所示，移动鼠标至⑤轴线与 C 轴线相交位置单击，将其作为梁起点，沿⑤轴线竖直向上移动鼠标直到至⑤轴线与 D 轴线相交位置单击作为梁终点，绘制结构梁。

（6）由于梁与柱的关系为梁与柱外边缘平齐，因此需对所建梁做对齐处理。使用【对齐】工具，进入对齐修改模式。如图 4.74 所示，鼠标移动到结构柱外侧边缘位置单击作为对齐的目标位置，再次在梁外侧边缘单击鼠标左键，梁外侧边缘将与柱外侧边缘对齐。

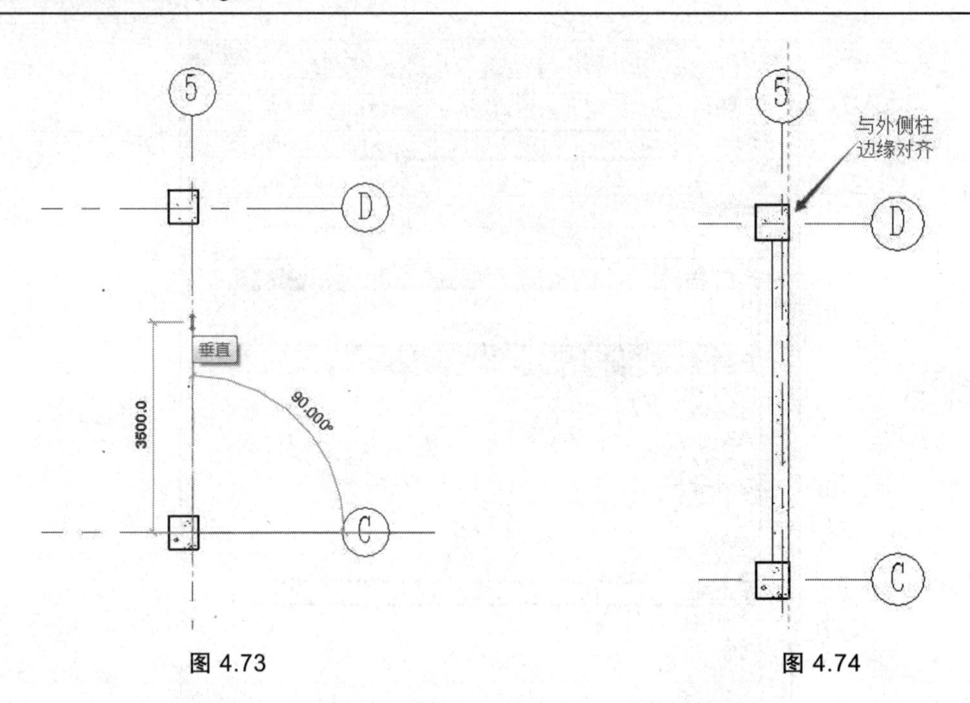

图 4.73　　图 4.74

（7）使用类似的方式，绘制“2F”其他部分的梁。注意位于外侧的梁均与结构柱外侧边缘对齐，结果如图 4.75 所示。

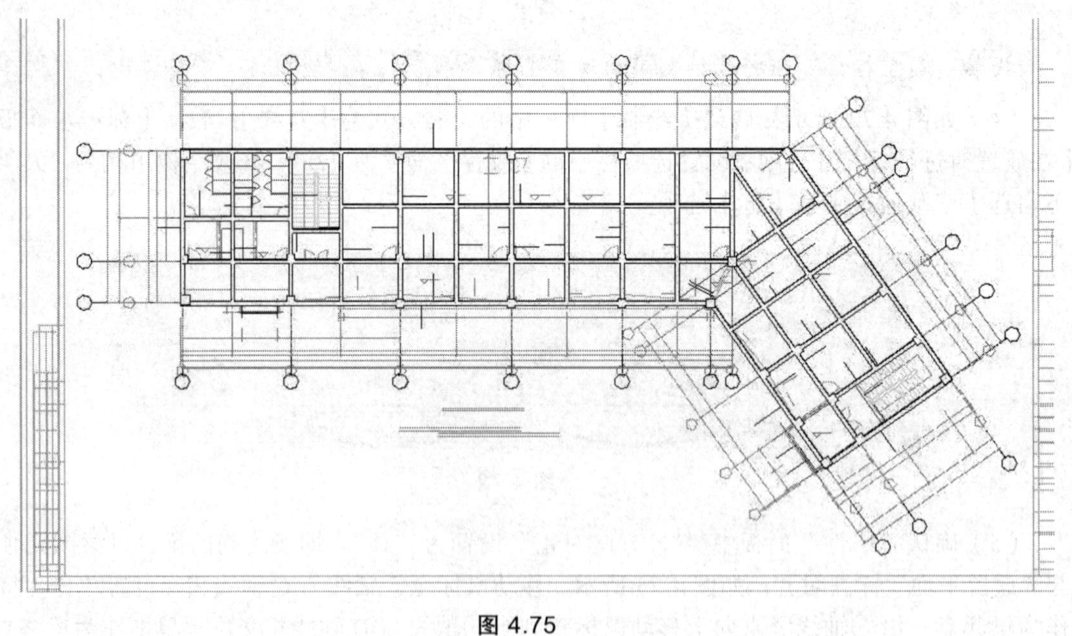

图 4.75

（8）框选“2F”结构平面视图中所有图元。配合使用选择 过滤器，过滤选择所有已创建的梁图元及梁标记。配合使用【复制到剪贴板】>>【与选定的视图对齐】的方式粘贴至“1F”、与“屋面标高结构平面视图”。切换至默认三维视图，创建完成后的框架梁如图 4.76 所示。

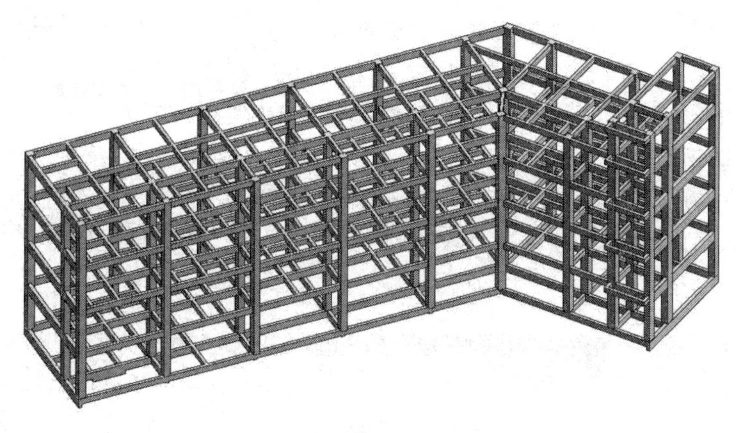

图 4.76

提示：当选择集中包含标记信息时，仅能选择与所选择的视图对齐选项。

（9）保存该项目文件。

本节结合教学综合楼项目介绍了 Revit 中结构梁的布置方法和步骤，在下一节中将使用 Revit 中基础工具，继续完成教学综合楼项目结构模型创建。

4.2.3 创建基础

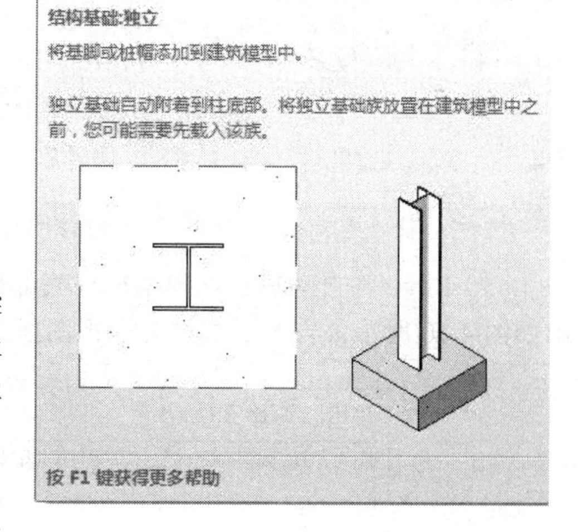

学习要点：

- 创建基础
- 编辑基础

在前述章节中，介绍了如何使用结构柱、梁工具为教学综合楼项目创建了上部框架结构，本节将继续完成下部结构基础的创建。这些操作将继续在结构选项卡中完成。

Revit 提供了 3 种基础形式，分别是独立基础、条形基础和基础底板，用于生成建筑不同类型的基础，教学综合楼为框架结构，柱下桩基础（为便于教学改为独立基础）形式。接下来，将为教学综合楼项目创建基础模型。

（1）接上节练习，或打开“第 4 章\4.2.2 结构梁.rvt”项目文件。切换至“1F 结构平面视图”。确认结构平面视图“属性”面板中“规程”为“结构”。单击功能区【结构】>>【基础】>>【独立】基础命令，由于当前项目所使用的项目样板中不包含可用的柱下独立基础族，因此弹出提示框“是否载入结构基础族”对话框，如图 4.77 所示。

（2）单击“是”，将打开“载入族”对话框。打开资源文件中“第 4 章\独立基础.rfa”族文件，载入该基础族。Revit 将自动切换至【修改|放置独立基础】上下文选项卡。

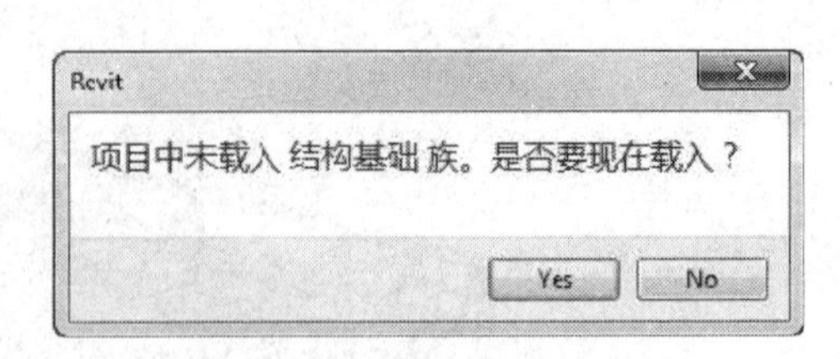

图 4.77　载入结构基础图

（3）如图 4.78 所示，单击“多个”面板中【在柱上】选项，进入“修改|放置独立基础>>在结构柱处”模式。

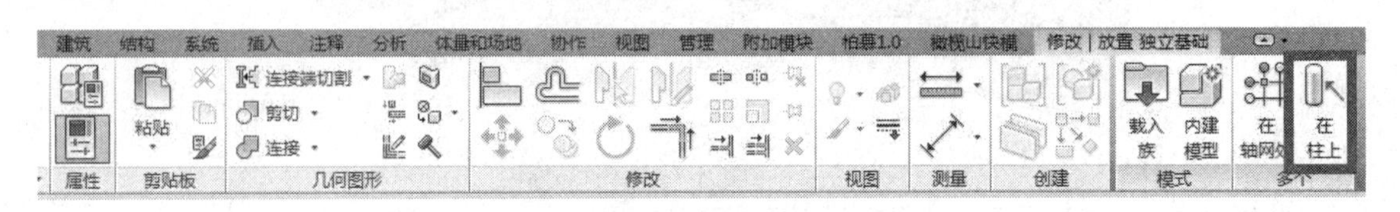

图 4.78　修改|放置独立基础

（4）如图 4.79 所示，在该模式下，Revit 允许用户拾取已放置于项目中结构柱。框选视图中所有结构柱。Revit 将显示基础放置预览。单击“多个”面板中 ✔ 按钮，完成结构柱选择。

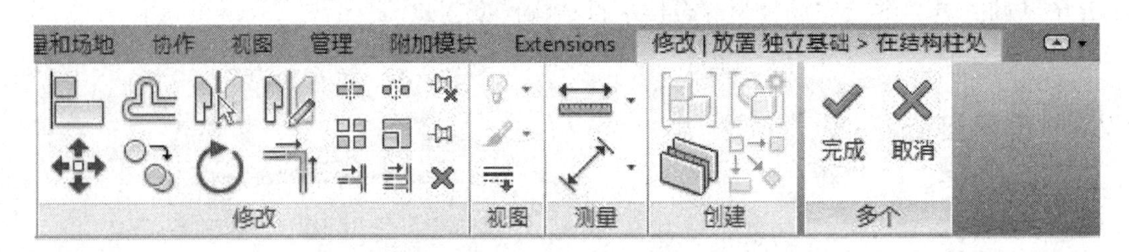

图 4.79　完成结构柱选择

提示：独立基础仅可放置于结构柱图元下方，不可在建筑柱下方生成独立基础。

（5）Revit 将自动在所选择结构柱底部生成基础。并将基础移动至结构柱底部。Revit 给出如图 4.80 所示警告对话框。单击视图任意空白位置关闭该警告对话框。

图 4.80　警告对话框

（6）按 Esc 键两次，退出所有命令。此时“属性”面板中显示当前结构平面视图属性。单击“视图范围”参数后的“编辑”按钮，打开“视图范围”对话框。如图 4.81 所示，修改“视图深度”中的标高“偏移量”为-1800，修改“主要范围”中“底”偏移量为-1200。完成后单击 确定 按钮退出“视图范围”对话框。

（7）修改视图范围后，基础将显示在当前楼层平面视图中，结果如图 4.82 所示。

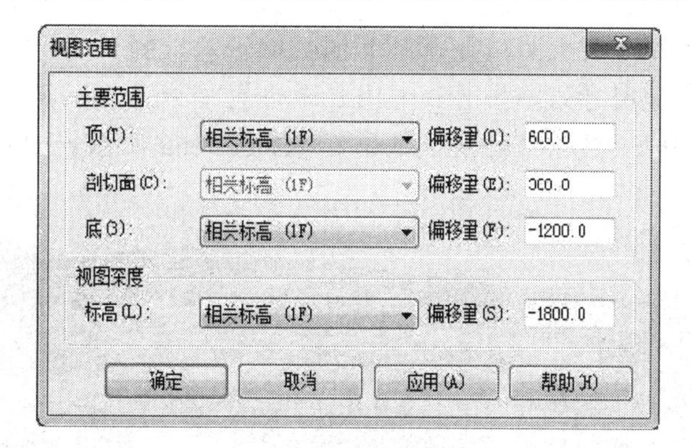

图 4.81 修改视图范围

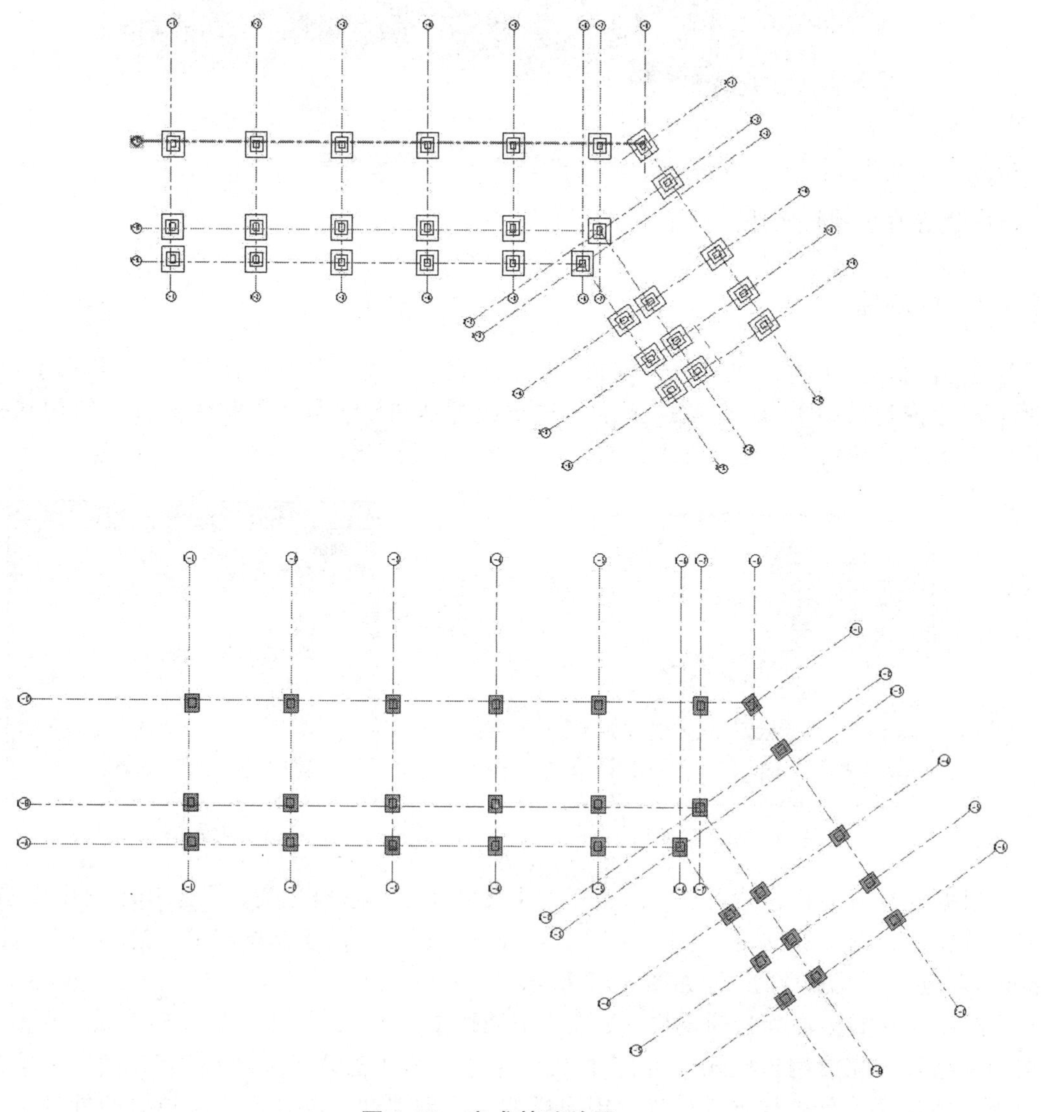

图 4.82 完成基础放置

（8）当基础尺寸不相同时，可以使用图元属性编辑基础的长度、宽度、阶高、材质等，可从类型选择器切换其他尺寸规格类型；可用【移动】【复制】等编辑命令进行创建编辑。切换至默认三维视图，完成后独立基础或桩基础模型如图 4.83 所示。

图 4.83　完成后的独立基础模型

（9）保存该项目文件。

1. 桩基础

在 1F 结构平面中，通过视图控制，只显示定位轴线，进入【结构】>>【模型】>>【构件】>>【内建模型】，如图 4.84 所示。在【族类别和族参数】面板中选择“结构基础”，点击［确定］按钮，把名称修改为 WKZ-1，如图 4.85 所示。

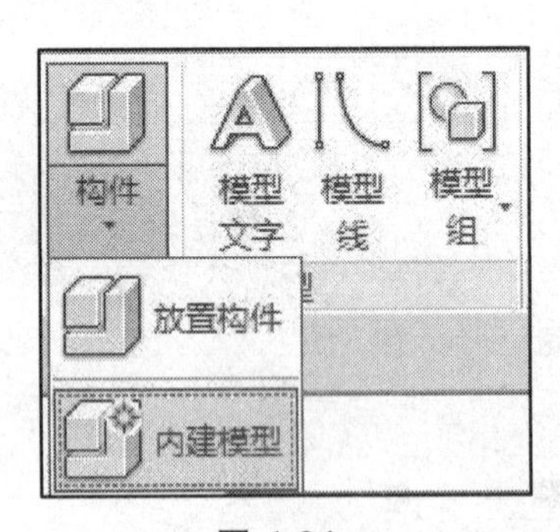

图 4.84

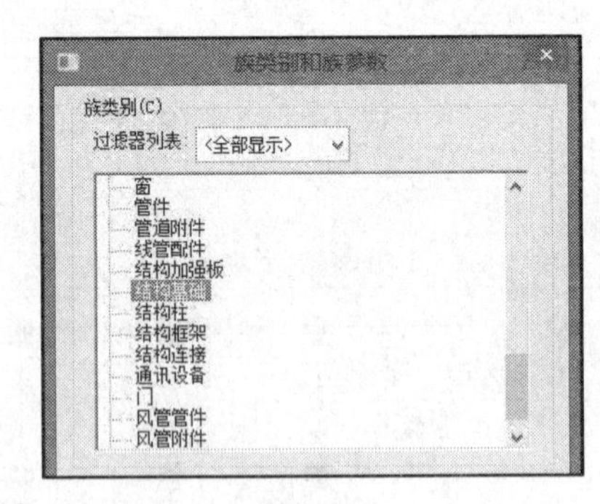

图 4.85

根据桩身的形状，采用形状面板里的【旋转】工具进行创建，在工作平面中点击“设置”按钮，如图 4.86 所示。用【绘制】面板里的相关工具绘制桩身的“边界线”（桩长取 6 m，其他尺寸见施工图），如图 4.87 所示。

绘制完成后标注并且锁定尺寸，点击【轴线】按钮，绘制桩身的旋转轴线，在【模式】按钮里选择“完成编辑模式”。在【位编辑器】面板里选择“完成模型”，然后用【修改】面板里的相关工具进行布置桩身。用同样的方法创建和绘制其他两种规格的桩身。

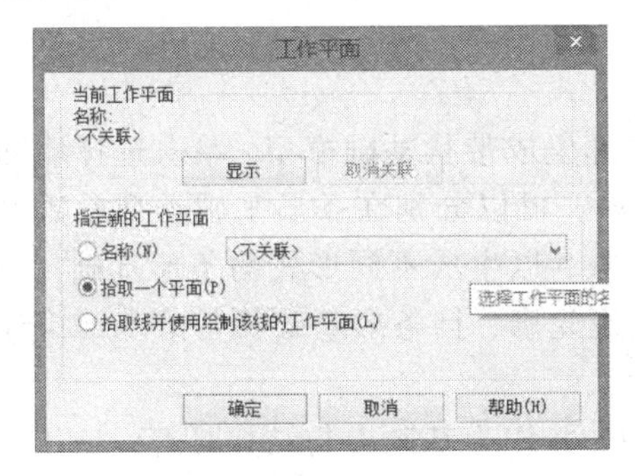

图 4.86

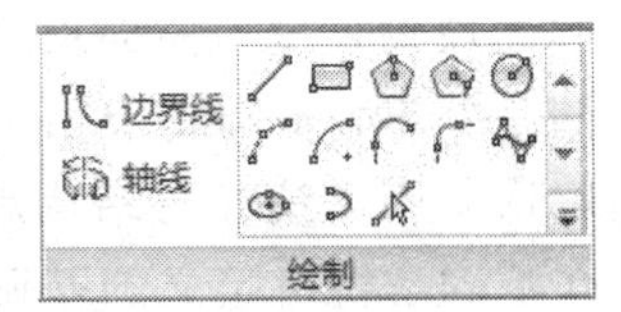

图 4.87

根据桩帽的形状，采用形状面板里的【拉伸】工具进行创建，在工作平面中点击“设置”按钮，在工作平面弹出窗口中以名称的方式指定新的工作平面，指定“标高：室外地坪”，如图 4.88 所示。

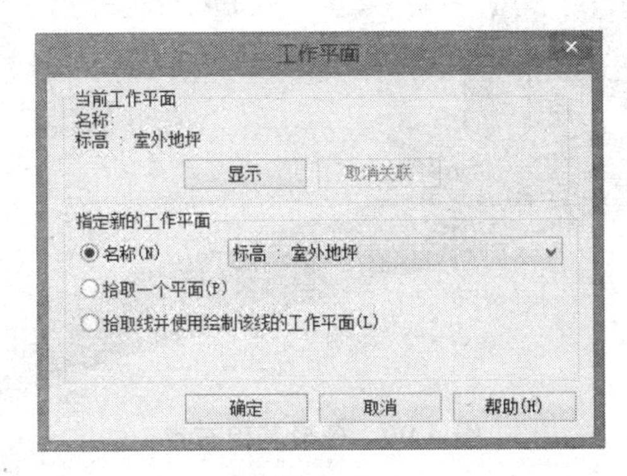

图 4.88

然后在结构平面 1F 中绘制桩帽的水平尺寸，标注并且锁定尺寸，选择“完成编辑模式”，在选项栏中设置“深度”为“-900”，在【位编辑器】面板里选择“完成模型”，完成创建桩帽，然后用【修改】面板里的相关工具进行桩帽布置。用同样的方法创建和绘制其他两种规格的桩帽。完成后桩基础模型如图 4.89 所示。

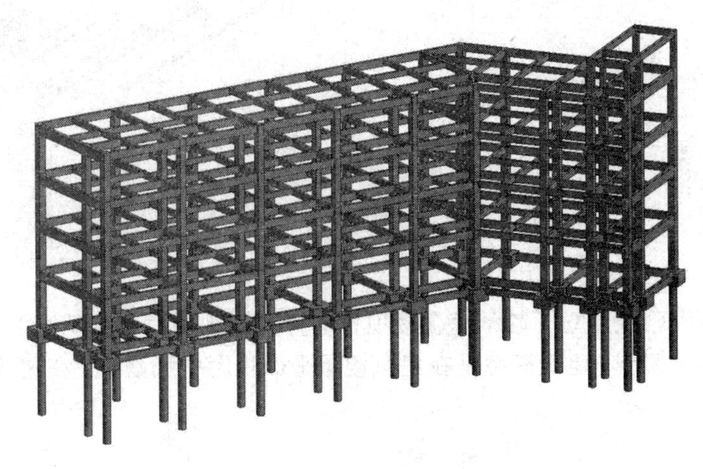

图 4.89　完成后的桩基础模型

2. 其他基础

条形基础的用法类似于墙饰条，用于沿墙底部生成带状基础模型。单击选择墙即可在墙底部添加指定类型的条形基础，如图 4.90 所示。可以分别在条形基础类型参数中调节条形基础的坡脚长度、根部长度、基础厚度等参数，以生成不同形式的条形基础。与墙饰条不同的是，条形基础属于系统族，无法为其指定轮廓，且条形基础具备诸多结构计算属性，而墙饰条则无法参与结构承载力计算。

独立基础是将自定义的基础族放置在项目中，并作为基础参与结构计算。使用“公制结构基础.rte”族样板可以自定义任意形式的结构基础。基础底板则可以用于创建建筑筏板基础。

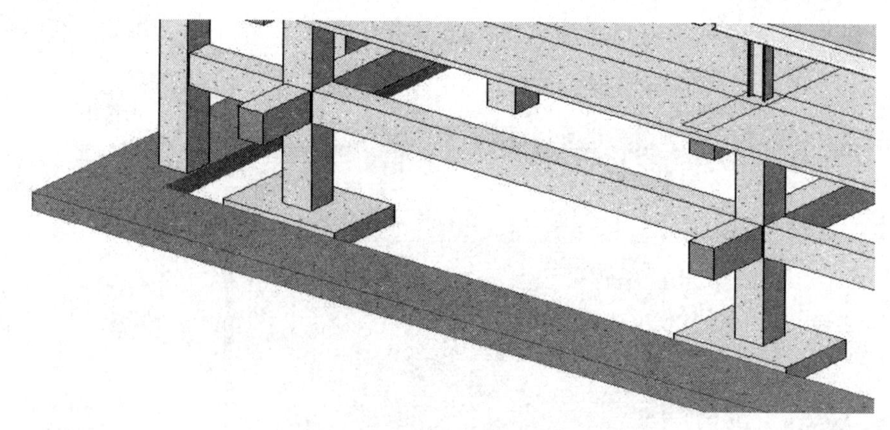

图 4.90 条形基础布置

至此完成了教学综合楼项目的结构框架模型创建，通过使用 Revit 中提供的结构构件完成了结构柱、梁、基础的布置方法和步骤，介绍了如何创建结构平面视图，修改视图规程，并通过修改视图深度，控制视图中模型的显示。接下来将开始介绍建筑模型的创建。

4.2.4 墙 体

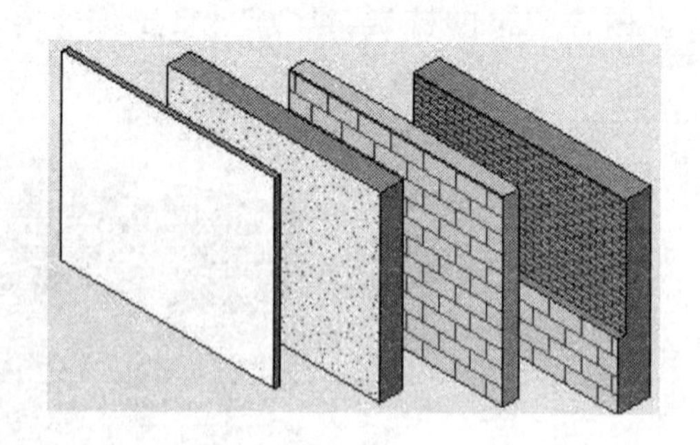

学习要点：

- 墙体属性和类型
- 绘制墙体流程
- 幕墙

在本章第一节中已经建立了教学综合楼项目的标高和轴网信息。从这节开始，将为教学综合楼项目创建建筑模型。建筑模型是在建筑楼层平面视图中创建，并在建筑选项卡中完成。

本节介绍墙体模型创建，在进行墙体的创建时，需要根据墙的用途及功能，例如墙体的高度、墙体的构造、立面显示、内墙和外墙的区别等，创建不同的墙体类型和赋予不同的属性。

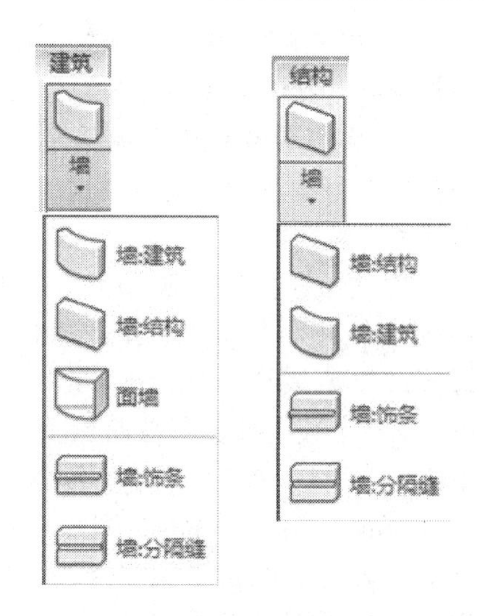

图 4.91 墙工具菜单

1. 墙体概述

Revit 提供了墙工具，允许用户使用该工具创建不同形式的墙体。Revit 提供了建筑墙、结构墙和面墙 3 种不同的墙体创建方式，如图 4.91 所示。

建筑墙：主要用于创建建筑的隔墙。

结构墙：用法与建筑墙完全相同，但使用结构墙工具创建的墙体，可以在结构专业中为墙图元指定结构受力计算模型，并为墙配置钢筋，因此该工具可以用于创建剪力墙等墙图元。

面墙：根据创建或导入的体量表面生成异形的墙体图元。

2. 墙体创建

（1）墙属性和类型。

单击功能区【建筑】>>【构建】>>【墙】命令，自动切换至“修改|放置墙”上下文选项卡中，如图 4.92 所示。

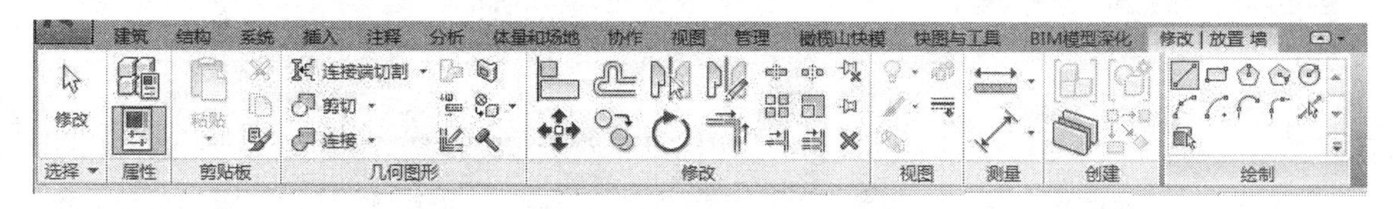

图 4.92

在图最右边的“绘制”面板中，可以选择绘制墙的工具。该工具与梁的绘制工具基本相同，包括默认的直线、矩形、多边形、圆形、弧形等工具。其中需要注意的是两个工具：一个是使用“拾取线”，使用该工具可以直接拾取视图中已创建的线来创建墙体；另一个是“拾取面”，该工具可以直接拾取视图中已经创建的体量面或是常规模型面来创建墙体。

提示：使用光标移动到其中一个线段或者是面上的时候，可以按 Tab 键来切换选择顺序，选择相邻全部高亮显示的时候单击，可以创建相邻连续的墙。

接下来是墙的属性设置。点击墙按钮之后，“属性”选项板的显示如图 4.93 所示。

① 点击墙类型，在下拉列表中选择其他需要的类型。

② 定位线是指在平面上的定位线位置，默认为墙中心线，包括核心层中心线、面层面：外部、面层面：内部、核心面：外部、核心面：内部。

③ 底部限制条件和顶部约束是定义墙的底部和顶部标高。其中顶部约束不能低于底部限制条件。

④ 底部偏移和顶部偏移是相对应底部标高和顶部标高进行偏移的高度，由这 4 个参数来控制墙体的总高度。

其中在选择墙的类型时，需要按照项目中的需要创建各种墙类型，单击“属性”中“编辑类型”，打开“类型属性”对话框。在“类型属性”对话框中，确认“族”列表中当前族为“系统族：基本墙”，单击“复制”按钮，输入名称“教学综合楼外墙 200 mm”作为新墙体类型名称，如图 4.94 所示，点击“确定”按钮返回“类型属性”对话框。同理创建“教学综合楼内墙 200 mm”。

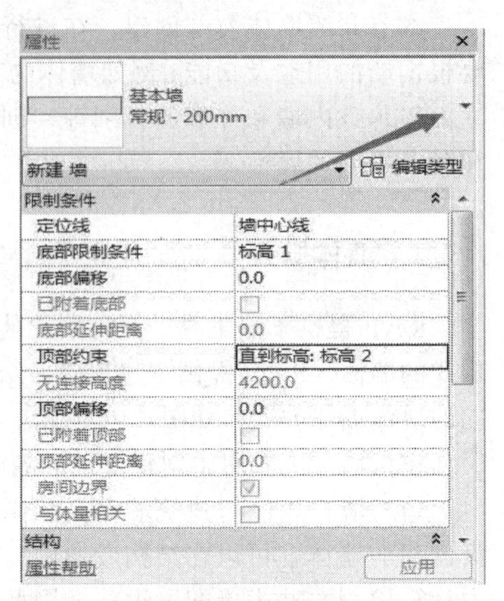

图 4.93

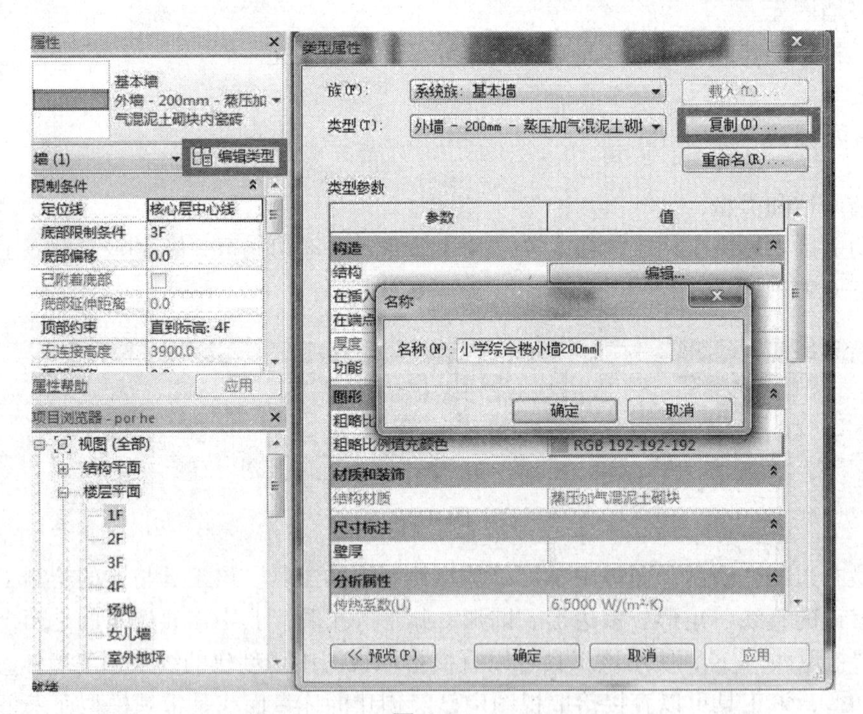

图 4.94

如果要继续修改墙的厚度和图层，在“类型参数”中点击结构参数一栏的值“编辑”，打开“编辑部件”对话框，中间部分的层设置情况即是该墙体的组成图层，可以添加不同的功能图层并且设定其材质和厚度，上文中提到的核心层是两个核心边界中间的部分。而墙体类型属性对话框中的“厚度”参数值即所有图层厚度的总和，如图 4.95 所示。

（2）绘制墙。

在项目浏览器中点开楼层平面，双击其中的 1F，即可打开 1F 层平面图。设置墙的类型和参数之后就可以在视图中进行墙的绘制，在标高 1 层平面图中，绘制 1F 到 2F 的外墙步骤：

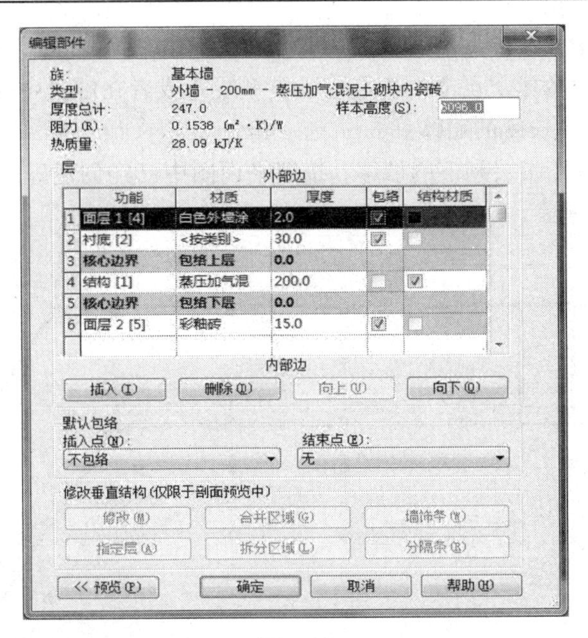

图 4.95

① 在工具栏中选择绘制［直线］。

② 在“属性”选项板中选择“教学综合楼外墙 200 mm”并将“底部限制条件”和“顶部约束”分别选择“1F”和“直到 2F”。

③ 从左到右水平方向绘制墙，这样能保证面层面外部是处于上部。绘制门时可用使用空格键来切换墙内部外部。

④ 在选项栏中将“链”勾选上，这样可以连续绘制墙，并且按需求设置偏移量，如图 4.96 所示。

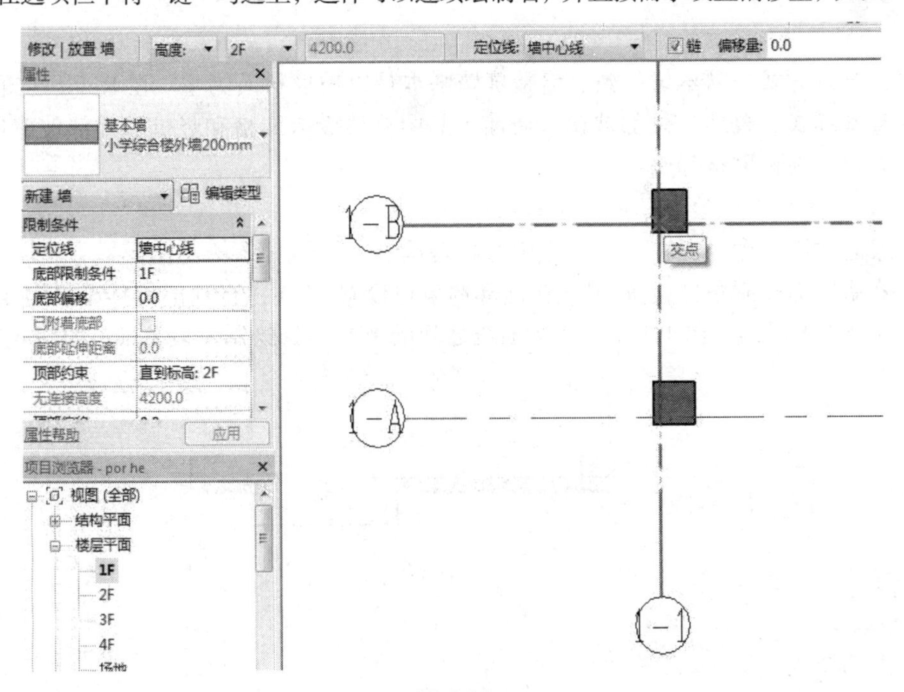

图 4.96

⑤ 在 1F 平面图中开始绘制墙，设定偏移量 0，点击平面图左下角 1-1 轴线与 1-B 轴线的交点，水平方向移动光标，点击右边第一条模型线（或者在键盘中输入 7200 数值），这样就能创建一段 7 200 mm 长度的墙体。

参考以上步骤，请将一层剩下的墙体，按照平面图中已经创建好的参考线，绘制整个 1F 平面墙体，如图 4.97 所示。

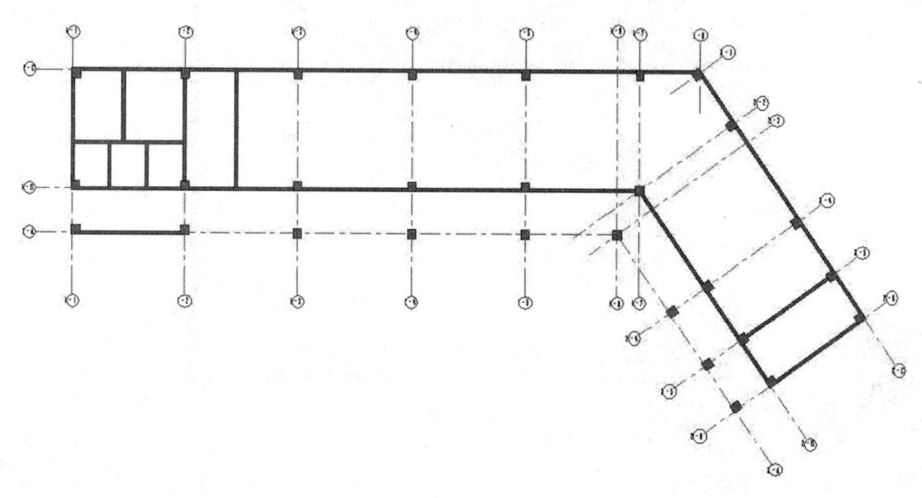

图 4.97

提示：使用光标绘制直线墙的时候，可以按 Shift 键来切换水平垂直正交方向，不会出现角度偏移。

3. 幕墙

幕墙的绘制方式与基本墙一致，但是幕墙基本是以玻璃材质为主。在 Revit 建筑样板中，包含三种基本样式：幕墙、外部玻璃、店面。其中幕墙没有网格和竖梃。外部玻璃包含预设网格，店面包含预设网格和竖梃。

在标高 1F 平面图中绘制幕墙的步骤：

（1）点击“墙”命令，在墙属性栏中选择幕墙。

（2）幕墙底部限制条件设置为 1F，顶部约束也设置为 1F，将顶部偏移设置为 4200。

（3）沿着 1-A 轴线，在 1-1 轴和 1-2 轴线之间的墙空白处绘制一段幕墙，如图 4.98 所示。

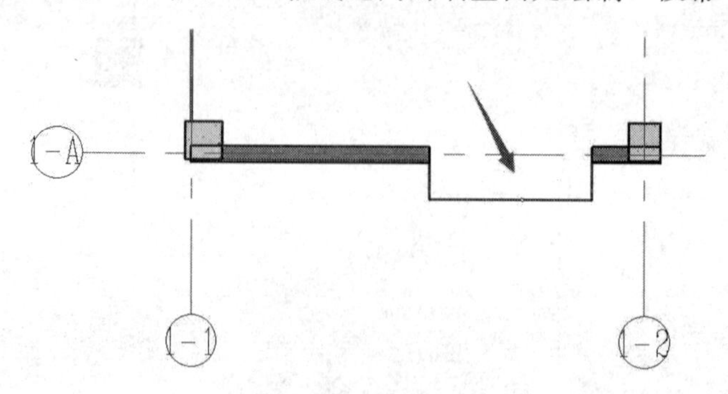

图 4.98

接下来，从创建好的幕墙中添加网格和竖梃。从项目浏览器中，双击南立面视图打开里面视图。

点击“建筑”选项卡中的“幕墙网格”，显示“修改|放置 幕墙网格”，如图 4.99 所示。

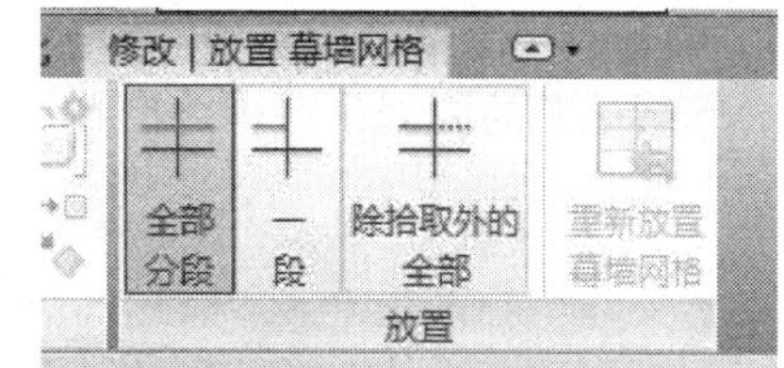

图 4.99

点击修改面板中的“全部分段”，在立面图中靠近幕墙左边边缘，在状态栏显示幕墙嵌板 1/3 位置时点击鼠标左键，如图 4.100 所示。使用相同的步骤，光标接近幕墙下边缘的两个 1/3 处都创建网格。

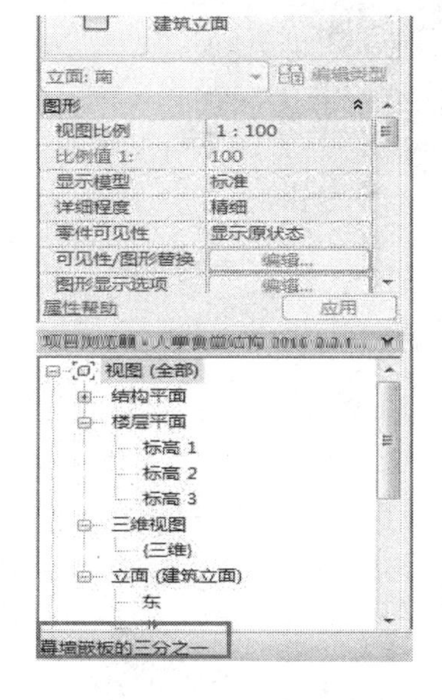

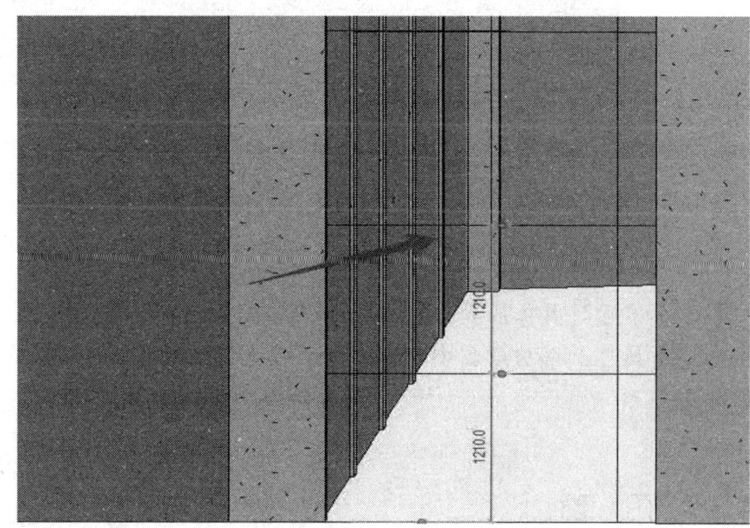

图 4.100

网格创建完毕之后，可以在网格的基础上添加竖梃，点击“建筑”选项卡中的“竖梃”，显示“修改|放置 竖梃”，如图 4.101 所示。

点击“全部网格线”，在“属性”栏中选择“矩形竖梃”在立面图中点击幕墙上的网格之后就生成如图 4.102 所示竖梃样式。

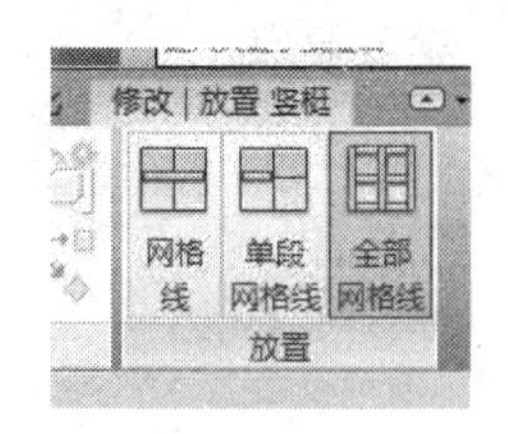

图 4.101

图 4.102

参照相同的步骤，请将 2-A 轴与 2-5 轴、2-6 轴之间的幕墙添加上。这样就显示为墙体下部分为基本墙上部分为幕墙。

整个 1F 的墙创建完毕之后显示如图 4.103 所示。

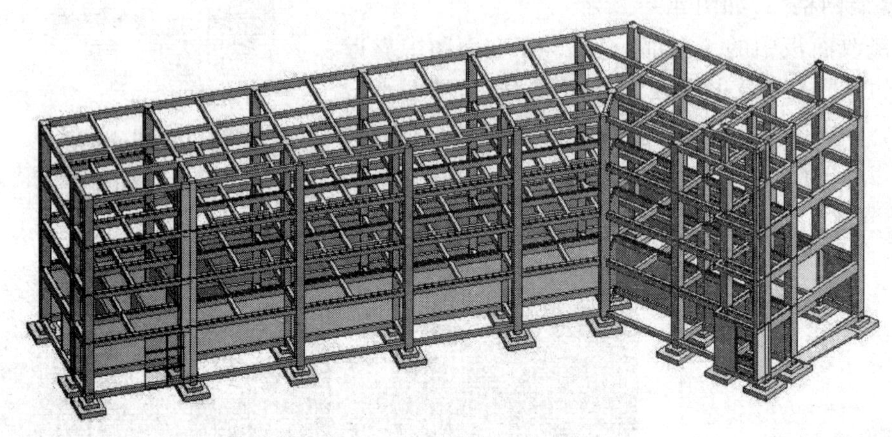

图 4.103

小结

本小节通过具体的操作步骤来讲解如何在 Revit 中创建基本墙和幕墙，了解 Revit 中基本墙的各个属性，幕墙绘制中创建网格以及竖梃的方式。通过本小节的学习就可以创建最基本的建筑外形。

4.2.5 门　窗

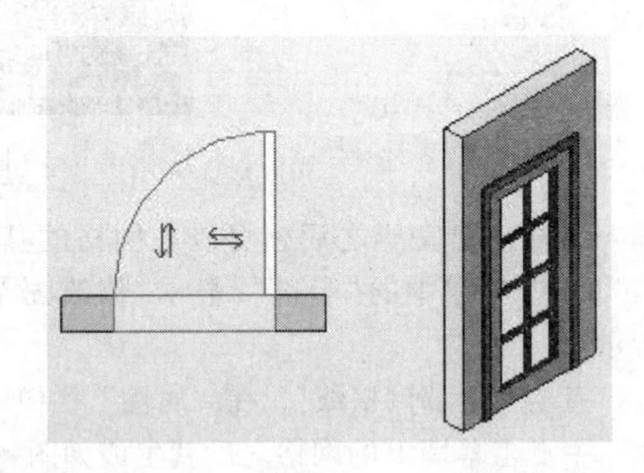

学习要点：

- 门窗属性和类型
- 放置门
- 放置窗

门窗是建筑中最常用的构件。在 Revit 中门和窗都是可载入族，要想在项目中创建门和窗，必须先将其载入当前项目中。门和窗都是以墙为主体放置的图元，这种依赖于主体图元而存在的构件称为“基于主体的构件”。本节将使用门窗构件为教学综合楼项目模型创建门窗，并学习门窗的信息修改方法。

在创建门窗的时候会自动在墙上形成剪切洞口，在 Revit 中门窗除了具体族的区别外，创建步骤基本一致。具体族创建请参考族章节。

1. 门窗属性和类型

单击功能区【建筑】>>【构建】>>【门】命令，自动切换至“修改|放置门”上下文选项卡中，如图 4.104 所示。

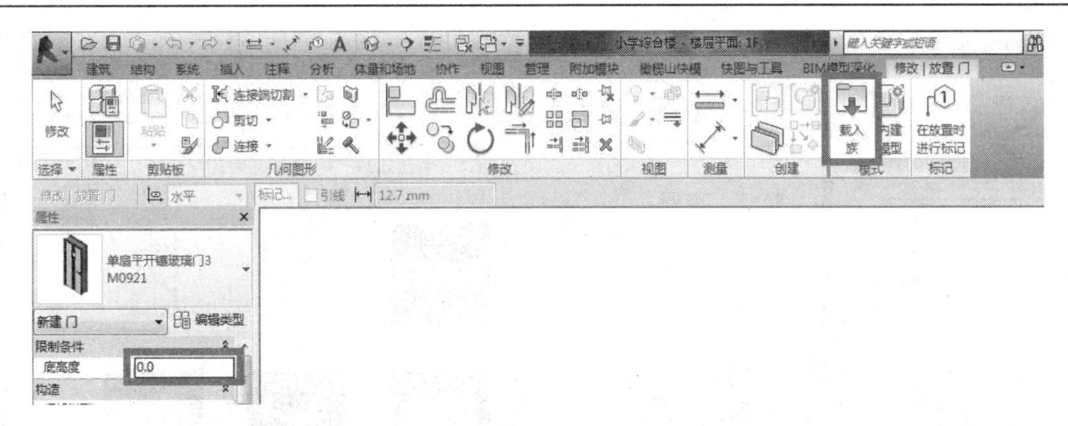

图 4.104

门和窗的“属性”栏中需要区别的地方在于门的“底高度”基本是 0，而窗的“底高度”是窗台高，所以在创建门窗时候需要注意查看一下“底高度”参数。

点击门“属性”栏中的“编辑类型”，打开门的“类型属性”对话框，如图 4.105 所示，其中可以载入族复制新的类型。类型参数中常用修改的基本参数是材质和尺寸标注，这些参数可以按照项目的需求进行修改。如果在未放置到项目中之前查看门样式的话，可以点击“类型属性”对话框左下角的“预览”按钮。在预览窗口中，可以选择门在不同的平面或者三维显示情况。

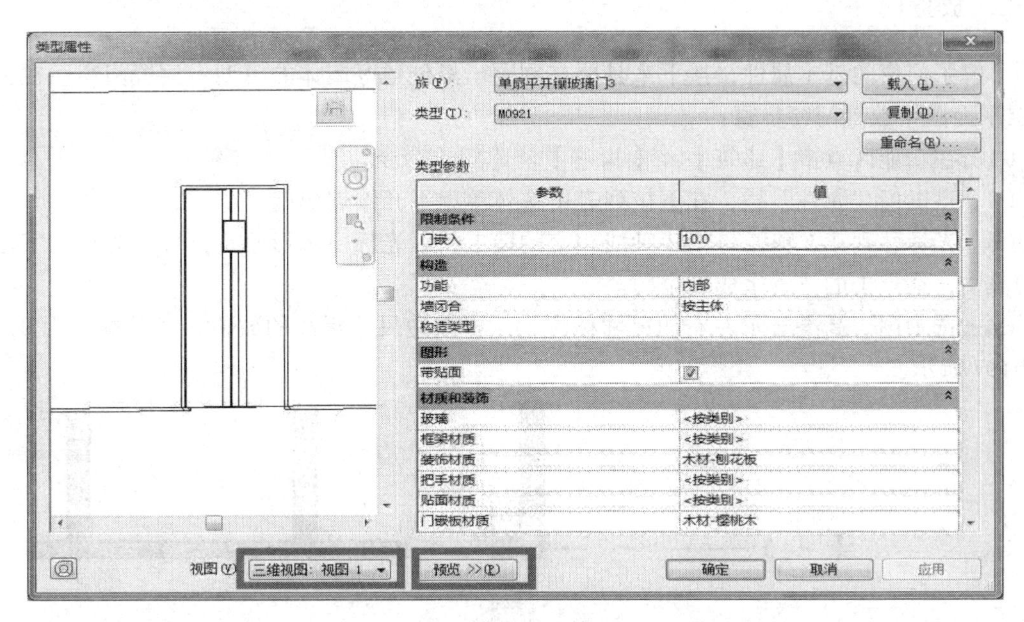

图 4.105

提示：在“类型属性”对话框中修改门窗尺寸，在视图中所有同类型名称的门窗尺寸都会跟着变化，如果只是想修改其中一个门尺寸，建议是复制一个类型出来再新类型中进行修改。

在 Revit 安装时候会一起安装 Revit Contents Library， 其中包括一些基本的样例和族，门窗族的路径默认安装在目录 C：\ProgramData\Autodesk\RVT 2014\Libraries。但是在实际项目中会需要非常多不同的门窗族，建议大家可以使用橄榄山快模中的族管家来下载族库，如图 4.106 所示。

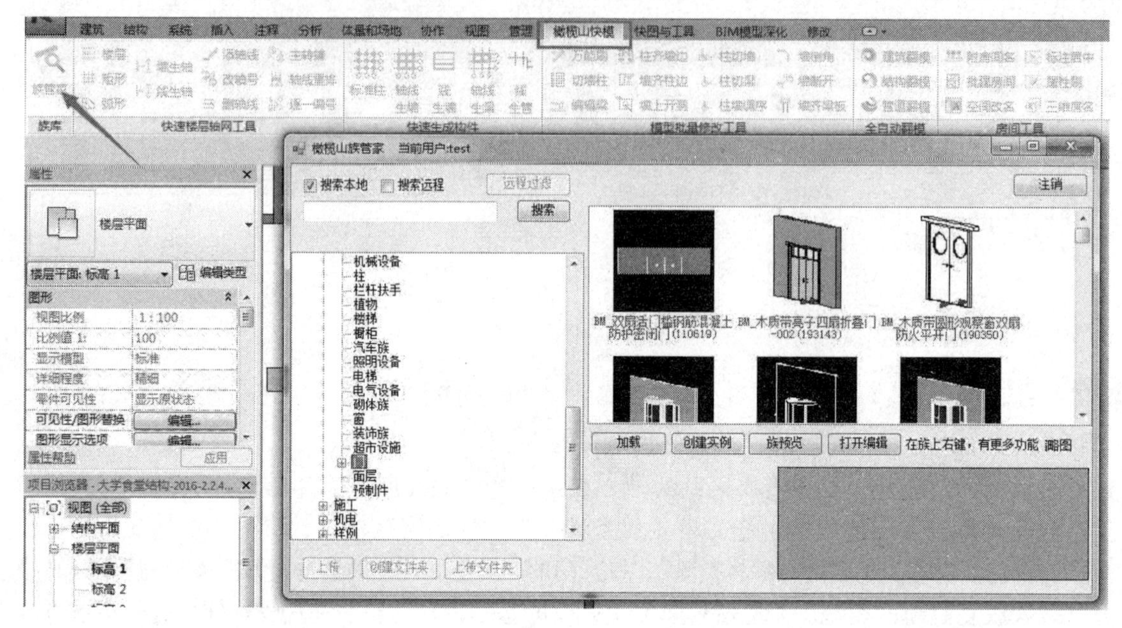

图 4.106

2. 放置门

了解了门窗的基本属性，接下来是要在刚刚已经创建好墙体的模型中放置门窗。在标高1F 层平面图中放置门窗步骤：

（1）在功能区点击【建筑】>>【构建】>>【门】命令。

（2）点击门“属性”栏，在下拉列表中选择单扇平开镶玻璃门。

（3）光标移到 1-1 轴线与 1-B 轴线相交的墙上，等光标由圆形禁止符号变为小十字之后点击该墙，在点击的位置生成一个门。

（4）选中门，高亮显示左右的尺寸标注，点击左边尺寸标注的数值，将其修改为 0，如图 4.107 所示。

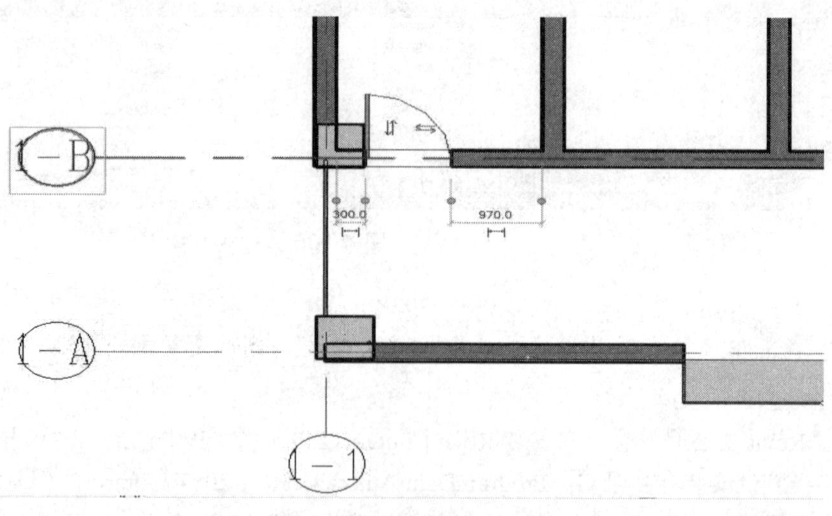

图 4.107

（5）点击门上蓝色的翻转按钮⇅（或者是空格键），更改门的方向。

按照以上步骤，从项目浏览器中切换到三维视图，可以看到门在三维中的显示如图 4.108。

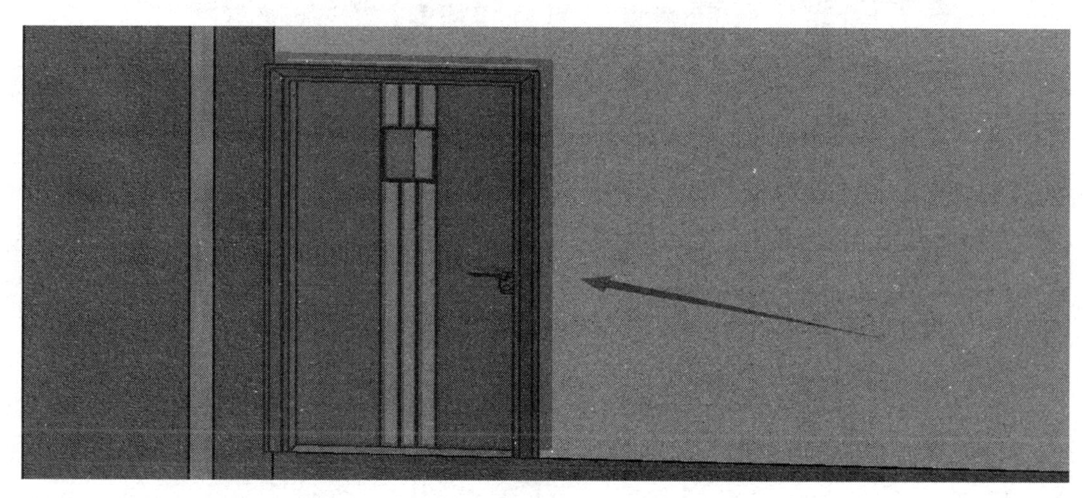

图 4.108

3. 放置窗

放置窗的步骤与上面介绍的门步骤相同，按照以上步骤，请注意窗在创建前需将底高度设置为 900。

请将模型中剩下的 1F 平面门窗按照模型中创建完成，如图 4.109 所示。

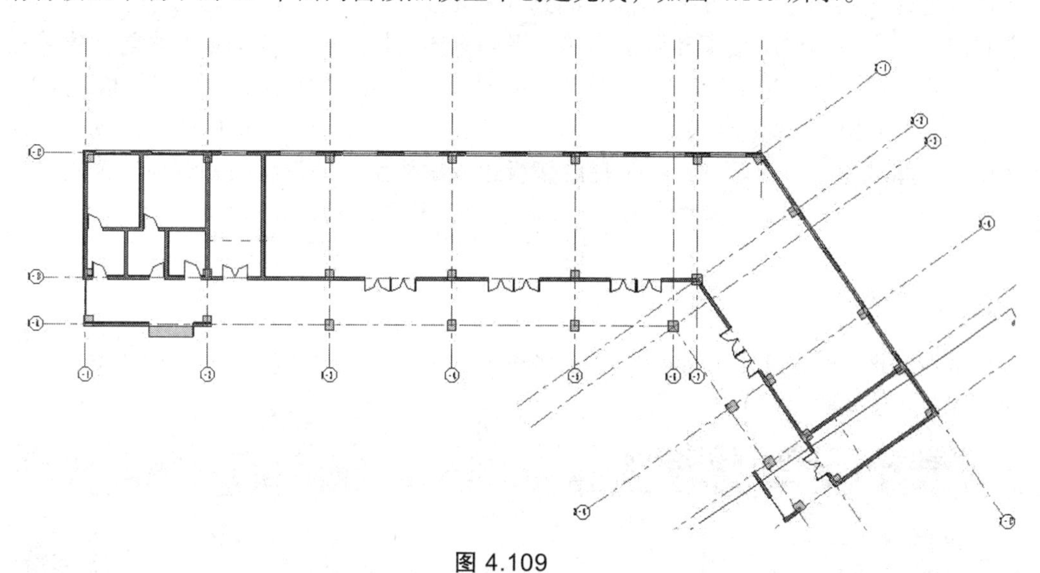

图 4.109

请在本小节之后，按照教学综合楼模型，将剩下楼层的墙，门窗创建完毕，如图 4.110 所示。

小结

本小节阐述了门窗的基本属性，具体讲解在平面视图中创建门窗的步骤以及在幕墙中如何添加门窗。

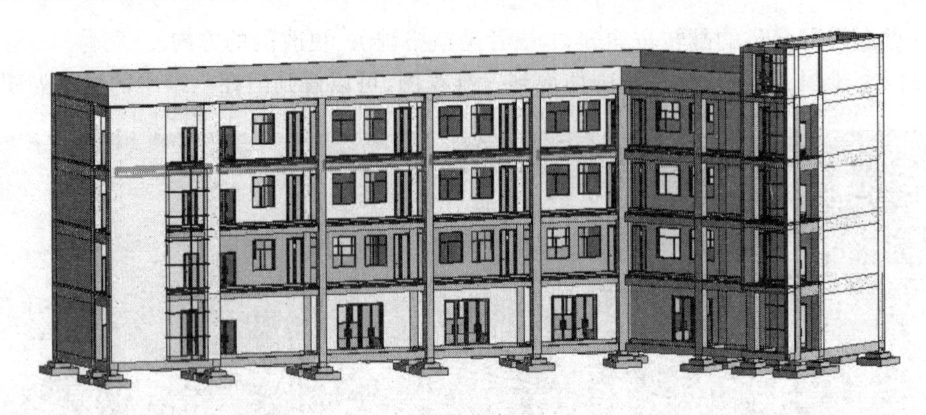

图 4.110

4.2.6 楼板、屋顶

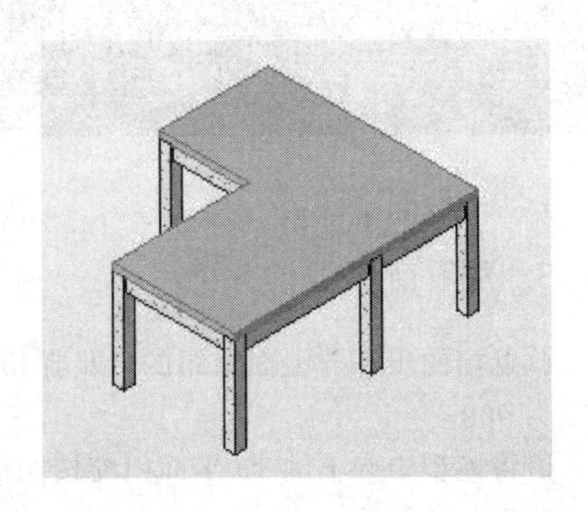

学习要点：

- 创建楼板
- 楼板洞口
- 创建屋顶

楼板是建筑物中重要的水平构件，起到划分楼层空间作用。在 Revit 中楼板和屋顶都属于平面草图绘制构件，这个是与之前创建单独构件的绘制方式不同。楼板是系统族，在 Revit 中提供了 4 个楼板相关的命令：“楼板：建筑”“楼板：结构”“面楼板”和“楼板边缘”。其中“楼板边缘”属于 Revit 中的主体放样构件，通过使用类型属性中指定的轮廓沿所选择的楼板边缘放样生成的带状图元。而屋顶同样是系统族，不过分类不同，包括“迹线屋顶”“拉伸屋顶”和“面屋顶”。

1. 创建楼板

单击功能区【建筑】>>【结构】>>【楼板】命令，自动切换至“修改|创建楼层边界”上下文选项卡中，如图 4.111 所示。

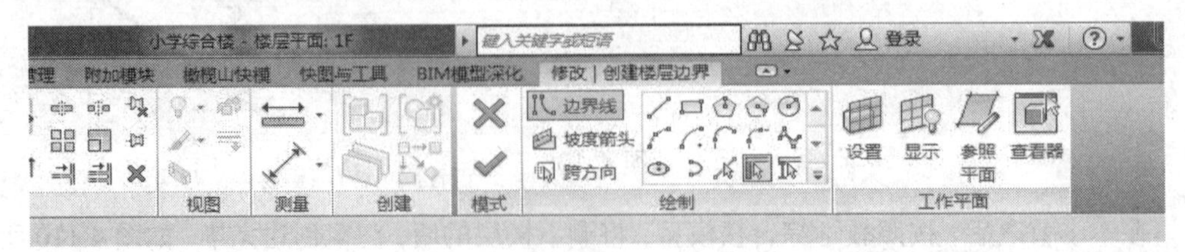

图 4.111

其中楼板边界的绘制方式与墙的绘制工具基本相同，包括默认的直线、矩形、多边形、圆形、弧形等工具。其中需要注意的是一个工具 “拾取墙”，使用该工具可以直接拾取视图中已创建的外墙来创建楼板边界。

楼板的标高是在实例属性中设置，其类型属性与墙也基本一致，通过修改结构来设置楼板的厚度，如图 4.112 所示。

图 4.112

将教学综合楼模型的视图切换到 1F 平面图，接下来步骤是如何在平面图中创建楼板：

（1）点击功能区【建筑】>>【楼板】>>【修改|创建楼层边界】>>【直线】。

（2）在“属性”栏中，点击楼板下拉菜单，选择“楼板”样式，标高设置为“1F”。

（3）光标移动到左下角 1-A 轴与 1-1 轴交点处，绘制连续的墙，如图 4.113 所示。

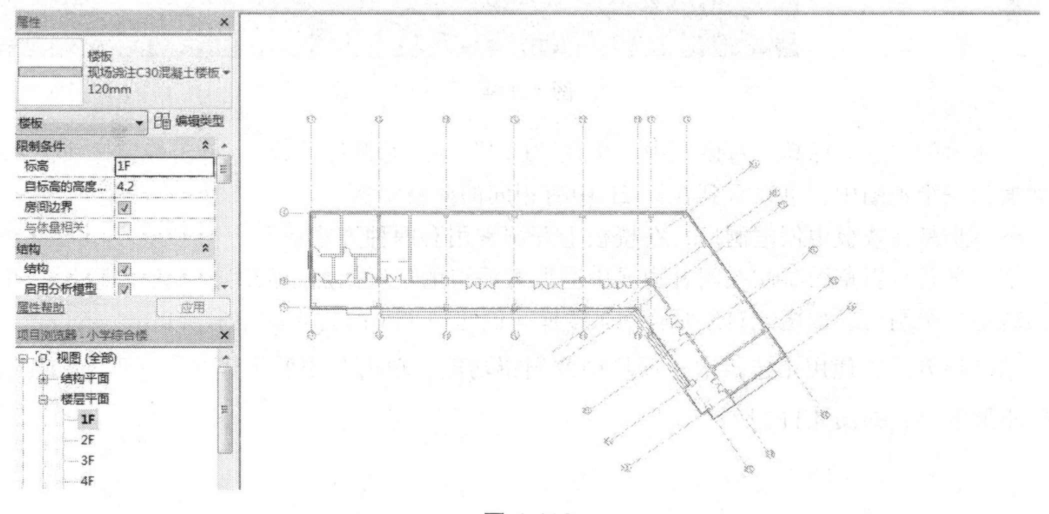

图 4.113

（4）点击鼠标，会生成如图 4.106 中亮显的红色草图线，再沿着 A 轴将剩下的幕墙边缘也拾取上。

（5）使用“修改”面板中的【对齐】【修剪】【延伸】等命令使红色的草图线形成一个闭合的环。

（6）点击“修改|创建楼层边界”中的绿色对勾 ✔，完成编辑模式。

提示：在楼板草图中边界是必须要闭合，如果没有闭合，点击完成是会弹出错误提示。从错误提示中可以显示未连接的草图，点击错误提示中的继续按钮就可以继续连接相应草图线。

2. 楼板洞口

上一小节中创建的楼板是 1F 整个底部楼板，选中刚刚创建的楼板，单击【修改】>>【复制到剪贴板】>>【粘贴】，弹出的下拉菜单中选择“与选定标高对齐”，如图 4.114 所示。

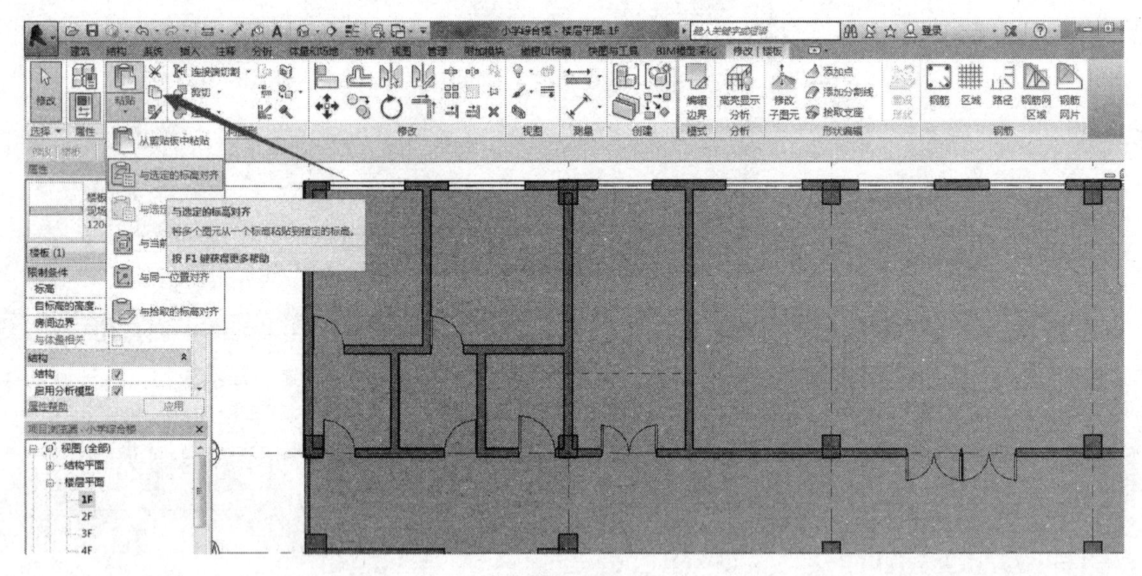

图 4.114

在弹出的“选择标高”对话框中，按住“Ctrl”键同时选择“2F”，单击确定按钮。将视图切换到三维视图中，可以看到在标 2F 中有相同的楼板实例。

下一步是在楼板中创建洞口，在楼板上开洞常用有两种方式：

第一种是编辑草图时候在闭合边界中需要开洞口的位置添加小的闭合图形，那么小闭合图形就是一个洞口。如图 4.115 所示，在楼梯间创建一个小的封闭的矩形洞口。

第二种方式，使用【建筑】选项栏中的洞口功能，单击其中的【竖井】竖井，同样绘制封闭矩形洞口，如图 4.116 所示。

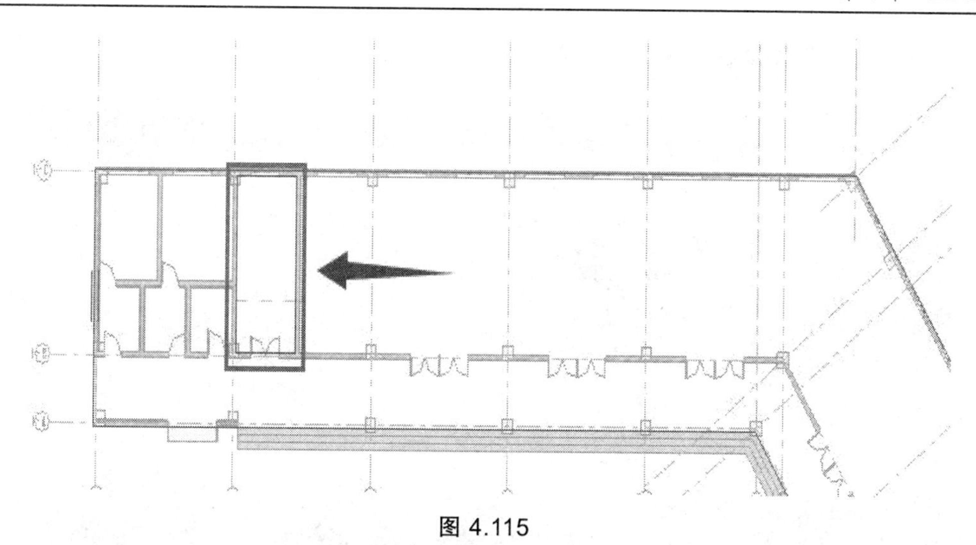

图 4.115

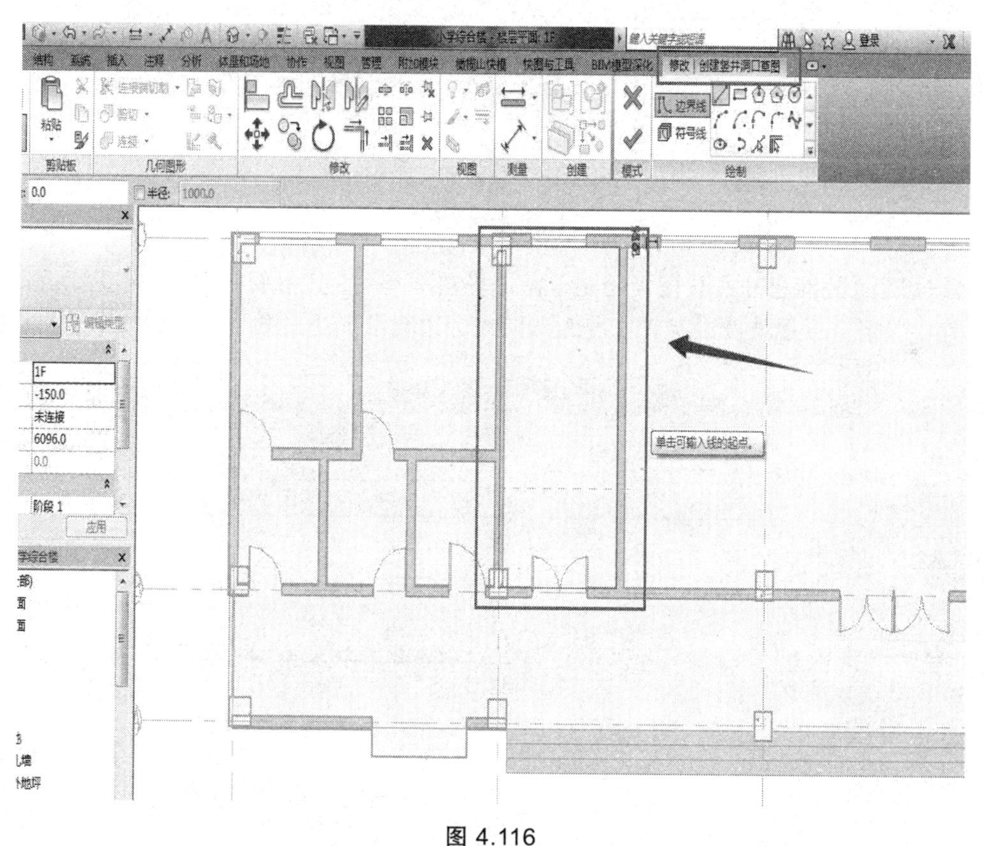

图 4.116

点击完成竖井之后，选中该竖井修改其底部限制和顶部约束。这种方式多用于高楼层需要在同一位置相同大小的洞口。

3. 创建屋顶

屋顶的创建方式有 3 种，其中比较简单的是【面屋顶】，直接拾取已经创建好的体量或者常规模型的表面创建屋顶，如图 4.117 所示。

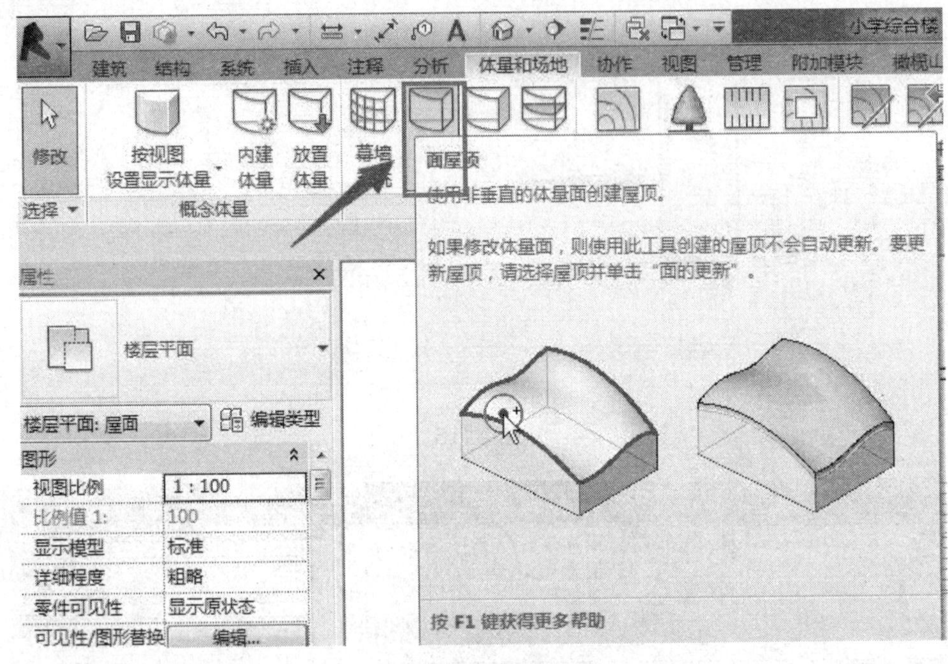

图 4.117

【迹线屋顶】的创建方式与楼板绘制草图边界基本相同，其中的区别是迹线屋顶的每一个草图线是可以定义屋顶坡度，定义坡度的草图线旁边会出现小三角形符号，如图 4.118 所示。

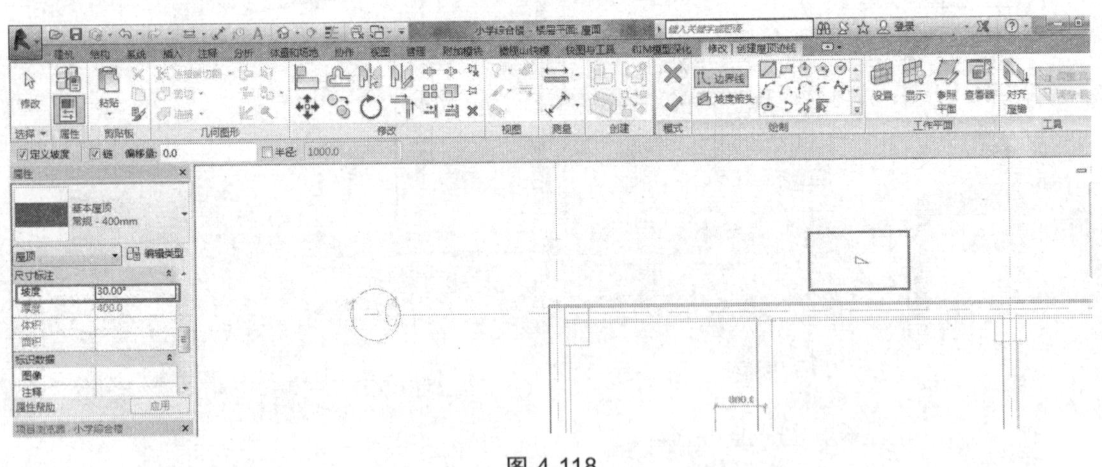

图 4.118

第三种是【拉伸屋顶】，以楼梯间屋顶为例创建步骤如下：

（1）将教学综合楼模型切换到三维视图，点击【建筑】>>【屋顶】下拉列表，点击【拉伸屋顶】。

（2）在弹出的“工作平面”对话框中，在点击“名称”中指定“轴网 2-6”为工作平面，点击确定。

（3）接下来弹出“屋顶参照标高和偏移”对话框中，标高设置为“屋面”，偏移值设置默认为 0，点击确定。

（4）点击【修改|创建拉伸屋顶轮廓】>>【显示】工作平面，如图 4.119 所示。

图 4.119

（5）将右上角的 ViewCube 切换到右视图，沿着出屋面墙顶绘制一条直线，如图 4.120 所示。

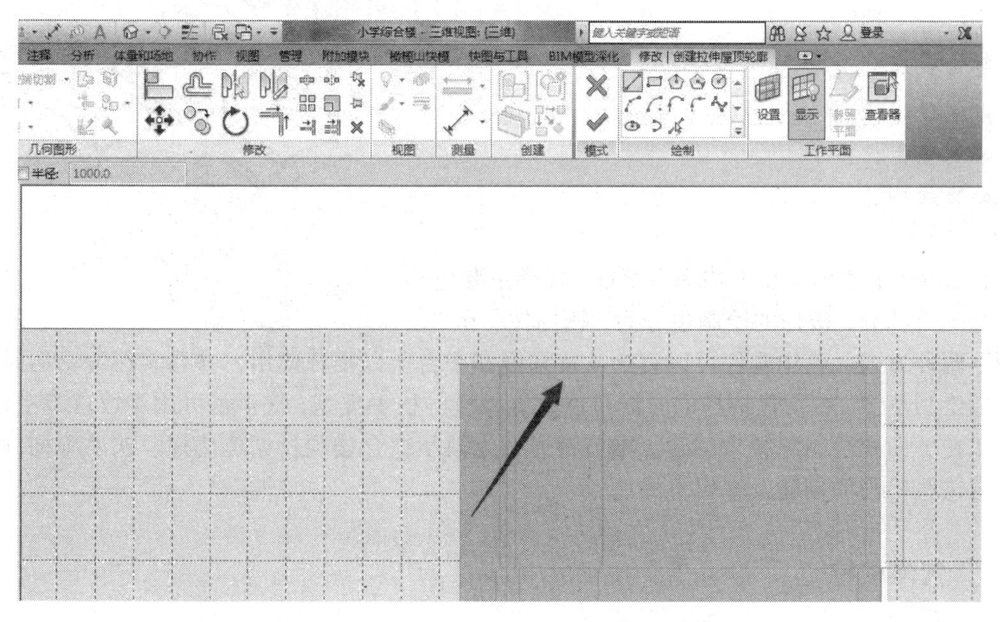

图 4.120

（6）点击绿色对勾完成编辑，旋转视图，可以看到拉伸屋顶的终点比较远。选中拉伸屋顶，在“属性”栏中将“拉伸终点”数值设置为“3200”，结果如图 4.121 所示。

图 4.121

按照以上两种方式分别创建教学综合楼的屋顶，而屋顶开洞口的方式，迹线屋顶与楼板还是相同，迹线屋顶的话就需要“洞口”的方式来创建。

4.2.7 楼梯、扶手

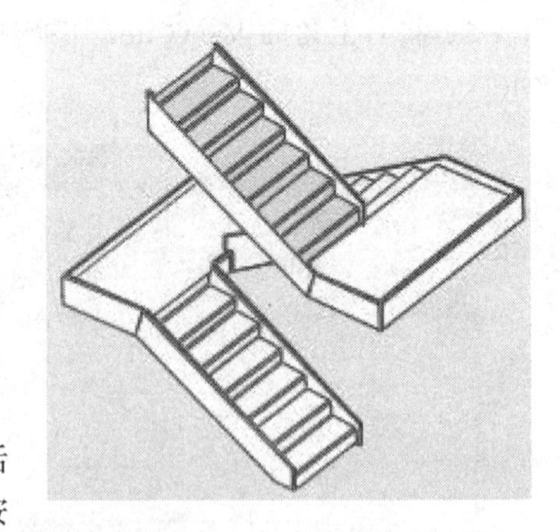

学习要点：

- 创建楼梯
- 创建栏杆扶手
- 绘制坡道

在 Revit 中楼梯与扶手均为系统族，楼梯主要包括梯段和平台部分，楼梯的绘制也分为“按构件”和“按草图”两种方式，其中构件可以直接放置梯段和平台所以推荐使用，并且其在编辑的时候也是可以绘制草图。在创建楼梯的时候可以设置相应的扶手类型，扶手也可用于坡道等主体上，也可以在平面中绘制路径来创建。本节将通过为教学综合楼项目创建楼梯、扶手等构件，详细介绍这些构件的创建及编辑方式。

1. 创建楼梯

单击功能区【建筑】>>【楼梯】>>【按构件】命令，自动切换至“修改|创建楼梯”上下

文选项卡中，如图 4.122 所示。

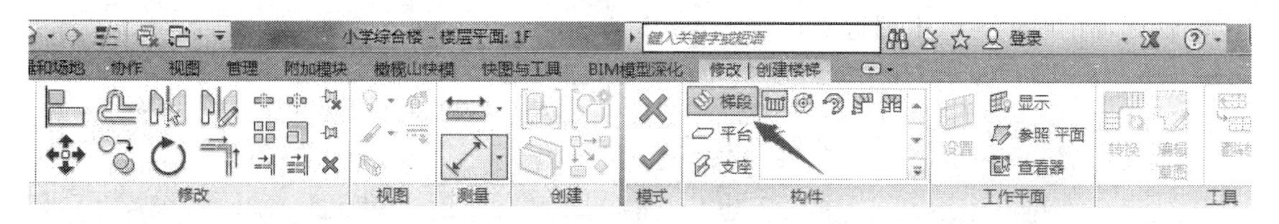

图 4.122

其中梯段部分包括直梯，螺旋楼，L 形和 U 形转角梯。平台是连接两个梯段，支座是梯边梁或者是斜梁。其中梯段部分的“构件草图” 与草图绘制楼梯基本相似。点击该按钮的话，修改界面就与草图楼梯相同，如图 4.123 所示。

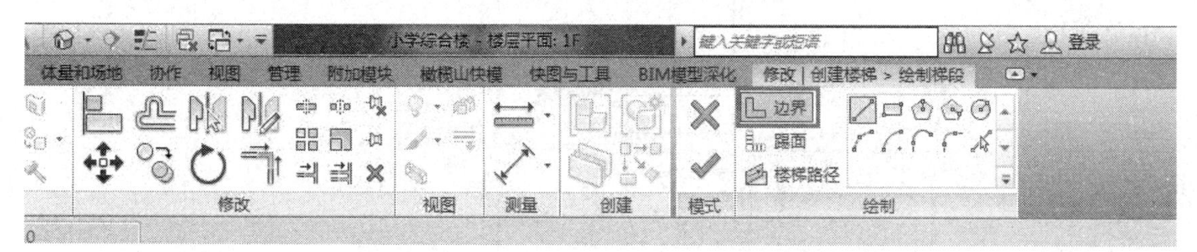

图 4.123

关于项目中楼梯的基本类型现场浇筑楼梯、预制楼梯、装配楼梯的区别，Revit F1 键帮助里有详细的说明。Revit 中创建楼梯之前需要在属性栏中设置好踢面数和踏板深度。

在教学综合楼项目中创建楼梯步骤如下：

（1）打开标高 1 平面图，点击按构件创建楼梯。

（2）在【修改】中，单击【梯段】>>【直梯】，扶手样式选择“900mm 圆管”

（3）在“属性”栏中选择“整体浇筑楼梯”，底部标高设置为“1F”，顶部标高设置为“2F”。

（4）在尺寸标注中将踢面数设置为 24，实际踏板深度设置为 250。

（5）绘制一条距离 1-B 轴上墙 2 025 mm 的水平参照线，实际梯段宽度设置为“1000”，如图 4.124 所示。

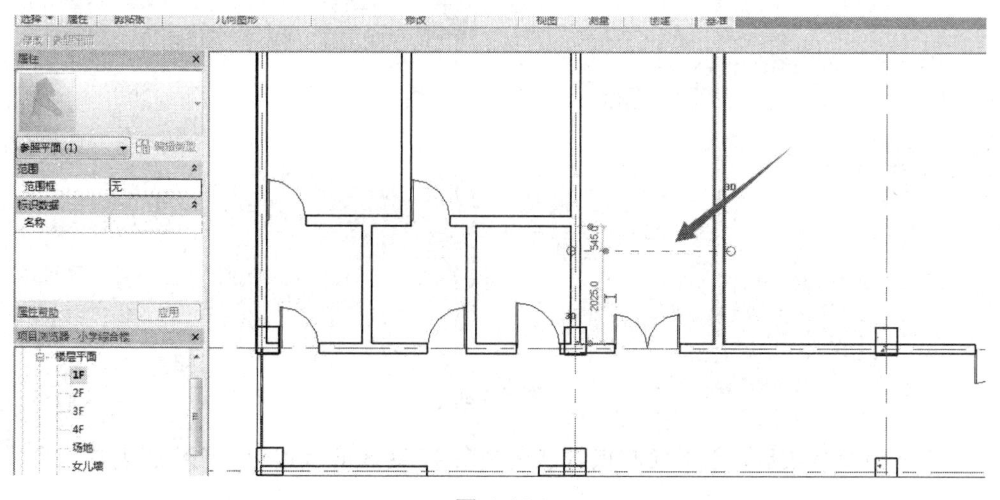

图 4.124

（6）点击 1-2 轴线与 1-3 轴之间水平方向的内墙边缘，从左往右水平拖动鼠标，在显示还剩 12 踢面的时候，点击墙边缘，如图 4.125 所示。

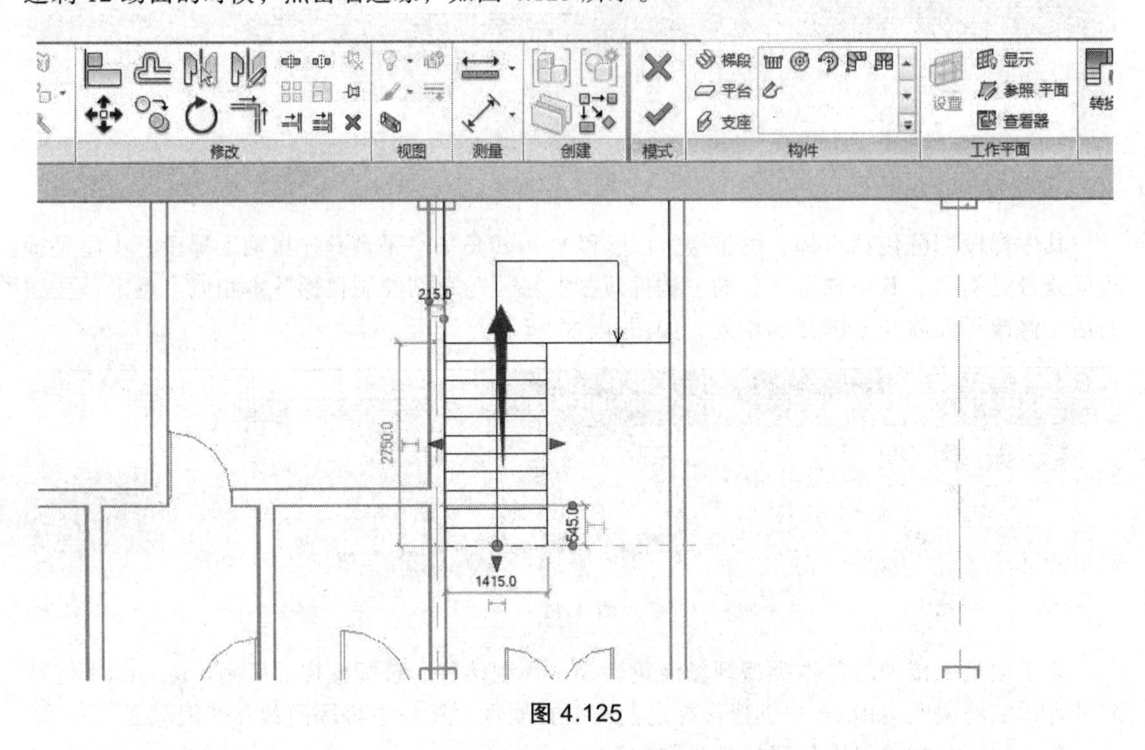

图 4.125

（7）在创建一个直梯段之后，光标点击沿着墙边缘与平台相交的位置，如图 4.126 所示。

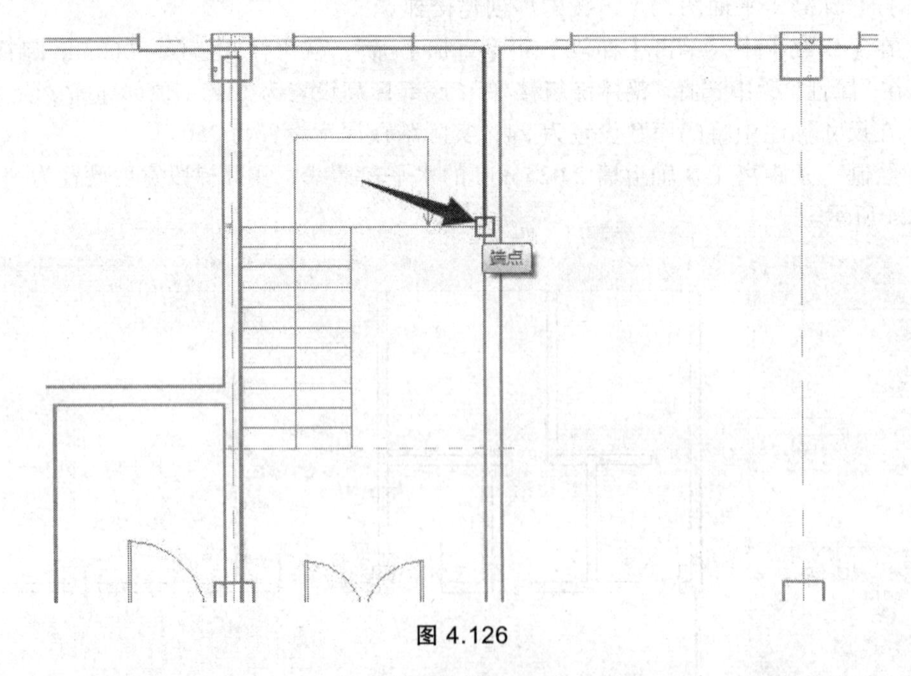

图 4.126

（8）点击该交点之后，水平向左点击创建剩余 12 踢面的墙边缘，这样就创建一个完整的楼梯。

（9）点击楼梯生成的平台，将其宽度修改为 2210。再使用对齐命令，使平台右边缘与外墙对齐。

这样一个楼梯就创建完毕，如果想知道从三维视图中楼梯显示的情况。可以使用橄榄山中的“构件 3D”命令，如图 4.127 所示。选中楼梯，点击“构件 3D”按钮，这样就能直接查看楼梯的三维显示，如图 4.128 所示。

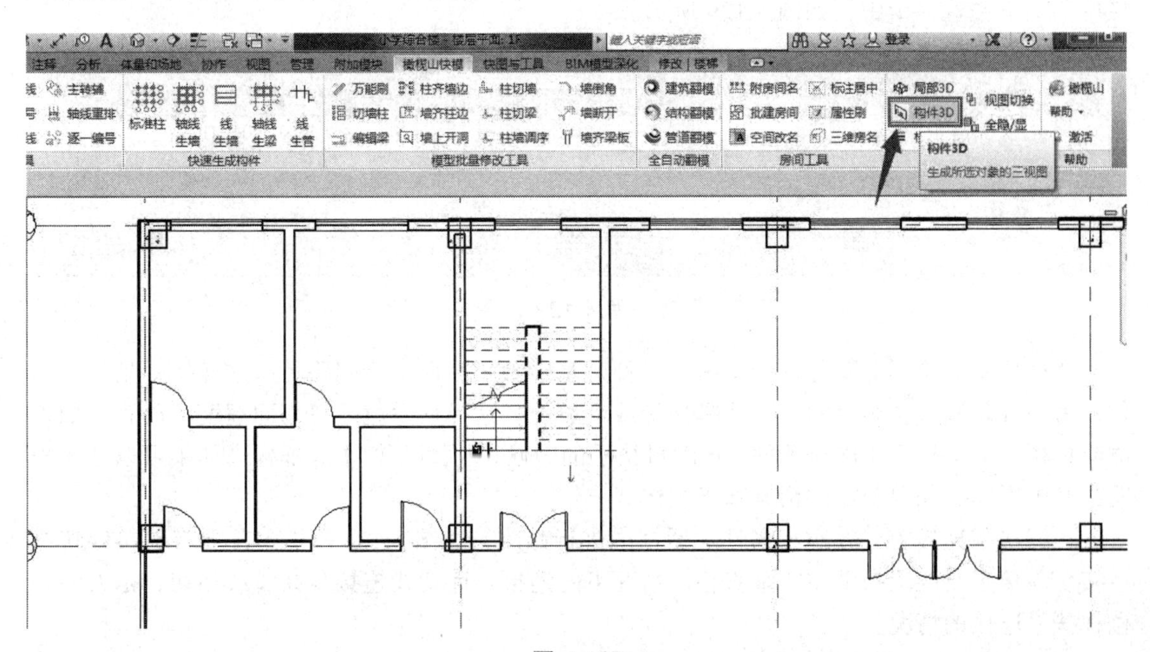

图 4.127

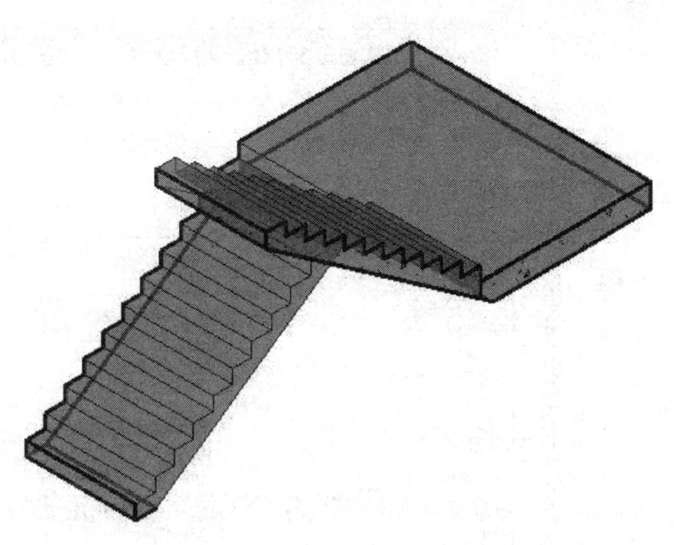

图 4.128

提示：在楼梯的“属性”栏中，设置“多层顶部标高”到 3F，这样可以直接生成 2F 到 3F 中的楼梯，该功能适用建筑中的标准层。

请继续绘制 2-5 轴与 2-6 轴的楼梯，其中需要注意的是将定位线设置为“梯边梁外侧：

右”绘制比较方便。

2. 创建栏杆扶手

单击功能区【建筑】>>【栏杆扶手】>>【绘制路径】命令，自动切换至“修改|创建路径栏杆”上下文选项卡中，如图 4.129 所示。

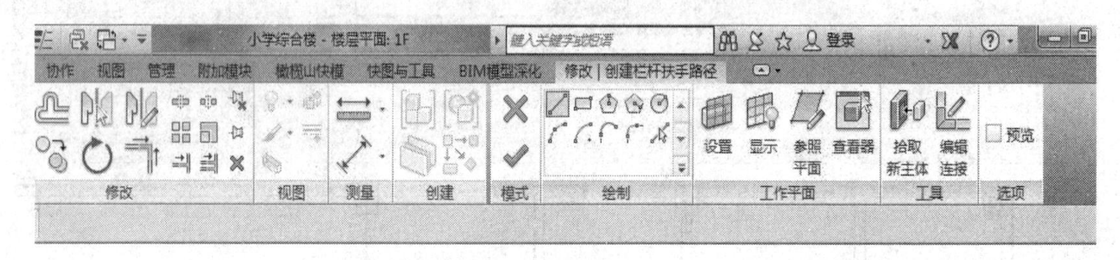

图 4.129

栏杆扶手的绘制主要分两种情况：一种是基于参照平面来绘制路径，这样扶手是独立构件；另一种是基于主体绘制，主体是楼梯或者坡道，这样扶手就随着踢面高度而放置，如果删除掉楼梯那么扶手也随着删除。在编辑扶手的时候，“属性”栏中底部标高如果可以修改表明是基于平面，如果灰显的话是基于主体。

栏杆扶手连接方式在类型属性对话框中进行修改，如图 4.130 所示，主要有斜接和切线连接。斜接是指两段扶手在非垂直相交情况下的连接，而切线连接是共线或相切，是大多数楼梯扶手连接的情况。

图 4.130

在栏杆扶手类型属性中，点击编辑“扶栏结构”，弹出如图 4.131 所示“编辑扶手”对话框，在其中可以添加横向扶栏的个数、高度和材质。扶手栏杆是系统族，但是扶手是由可载入轮廓族来设置，比方说圆形轮廓扶栏显示为圆形，矩形轮廓扶栏显示为矩形。

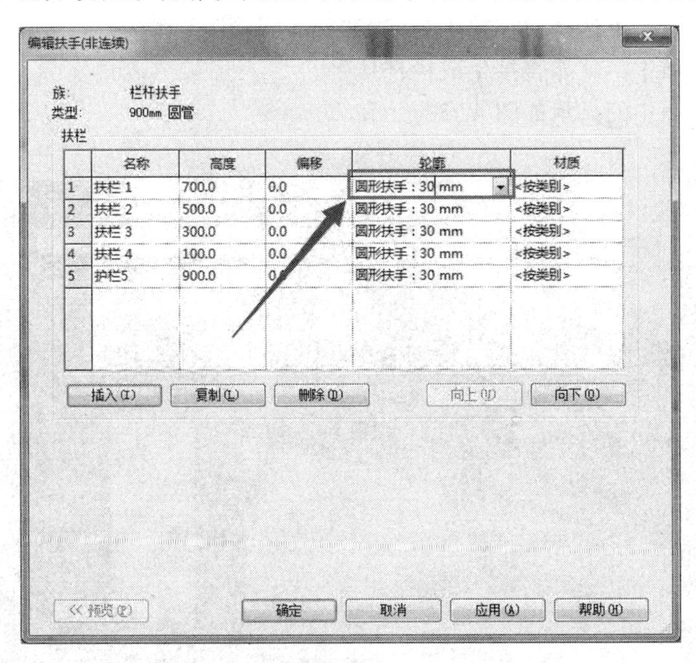

图 4.131

栏杆扶手横向扶手是“扶栏结构”设置，竖向栏杆是在“栏杆位置”中设置，点击编辑“栏杆位置”，弹出如图 4.132 所示“编辑栏杆位置”对话框，其中可以设置主要栏杆样式，具体的参数说明请参考 Revit 帮助。

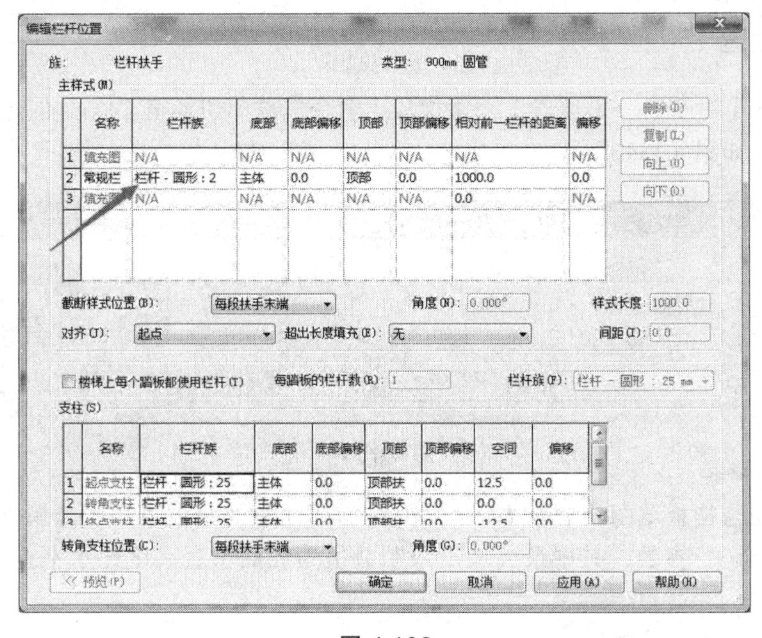

图 4.132

在教学综合楼项目中创建主体栏杆扶手步骤如下：

（1）打开 2F 平面图，点击【建筑】>>【栏杆扶手】>>【绘制路径】。

（2）绘制在 1-A 轴于 1-2 至 1-3 轴线路径。

（3）在“属性”栏中选择栏杆扶手为“900 mm 圆管”类型。

（4）在绘图区域中，就能直接生成栏杆扶手。

这样在三维视图中的显示如图 4.133 所示。

图 4.133

3. 绘制坡道

单击功能区【建筑】>>【坡道】>>【梯段】命令，自动切换至“修改|创建坡道草图”上下文选项卡中，如图 4.134 所示。

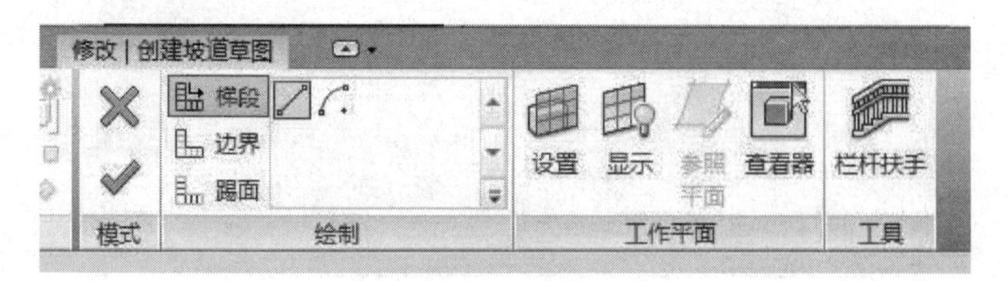

图 4.134

坡道的绘制与楼梯草图绘制基本一致，但是需要注意的是坡道的类型属性中有一个“坡道最大坡度（1/X）”参数，其中最大坡度限制数值为坡面垂直高度比水平宽度，X 为边坡系数。

在模型中创建坡道步骤：

（1）打开标高 1F 平面图，单击【建筑】>>【坡道】，在【修改】>>【工具】>>【栏杆扶手】，选择“900 mm 圆管”类型。

（2）在“属性”栏中选择“坡道”类型。

（3）在“属性”栏参数中，将底部标高设置为“1F”，顶部标高同样设置为“1F”，不过需要在顶部偏移输入“150”。

（4）在“尺寸标注”属性栏中宽度输入“1560”，点击属性栏中的【应用】。

（5）在绘图区域中的 2-B 轴与 2-C 轴之间，从 2-B 轴水平方向绘制 5400 长度的坡道，如图 4.135 所示。

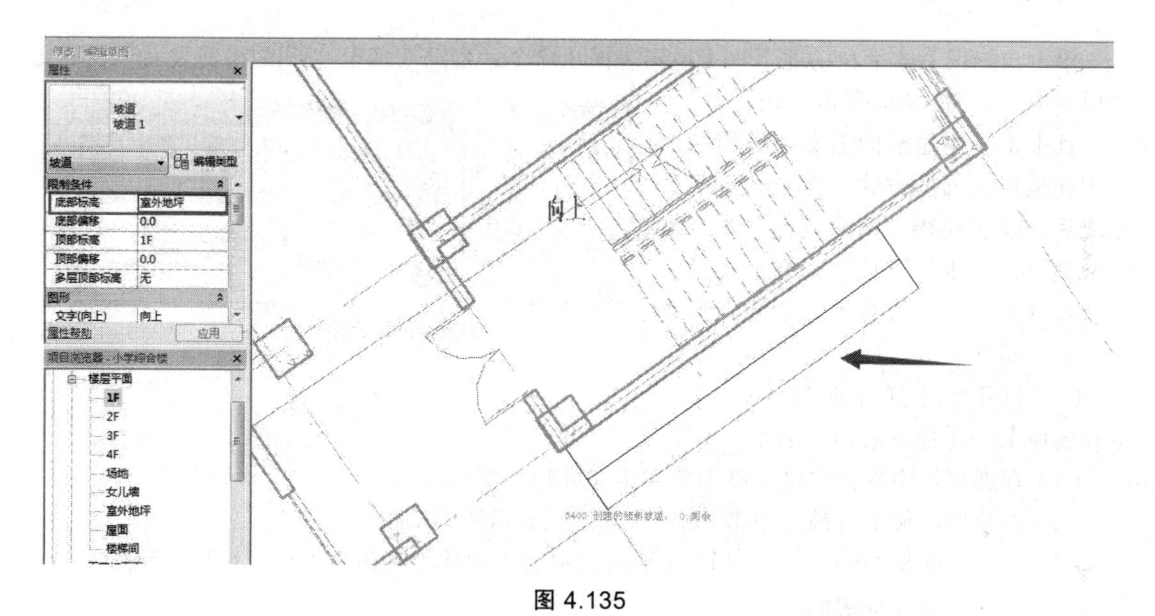

图 4.135

（6）可以使用修改中的移动或对齐来使草图边界与外墙对齐，点击完成编辑，坡道就创建完毕。

建筑坡道也可以使用楼板的“坡度箭头”创建。

4.2.8 场地与 RPC

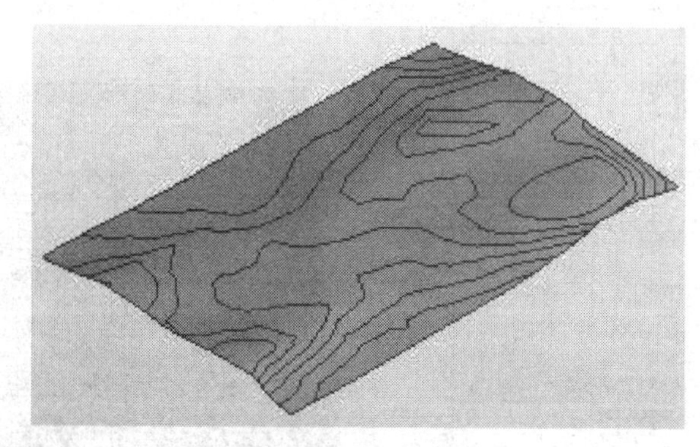

学习要点：

- 地形表面
- 建筑地坪
- RPC 树木

使用 Revit 提供的场地构件，可以为项目创建场地红线、场地三维模型、建筑地坪等场地构件，完成现场地设计。还可以在场地中添加人物、植物以及停车场、篮球场等场地构件，丰富整个场地的表现。在 Revit 中场地创建使用的是地形表面功能，地形表面在三维视图中显示仅是地形，需要勾选上剖面框之后进行剖切才显示地形厚度。地形的创建有 3 种方式：

第一种是直接放置高程点，按照高程连接各个点形成表面。

第二种是导入等高线数据来创建地形，支持的格式有 DWG、DXF 或 DGN 文件，其中文件需要包含三维数据并且等高线 Z 方向值正确。

第三种是导入土木工程应用程序中的点文件，包含 X、Y、Z 坐标值的 CSV 或者 TXT 文件。

1. 地形表面

单击功能区【体量和场地】>>【地形表面】命令，自动切换至“修改|编辑表面”上下文选项卡中，如图 4.136 所示。

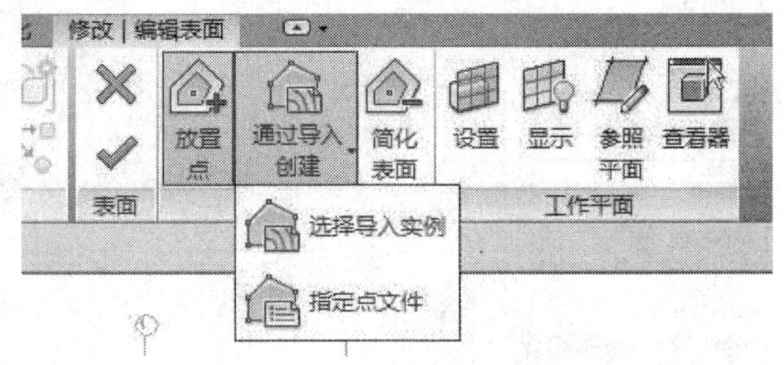

图 4.136

其中工具中显示即上文中介绍的 3 种创建地形表面的方式。在导入等高数据之后，建议使用“简化表面”命令来简化地形，减少计算耗用来提高系统性能。在视图中通过放置点来创建地形表面的步骤如下：

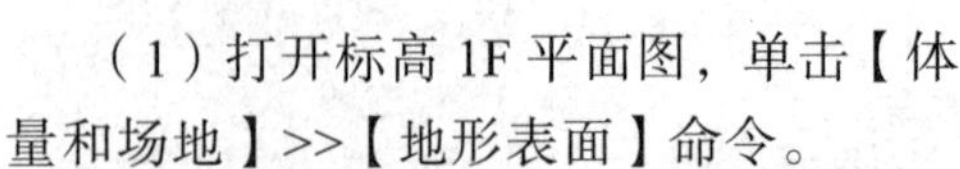

（1）打开标高 1F 平面图，单击【体量和场地】>>【地形表面】命令。

（2）在选项栏中选择“绝对高程”和定义高程，默认为 0。

（3）在绘图区域中右键，单击“缩放匹配”，显示所有构件。

（4）单击【修改】>>【放置点】，在平面图中建筑物外绘制四个点形成矩形，如图 4.137 所示，单击修改栏完成表面。

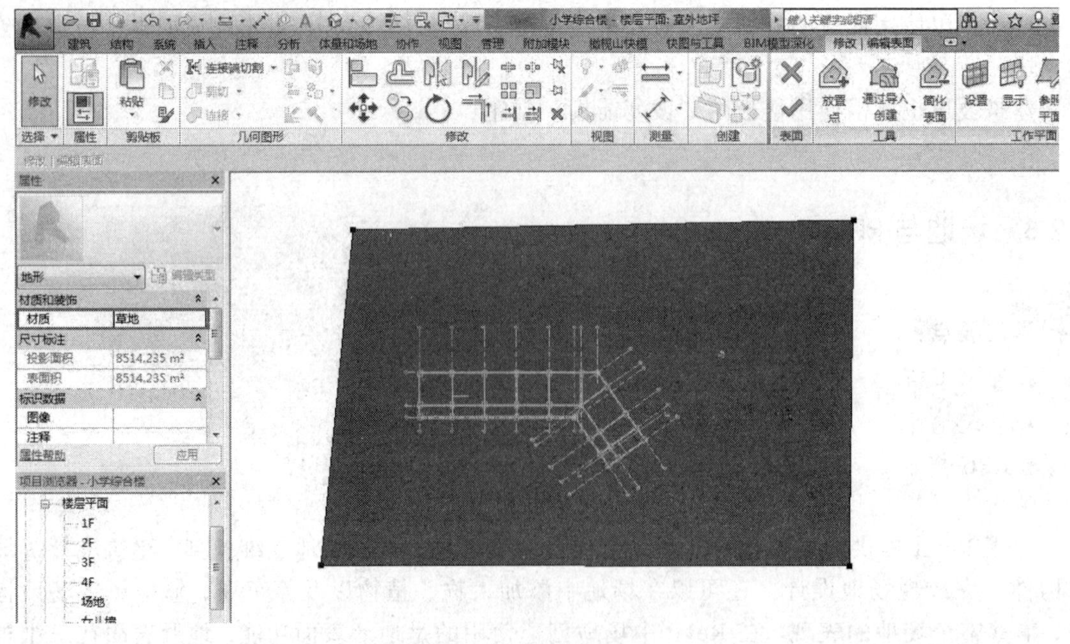

图 4.137

（5）单击项目浏览器切换到三维视图，在三维视图的“属性”栏中勾选上剖面框，如图 4.138 所示，在三维视图中单击显示的剖面框，单击蓝色控制点 ◢▼ 剖切到地形表面，这样就能显示场地厚度。

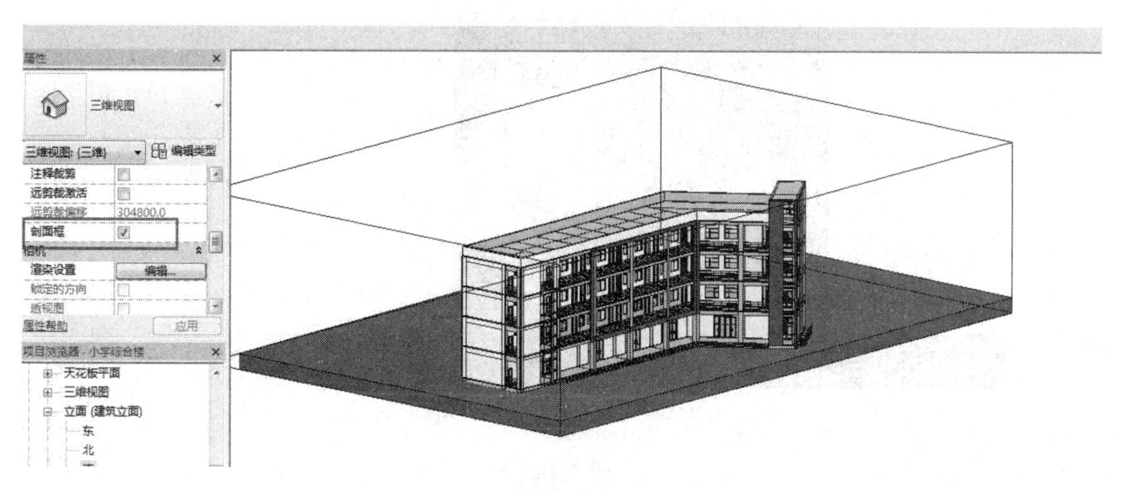

图 4.138

2. 建筑地坪

在创建好的地形表面中可以按照项目需要添加建筑地坪。在教学综合楼项目中可以创建低于标高 1F 位置楼板的地坪，步骤如下：

（1）单击项目浏览器切换到标高 1F 平面图，在视图中隐藏墙。

（2）单击【体量和场地】>>【建筑地坪】，“修改|建筑地坪边界”与楼板基本一致。

（3）单击修改栏中的【拾取线】，鼠标光标移动到楼板边缘，按 Tab 键切换到选中所有的楼板边界。

（4）在地坪属性栏中将“自标高的高度偏移”设置为“-450”，如图 4.139 所示。

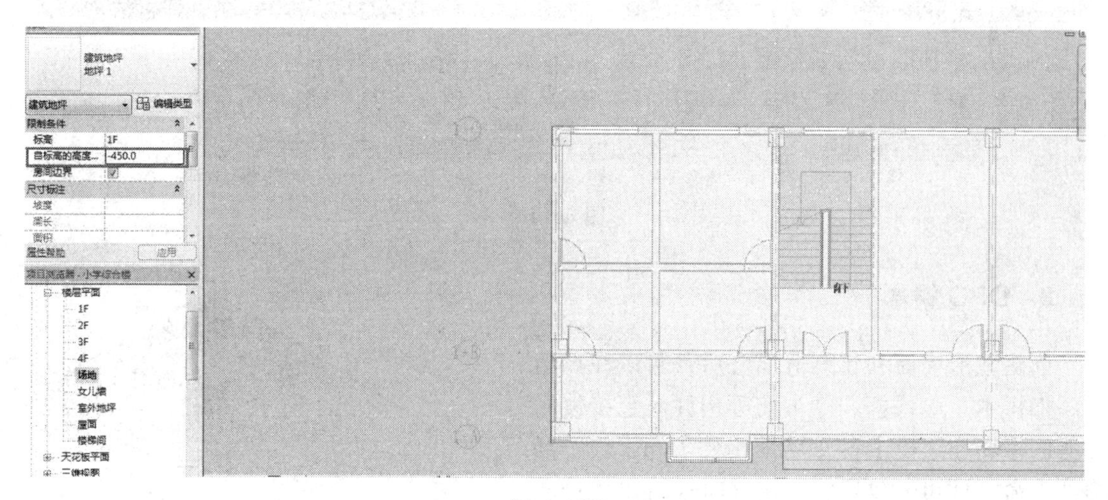

图 4.139

（5）单击修改栏中的对勾 ✔ 完成编辑模式，单击功能区【视图】>>【剖面】，在平面视图中创建一个剖面，在剖面中可以看到一个低于楼板的建筑地坪，如图 4.140 所示。

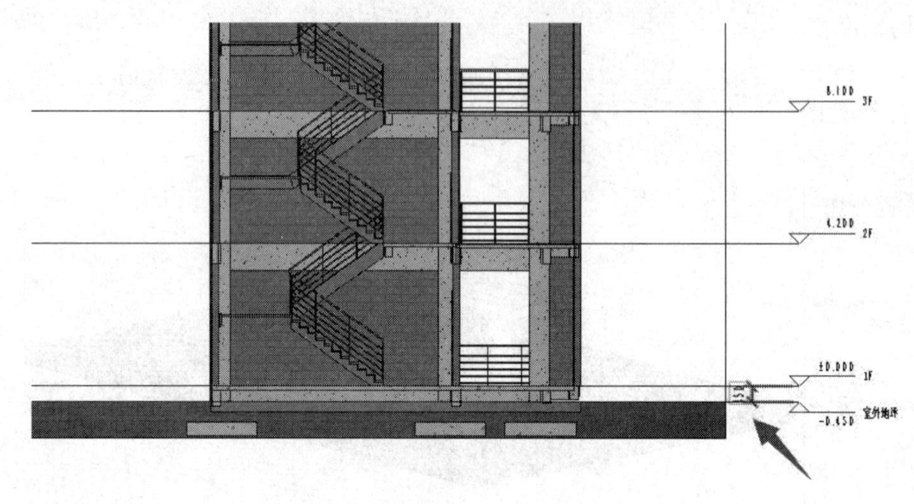

图 4.140

（6）在剖面图中选择建筑地坪，单击“属性”栏中的“编辑类型”，在弹出的“类型属性”对话框中单击编辑结构。

（7）在弹出的“编辑部件”对话框中，基本设置与墙和楼板的材质厚度设置一样。

针对地形表面，除了可以在上面添加建筑地坪之外，还可以直接对地形进行拆分和合并，其中拆分表面的话需要绘制一个与地形边界连接的闭合环或者是一个两个端点都在地形边界上的开放环。

如果想设置不同的材质地形表面，可以使用【子面域】功能，创建子面域是还包含在表面而不是单独表面。这些功能都在修改地形表面中，如图 4.141 所示。

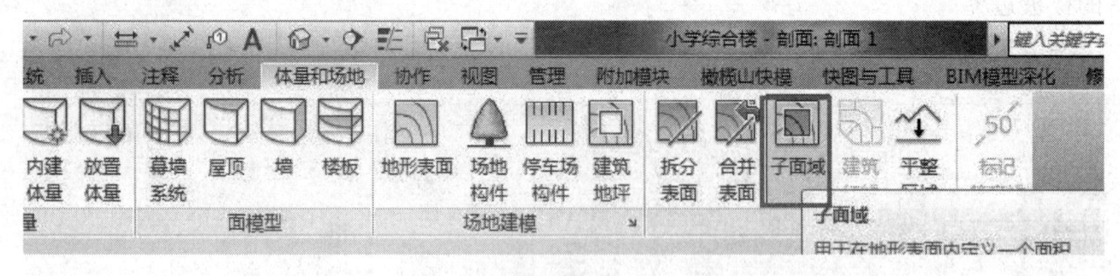

图 4.141

3. RPC 树木

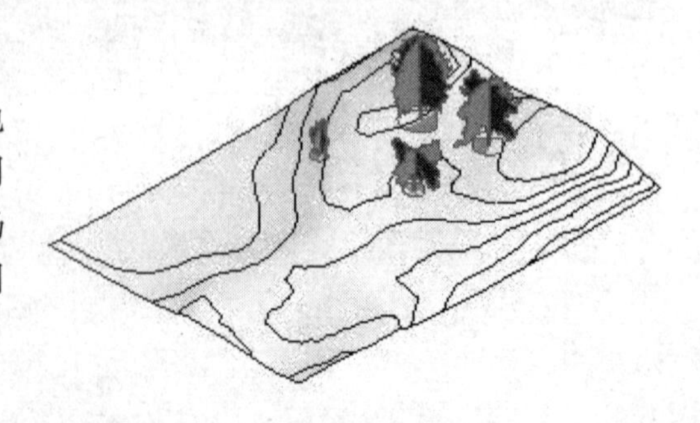

创建地形表面和建筑地坪之后，可以在场地中添加树木、电线杆、停车场等构件。直接使用功能区【场地建模】>>【场地构件】和【停车场构件】命令即可。放置场地构件时候可以使用图元编辑里的基本操作。

在教学综合楼模型中放置场地构件的步骤：

（1）单击项目浏览器切换到场地平面图。

（2）单击【体量和场地】>>【场地构件】命令，之后在修改栏中仅显示【载入族】和【内建模型】，这个表明场地构件均为载入族。

（3）在“属性”栏中设置构件标高为“场地”，选择 RPC 树下的针叶树“-7.6 米”。

（4）单击“编辑类型”，在弹出的“类型属性”对话框中，可以修改高度和渲染外观。

（5）单击渲染外观参数中的“Colorado spruce”，弹出如图 4.142 所示的对话框。

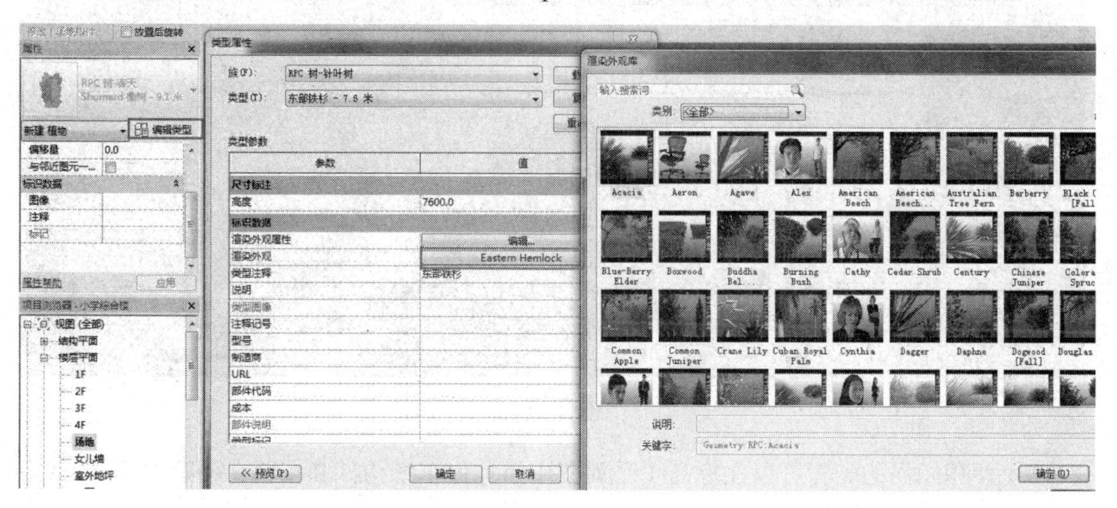

图 4.142

（6）在“渲染外观库”对话框中包含各种类别，针对项目的具体情况，可以选择不同的 RPC 植物、人物、交通工具等。

（7）查看针叶树的渲染外观之后，可以直接在场地平面图绘图区域中，在建筑物周围单击选放置 RPC 构件，如图 4.143 所示。

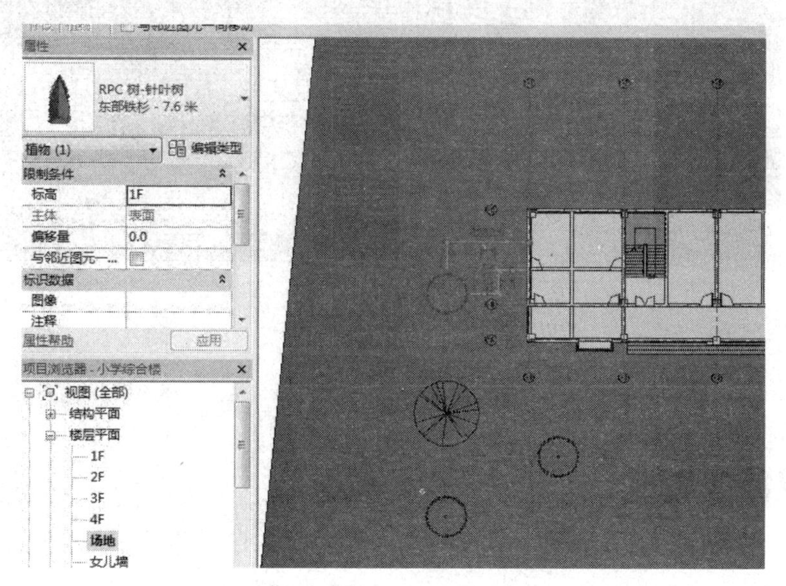

图 4.143

（8）使用阵列的命令，在教学综合楼周围创建如图 4.144 所示 RPC 树木。

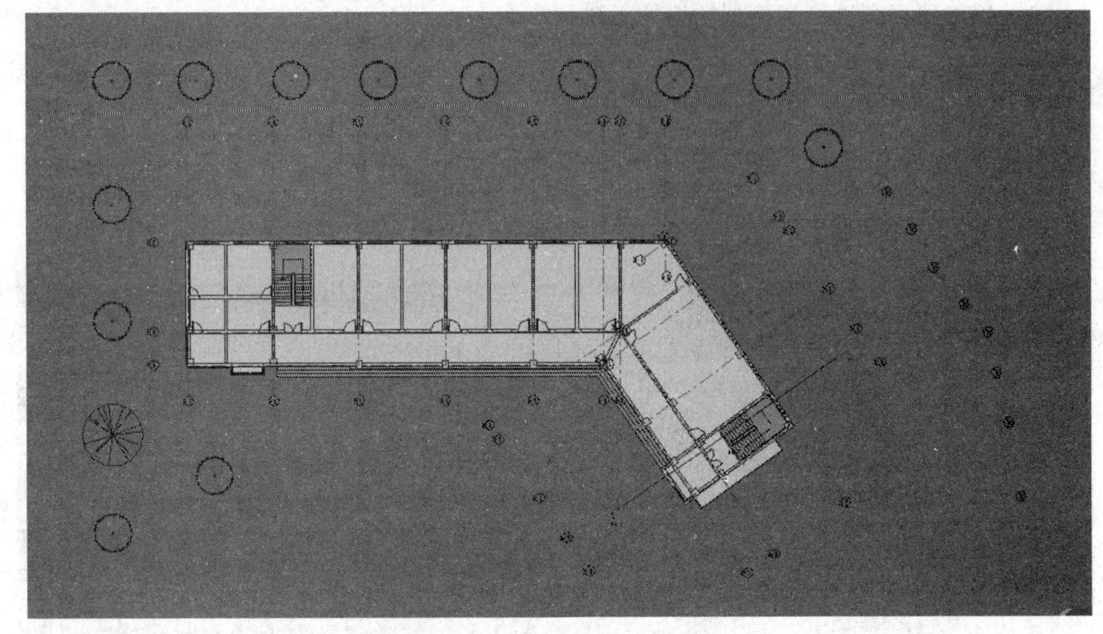

图 4.144

（9）使用相同的步骤可以在标高 1 平面图中添加停车场构件和车辆，创建之后在三维视图中显示如图 4.145 所示。

图 4.145

（10）保存项目。

4.3 工程模型表现

Revit 是基于 BIM 的三维设计工具。在 Revit 中不仅能输出相关的平面的文档和数据表格，完成模型后，可以利用 Revit 的表现功能，对 Revit 模型进行展示与表现。在 Revit 中可以在三维视图下输出基于真实模型的渲染图片。在做这些工作之前，需要在 Revit 中做一些前期的相关设置。本节主要介绍如何在 Revit 中创建任意的相机及漫游视图。

在 Revit 中可以对构件表现形式进行设置，相同构件在不同的视图中显示可以不同。在 Revit 中三维视图可以分为正交和透视，透视三维视图中显示构件情况是距离越近构件越大，正交三维视图中并不会随距离远近影响构件大小显示。三维视图命令如图 4.146 所示，其中默认三维视图是正交图，而相机和漫游都能设置为透视。

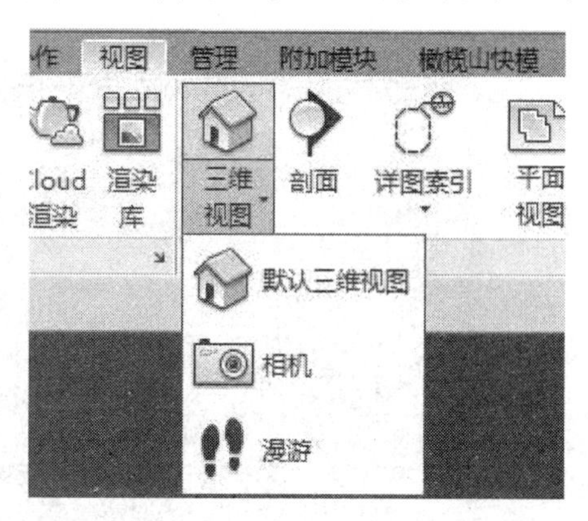

图 4.146

4.3.1 创建相机视图

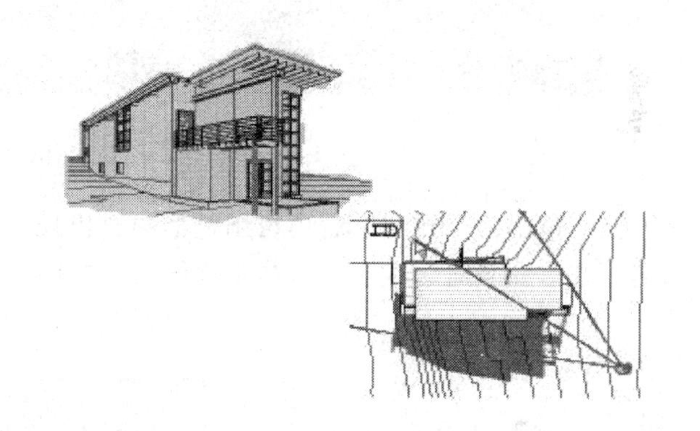

学习要点：

- 创建正交图
- 创建透视图
- 相机视图修改

在 Revit 中使用相机命令创建视图有两种即正交图和透视图，创建视图之后可以进行渲染设置，这样能创建提供所需要的建筑渲染图像。

1. 创建正交图

Revit 中直接单击快捷访问栏中的“默认三维视图” 命令出现的视图就是正交视图，其中的构件大小都是一致的，使用相机的话可以从建筑物内部创建正交视图。新建正交图步骤如下：

（1）打开教学综合楼模型，在项目浏览器中双击 1F 层平面图。

（2）单击【视图】>>【三维视图】>>【相机】命令。

（3）取消勾选选项栏下的“透视图”，如图 4.147 所示。其中选项栏中可以设置相机视图比例和标高，偏移量默认 1750 是代表人的身高。

图 4.147

（4）在绘图区域中从左下往右上单击两次光标放置视点位置，如图 4.148 所示。

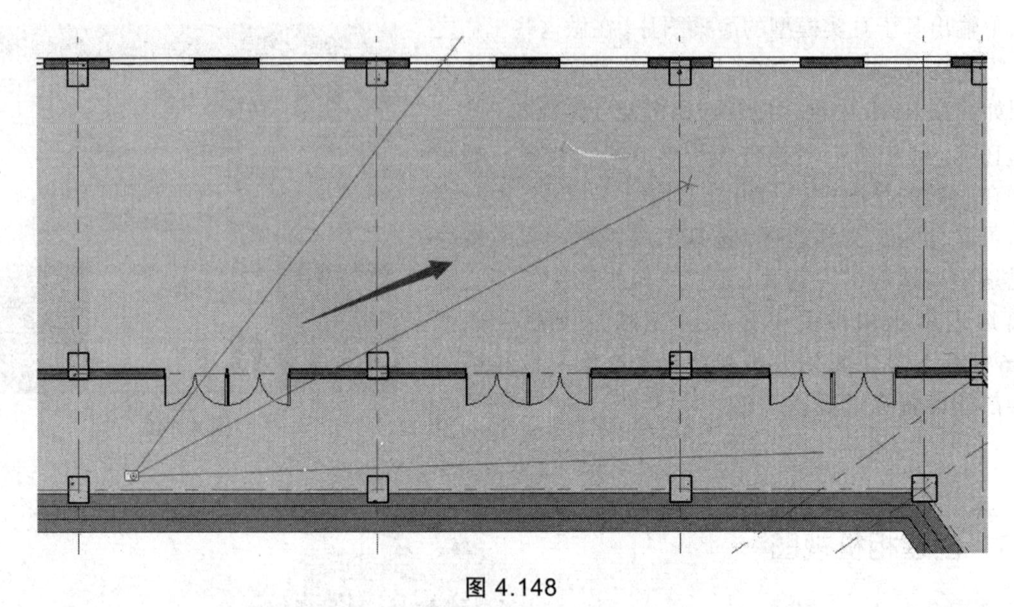

图 4.148

（5）单击两个位置之后项目浏览器中会出现“三维视图 1”，右键“三维视图 1”将其重命名，在重命名对话框中输入“正视图”，如图 4.149 所示。

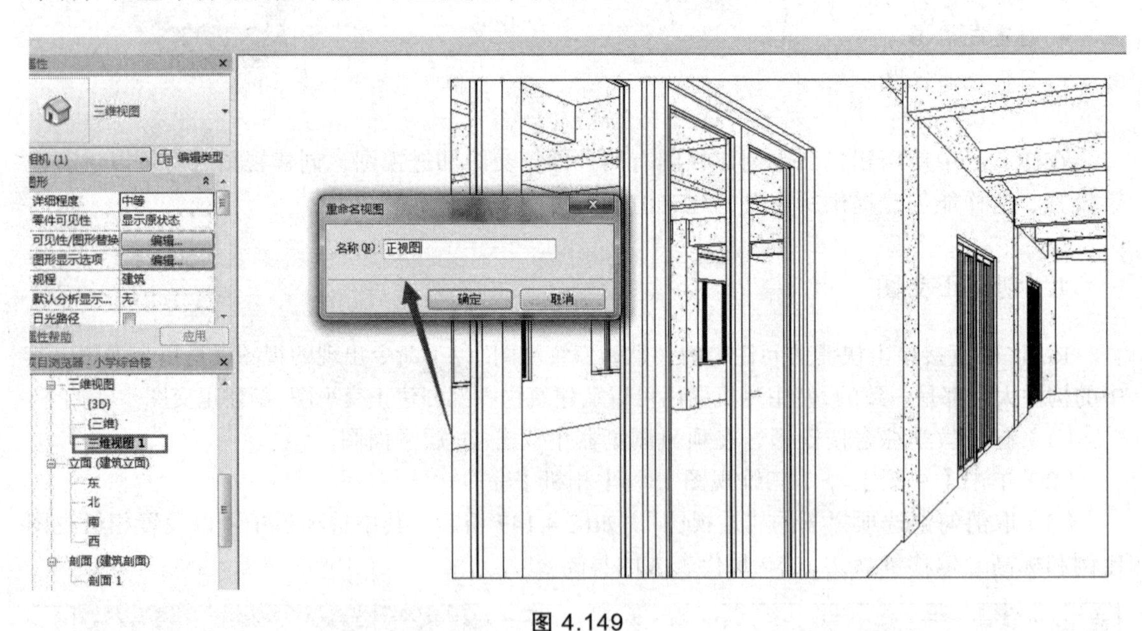

图 4.149

（6）单击修改栏中的【尺寸裁剪】 尺寸裁剪，可以在弹出的“裁剪区域尺寸”对话框中设置宽度和高度数值，也可以直接在绘图区域中单击相机的边界，拖拽控制点来控制视图显示大小，如图 4.150 所示。

图 4.150

这样创建的三维视图是从相机左下角位置显示到右上角位置的正视图。

2. 创建透视图

创建透视图的步骤与正视图的步骤基本相同，但是要注意的是单击【相机】命令按钮之后，需要在显示选项栏中勾选上“透视图”，并且单击相机方向的时候会显示三个范围，如图 4.151 所示。

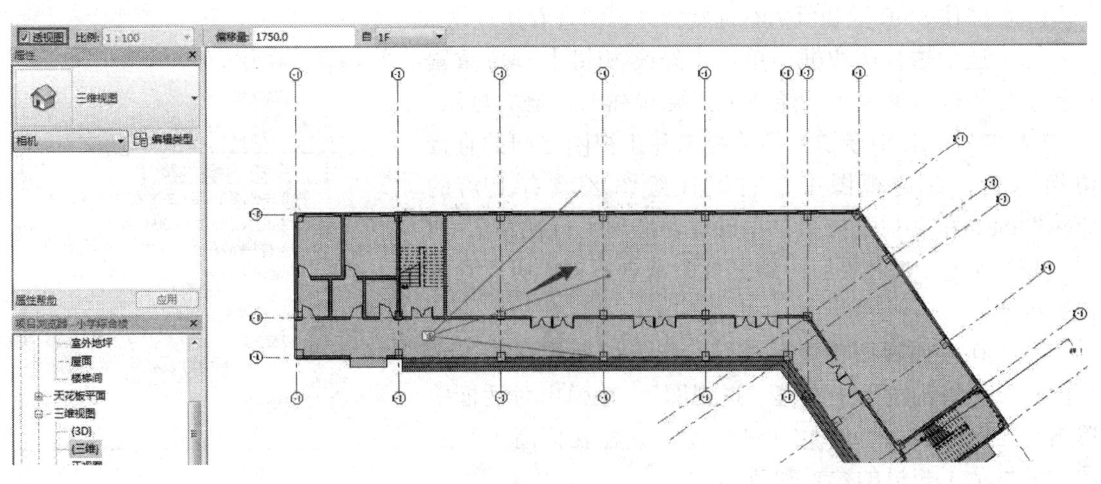

图 4.151

在绘图区域中分别单击相机位置和范围点之后，修改新创建的三维视图名称为透视图。单击视图选项栏【窗口】>>【平铺】命令，对比显示两个正视图和透视图，在正视图里构件显示与默认三维视图中显示一样，但是从透视图中可以看到视图远处的构件显示比近处的小一些，如图 4.152 所示。

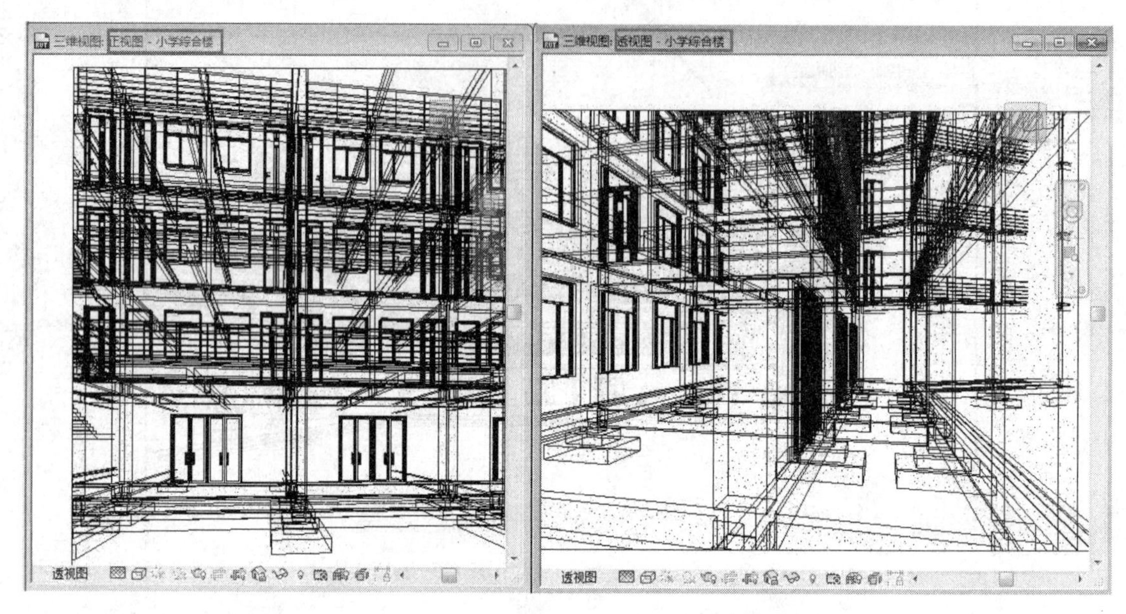

图 4.152

3. 相机视图修改

创建相机视图的时候点选位置或范围都没有捕捉的功能，所以我们需要进行在创建完相机视图之后对相机视图进行修改。下面主要讲解一下可以对透视图进行修改的步骤。

（1）单击项目浏览器切换到透视图。

（2）按住 Shift 键和鼠标右键旋转透视图查看建筑物。

（3）选中透视图边框，单击【修改|相机】>>【重置目标】，这样透视图就能恢复到旋转视图之前的显示。

（4）在 Revit 中新增加了透视图和正视图之间的直接切换功能，在透视图中，右键在绘图区域右上角的 ViewCube，单击在下拉菜单里的“切换到平行视图”，如图 4.153 所示。如果要切回到透视图请再右键“切换到透视三维视图”。

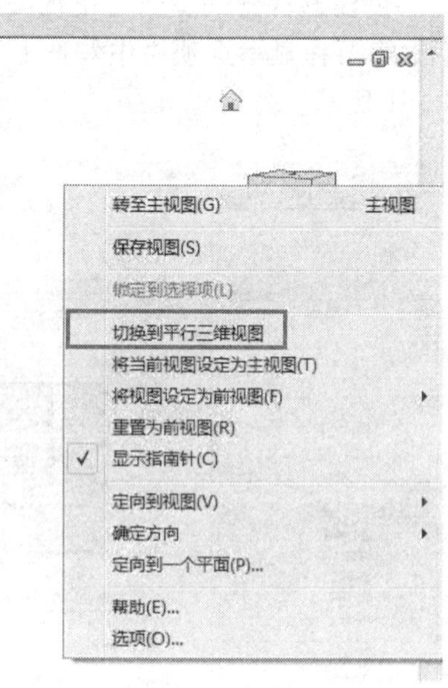

图 4.153

（5）在平面视图中显示相机，双击切换到标高 1 平面图，在项目浏览器中右键“透视图”，在弹出对话框中单击“显示相机”，如图 4.154 所示，这样在标高 1 平面图中就显示了相机的位置和范围。

（6）在相机三维视图中可以通过【视图】选项栏进行背景设置，单击【图形】下小三角，在弹出的“图形显示选项”中单击“背景”，可以将背景设置为渐变、天空、图片，如图 4.155 所示。

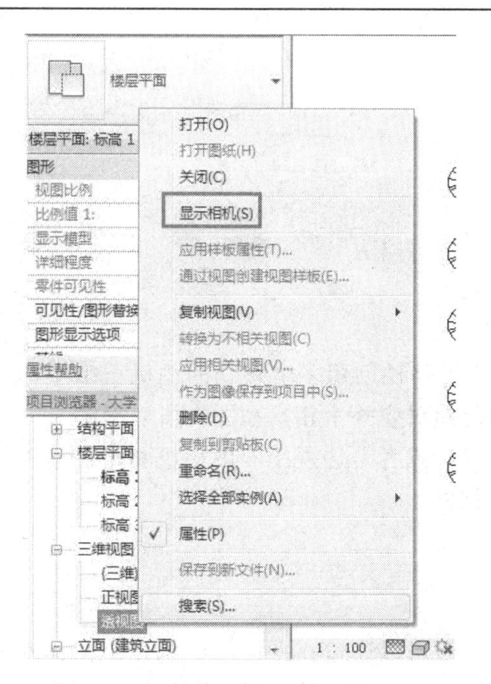

图 4.154

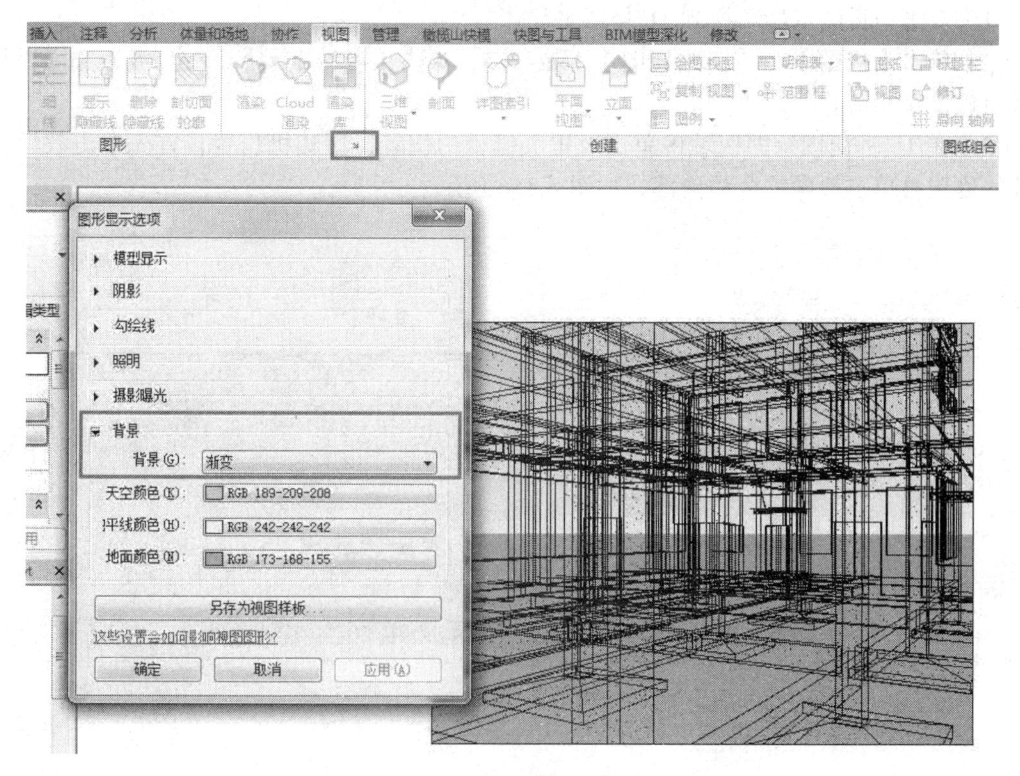

图 4.155

提示：相机中的“重置目标”只能在透视图里使用，如果是正视图的话该按钮就显示为灰色，无法使用。

4.3.2 创建漫游动画

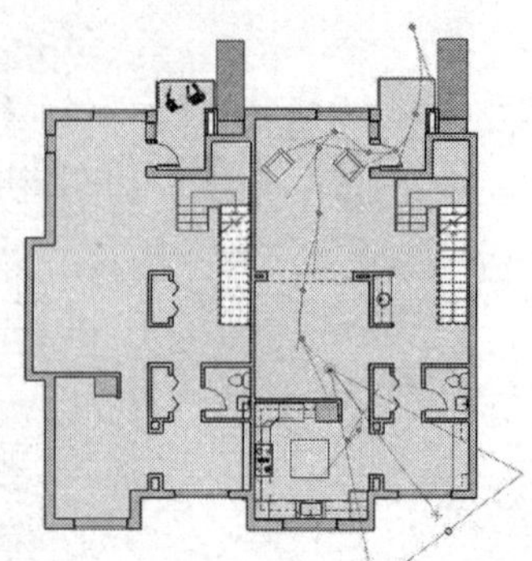

学习要点：

- 创建漫游路径
- 编辑漫游
- 导出漫游动画

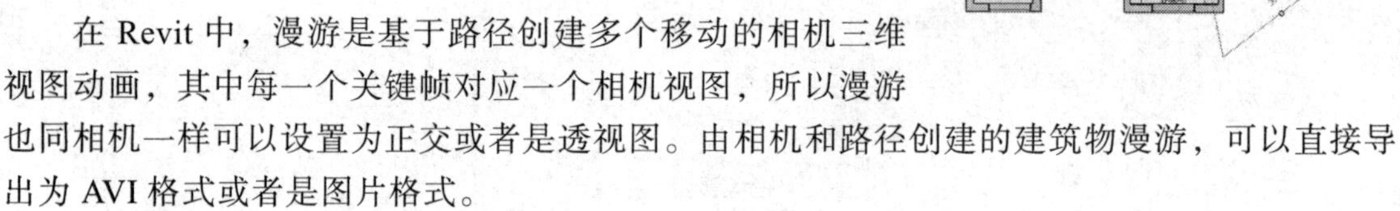

在 Revit 中，漫游是基于路径创建多个移动的相机三维视图动画，其中每一个关键帧对应一个相机视图，所以漫游也同相机一样可以设置为正交或者是透视图。由相机和路径创建的建筑物漫游，可以直接导出为 AVI 格式或者是图片格式。

1. 创建漫游路径

创建漫游与创建相机类似可以通过在平面图中创建，在其他视图比如三维视图、立面图和剖面图中都是可以创建漫游，创建漫游路径步骤：

（1）双击项目浏览器切换到 1F 楼层平面。

（2）单击【视图】>>【三维视图】下拉菜单，单击【漫游】 。漫游选项栏与相机选项栏设置相同。

（3）在 1F 平面图绘图区域中单击放置关键帧的位置，即相机位置，首先单击教学综合楼外的位置再单击教学综合楼内部，如图 4.156 所示。

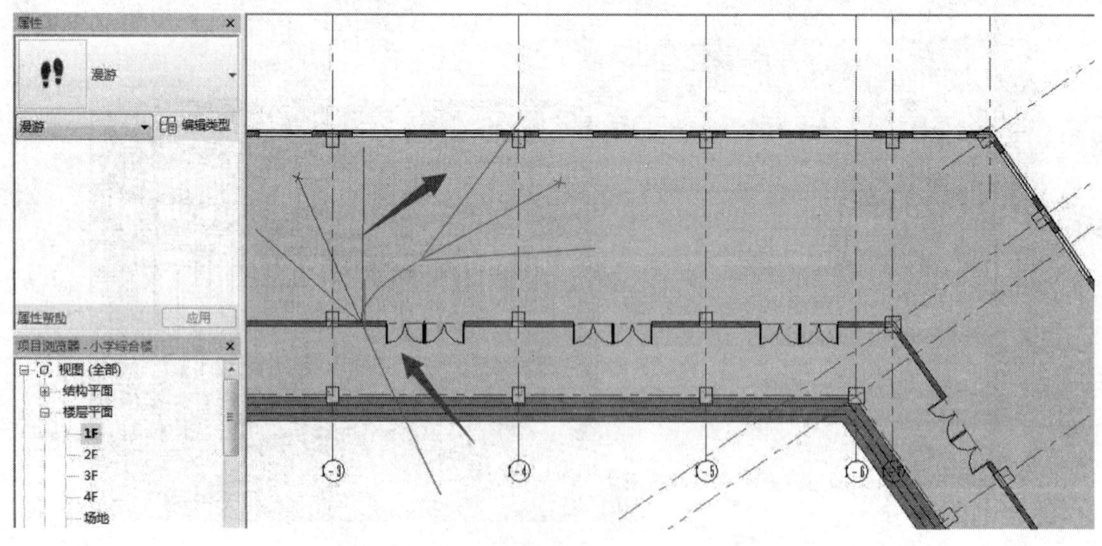

图 4.156

（4）在绘图区域中出现的蓝色连接相机的线即漫游路径，创建一个沿着正门围绕大厅进入楼梯间到侧面出来的路径，如图 4.157 所示。

（5）单击【修改】>>【完成漫游】，这样就创建好了一个漫游视图。

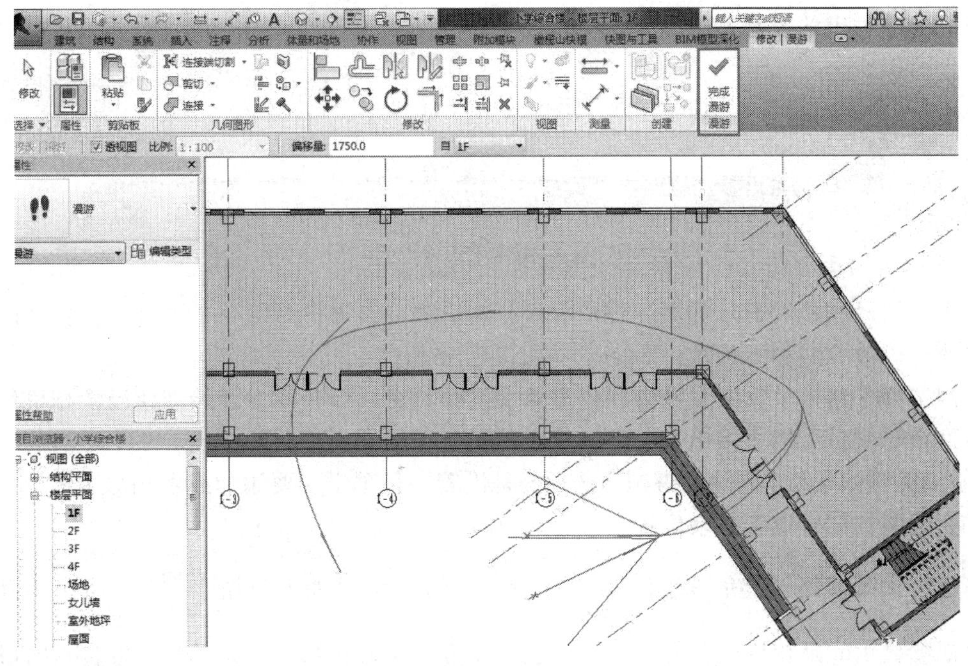

图 4.157

2. 编辑漫游

由于在创建漫游的过程中无法修改已经创建的相机，所以在单击【完成漫游】之后继续单击修改选项卡中的【编辑漫游】。这样在 1F 楼层平面图中沿着漫游路径出现红色圆点相机位置，这些位置即关键帧位置，如图 4.158 所示。可以单击【编辑漫游】选项卡中的【上一关键帧】或【下一关键帧】来显示相机符号。

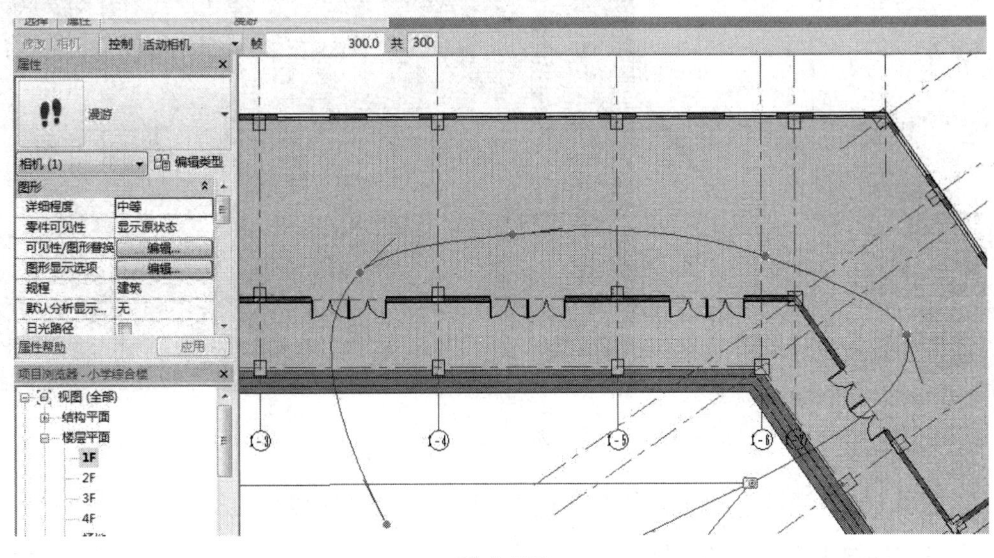

图 4.158

点开选项栏中的控制方式，如图 4.159 所示。

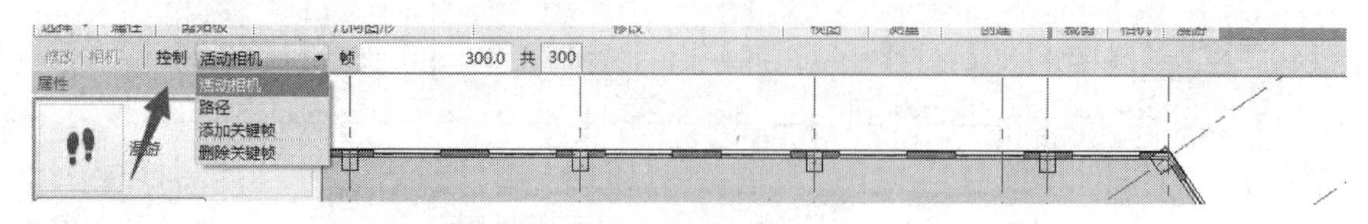

图 4.159

其中“活动相机”显示如图 4.158 所示，该情况可以进行对每一个关键帧位置处的相机进行修改，修改方式如同相机。

控制选择【路径】选项，漫游红色显示关键帧位置，而是同在开始创建漫游相机位置的蓝点，这个时候是可以直接单击关键帧蓝点然后进行拖动到想要的位置。

【添加关键帧】和【删除关键帧】选项，是沿着路径单击想要添加或者删除关键帧，这样可以补充遗漏的位置或者多余位置。

路径和关键帧都创建完毕之后，单击【编辑漫游】→【打开漫游】 打开漫游，会弹出漫游视图，该视图显示的是相机放置的关键帧位置，比方说相机在第一个关键帧位置食堂门口，显示如图 4.160 绘图区域所示。并且创建的漫游在“项目浏览器”会生成一个“漫游 1”视图，对该视图的边界修改与相机视图类似。

图 4.160

鼠标单击【编辑漫游】栏下的【播放】按钮 播放，在绘图区域中的相机范围内会出现漫游动画，在漫游视图中也可以像相机视图一样通过在“图形显示选项”对话框中添加“背景”，比方说天空或者渐变。

在漫游视图中单击“属性”栏中的漫游帧“300”，会弹出“漫游帧”对话框，如图 4.161 所示。

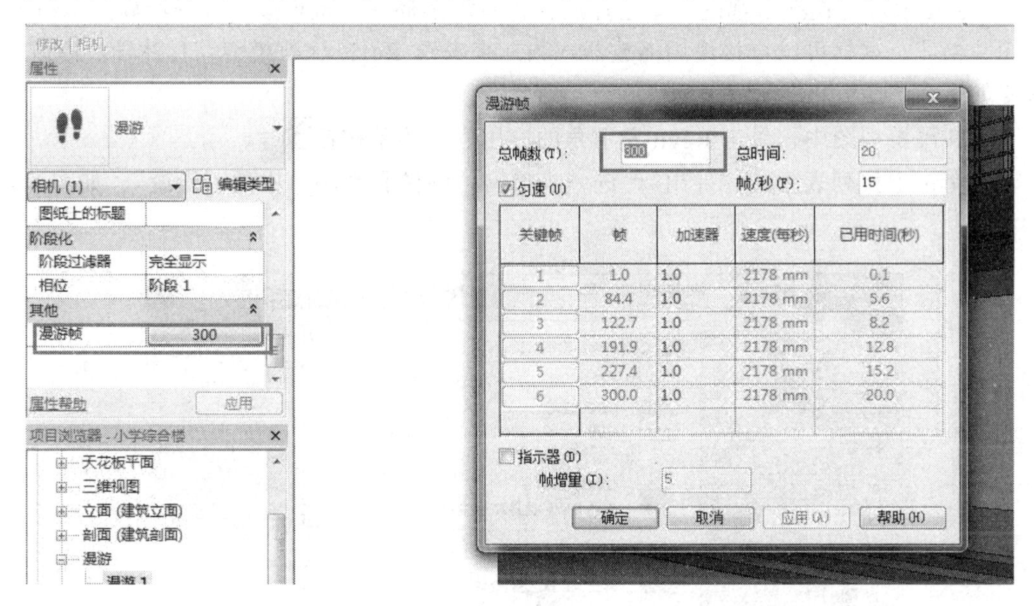

图 4.161

在“漫游帧”对话框中，“总帧数”除以“帧/秒”即为总时间。如果勾选上“匀速”，那么每个关键帧速度都相同，如果取消勾选，可以设置每一个关键帧的“加速器”，加速器的范围是 0.1 到 10，比方说把关键帧 1 的加速器设置为 10 那么关键帧的速度就变为其他关键帧的 10 倍。

勾选上“指示器”的话，就可以按照设置的“帧增量”数值 5，在视图中显示按每 5 帧的帧数显示相机位置，而不仅是关键帧，如图 4.162 所示。

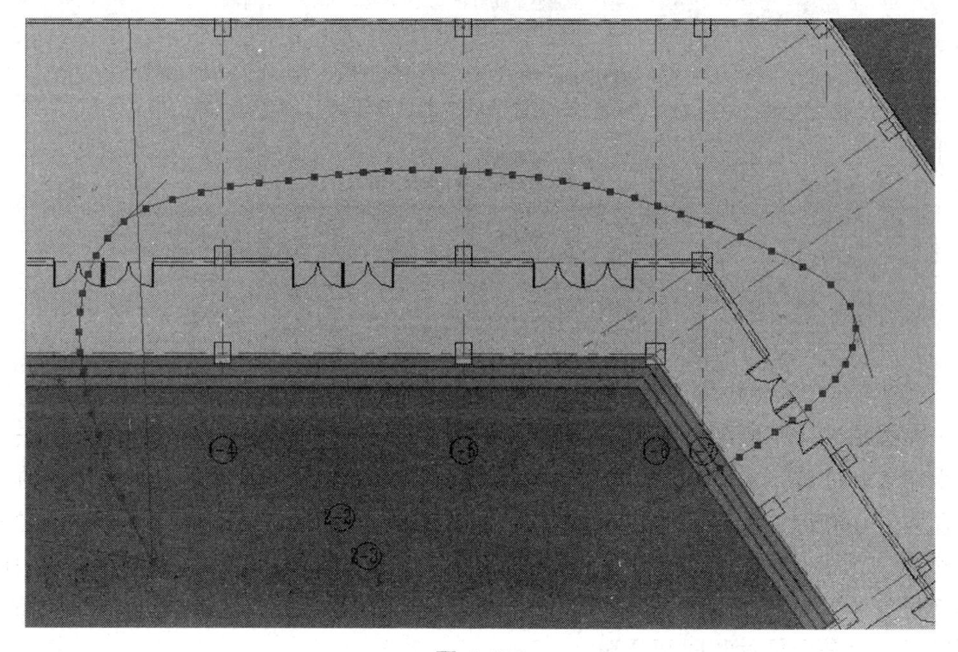

图 4.162

3. 导出漫游动画

在 Revit 中可以在漫游视图中单击播放在查看漫游动画，也可以将该漫游导出 AVI 格式或者图片格式，这样可以直接使用播放器或图片来查看 Revit 建筑模型。具体导出漫游动画的步骤如下：

（1）在漫游视图中，单击 Revit 左上角的应用程序菜单按钮。

（2）单击下拉列表中的“导出”，进一步单击“图像和动画”中的“漫游”，如图 4.163 所示。

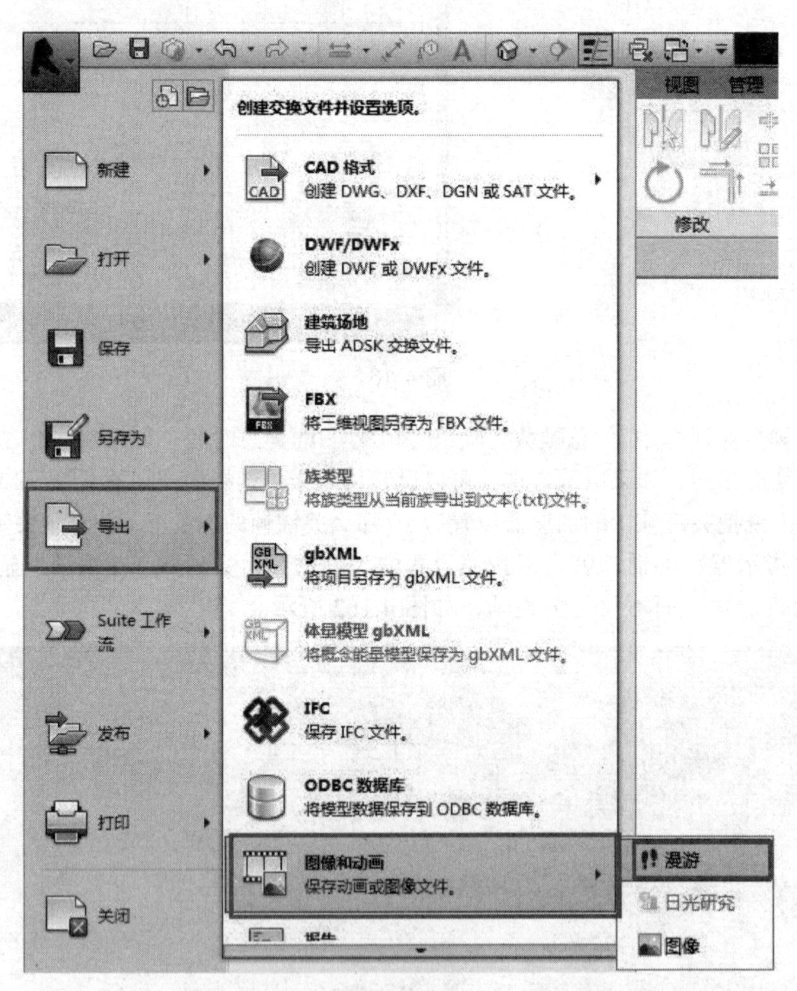

图 4.163

（3）在弹出的“长度/格式”对话框中可以设置输出长度和格式，如图 4.164 所示。

其中输入长度可以选择是全部帧还是部分帧，在教学综合楼模型中一共是 300 帧，可以选择设置从 150 帧到 300 帧导出，这样就在“起点”和“终点”中分别设置为 150 和 300，再根据“帧/秒”为 15（即每秒 15 帧），这样总时间会自动更新为（300 – 150）/15 等于 10 秒。

在格式中可以设置视觉样式和尺寸，单击视觉样式选择所需要的样式，设置导出的长宽，并且可以勾选上是否显示时间和日期。

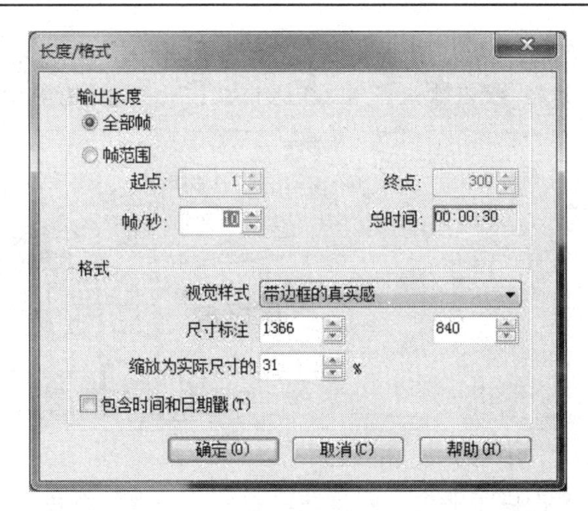

图 4.164

（4）点击 确定 按钮之后会弹出“导出漫游”对话框，在该对话框中可以选择保存漫游动画的路径，并且可以选择导出的文件类型，如图 4.165 所示。

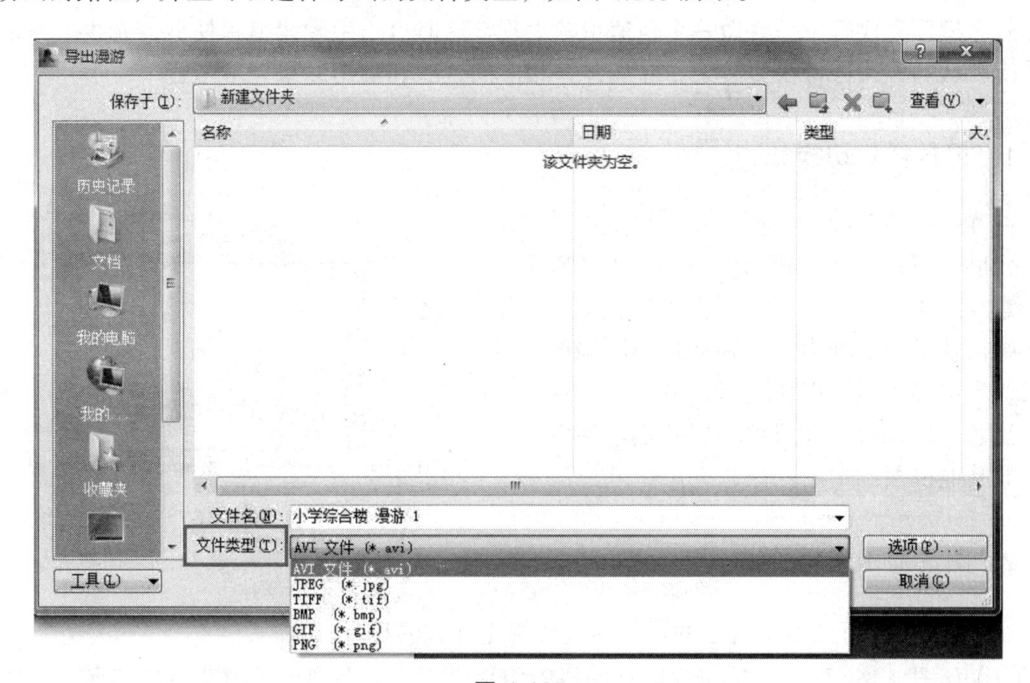

图 4.165

（5）文件类型中首先是除了 AVI 格式剩下的图像文件格式，需要注意的是导出图像文件格式的时候图片是按每一帧都是一个单独文件，比方全部导出 300 帧的为 JPEG 格式，那么文件夹下就会有 300 张 jpg 图像。

（6）如果是导出视频格式 AVI，单击保存按钮之后会弹出“视频压缩”对话框，如图 4.166 所示，可以选择电脑中已经安装的压缩程序进行视频压缩。

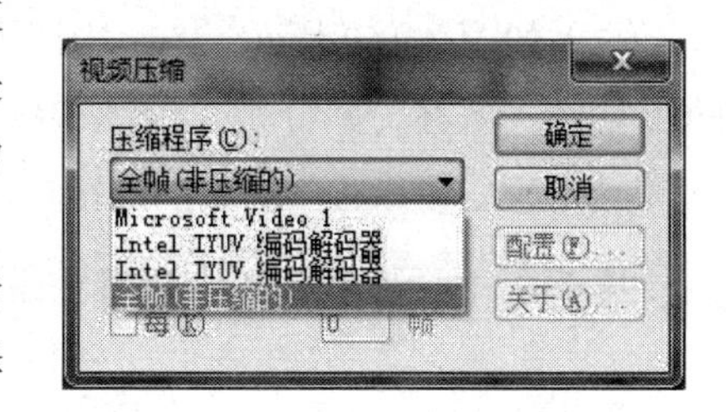

图 4.166

提示：帧频一般为 24 帧每秒，如果低于 24 的话导出的动画可能会显示卡顿现象，电脑一般显示刷新频率是 60 Hz，所以建议设置 60 的倍数，比方说 30 或 60 帧/秒。

4.3.3 使用视觉样式

学习要点：

- 视觉样式切换
- 图形显示选项

在 Revit 2014 中系统提供了线框、隐藏线、着色、一致的颜色、真实以及光线追踪共 6 种视觉样式。在这 6 中视觉样式中，从“线框”样式到“光线追踪”样式视图显示效果越来越好，但是对电脑硬件要求会越来越高，占用系统资源也是逐级递增。因此，我们在实际工作中根据自己需要来选择合适的视觉样式。在模型创建阶段，少用或者不用真实以及光线追踪样式。模型完成阶段想要做一个快速单帧表现，这时可以用光线追踪模型，光线追踪是按照系统默认的方式进行快速渲染，并能保存相应的视图和输出结果。

1. 视觉样式切换

在 Revit 中可以在不同的视觉样式中进行切换，以满足不同的表达需求。如图 4.167 所示，在任意视图中，单击视图控制栏中的视觉样式按钮，弹出视觉样式列表。分别切换至不同的视觉样式，当前的视图将以所选择的视觉样式进行显示。注意，修改视觉样式仅会影响当前视图，不会影响其他视图。

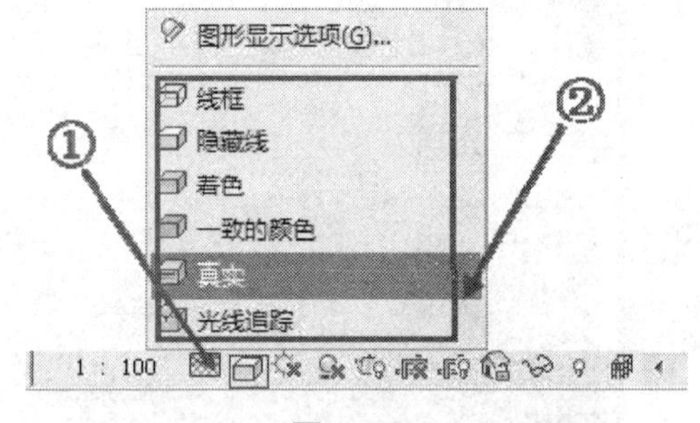

图 4.167

2. 图形显示选项

在 Revit 中，可以根据自己的需要修改各视觉样式的显示方式。

（1）如图 4.168 所示，单击视图控制栏中的视觉样式，在弹出下拉菜单中选择“图形显示选项”，弹出“图形显示选项”对话框。

（2）如图 4.169 所示，在“图形显示选项”对话框，在“样式”列表中，选择当前视图的视觉样式名称，并分别对视图中的阴影、模型轮廓替代样式、日光设置、背景等选项进行设置。完成后单击 确定 按钮即可完成对视觉样式的修改。

提示：视觉样式的修改仅影响当前视图，不会影响其他视图。

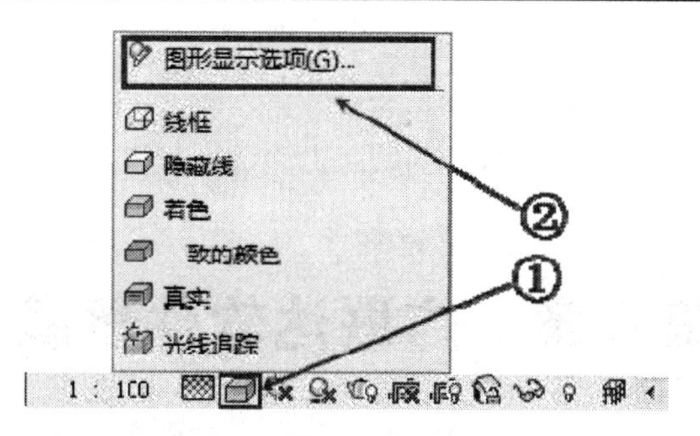

图形显示选项(G)...
线框
隐藏线
着色
致的颜色
真实
光线追踪
②
①
1 : 100

图 4.168

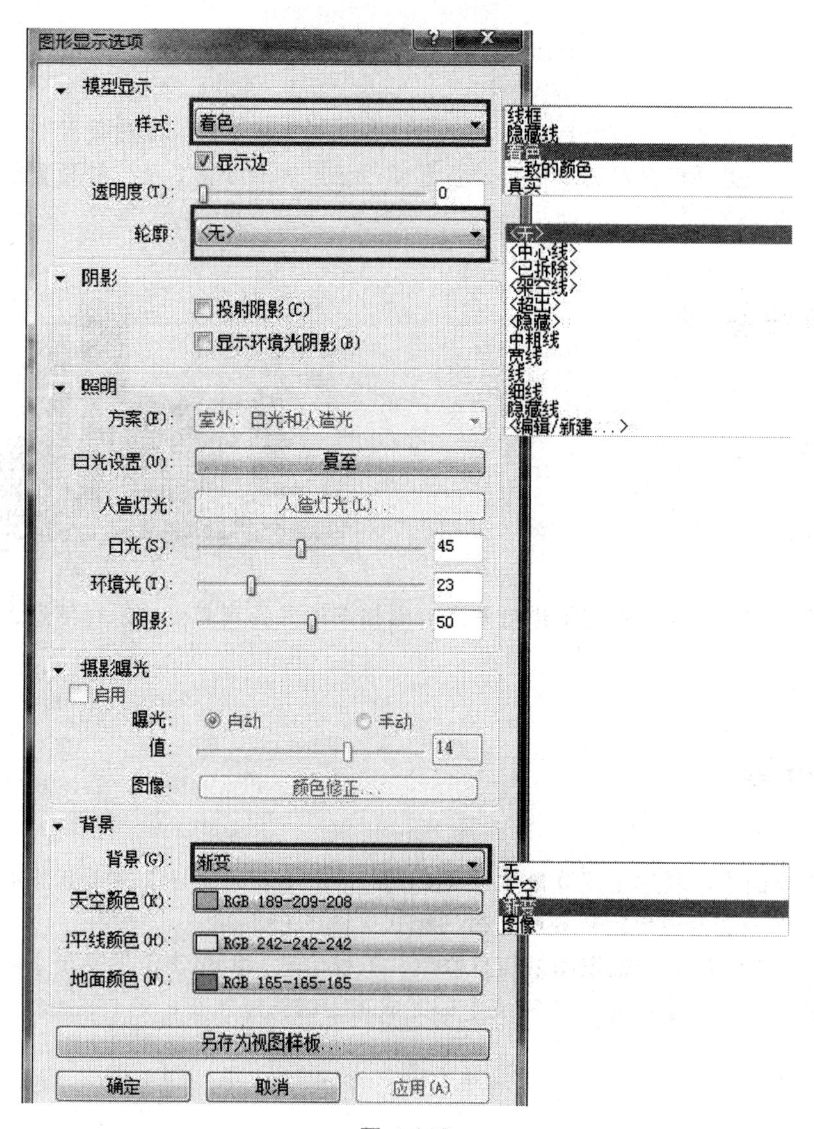

图形显示选项
模型显示
样式:
着色
显示边
透明度(T):
0
轮廓:
<无>
线框
隐藏线
着色
一致的颜色
真实
<无>
<中心线>
<已拆除>
<架空线>
<超出>
<隐藏>
中粗线
宽线
线
细线
隐藏线
<编辑/新建...>
阴影
投射阴影(C)
显示环境光阴影(B)
照明
方案(E):
室外：日光和人造光
日光设置(U):
夏至
人造灯光:
人造灯光(L)...
日光(S):
45
环境光(T):
23
阴影:
50
摄影曝光
启用
曝光:
自动
手动
值:
14
图像:
颜色修正...
背景
背景(G):
渐变
无
天空
渐变
图像
天空颜色(K):
RGB 189-209-208
地平线颜色(H):
RGB 242-242-242
地面颜色(N):
RGB 165-165-165
另存为视图样板...
确定
取消
应用(A)

图 4.169

第 5 章　广联达软件建模*

【导读】

建模开始前的必要步骤：项目准备。项目准备包括新建工程、工程设置。

新建工程时，需要根据图纸中给出的信息修改相应的工程信息及工程设置。

5.1　项目准备

学习要点：

- 新建工程
- 工程设置

在新建工程前，必须先对图纸进行熟悉，看懂图纸并找到需要的工程信息，再进行相应信息的修改。

5.1.1　新建工程

（1）双击桌面【广联达土建算量软件 GCL】，单击【新建向导】进入新建工程>>根据图纸修改工程名称>>选择清单定额规则、做法模式（图 5.1）。

（2）单击【下一步】>>根据图纸信息修改“工程信息”>>单击【下一步】>>修改“编制信息”>>单击【下一步】>>单击【完成】即完成工程的新建。

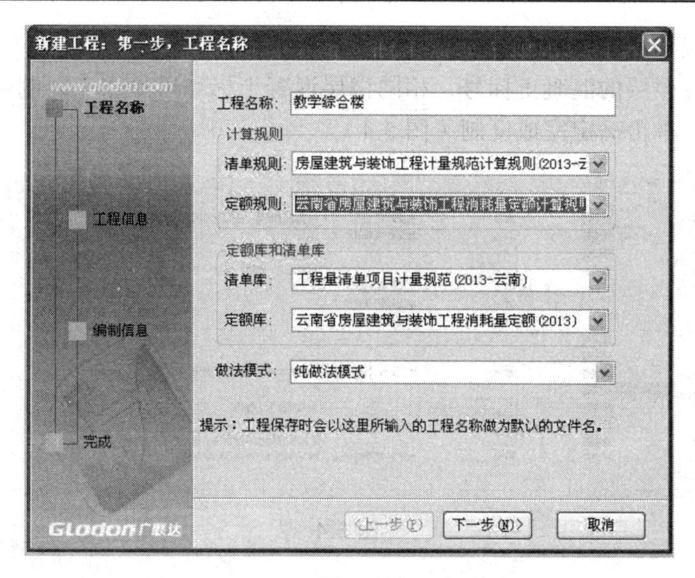

图 5.1

5.1.2 工程设置

楼层信息：新建工程完成进入工程设置界面。

（1）在模块导航栏中选择【工程设置】下的“楼层信息”。

（2）输入首层的“底标高”（图 5.2）。

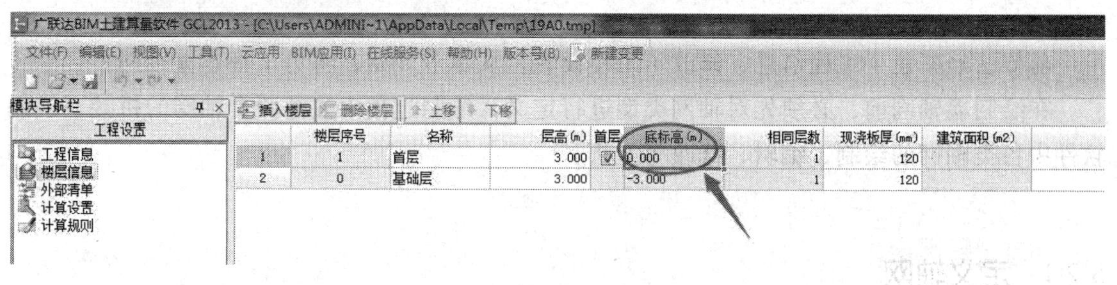

图 5.2

（3）单击【插入楼层】，进行楼层的添加。若有地下室，选择“基础层”，点击【插入楼层】即可插入地下层，选择“首层”或其他地上层，点击【插入楼层】即可插入地上层（图 5.3）。

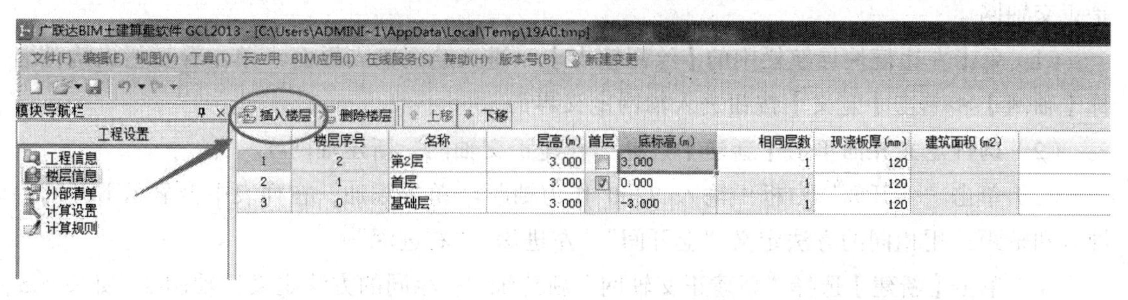

图 5.3

（4）输入相应楼层的层高。

（5）修改相应楼层的混凝土标号，相同楼层混凝土标号可单击【复制到其他楼层】勾选需要复制的楼层，单击确定完成复制（图 5.4）。

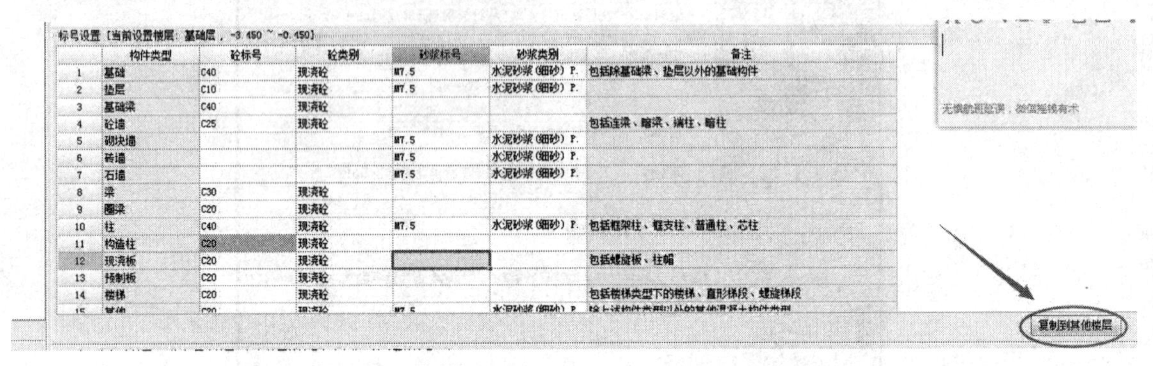

标号设置［当前设置楼层：基础层，-3.450 ~ -0.450］

	构件类型	砼标号	砼类别	砂浆标号	砂浆类别	备注
1	基础	C40	现浇砼	M7.5	水泥砂浆(细砂) P.	包括除基础梁、垫层以外的基础构件
2	垫层	C10	现浇砼	M7.5	水泥砂浆(细砂) P.	
3	基础梁	C40	现浇砼			
4	砼墙	C25	现浇砼			包括连梁、暗梁、端柱、暗柱
5	砌块墙			M7.5	水泥砂浆(细砂) P.	
6	砖墙			M7.5	水泥砂浆(细砂) P.	
7	石墙			M7.5	水泥砂浆(细砂) P.	
8	梁	C30	现浇砼			
9	圈梁	C20	现浇砼			
10	柱	C40	现浇砼	M7.5	水泥砂浆(细砂) P.	包括框架柱、框支柱、普通柱、芯柱
11	构造柱	C20	现浇砼			
12	现浇板	C20	现浇砼			包括螺旋板、柱帽
13	预制板	C20	现浇砼			
14	楼梯	C20	现浇砼			包括楼梯类型下的楼梯、直形梯段、螺旋梯段
15	其他	C20	现浇砼	M7.5	水泥砂浆(细砂) P.	[illegible]

图 5.4

5.2 创建轴网

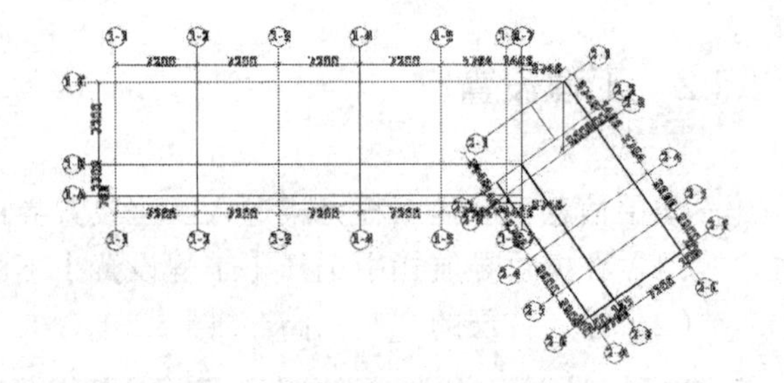

学习要点：

- 定义轴网的类型
- 两个不同轴网的拼接

前节已经新建了工程信息，修改了工程设置。从本节开始，将为工程建立轴网。

在绘制墙轴网前，必须先对轴网类型进行定义，绘制过程中注意两个轴网的拼接，掌握软件中各类轴网的绘制、编辑、修改等方法。

5.2.1 定义轴网

软件中有不同轴网的类型，例如正交轴网、斜交轴网、圆弧轴网。本套实例图纸应用的是正交轴网。

（1）单击左边模块导航栏中的【绘图输入】>>进入绘图输入界面>>单击导航栏内构件名称【轴网】>>单击【定义】按钮进入轴网定义界面。

（2）构件定义界面单击【新建】选择“新建正交轴网”新建轴网-1。

（3）单击“下开间”白框中输入 7200 作为轴距>>单击添加，在列表中会显示下开间的轴号和轴距；用相同的方法定义“上开间”“左进深”“右进深”。

（4）单击【新建】选择“新建正交轴网”新建轴-2；相同的方法定义好轴网-2，如图 5.5 所示。

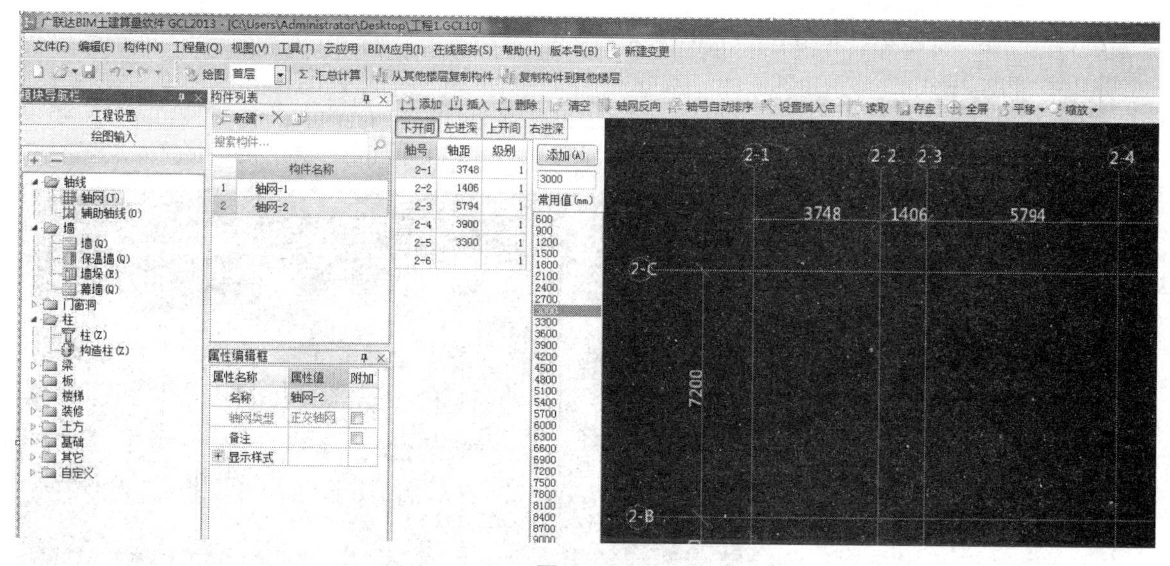

图 5.5

5.2.2 绘制轴网

（1）轴网定义完毕选中轴网-1，单击【绘图】>>切换到绘图界面，弹出如图 5.6 所示的界面），输入角度（默认 0 度即可）>>单击【确定】>>轴网-1 绘制成功。

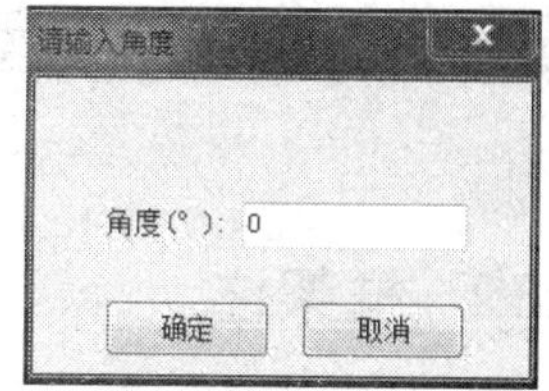

图 5.6

（2）选中轴网-2 单击功能键【点】>>移动鼠标到已绘制好的轴网中，按 F4 切换选中点>>选中两轴网相交的点（即轴网-1 中 1-8 与 1-C 轴交点和轴网-2 中 2-1 轴与 2-C 轴交点）后单击鼠标左键>>轴网-2 绘制到界面，如图 5.7 所示。

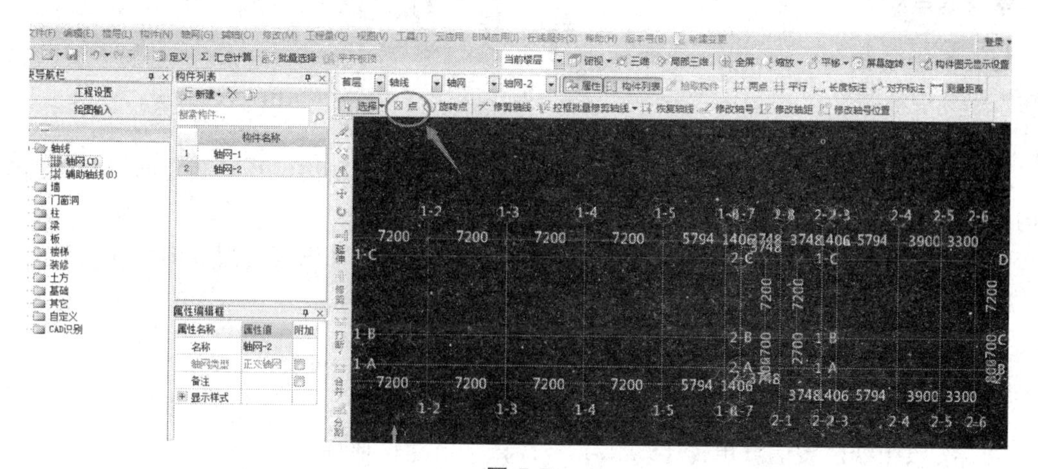

图 5.7

（3）选中轴网-2 图元单击右键>>跳出的功能菜单选择【旋转】>>选中上步骤中的相交点单击左键>>按住【shift】键同时单击鼠标左键>>跳出窗口输入“-55”度>>单击【确定】即

完成两个轴网的合并，如图 5.8 所示。

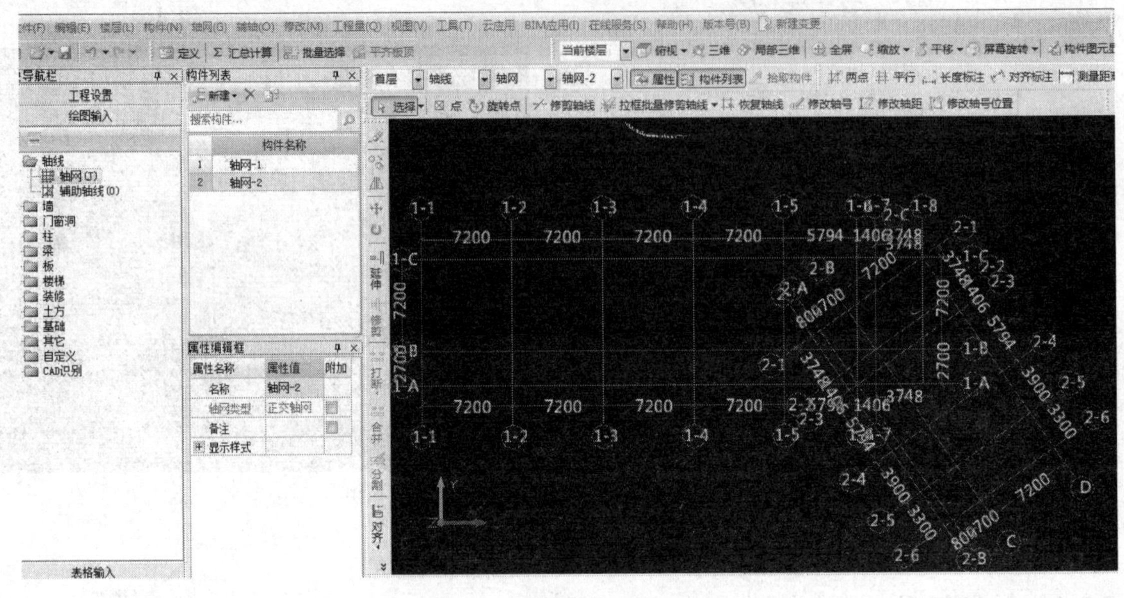

图 5.8

5.3 创建项目模型

5.3.1 框架柱

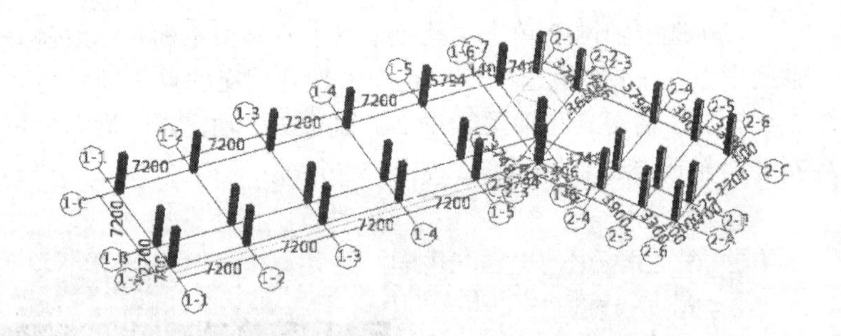

学习要点：

- 框架柱的定义
- 绘制框架柱

之前我们绘制好了轴网，根据不同建筑结构类型先后绘制构件，绘制之前先分析图纸的结构类型、柱构件类型，再进行定义和绘制。

案例工程为框架结构，首先绘制框架柱构件，这里我们将讲解框架柱的创建。

1. 框架柱的定义

（1）单击导航栏构件列表中的【框柱】>>单击【定义】>>进入定义界面。

（2）按照图纸柱表信息单击【新建】>>选择【新建矩形柱】(图 5.9)。

（3）根据图纸柱表信息在左下角的“属性编辑框”中输入框架柱的信息。

（4）同样的方法新建其他框架柱。

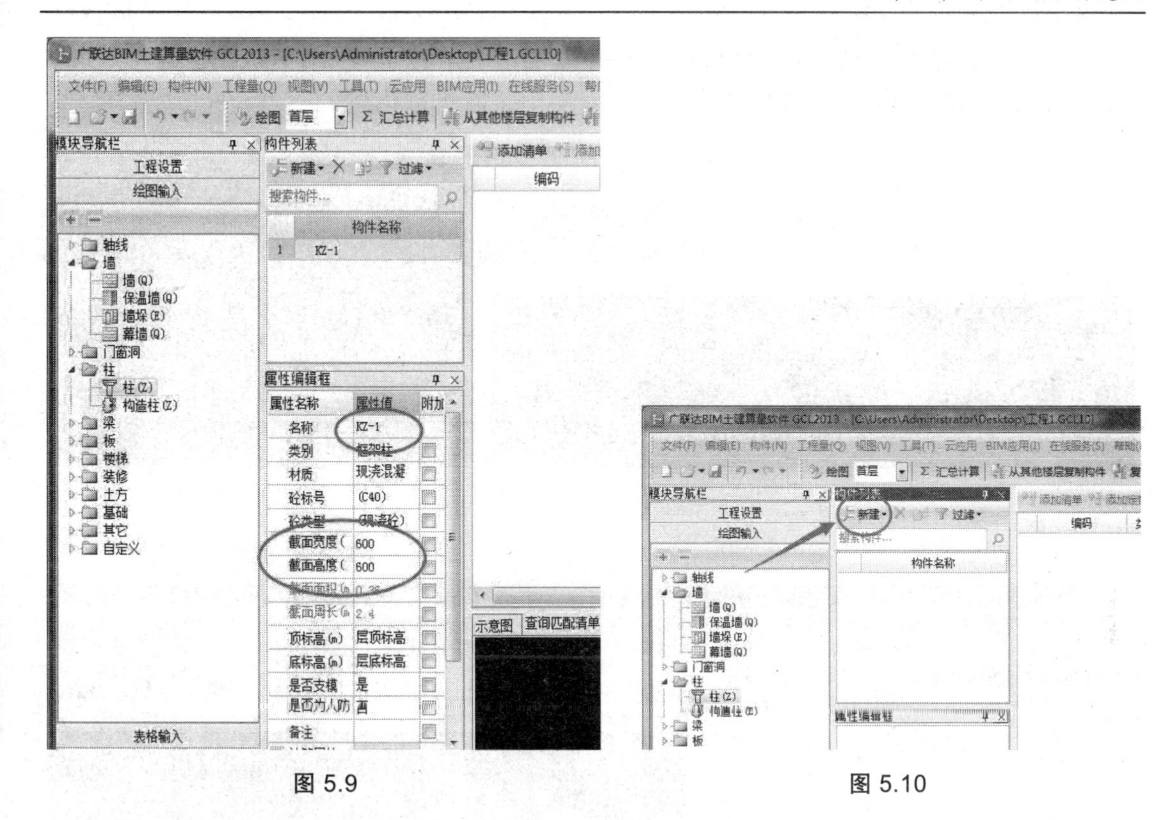

图 5.9　　　　　　　　　　　　　　　　图 5.10

2. 绘制框架柱

（1）单击【绘图】按钮>>进入绘图界面，软件默认“点”画法>>（以实例图纸 KZ1 为例）在第四排功能键选择 KZ1。

（2）根据图纸找到 KZ1 所在位置，选择 1-A 轴与 1-1 轴的交点>>单击左键柱即绘制到轴网上（图 5.11）。

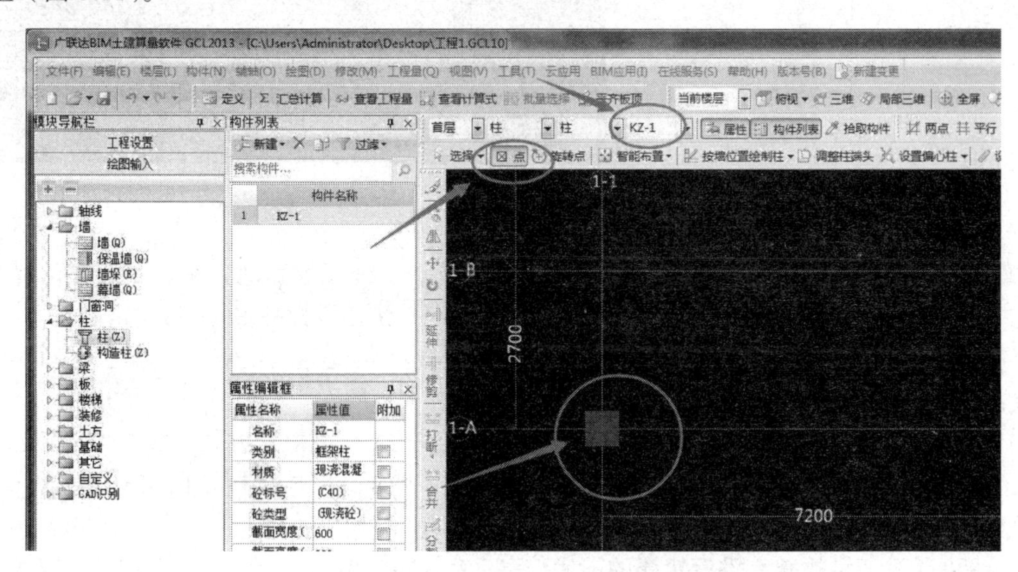

图 5.11

（3）单击左键选中已绘制好的柱图元>>单击【设置偏心柱】>>根据柱表中柱表尺寸修改柱的偏心尺寸（图 5.14）（图 5.12 为图纸柱表对应图 5.13 的柱标注）。

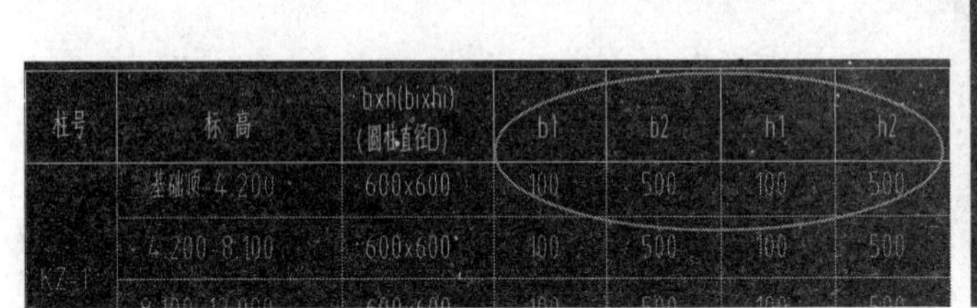

柱号	标高	bxh(bixhi)(圆柱直径D)	b1	b2	h1	h2
KZ-1	基础顶-4.200	600x600	100	500	100	500
	4.200-8.100	600x600	100	500	100	500
	[illegible]	[illegible]	[illegible]	[illegible]	[illegible]	[illegible]

图 5.12

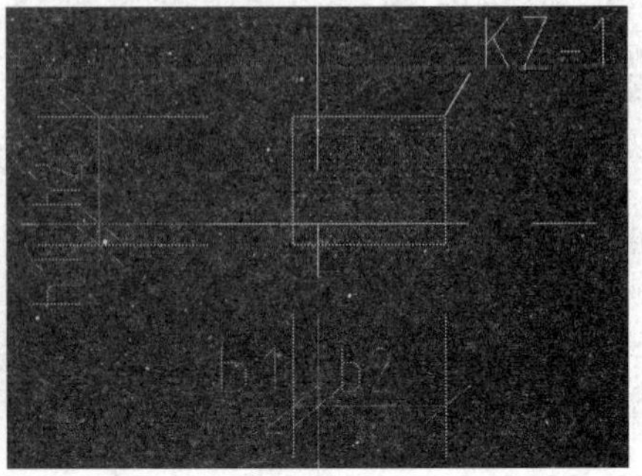

图 5.13

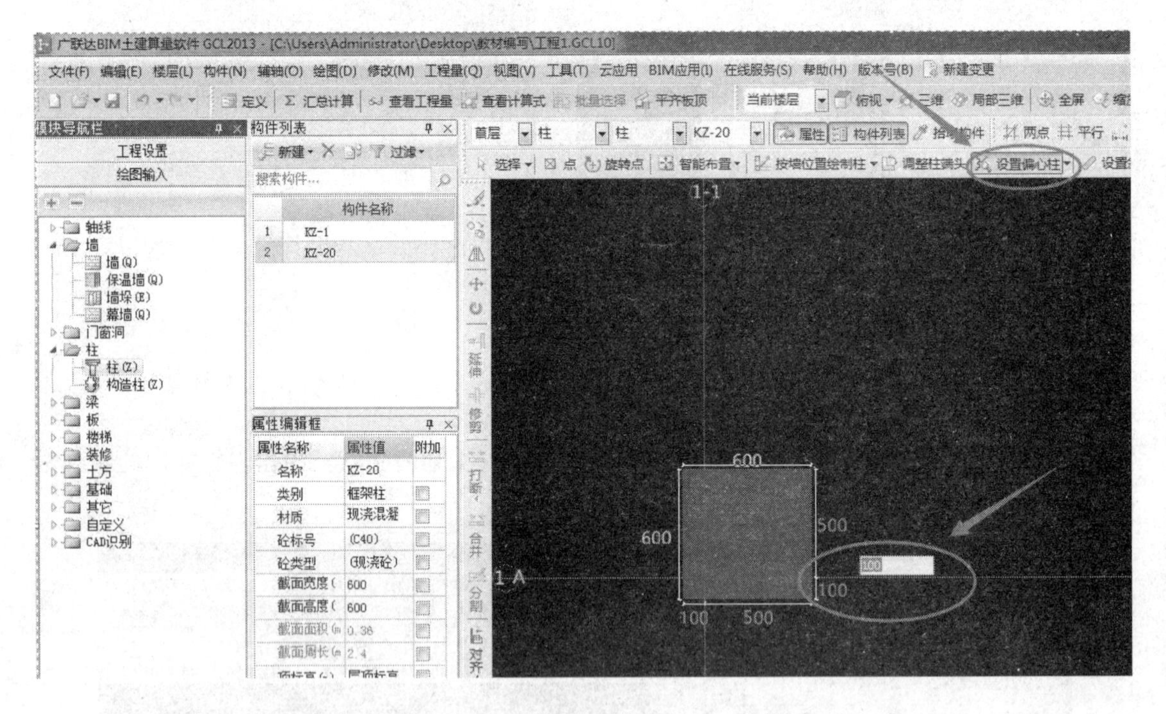

图 5.14

（4）选中构件 KZ12>>单击【点】>>单击【旋转点】>>鼠标移动到 KZ12 所在位置 2-1 轴与 2-C 轴交点>>单击左键>>滑动鼠标选择旋转角度（快捷键按住 Shift 后单击左键）>>跳出窗口输入旋转角度“-55”度>>单击确定即旋转完成>>重复上一步修改柱偏心尺寸即绘制完成，如图 5.15 所示。

（5）框选绘制好的柱图元>>单击【楼层】>>在下拉选项中选择【复制选定图元到其他楼层】>>跳出窗口中勾选需要复制的楼层>>单击【确定】完成复制楼层信息，如图 5.16 所示。

（6）可通过三维检查有没有错误的图元信息；无误即框架柱柱绘制完成，如图 5.17 所示。

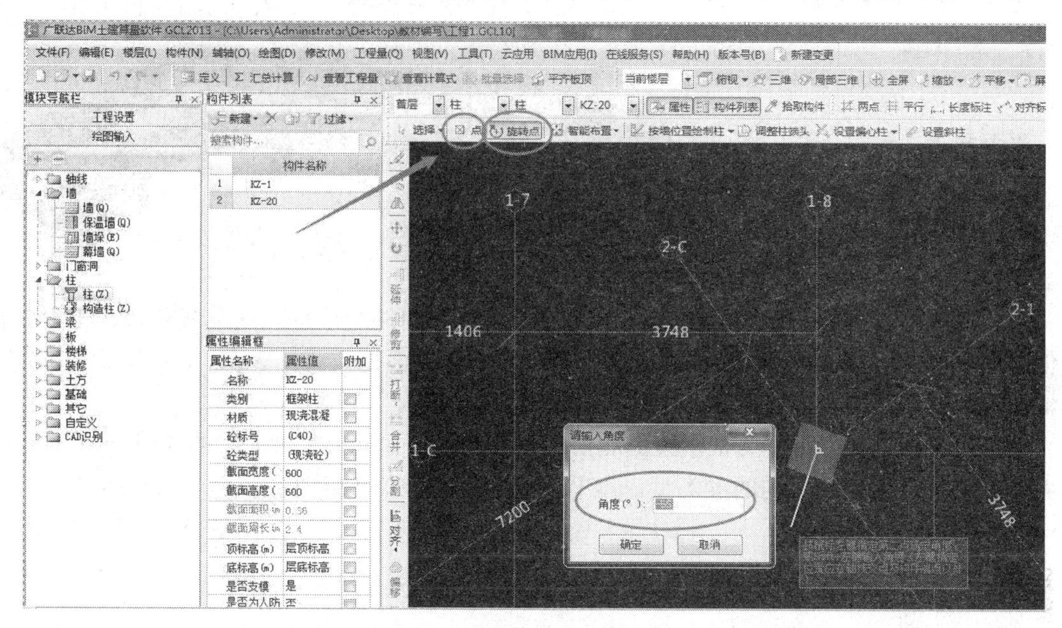

图 5.15

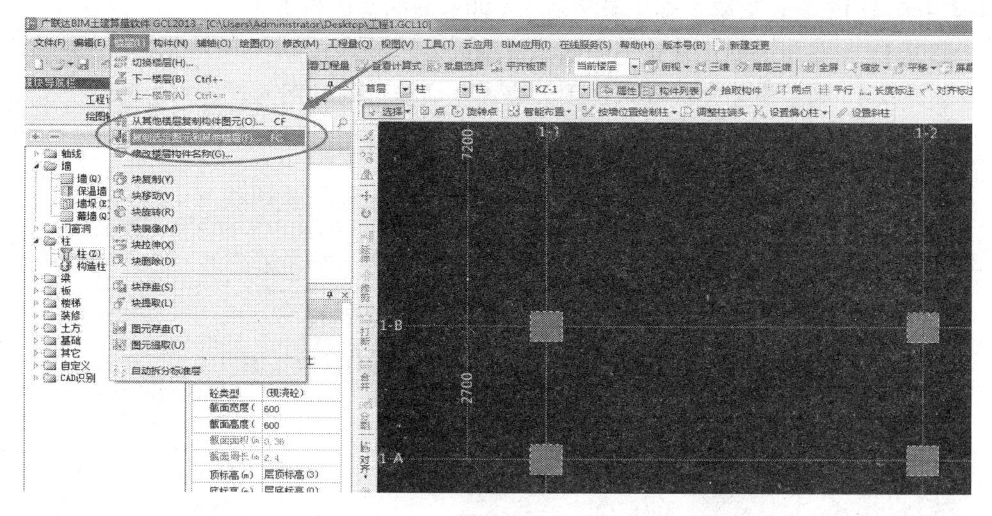

图 5.16

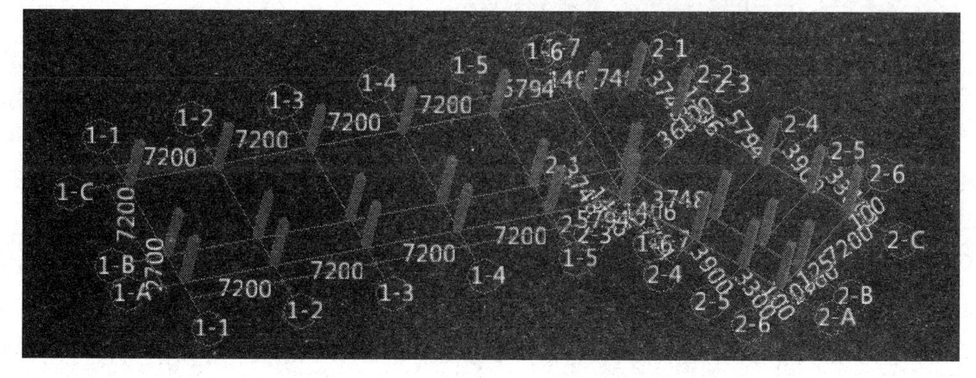

图 5.17

5.3.2 框架梁

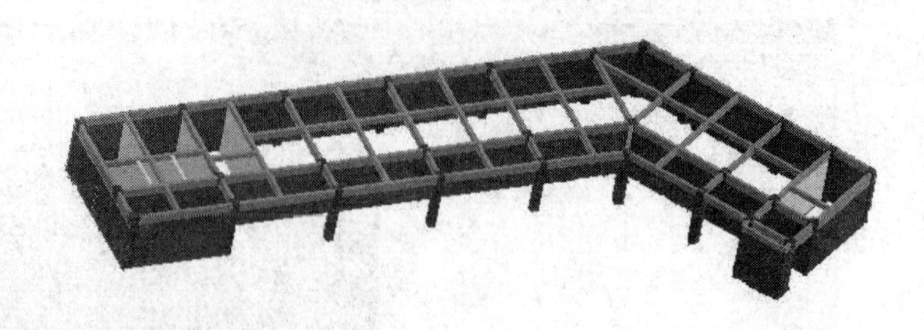

学习要点：

- 梁的分类及代码
- 梁的绘制流程

前节已经建立了综合楼项目的标高、轴网以及柱等构件的信息。从本节开始，将为综合楼创建框架梁。梁的分类及代码：楼层框架梁（KL）、屋面框架梁（WKL）、框支梁（KZL）、非框架梁（L）、悬挑梁（XL）、井字梁（JZL）。

在进行梁的创建时，需要根据梁的相关信息分类。例如梁的尺寸、梁的代码、受力情况、立面显示等，分别创建不同的梁类型。本节将会为读者介绍创建框架梁的主要流程。

1. 定义梁类型

在广联达软件中提供了梁工具，允许用户使用该工具创建不同形式的梁。广联达软件中提供了【矩形梁】【参数化梁】和【异形梁】3 种不同的梁创建方式。

【矩形梁】 主要用于创建建筑当中的矩形梁。

【参数化梁】 则根据创建或导入的图元表面生成异形的梁图元。

【异形梁】 用法与参数化梁完全相同，但主要用于自定义异形梁图元的绘制。

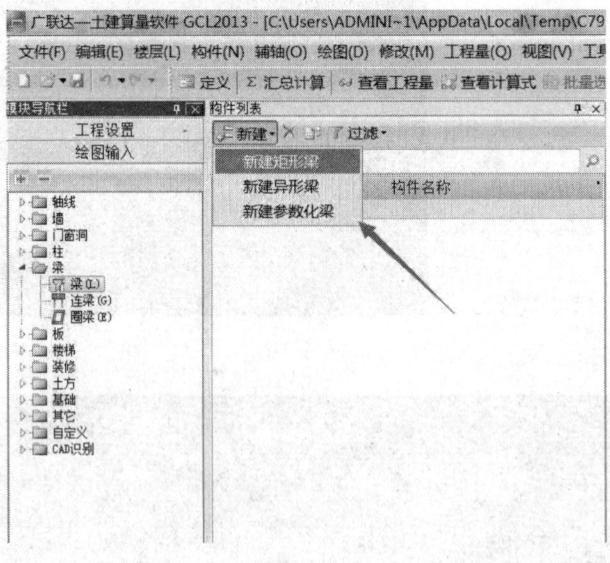

图 5.18

提示：在综合楼项目中，可以使用【矩形梁】>>【直线】工具完成所有框架梁的创建。

（1）软件绘图界面左侧的导航栏中，选择【梁】>>【梁】构件。

（2）单击【定义】>>进入梁定义界面>>【新建】>>【新建矩形梁】，如图 5.19 所示。

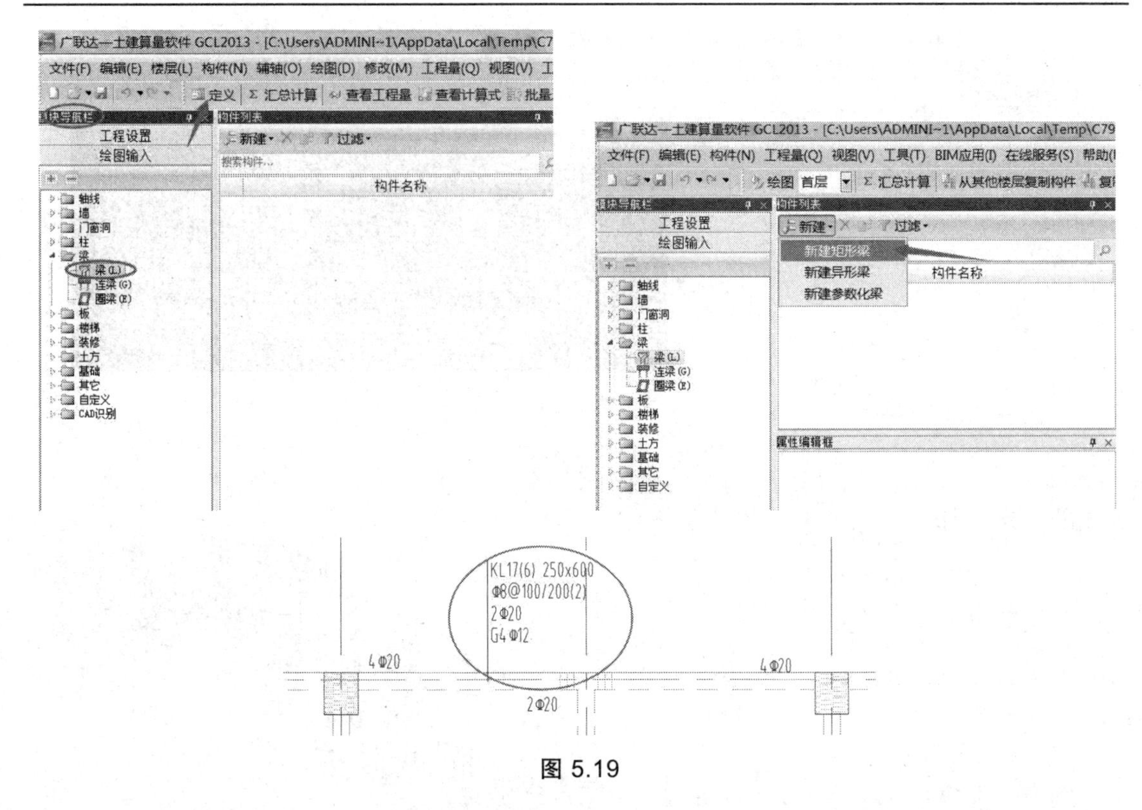

图 5.19

（3）根据集中标注信息，在属性编辑框中输入相对应的值，集中标注如图 5.19 所示；① 名称：与图中集中标注一致“KL17（6）”；② 截面宽度和截面高度“250*600”；③ 混凝土等级：C30，如图 5.20 所示。

图 5.20

（4）图元绘制>>选择【直线】，如图 5.21 所示。

（5）若轴线不处于梁中心，则可在属性编辑框中【轴线距梁】输入相对应的数值，如图 5.20 所示。

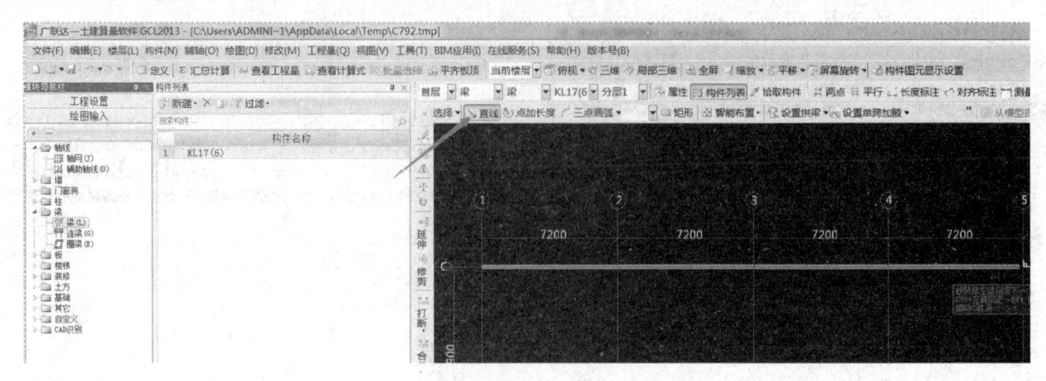

图 5.21

5.3.3 基　础

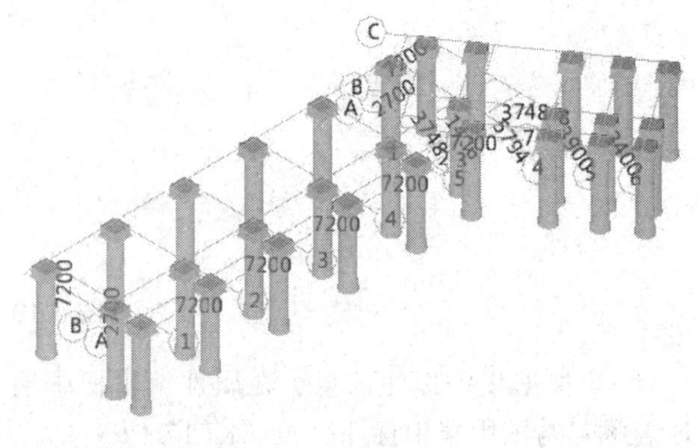

学习要点：

- 定义基础的类型
- 基础的绘制流程

前节已经建立了综合楼项目的轴网、结构柱以及结构梁的信息。从本节开始，将为综合楼创建基础。

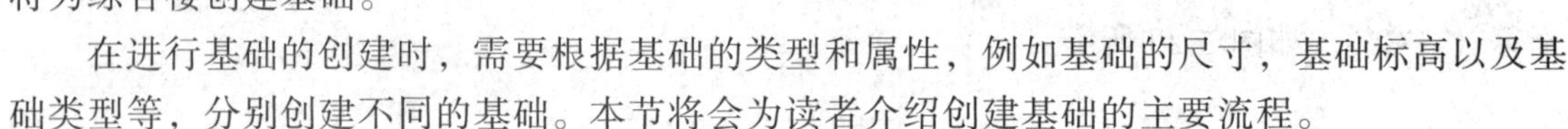

在进行基础的创建时，需要根据基础的类型和属性，例如基础的尺寸，基础标高以及基础类型等，分别创建不同的基础。本节将会为读者介绍创建基础的主要流程。

1. 定义基础类型

在广联达中提供了基础工具，允许用户使用该工具创建不同形式的基础。广联达中提供的基础类型有基础梁、筏板基础、条形基础、独立基础、桩承台等不同基础的创建方式。

在广联达中创建基础时需要根据结构施工图纸中基础设计说明、基础平面图、基础大样图等确定基础类型，并选择相应的基础构件进行定义，如图 5.22 所示。

基础
基础梁 (F)
筏板基础 (M)
条形基础 (T)
独立基础 (D)
桩承台 (V)
桩 (U)
垫层 (X)
柱墩 (Y)
集水坑 (S)
地沟 (G)

图 5.22

综合楼中基础类型为桩、桩承台以及承台垫层。

（1）桩：广联达软件中提供了桩工具，允许用户用该工具创建不同形式的桩。广联达软件中提供了新建矩形桩、新建异形桩、新建参数化桩（图 5.23），根据图纸建立相对应的桩即可。

（2）桩承台：广联达软件中提供了桩承台工具，允许用户用该工具创建不同形式的桩承台。广联达软件中提供了新建桩承台和新建自定义桩承台（图 5.24）。

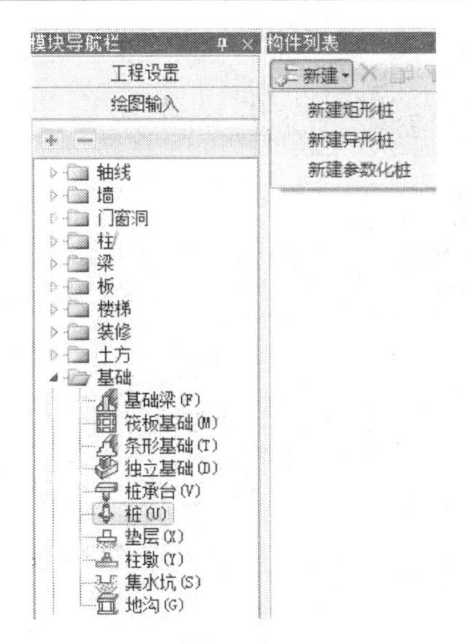

图 5.23

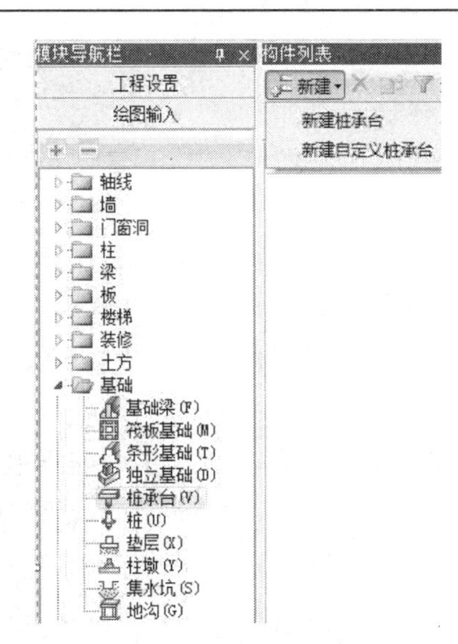

图 5.24

① 新建桩承台：新建桩承台只是新建出一个承台整体，需要在该桩承台整体上新建桩承台单元，选中新建的桩承台构件>>【右键】>>【新建】>>【新建矩形桩承台单元、新建异形桩承台单元、新建参数化桩承台单元】，根据图纸新建相应的桩承台单元即可，如图 5.25 所示（实际绘图中新建桩承台是最常用的方法，本讲解以该建法为例）。

② 新建自定义桩承台：直接可以新建出一个完整的承台，承台的形状绘图时自定义绘制，如图 5.26 所示。

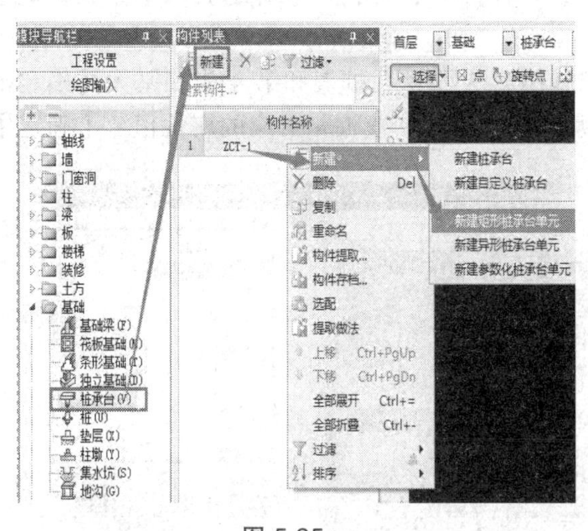

图 5.25

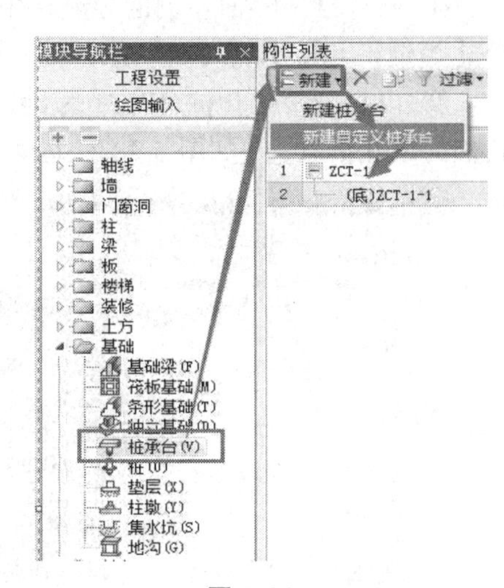

图 5.26

（3）垫层：广联达软件中提供了垫层工具，允许用户用该工具创建不同形式的垫层。广联达软件中提供了新建点式矩形垫层、新建线式矩形垫层、新建面式垫层、新建集水坑柱墩后浇带垫层、新建点式异形垫层、新建线式异形垫层，如图 5.27 所示。

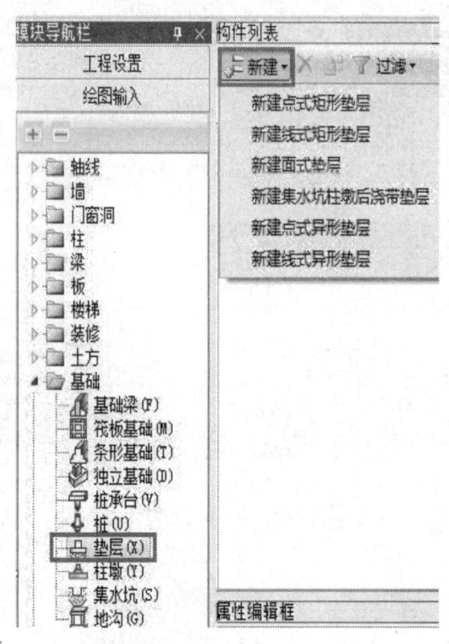

图 5.27

2. 基础绘制

提示：在综合楼项目中，桩为人工挖孔灌注桩，可以使用新建参数化桩中的护壁桩创建。

（1）桩画法。

① 软件绘图界面左侧的导航栏中，选择【基础】>>【桩】>>【新建】>>【参数化桩】>>【护壁桩 4】，如图 5.28 所示。

② 以综合楼挖孔桩 WKZ1 为例，根据结施图第 3 张挖孔桩表和第 4 张桩基大样确定挖孔桩的尺寸信息，在如图 5.28 右上角属性值编辑框中输入护壁桩相对应的属性值>>【确定】。

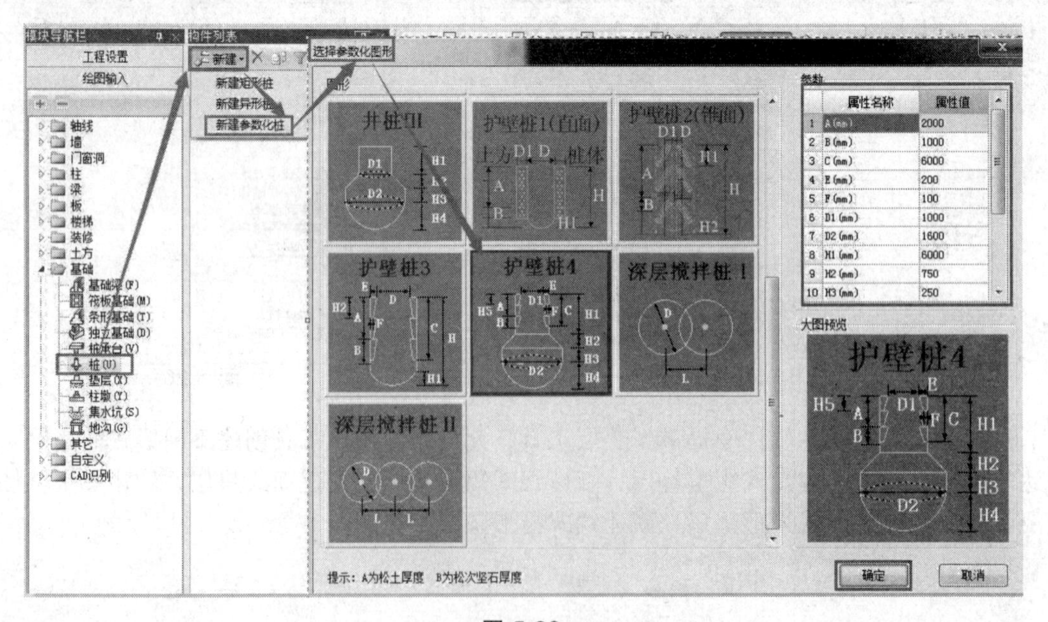

图 5.28

③ 根据综合楼基础设计说明确定桩混凝土标号为 C30，在属性编辑框中输入相对应的属性值名称与图中标注一致为 WKZ1；混凝土标号：C30，如图 5.29 所示。

④ 图元绘制>>选中新建的构件如 WKZ1>>选择【点】>>点绘在相应位置，如图 5.30 所示。

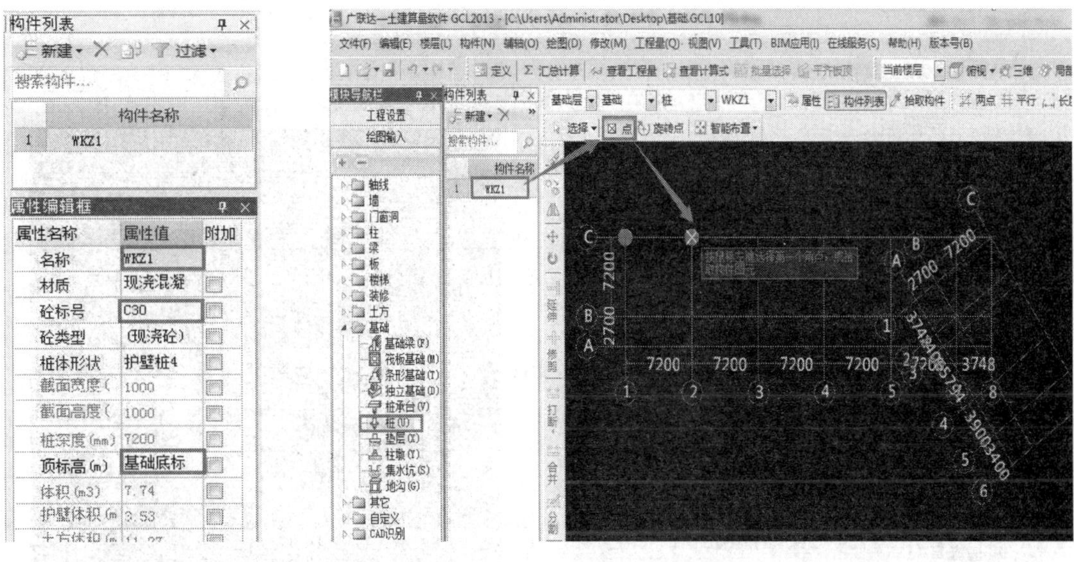

图 5.29　　　　　　　　　　图 5.30

提示：在综合楼项目中，可以使用矩形桩承台工具完成所有承台的创建。

（2）桩承台画法。

① 软件绘图界面左侧的模块导航栏中，选择【基础】>>【桩承台】构件。

② 单击【定义】>>进入桩承台定义界面>>【新建】>>【新建桩承台】，单击新建的桩承台整体>>【右键】>>【新建矩形桩承台单元】，如图 5.31 所示。

③ 根据桩承台信息，在属性编辑框中输入相对应的值，如上图；名称：与图中标注一致，“CHT1”截面尺寸长*宽*高“1600*1600*800”；混凝土等级：C30，如图 5.31 所示。

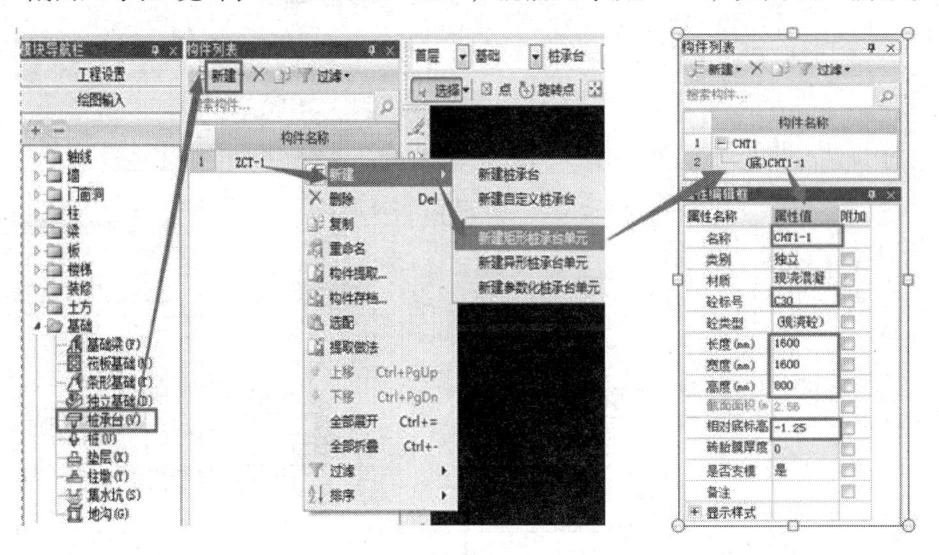

图 5.31

④ 图元绘制>>选中新建的桩承台 CHT1>>选择【点】>>点绘在相应位置，如图 5.32 所示。

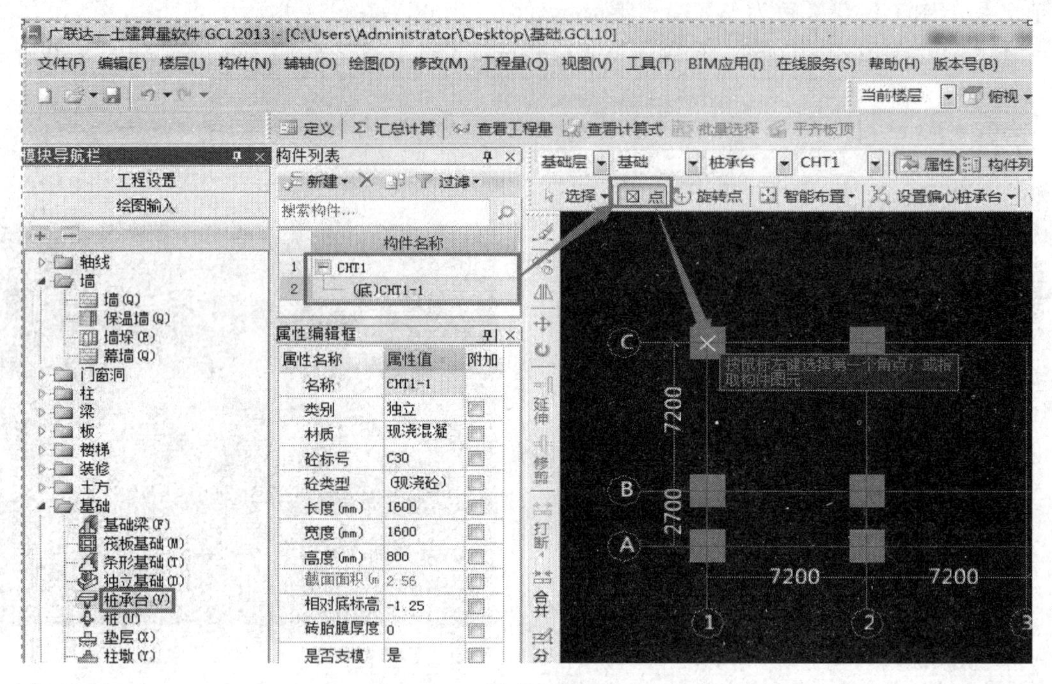

图 5.32

提示：在综合楼项目中，桩承台垫层可以使用新建面式矩形垫层创建。

（3）垫层画法

① 软件绘图界面左侧的导航栏中，选择【基础】>>【垫层】>>【新建】>>【面式矩形垫层】。

② 根据综合楼结施第 3 张桩基大样图信息，如图 5.33 所示，承台垫层厚度为 100 mm，垫层混凝土标号为 C15，新建垫层，在属性值中修改垫层名称、混凝土标号、厚度，如图 5.34 所示。

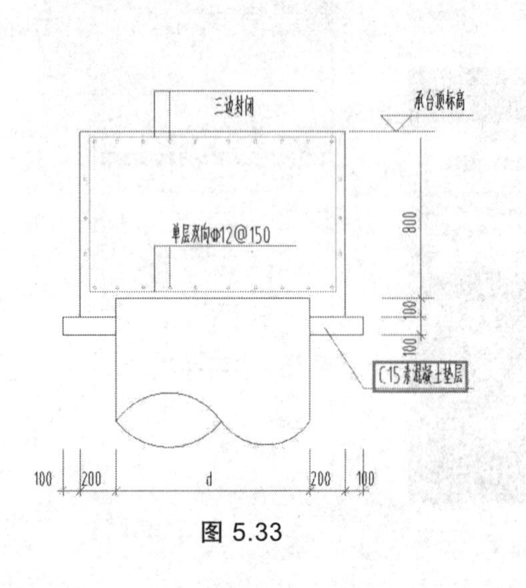

图 5.33

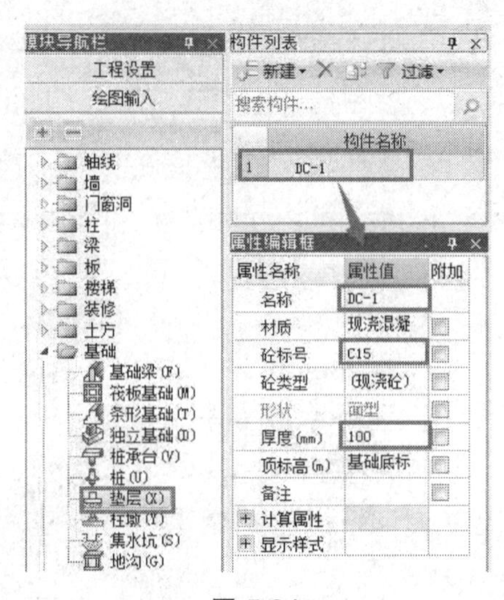

图 5.34

③ 图元绘制>>选择新建的垫层>>【智能布置】>>【桩承台】>>框选已绘好的桩承台>>【右键】>>弹出【请输入出边距离】对话框>>输入出边距离 100 mm（图 5.35）>>【确定】>>生成垫层。三维显示垫层如图 5.36 所示。

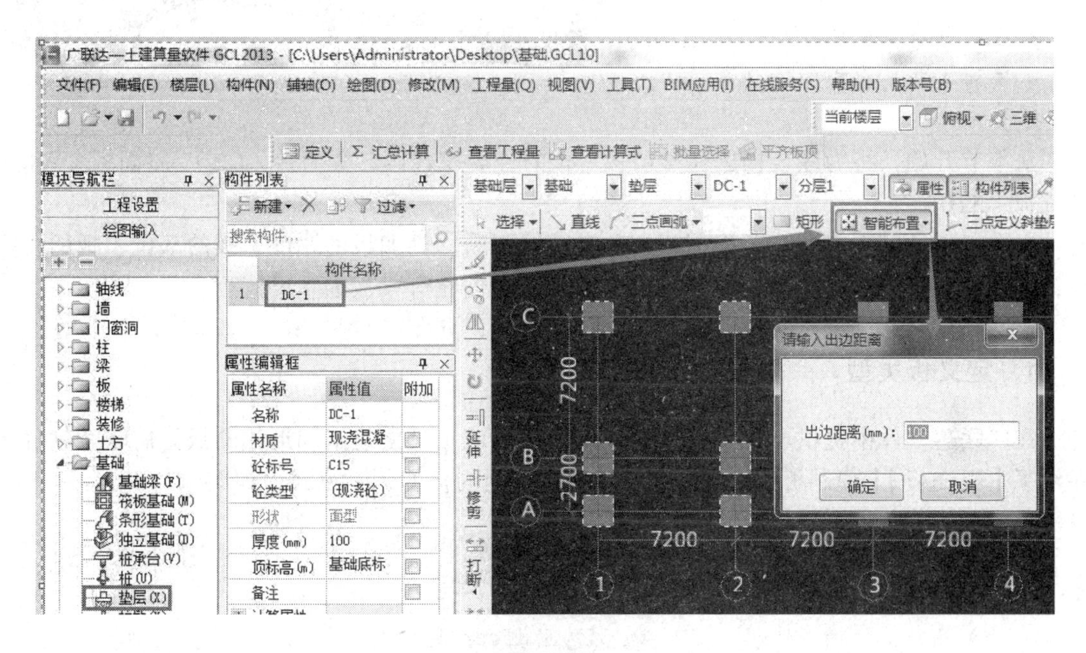

图 5.35

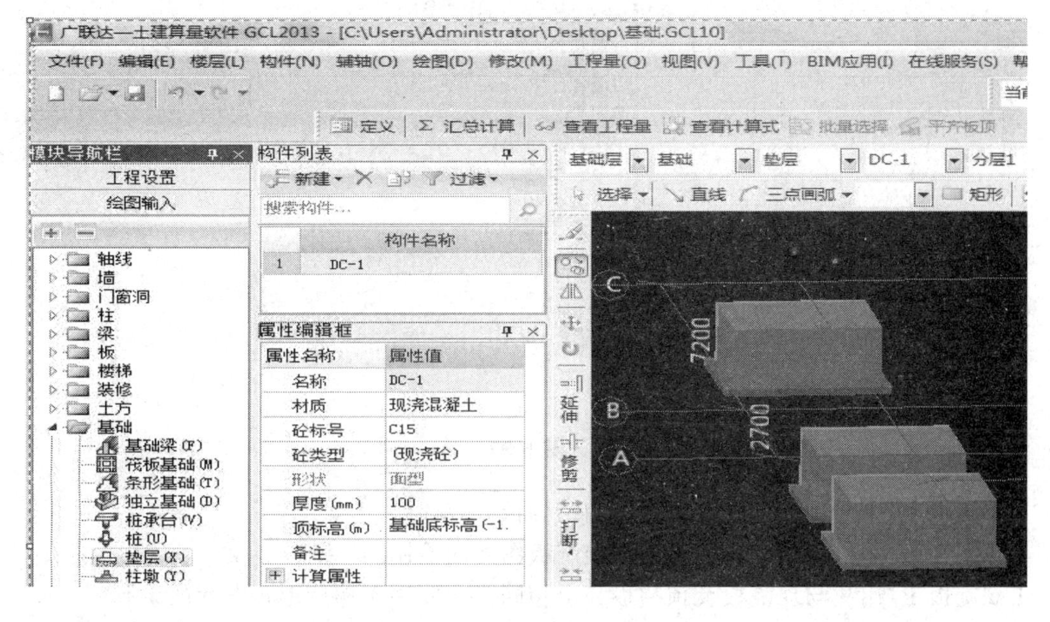

图 5.36

5.3.4 楼板、屋面

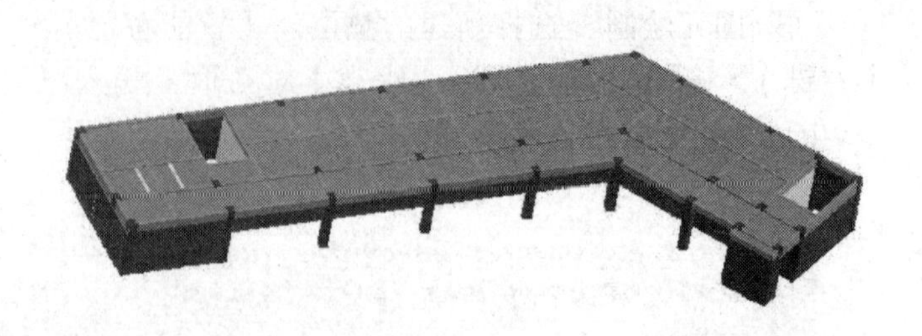

学习要点：

- 板的分类及代码
- 楼面板及屋面板的绘制流程

从本节开始，将为综合楼创建楼层板。板的分类及代码：楼面板（LB）、屋面板（WB）、悬挑板（XB）。

在进行板的创建时，需要根据板的分布情况判断。例如板的厚度、板的部位、板的受力等，分别创建不同的板类型。本节将会为读者介绍创建有梁板的主要流程。

1. 定义板类型

在广联达软件中提供了板工具，允许用户使用该工具创建不同形式的板。广联达软件中提供了【现浇板】【预制板】和【螺旋板】3 种不同的板的创建方式，如图 5.37 所示。

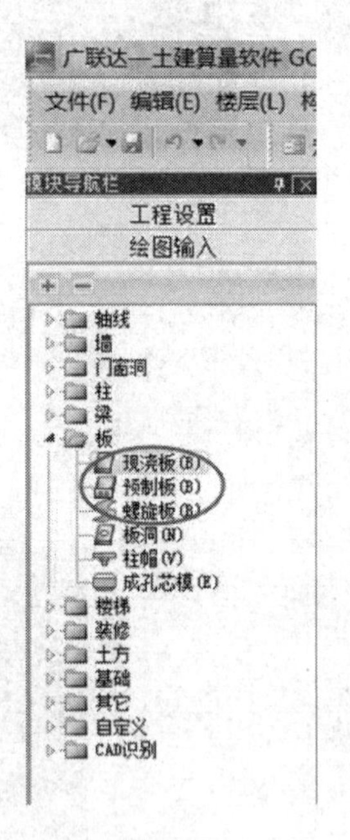

图 5.37

【现浇板】 主要用于创建建筑当中的结构板。

【预制板】 主要用于创建建筑当中预制板图元的绘制。

【螺旋板】 用法与现浇板及预制板完全相同，主要用于螺旋形板图元的绘制。

提示：在综合楼项目中，可以使用现浇板>>点工具完成所有楼层板及屋面板的创建。

（1）软件绘图界面左侧的导航栏中，选择【板】>>【现浇板】构件。

（2）单击【定义】>>进入板定义界面>>【新建】>>【新建现浇板】，如图 5.38 所示。

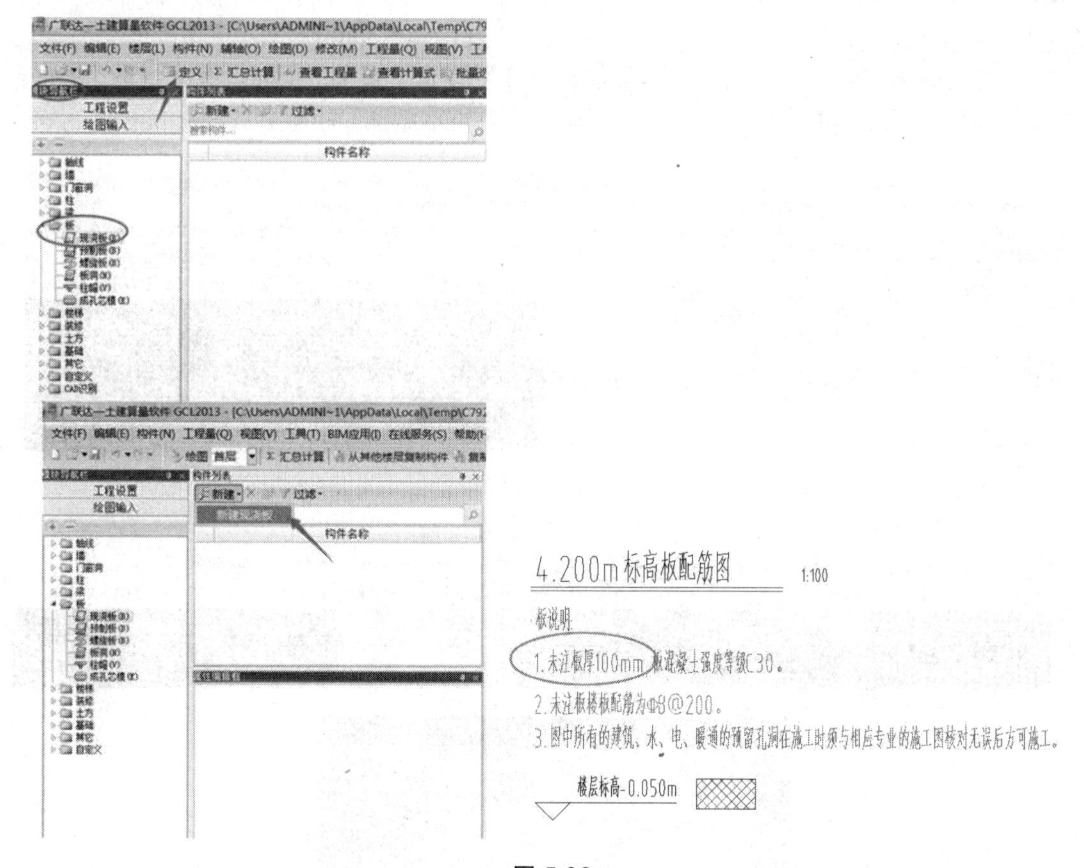

图 5.38

（3）根据图纸标注信息，在属性编辑框中输入相对应的值，如图 5.38 所示；① 名称：LB；② 类别：有梁板；③ 板厚：100 mm；④ 混凝土等级：C30；⑤ 图纸中该图列显示位置处降板-0.050 m，如图 5.39 所示。

图 5.39

（4）图元绘制>>选择【点（直线、三点画弧等）】，如图 5.40 所示。

（5）若为斜屋顶>>选择所需定义的屋面板>>【三点定义斜板（抬起点定义斜板、坡度系数定义斜板）】>>输入相应数值，如图 5.41 所示。若为平屋顶，绘制方式同楼层板。

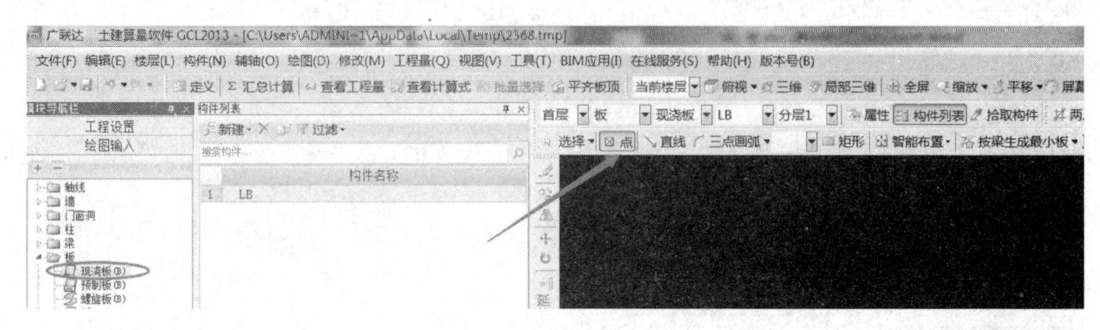

图 5.40

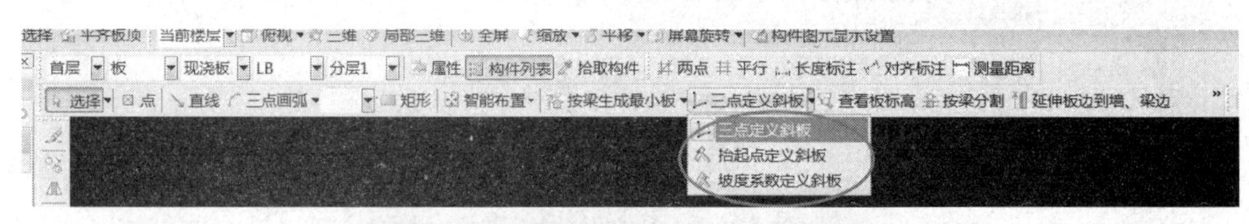

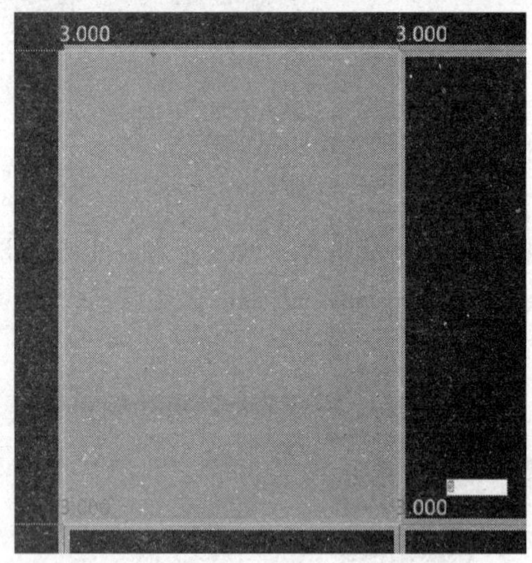

图 5.41

5.3.5 创建墙体

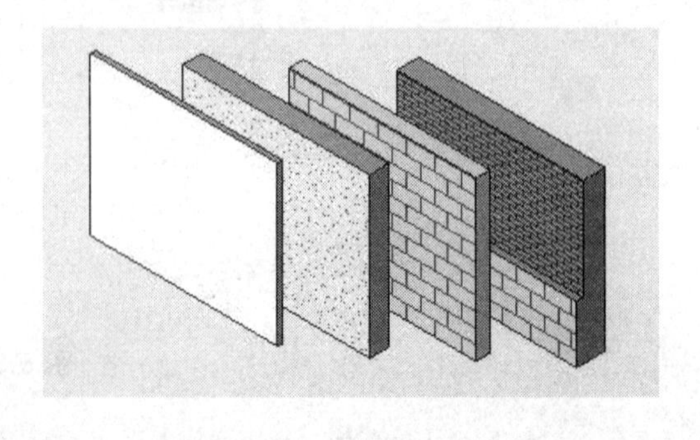

学习要点：

- 定义墙体的类型
- 墙体的绘制流程

前节已经建立了综合楼项目的标高、轴网以及柱网的信息。从本节开始，将为综合楼创建墙体。

在进行墙体的创建时，需要根据墙的用途及功能，例如墙体的高度、墙体的构造、立面显示、内墙和外墙的区别等，分别创建不同的墙类型。本节将会为读者介绍创建墙体的主要流程。

1. 定义墙体类型

（1）在软件界面左侧的【模块导航栏】列表区，选择【墙】构件文件组下的【墙】，如图 5.42 所示。

（2）单击【定义】按钮>>点击【新建】按钮>>根据图纸判断墙体种类、材质（内、外墙等）按图输入相应属性，如图 5.43、5.44 所示。

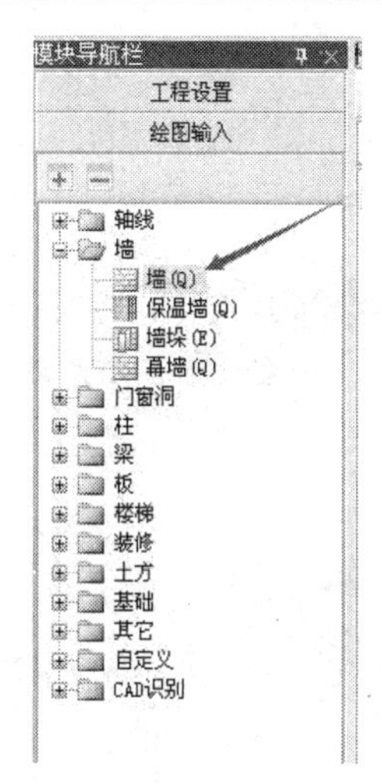

图 5.42

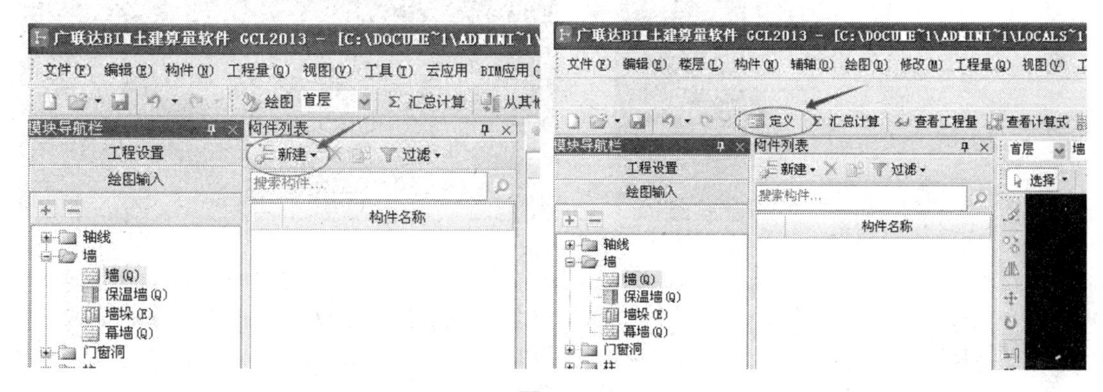

图 5.43

属性编辑框

属性名称	属性值	附加
名称	Q-1	
类别	砖墙	☐
材质	砖	☐
砂浆标号	(M7.5)	☐
砂浆类型	(水泥砂浆(细	☐
厚度(mm)	200	☐
内/外墙标志	外墙	☑
工艺	清水	☐
轴线距左墙皮	(100)	☐
起点顶标高(m)	层顶标高	☐
起点底标高(m)	层底标高	☐
终点顶标高(m)	层顶标高	☐
终点底标高(m)	层底标高	☐
是否为人防构	否	☐
备注		☐
+ 计算属性		
+ 显示样式		

图 5.44

（3）单击【绘图】>>【直线】绘制，如图 5.45、5.46 所示。

图 5.45

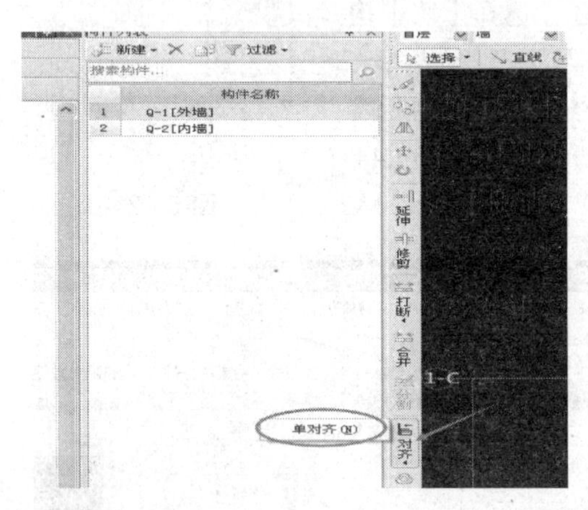

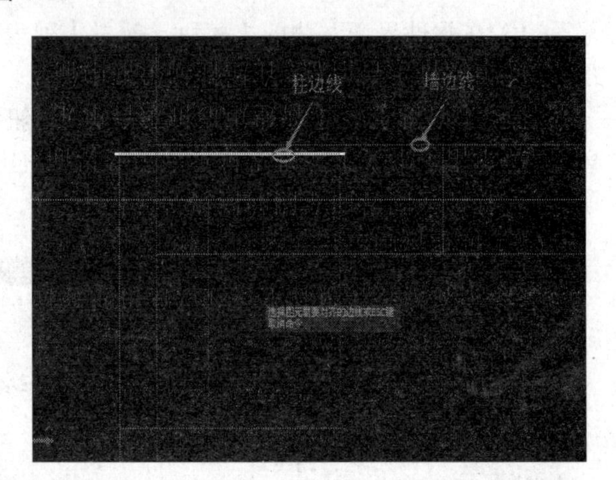

图 5.46

（4）按图对齐墙、柱边线，点击【对齐】>>【单对齐】>>先点击对齐的边线（柱边线），再点击需要移动对齐的边线（墙边线），如图 5.47 所示。

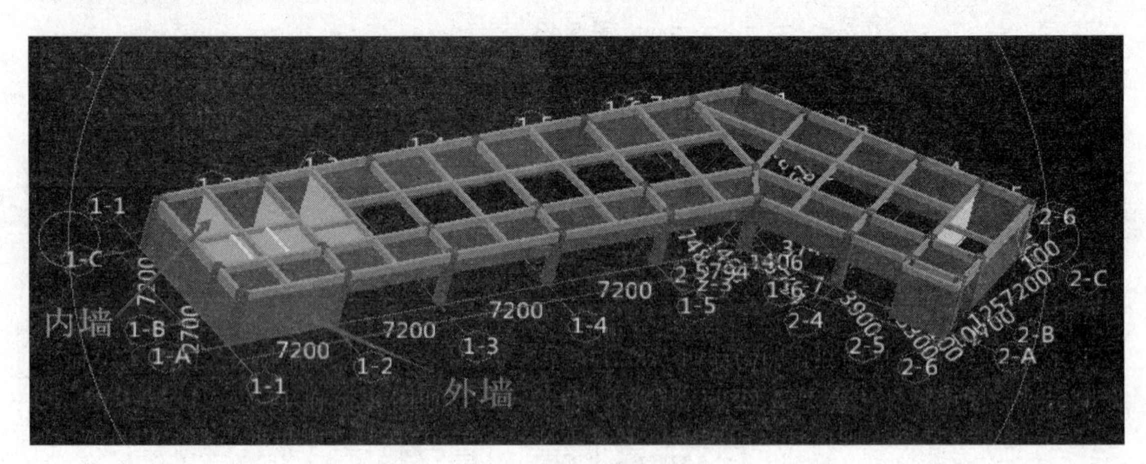

图 5.47

补：【点加长度】绘制：指定绘制起点，再指定第二点确定绘制方向，弹出输入界面，输入长度，单击【确定】，如图 5.48、5.49 所示。

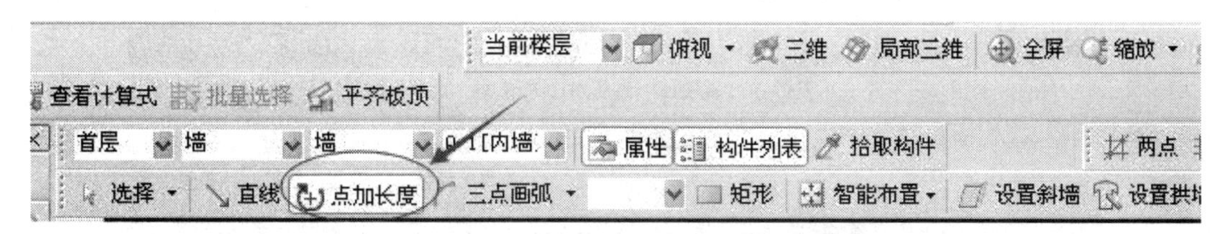

图 5.48

点加长度设置

长度(mm)：

反向延伸长度(mm)：

轴线距左边线距离(mm)： 120

确定 取消

图 5.49

5.3.6 门　窗

学习要点：

- 定义门窗的大小
- 门窗的绘制流程

前节已经建立了综合楼项目的各部位墙体的信息。从本节开始，将为综合楼创建门窗。

在进行门窗的创建时，需要根据门窗洞的大小和形状，例如门窗洞的外形为矩形、异形的区别等，分别创建不同的门窗洞口类型。本节将会为读者介绍创建墙体的主要流程。

1. 定义门洞属性

（1）在软件界面左侧的【模块导航栏】列表区，选择【门窗洞】构件文件组下的【门】，如图 5.50 所示。

（2）单击【定义】按钮>>单击【新建】按钮>>根据建筑平面图判断门洞尺寸，在【属性编辑框】中输入相应属性，如图 5.51、5.52 所示。

注：如图 5.53 所示，M0921 表示门洞口尺寸为：900 mm 宽，2 100 mm 高，依次按图纸输入门洞信息，名称按图纸名称输入。

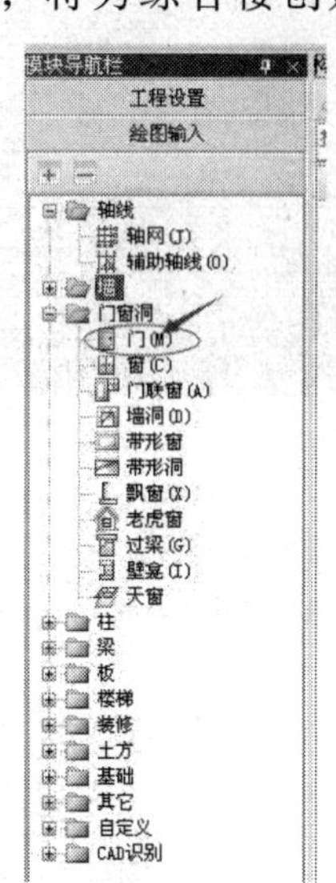

图 5.50

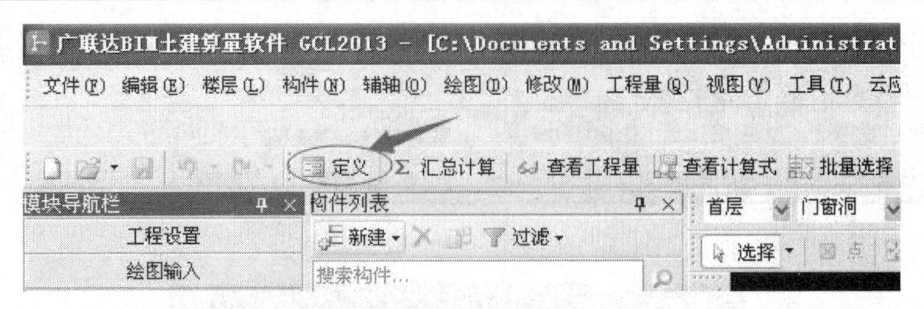

图 5.51

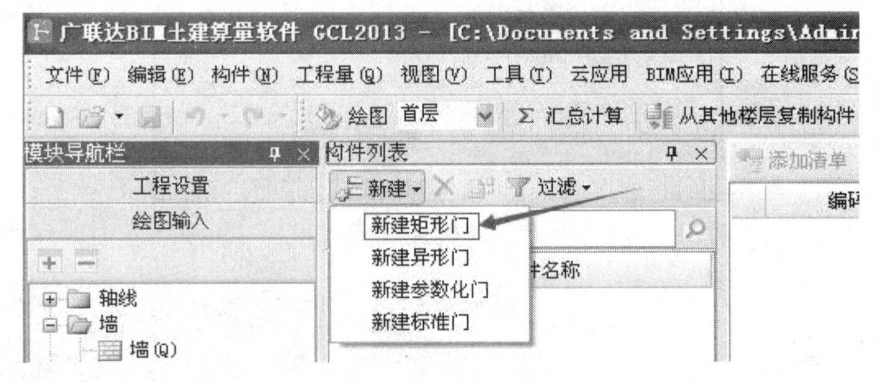

图 5.52

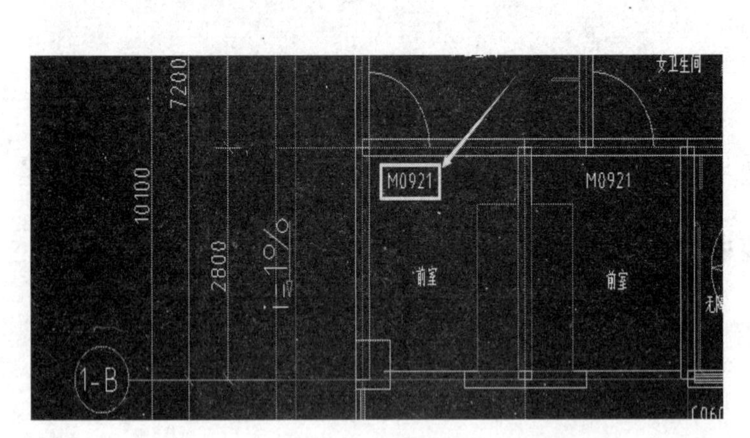

属性编辑框

属性名称	属性值	附加
名称	M0921	
洞口宽度(	900	☐
洞口高度(	2100	☐
框厚(mm)	60	☐
立樘距离(	0	☐
洞口面积(m	1.89	☐
离地高度(	0	☐
是否随墙变	否	☐
是否为人防	否	☐
备注		☐
+ 计算属性		
+ 显示样式		

图 5.53

（3）单击【绘图】>>【点】绘制>>鼠标移动到相应位置；门窗洞的【点】画提供了输入定位尺寸功能，可按图纸精确布置门洞如图 5.54、5.55 所示。

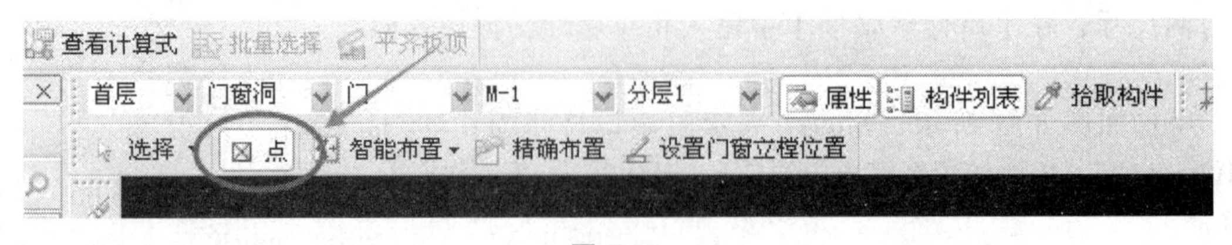

图 5.54

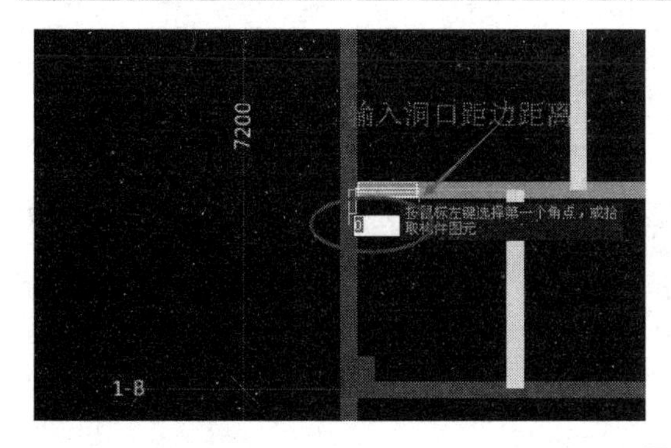

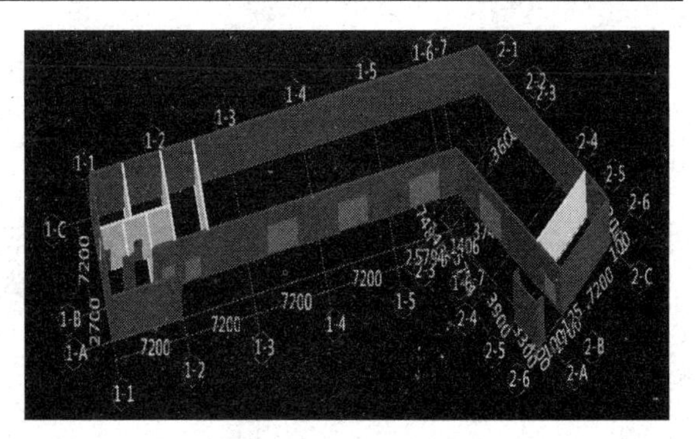

图 5.55

2. 定义窗洞属性

（1）在软件界面左侧的【模块导航栏】列表区，选择【门窗洞】构件文件组下的【窗】，如图 5.56 所示。

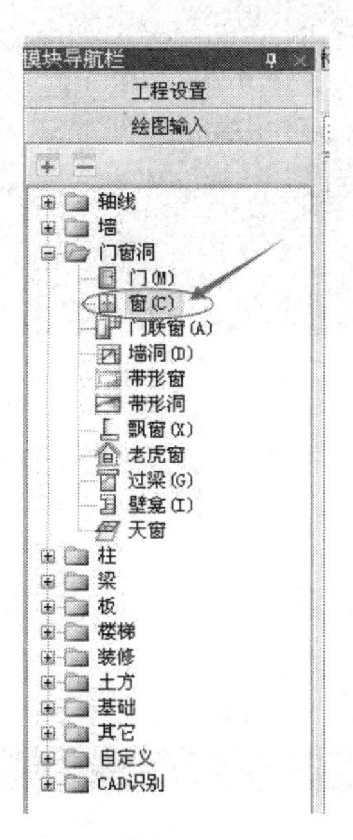

图 5.56

（2）单击【定义】按钮>>单击【新建】按钮>>根据建筑平面图判断窗洞尺寸，在【属性编辑框】中输入相应属性，如图 5.57、5.58 所示。

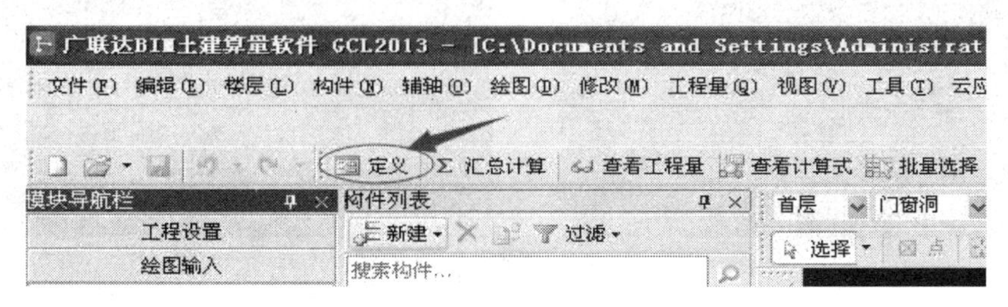

图 5.57

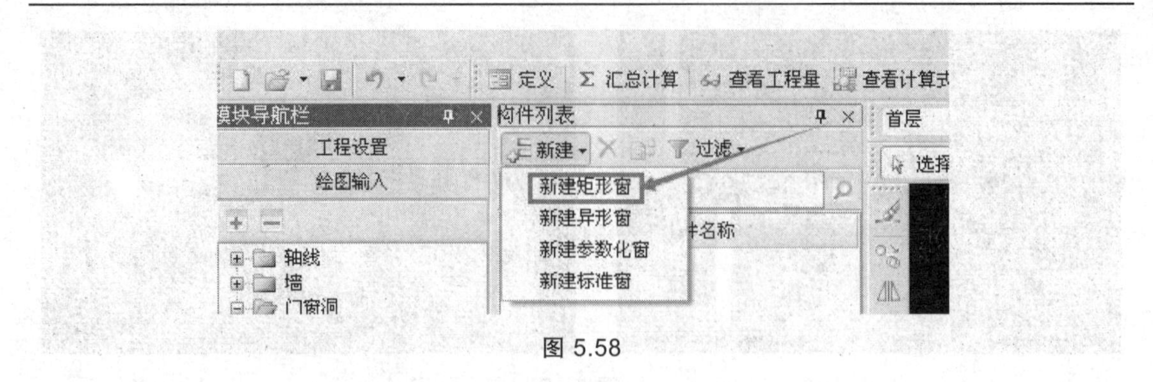

图 5.58

注：如图 5.59 所示，C2126 表示门洞口尺寸为：2 100 mm 宽、2 600 mm 高；并根据立面图确定窗子的离地高度，依次按图纸输入窗洞信息，名称按图纸名称输入。

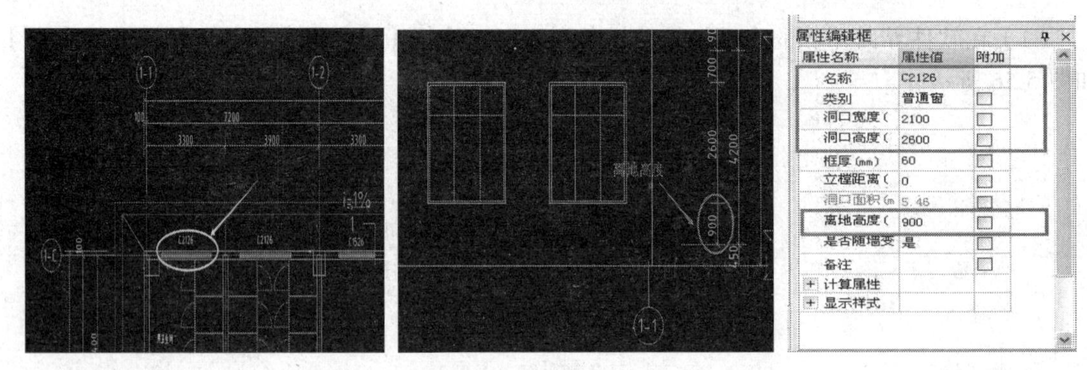

图 5.59

（3）单击【绘图】>>【点】绘制>>鼠标移动到相应位置；门窗洞的【点】画提供了输入定位尺寸功能，可按图纸精确布置门洞，如图 5.60、5.61 所示。

图 5.60

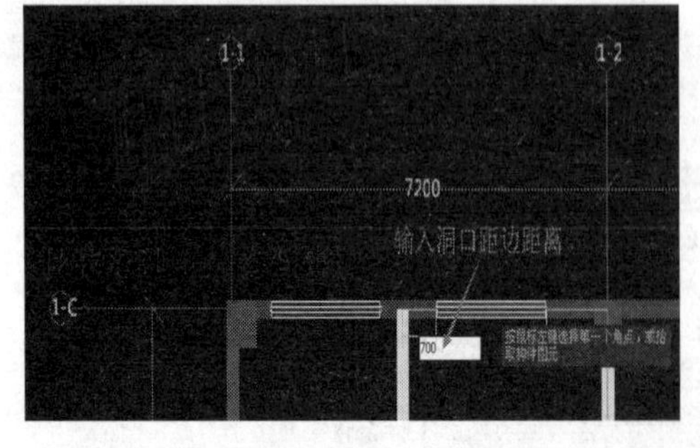

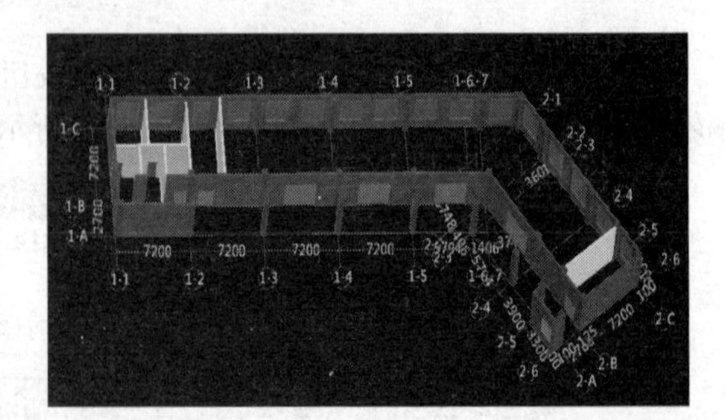

图 5.61

5.3.7　楼梯、栏杆扶手

学习要点：

- 定义楼梯、栏杆扶手的类型
- 楼梯、栏杆扶手的绘制流程

前节已经建立了综合楼项目门窗的相关信息。从本节开始，将为综合楼创建楼梯、1 栏杆、扶手。

在进行楼梯的创建时，需要根据实际工程的要求用不同的方式绘制楼梯。本节将会为读者介绍创建楼梯的主要流程。

在进行栏杆扶手的创建时，需要根据栏杆所在的具体位置分别进行绘制，例如：楼梯栏杆、护窗栏杆、走廊栏杆及室外坡道栏杆等。本节将会为读者介绍创建栏杆扶手的主要流程。

1. 创建楼梯

（1）图纸要点分析，如图 5.62 所示。

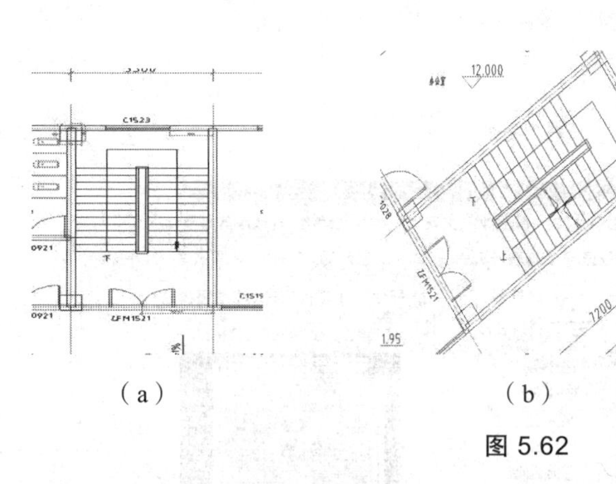

（a）　　　　（b）　　　　（c）

图 5.62

（2）楼梯的定义：楼梯可以按照水平投影面积布置，也可以绘制参数化楼梯。

① 按照水平投影面积布置。

a. 单击左边模块导航栏中的【绘图输入】>>进入绘图输入界面>>单击导航栏内构件名称【楼梯】，如图 5.63 所示。

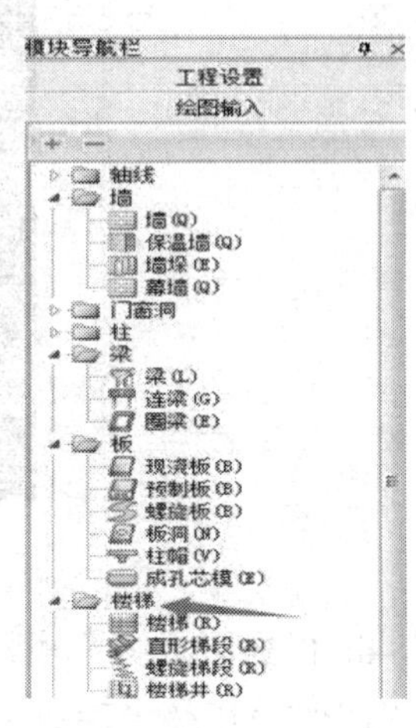

图 5.63

b. 单击左上角第二排功能键【定义】>>单击【新建】>>单击【新建楼梯】>>根据图纸信息在【属性编辑框】内编辑相关信息，如图 5.64 所示。

c. 单击【绘图】按钮>>进入绘图界面，软件默认【直线】画法>>在首层中按照图纸范围将楼梯水平投影面积布置上去；也可以选择用【矩形】画法、【点】画法按照图纸范围将楼梯水平投影面积布置上去，注意【点】画法要求在封闭的范围内布置，所以要求在布置梁或墙时要封闭。实际工程中根据图纸情况也可以借助【三点画弧】【逆小弧】【顺小弧】【逆大弧】【顺大弧】【起点圆心终点画弧】【圆】画法来布置楼梯，如图 5.65 所示。

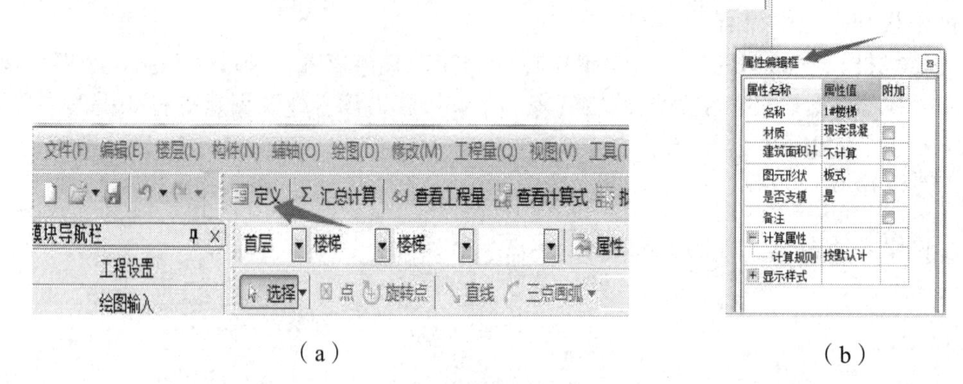

（a） （b）

图 5.64

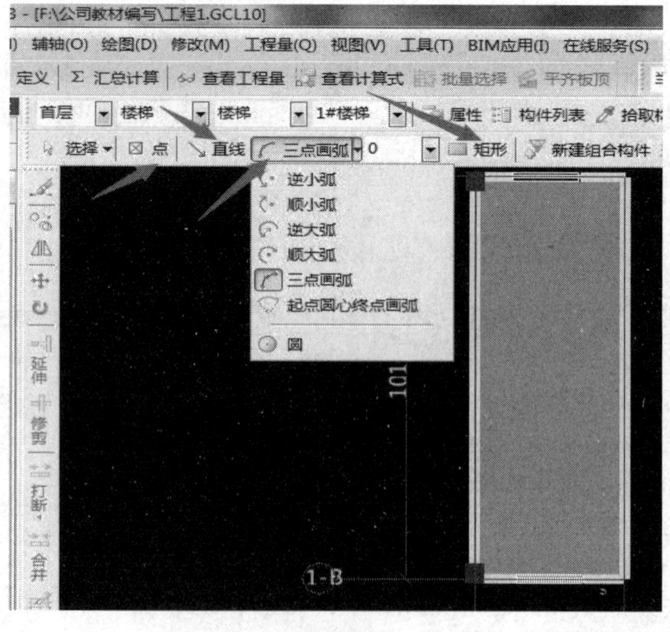

图 5.65

d. 根据图纸综合楼整栋楼 1#楼梯信息是相同的，可以利用层间复制功能：选中已布置好的楼梯>>在第一排功能键中单击【楼层】>>选择【复制选定图元到其他楼层】复制 1#楼梯到其他楼层，完成各层楼梯的绘制，如图 5.66 所示。

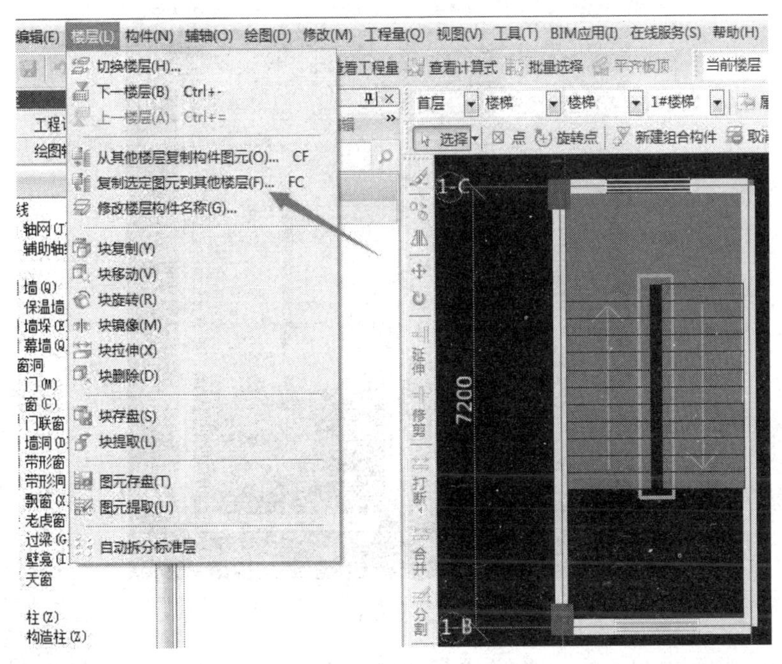

图 5.66

② 绘制参数化楼梯。

a. 单击左边模块导航栏中的【绘图输入】>>进入绘图输入界面>>单击导航栏内构件名称【楼梯】，如图 5.63 所示。

b. 单击左上角第二排功能键【定义】>>单击【新建】>>单击【新建参数化楼梯】>>根据图纸信息选择对应的参数化图形，以综合楼项目 1#楼梯为例应选择【标准双跑 1】 >>根据图纸信息编辑【图形参数】>>【保存退出】，如图 5.67 所示。

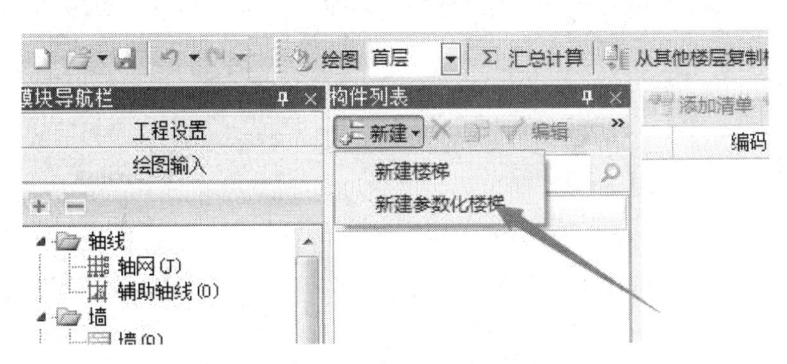

图 5.67

c. 单击【绘图】按钮>>进入绘图界面，软件默认【点】画法>>在首层中根据图纸信息找到合适的基准点将楼梯定位在相应位置，根据实际工程需要也可以借助【旋转点】来完成楼梯的定位，如图 5.68 所示。

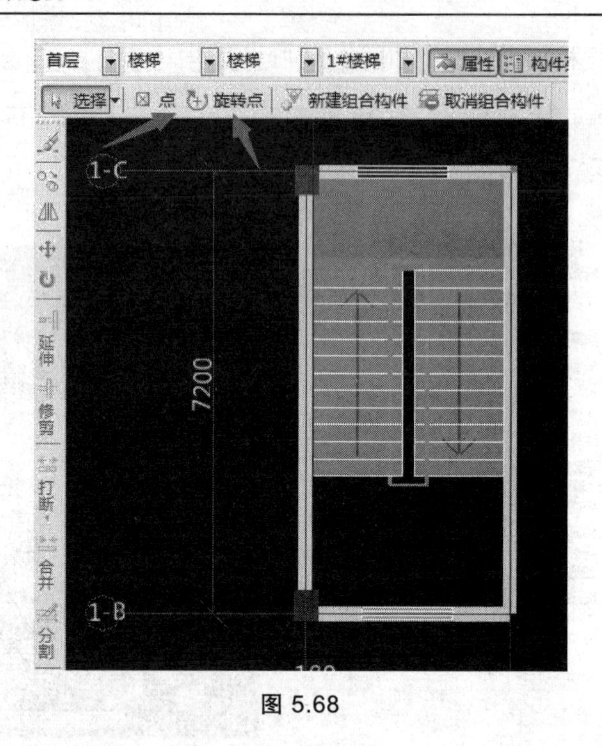

图 5.68

d. 根据图纸综合楼整栋楼 1#楼梯信息是相同的，可以利用层间复制功能：选中已布置好的楼梯>>在第一排功能键中单击【楼层】>>选择【复制选定图元到其他楼层】复制 1#楼梯到其他楼层，完成各层楼梯的绘制，如图 5.66 所示。

2. 创建栏杆扶手

（1）图纸要点分析（图 5.69）。

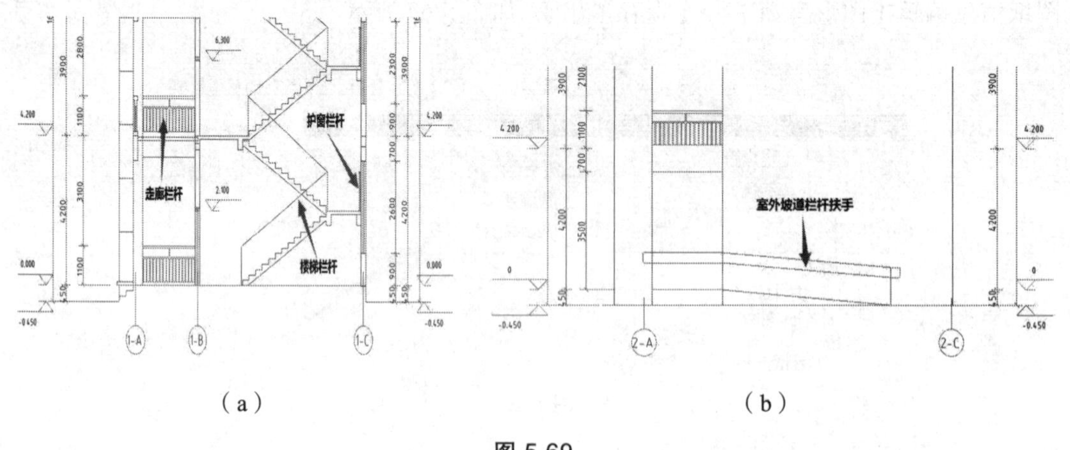

（a）　　　　（b）

图 5.69

（2）栏杆扶手的定义。

① 软件绘图界面左侧的导航栏中，选择【其它】构件组下面的【栏杆扶手】构件，如图 5.70 所示。

② 单击【定义】>>进入栏杆扶手定义界面>>单击【新建】>>单击【新建栏杆扶手】；如图 5.71、5.72 所示。

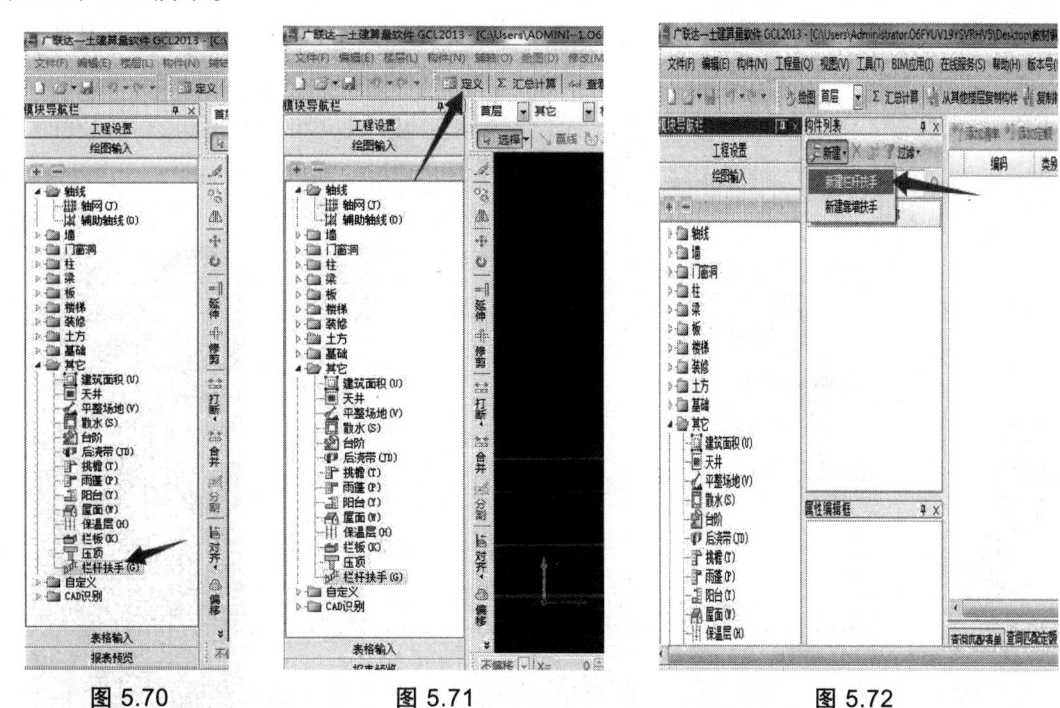

图 5.70　　图 5.71　　图 5.72

③ 根据尺寸规格、标高信息，在【属性编辑框】中输入相对应的值，如图 5.73 所示。

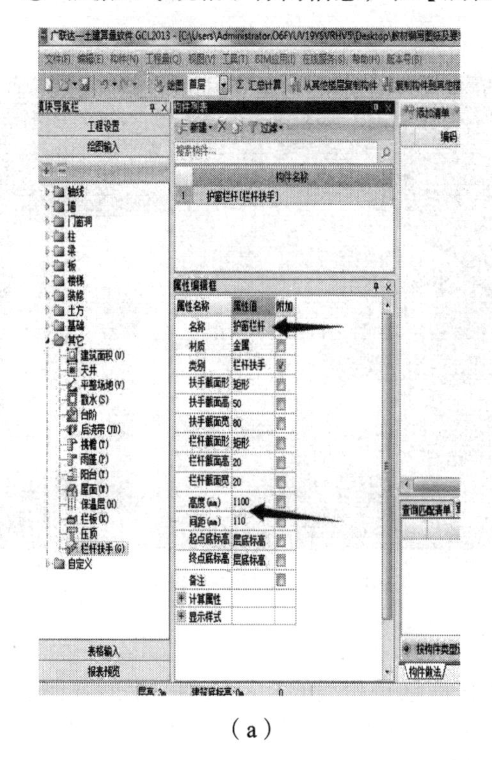

（a）

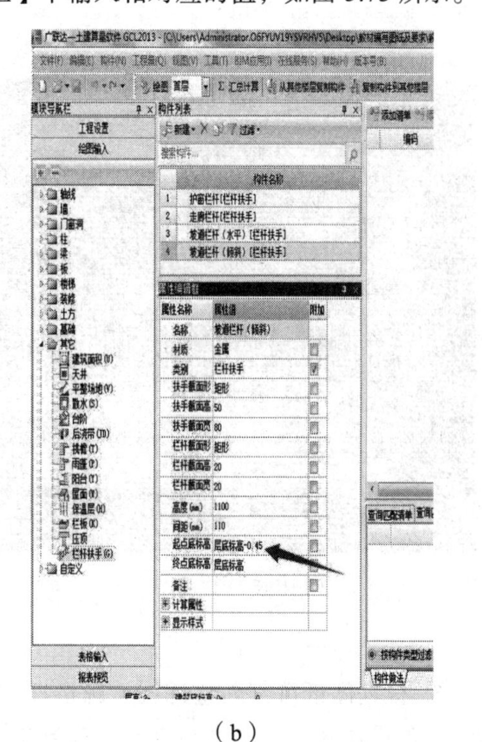

（b）

图 5.73

④ 单击【绘图】按钮>>进入绘图界面，软件默认【直线】画法>>在左边【构件列表】中选择与图纸相对应的构件名称>>根据图纸信息找到合适的基准点将栏杆扶手定位在相应位置，根据实际工程需要也可以借助【三点画弧】来完成栏杆扶手的定位（楼梯栏杆详见参数化楼梯创建），如图 5.74 所示。

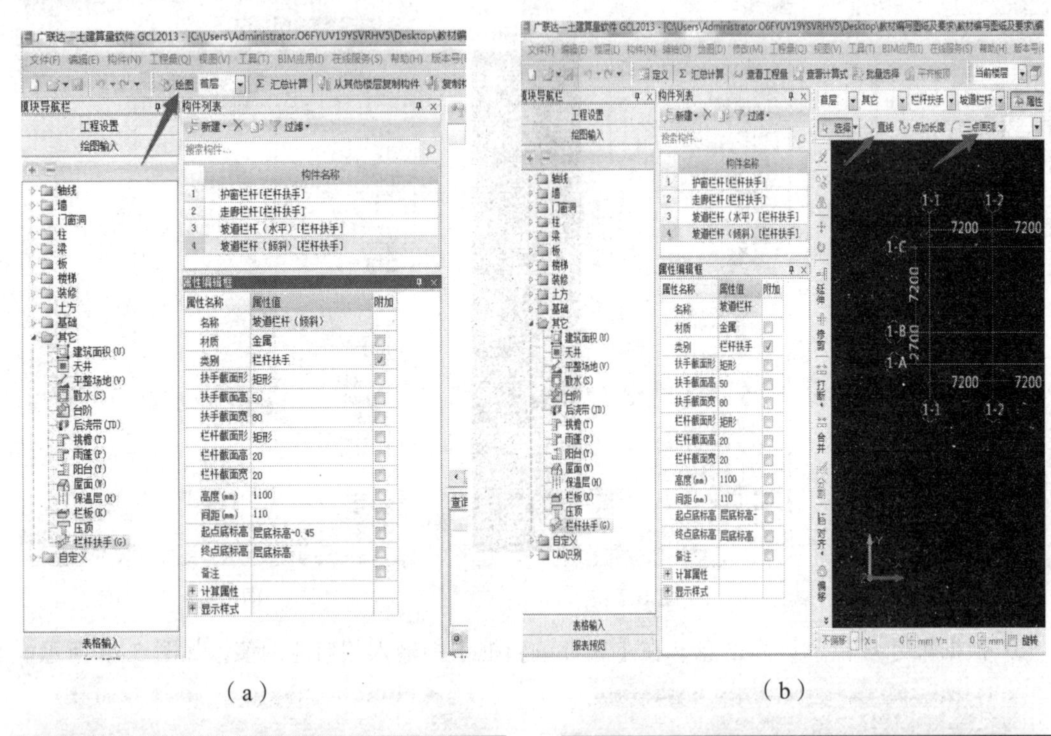

（a）　　　　　　　　　　　　　　（b）

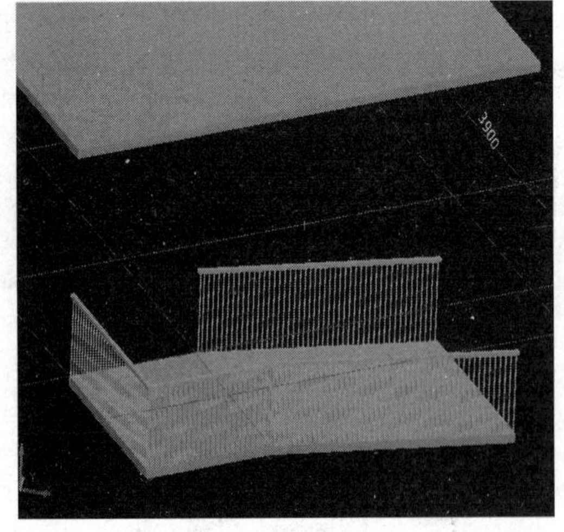

（c）坡道栏杆

（d）楼梯栏杆、护窗栏杆

图 5.74

⑤ 根据图纸可判断整栋楼走廊栏杆、护窗栏杆信息是相同的，可以利用层间复制功能：选中已布置好的栏杆扶手>>在第一排功能键中单击【楼层】>>选择【复制选定图元到其他楼层】复制栏杆扶手到其他楼层，完成各层栏杆扶手的绘制，如图 5.75 所示。

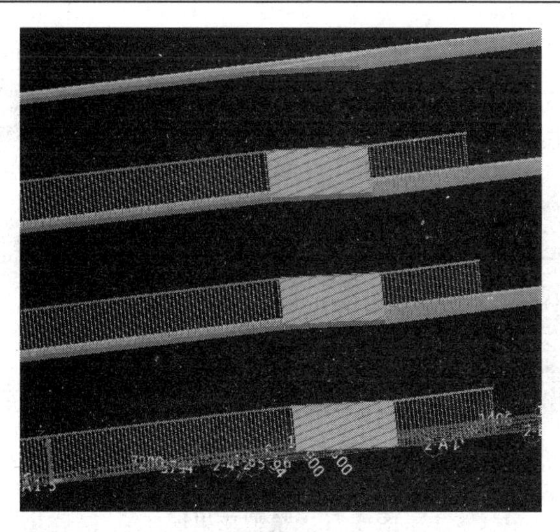

图 5.75

5.4 工程成果文件输出

学习要点：

绘图中基础、柱、梁、墙、楼板、屋顶、门窗、楼梯、栏杆扶手工程量输出。

前面几个章节以综合楼为例为读者介绍了各个构件的创建流程，按照书中所述的流程可以用广联达软件创建一个完整的项目建筑模型。建模的最终目的是得到所需的构件工程量，接下来将为大家介绍工程成果文件输出的方法。

1. 模型成果图展示

（a）

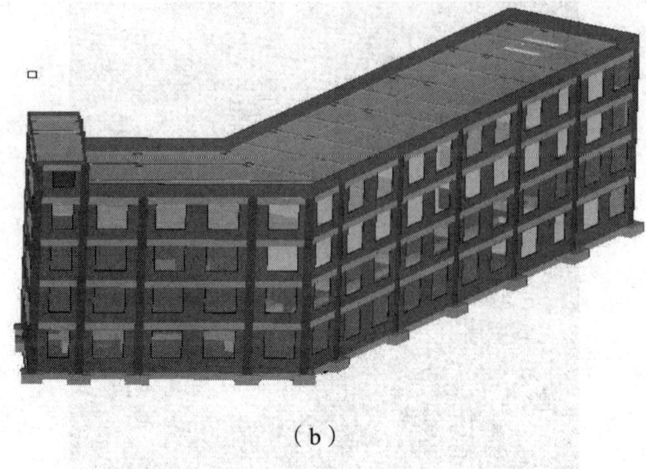

（b）

图 5.76　模型成果图

2. 工程成果文件输出流程

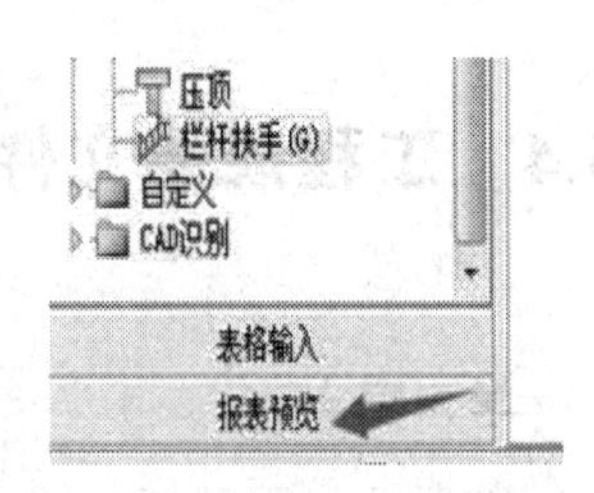

图 5.77

（1）在所有构件模型建完之后单击左边模块导航栏中的【报表预览】，如图 5.77 所示。

（2）在报表预览界面弹出的【设置报表范围】对话框中勾选所有楼层>>单击【确定】，各报表自动生成，如图 5.78 所示。

（3）单击左边模块导航栏中的【绘图输入工程量汇总表（按构件）】>>在左边第二列功能键中选择单击所需查看的构件名称，如图 5.79 所示。

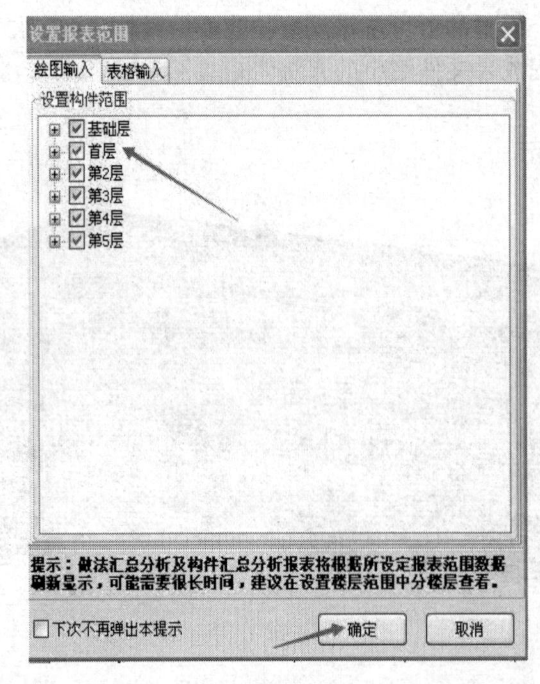

图 5.78

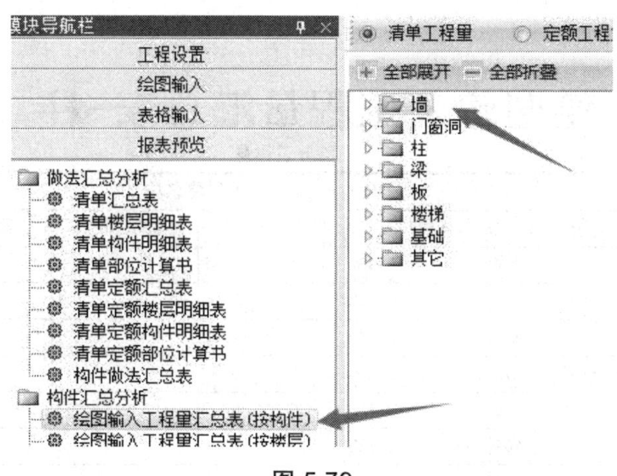

图 5.79

3. 报表预览

绘图输入工程量汇总表-桩承台

工程名称：工程1　　清单工程量　　编制日期：2015-10-08

楼层	构件名称	工程量名称					
		数量(个)	体积(m3)	模板面积(m2)	底面面积(m2)	侧面面积(m2)	顶面面积(m2)
基础层	ZCT-1	1	0	0	0	0	0
	ZCT-1-1[ZCT-1]	0	2.048	5.12	1.0206	5.12	2.56
	ZCT-2	1	0	0	0	0	0
	ZCT-2-1[ZCT-2]	0	2.888	6.08	2.0706	6.08	3.61
	ZCT-3	1	0	0	0	0	0
	ZCT-3-1[ZCT-3]	0	1.568	4.48	0.829	4.48	1.96
	ZCT-4	1	0	0	0	0	0
	ZCT-4-1[ZCT-4]	0	1.568	4.48	0.0833	4.48	1.96
	小计	**4**	**8.072**	**20.16**	**4.0035**	**20.16**	**10.09**
合计		4	8.072	20.16	4.0035	20.16	10.09

绘图输入工程量汇总表-桩

工程名称：工程1　　清单工程量　　编制日期：2015-10-08

楼层	构件名称	工程量名称								
		数量(个)	体积(m3)	长度(m)	截面面积(m2)	土方体积(m3)	护壁体积(m3)	坚石体积(m3)	松石体积(m3)	松土体积(m3)
基础层	WKZ1	1	5.42	6	1.4518	6.74	1.33	2.79	1.13	2.83
	WKZ2	1	11.09	6	2.3288	13.01	1.91	5.06	2.27	5.67
	WKZ3	2	14.86	12	3.4851	17.98	3.12	7.2	3.08	7.7
	小计	**4**	**31.37**	**24**	**7.2657**	**37.73**	**6.36**	**15.05**	**6.48**	**16.2**
合计		4	31.37	24	7.2657	37.73	6.36	15.05	6.48	16.2

注：图中报表仅供学习参考用。

绘图输入工程量汇总表-柱

工程名称：工程1　　　　**清单工程量**　　　　**编制日期：2015-10-08**

楼层	构件名称	工程量名称					
		周长(m)	体积(m3)	模板面积(m2)	数量(根)	高度(m)	截面面积(m2)
基础层	KZ-1	2.4	0.162	1.08	1	1.35	0.36
	KZ-2	2.2	0.135	0.99	1	1.35	0.3
	KZ-3	2.4	0.162	1.08	1	1.35	0.36
	KZ-4	2.2	0.135	0.99	1	1.35	0.3
	KZ-5	2.2	0.135	0.99	1	1.35	0.3
	KZ-6	2.2	0.135	0.99	1	1.35	0.3
	KZ-7	2.2	0.135	0.99	1	1.35	0.3
	KZ-8	2.2	0.135	0.99	1	1.35	0.3
	KZ-9	2.2	0.135	0.99	1	1.35	0.3
	KZ-10	2.2	0.135	0.99	1	1.35	0.3
	KZ-11	2.2	0.135	0.99	1	1.35	0.3
	KZ-12	2.2	0.135	0.99	1	1.35	0.3
	KZ-13	2.2	0.135	0.99	1	1.35	0.3
	KZ-14	2.2	0.135	0.99	1	1.35	0.3
	KZ-15	2.2	0.135	0.99	1	1.35	0.3
	KZ-16	2.4	0.162	1.08	1	1.35	0.36
	KZ-17	2.4	0.162	1.08	1	1.35	0.36
	KZ-18	2.2	0.135	0.99	1	1.35	0.3
	KZ-19	2.3	0.1485	1.035	1	1.35	0.33
	KZ-20	2.4	0.162	1.08	1	1.35	0.36
	KZ-21	2.4	0.162	1.08	1	1.35	0.36
	KZ-22	2.4	0.162	1.08	1	1.35	0.36
	KZ-23	2.3	0.1485	1.035	1	1.35	0.33
	KZ-24	2.3	0.1485	1.035	1	1.35	0.33
	KZ-25	2.4	0.162	1.08	1	1.35	0.36
	KZ-26	2.3	0.1485	1.035	1	1.35	0.33
	KZ-27	2.3	0.1485	1.035	1	1.35	0.33
	KZ-28	2.3	0.1485	1.035	1	1.35	0.33
	KZ-29	2.3	0.1485	1.035	1	1.35	0.33
	小计	**66.1**	**4.2255**	**29.745**	**29**	**39.15**	**9.39**
	KZ-1	2.4	1.512	9.625	1	4.2	0.36
	KZ-2	2.2	1.26	8.535	1	4.2	0.3
	KZ-3	2.4	1.512	9.625	1	4.2	0.36
	KZ-4	2.2	1.26	8.695	1	4.2	0.3

注：图中报表仅供学习参考用。

绘图输入工程量汇总表-墙

工程名称：工程1　　　　**清单工程量**　　　　**编制日期：2015-10-08**

楼层	构件名称	工程量名称													
		体积(m3)	外墙外脚手架面积(m2)	外墙内脚手架面积(m2)	内墙脚手架面积(m2)	外墙外侧钢丝网片总长度(m)	外墙内侧钢丝网片总长度(m)	内墙两侧钢丝网片总长度(m)	外部墙梁钢丝网片长度(m)	外部墙柱钢丝网片长度(m)	内部墙梁钢丝网片长度(m)	内部墙柱钢丝网片长度(m)	墙厚(m)	墙高(m)	长度(m)
基础层	Q-2[内墙]	3.8501	0	0	49.9874	0	0	3.6	0	0	0	3.6	1.68	3.15	37.0277
	Q-1[外墙]	12.9781	180.6929	0	0	39.15	0	0	0	39.15	0	0	2.64	4.95	133.8466
	小计	**16.8282**	**180.6929**	**0**	**49.9874**	**39.15**	**0**	**3.6**	**0**	**39.15**	**0**	**3.6**	**4.32**	**8.1**	**170.8743**
首层	Q-1[外墙]	70.5923	590.2496	0	0	674.8877	0	0	374.1877	300.7	0	0	2.64	46.2	131.1666
	Q-2[内墙]	31.409	0	0	153.3971	0	0	129.5696	0	0	100.3696	29.2	1.68	29.4	37.0188
	小计	**102.0013**	**590.2496**	**0**	**153.3971**	**674.8877**	**0**	**129.5696**	**374.1877**	**300.7**	**100.3696**	**29.2**	**4.32**	**75.6**	**168.1854**
第2层	Q-2[内墙]	46.9286	0	0	237.3329	0	0	230.768	0	0	163.568	67.2	2.16	35.1	62.8714
	Q-1[外墙]	61.9884	530.0074	448.6479	0	368.356	233.7163	0	216.356	152	105.3163	128.4	2.64	42.9	134.6266
	小计	**108.917**	**530.0074**	**448.6479**	**237.3329**	**368.356**	**233.7163**	**230.768**	**216.356**	**152**	**268.8843**	**195.6**	**4.8**	**78**	**197.498**
第3层	Q-2[内墙]	51.5982	0	0	257.5574	0	0	230.768	0	0	163.568	67.2	2.64	42.9	67.9916
	Q-1[外墙]	61.9884	530.0074	446.7699	0	368.356	233.7163	0	216.356	152	105.3163	128.4	2.64	42.9	134.6266
	小计	**113.5866**	**530.0074**	**446.7699**	**257.5574**	**368.356**	**233.7163**	**230.768**	**216.356**	**152**	**268.8843**	**195.6**	**5.28**	**85.8**	**202.6182**
第4层	Q-2[内墙]	51.598	0	0	257.5574	0	0	190.5987	0	0	123.3987	67.2	2.64	42.9	67.9916
	Q-1[外墙]	60.0876	520.5274	446.7699	0	323.8387	225.9163	0	171.8387	152	97.5163	128.4	2.88	46.8	132.2266
	小计	**111.6856**	**520.5274**	**446.7699**	**257.5574**	**323.8387**	**225.9163**	**190.5987**	**171.8387**	**152**	**220.915**	**195.6**	**5.52**	**89.7**	**200.2182**
第5层	Q-1[外墙]	36.5262	276.7856	260.8386	0	78.275	52.935	0	45.675	32.6	20.535	32.4	2.2	24	136.553
	女儿墙[外墙]	1.68	8.64	8.16	0	0	0	0	0	0	0	0	0.8	1.2	28
	小计	**38.2062**	**285.4256**	**268.9986**	**0**	**78.275**	**52.935**	**0**	**45.675**	**32.6**	**20.535**	**32.4**	**3**	**25.2**	**164.553**
合计		491.2249	2636.9103	1611.1863	955.8322	1852.8634	746.2839	785.3043	1024.4134	828.45	879.5882	652	27.24	362.4	1103.9471

注：图中报表仅供学习参考用。

绘图输入工程量汇总表-梁

工程名称：工程1 **清单工程量** **编制日期：2015-10-08**

楼层	构件名称	工程量名称								
		体积(m3)	模板面积(m2)	截面周长(m)	梁净长(m)	轴线长度(m)	梁侧面面积(m2)	截面面积(m2)	截面高度(m)	截面宽度(m)
基础层	L-9	0.244	3.05	1.2	3.05	3.3	2.44	0.08	0.4	0.2
	L-11	2.7563	27.5	1.4	24.5	25.5	21.375	0.1125	0.45	0.25
	L-2	1.0519	10.56	1.4	9.35	9.85	8.2225	0.1125	0.45	0.25
	KL-7	0.6344	6.0865	1.5	5.075	7.2007	4.8178	0.125	0.5	0.25
	KL-16	0.6331	6.1064	1.5	5.0651	7.2	4.8401	0.125	0.5	0.25
	KL-17	4.4062	42.0753	1.7	29.3668	39.748	34.7317	0.15	0.6	0.25
	L-10	0.6625	6.9563	1.3	6.625	7.2	5.3	0.1	0.4	0.25
	KL-15	3.975	37.3	1.7	26.5	36	30.675	0.15	0.6	0.25
	KL-14	4.1091	39.1588	1.7	27.394	34.594	32.3103	0.15	0.6	0.25
	KL-1	1.536	12.06	2.2	6.4	9.9	10.14	0.24	0.8	0.3
	L-1	1.0519	10.5525	1.4	9.35	9.9	8.215	0.1125	0.45	0.25
	KL-2	0.8925	8.4475	1.7	5.95	9.9	6.96	0.15	0.6	0.25
	KL-3	0.915	8.62	1.7	6.1	9.9	7.095	0.15	0.6	0.25
	KL-4	0.915	8.62	1.7	6.1	9.9	7.095	0.15	0.6	0.25
	KL-5	0.915	8.62	1.7	6.1	9.9	7.095	0.15	0.6	0.25
	KL-10	1.7622	16.9221	1.7	11.748	18.148	13.9851	0.15	0.6	0.25
	L-3	1.0237	10.465	1.4	9.1	9.875	8.19	0.1125	0.45	0.25
	L-7	0.238	2.975	1.2	2.975	3.3	2.38	0.08	0.4	0.2
	L-5	0.3825	4.0163	1.3	3.825	4.9	3.06	0.3	1.2	0.75
	L-4	3.0994	31.4575	1.4	27.55	29.625	24.57	0.3375	1.35	0.75
	KL-6	0.1728	1.7278	1.5	1.3822	3.0436	1.3822	0.125	0.5	0.25
	L-6	1.702	17.3518	1.4	15.1471	16.24	13.5696	0.1125	0.45	0.25
	KL-8	1.0527	10.4149	1.5	8.422	12.994	8.3095	0.125	0.5	0.25
	KL-9	1.3882	13.1941	1.7	9.2545	14.3987	10.8804	0.15	0.6	0.25
	KL-13	0.8062	7.8375	1.5	6.45	9.9	6.225	0.125	0.5	0.25
	KL-11	1.572	12.365	2.2	6.55	9.9	10.4	0.24	0.8	0.3
	KL-12	0.8062	7.87	1.5	6.45	9.9	6.2575	0.125	0.5	0.25
	小计	**38.7038**	**372.3103**	**42.1**	**285.7797**	**372.217**	**300.5217**	**4.04**	**16**	**7.75**
首层	KL-17	5.4359	48.8561	1.7	36.1881	39.748	43.0031	0.15	0.6	0.25
	L-10	0.6625	5.6313	1.3	6.625	7.2	5.3	0.1	0.4	0.25
	L-9	0.244	2.745	1.2	3.05	3.3	2.44	0.08	0.4	0.2
	L-11	2.7563	22.75	1.4	24.5	25.5	21.375	0.1125	0.45	0.25
	KL-15	4.9952	40.7484	1.7	33.2987	36	38.8335	0.15	0.6	0.25
	KL-14	4.7691	42.4844	1.7	31.794	34.594	37.5903	0.15	0.6	0.25
	KL-1	1.992	14.865	2.2	8.3	9.9	13.18	0.24	0.8	0.3

注：图中报表仅供学习参考用。

绘图输入工程量汇总表-现浇板

工程名称：工程1 **清单工程量** **编制日期：2015-10-08**

楼层	构件名称	工程量名称					
		体积(m3)	底面模板面积(m2)	侧面模板面积(m2)	数量(块)	投影面积(m2)	板厚(m)
首层	XB-1	41.5684	414.5199	0	43	413.2958	4.3
	小计	**41.5684**	**414.5199**	**0**	**43**	**413.2958**	**4.3**
第2层	XB-1	41.5684	414.5199	0	43	414.5199	4.3
	小计	**41.5684**	**414.5199**	**0**	**43**	**414.5199**	**4.3**
第3层	XB-1	41.5684	414.5199	0	43	413.2958	4.3
	小计	**41.5684**	**414.5199**	**0**	**43**	**413.2958**	**4.3**
第4层	XB-1	43.0812	429.6041	0	44	428.3801	4.4
	小计	**43.0812**	**429.6041**	**0**	**44**	**428.3801**	**4.4**
第5层	XB-1	2.9449	29.4488	0	3	29.4488	0.3
	小计	**2.9449**	**29.4488**	**0**	**3**	**29.4488**	**0.3**
合计		170.7313	1702.6126	0	176	1698.9404	17.6

绘图输入工程量汇总表-门

工程名称：工程1 **清单工程量** **编制日期：2015-10-08**

楼层	构件名称	工程量名称						
		洞口面积(m2)	框外围面积(m2)	数量(樘)	洞口三面长度(m)	洞口宽度(m)	洞口高度(m)	洞口周长(m)
首层	M0921	3.78	3.78	2	5.1	0.9	2.1	6
	M1221	2.52	2.52	1	5.4	1.2	2.1	6.6
	乙FM1521	6.3	6.3	2	5.7	1.5	2.1	7.2
	MLC3028	33.6	33.6	4	8.6	3	2.8	11.6
	小计	**46.2**	**46.2**	**9**	**24.8**	**6.6**	**9.1**	**31.4**
第2层	M0921	7.56	7.56	4	5.1	0.9	2.1	6
	乙FM1521	6.3	6.3	2	5.7	1.5	2.1	7.2
	MLC1028	16.8	16.8	6	6.6	1	2.8	7.6
	M1021	2.1	2.1	1	5.2	1	2.1	6.2
	小计	**32.76**	**32.76**	**13**	**22.6**	**4.4**	**9.1**	**27**
第3层	M0921	7.56	7.56	4	5.1	0.9	2.1	6
	乙FM1521	6.3	6.3	2	5.7	1.5	2.1	7.2
	MLC1028	16.8	16.8	6	6.6	1	2.8	7.6
	M1021	2.1	2.1	1	5.2	1	2.1	6.2
	小计	**32.76**	**32.76**	**13**	**22.6**	**4.4**	**9.1**	**27**
第4层	M0921	7.56	7.56	4	5.1	0.9	2.1	6
	乙FM1521	6.3	6.3	2	5.7	1.5	2.1	7.2
	MLC1028	16.8	16.8	6	6.6	1	2.8	7.6
	M1021	2.1	2.1	1	5.2	1	2.1	6.2
	小计	**32.76**	**32.76**	**13**	**22.6**	**4.4**	**9.1**	**27**
第5层	M-1221	2.52	2.52	1	5.4	1.2	2.1	6.6
	小计	**2.52**	**2.52**	**1**	**5.4**	**1.2**	**2.1**	**6.6**
合计		147	147	49	98	21	38.5	119

注：图中报表仅供学习参考用。

绘图输入工程量汇总表-窗

工程名称：工程1 **清单工程量** **编制日期：2015-10-08**

楼层	构件名称	工程量名称						
		洞口面积(m2)	框外围面积(m2)	数量(樘)	洞口三面长度(m)	洞口宽度(m)	洞口高度(m)	洞口周长(m)
首层	C2126	76.44	76.44	14	7.3	2.1	2.6	9.4
	C1526	7.8	7.8	2	6.7	1.5	2.6	8.2
	C15184	2.76	2.76	1	5.18	1.5	1.84	6.68
	小计	**87**	**87**	**17**	**19.18**	**5.1**	**7.04**	**24.28**
第2层	C2126	76.44	76.44	14	7.3	2.1	2.6	9.4
	C1526	7.8	7.8	2	6.7	1.5	2.6	8.2
	C15184	2.76	2.76	1	5.18	1.5	1.84	6.68
	C1019	5.7	5.7	3	4.8	1	1.9	5.8
	C1519	17.1	17.1	6	5.3	1.5	1.9	6.8
	C0606	0.72	0.72	2	1.8	0.6	0.6	2.4
	C1819	6.84	6.84	2	5.6	1.8	1.9	7.4
	小计	**117.36**	**117.36**	**30**	**36.68**	**10**	**13.34**	**46.68**
第3层	C2126	76.44	76.44	14	7.3	2.1	2.6	9.4
	C1526	7.8	7.8	2	6.7	1.5	2.6	8.2
	C15184	2.76	2.76	1	5.18	1.5	1.84	6.68
	C1019	5.7	5.7	3	4.8	1	1.9	5.8
	C1519	17.1	17.1	6	5.3	1.5	1.9	6.8
	C0606	0.72	0.72	2	1.8	0.6	0.6	2.4
	C1819	6.84	6.84	2	5.6	1.8	1.9	7.4
	小计	**117.36**	**117.36**	**30**	**36.68**	**10**	**13.34**	**46.68**
第4层	C2126	76.44	76.44	14	7.3	2.1	2.6	9.4
	C1526	7.8	7.8	2	6.7	1.5	2.6	8.2
	C15184	2.76	2.76	1	5.18	1.5	1.84	6.68
	C1019	5.7	5.7	3	4.8	1	1.9	5.8
	C1519	17.1	17.1	6	5.3	1.5	1.9	6.8
	C0606	0.72	0.72	2	1.8	0.6	0.6	2.4
	C1819	6.84	6.84	2	5.6	1.8	1.9	7.4
	小计	**117.36**	**117.36**	**30**	**36.68**	**10**	**13.34**	**46.68**
第5层	C15184	2.76	2.76	1	5.18	1.5	1.84	6.68
	C1526	2.4	2.4	1	4.7	1.5	1.6	6.2
	小计	**5.16**	**5.16**	**2**	**9.88**	**3**	**3.44**	**12.88**
合计		444.24	444.24	109	139.1	38.1	50.5	177.2

注：图中报表仅供学习参考用。

绘图输入工程量汇总表-栏杆扶手

工程名称：工程1 **清单工程量** **编制日期：2015-10-08**

楼层	构件名称	工程量名称						
		长度（含弯头）(m)	长度（不含弯头）(m)	投影长度（含弯头）(m)	投影长度（不含弯头）(m)	面积（含弯头）(m2)	面积（不含弯头）(m2)	栏杆根数(根)
基础层	坡道栏杆[栏杆扶手]	10.3	10.3	10.3	10.3	6.18	6.18	93
	护窗栏杆[栏杆扶手]	7.2	7.2	7.2	7.2	7.2	7.2	72
	走廊栏杆[栏杆扶手]	3.2	3.2	3.2	3.2	2.88	2.88	40
	小计	**20.7**	**20.7**	**20.7**	**20.7**	**16.26**	**16.26**	**205**
首层	坡道栏杆[栏杆扶手]	10.3	10.3	10.3	10.3	6.18	6.18	93
	护窗栏杆[栏杆扶手]	7.2	7.2	7.2	7.2	7.2	7.2	72
	走廊栏杆[栏杆扶手]	3.2	3.2	3.2	3.2	2.88	2.88	40
	小计	**20.7**	**20.7**	**20.7**	**20.7**	**16.26**	**16.26**	**205**
第2层	坡道栏杆[栏杆扶手]	10.3	10.3	10.3	10.3	6.18	6.18	93
	护窗栏杆[栏杆扶手]	7.2	7.2	7.2	7.2	7.2	7.2	72
	走廊栏杆[栏杆扶手]	3.2	3.2	3.2	3.2	2.88	2.88	40
	小计	**20.7**	**20.7**	**20.7**	**20.7**	**16.26**	**16.26**	**205**
第3层	坡道栏杆[栏杆扶手]	10.3	10.3	10.3	10.3	6.18	6.18	93
	护窗栏杆[栏杆扶手]	7.2	7.2	7.2	7.2	7.2	7.2	72
	走廊栏杆[栏杆扶手]	3.2	3.2	3.2	3.2	2.88	2.88	40
	小计	**20.7**	**20.7**	**20.7**	**20.7**	**16.26**	**16.26**	**205**
第4层	坡道栏杆[栏杆扶手]	10.3	10.3	10.3	10.3	6.18	6.18	93
	护窗栏杆[栏杆扶手]	7.2	7.2	7.2	7.2	7.2	7.2	72
	走廊栏杆[栏杆扶手]	3.2	3.2	3.2	3.2	2.88	2.88	40
	小计	**20.7**	**20.7**	**20.7**	**20.7**	**16.26**	**16.26**	**205**
合计		103.5	103.5	103.5	103.5	81.3	81.3	1025

注：图中报表仅供学习参考用。

绘图输入工程量汇总表-楼梯

工程名称：工程1 **清单工程量** **编制日期：2015-10-08**

楼层	构件名称		工程量名称											
首层	1#楼梯	楼梯	水平投影面积(m2)	砼体积(m3)	底部抹灰面积(m2)	梯段侧面面积(m2)	踏步立面面积(m2)	踏步平面面积(m2)	踢脚线长度（直）(m)	靠墙扶手长度(m)	栏杆扶手长度(m)	防滑条长度(m)	踢脚线面积（斜）(m2)	踢脚线长度（斜）(m)
		1#楼梯	14.8104	2.7433	17.0094	1.6357	5.577	9.6096	22.82	13.7235	9.4588	37.7	3.542	13.7235
		小计	14.8104	2.7433	17.0094	1.6357	5.577	9.6096	22.82	13.7235	9.4588	37.7	3.542	13.7235
	小计	楼梯	水平投影面积(m2)	砼体积(m3)	底部抹灰面积(m2)	梯段侧面面积(m2)	踏步立面面积(m2)	踏步平面面积(m2)	踢脚线长度（直）(m)	靠墙扶手长度(m)	栏杆扶手长度(m)	防滑条长度(m)	踢脚线面积（斜）(m2)	踢脚线长度（斜）(m)
		1#楼梯	14.8104	2.7433	17.0094	1.6357	5.577	9.6096	22.82	13.7235	9.4588	37.7	3.542	13.7235
		小计	14.8104	2.7433	17.0094	1.6357	5.577	9.6096	22.82	13.7235	9.4588	37.7	3.542	13.7235
第2层	1#楼梯	楼梯	水平投影面积(m2)	砼体积(m3)	底部抹灰面积(m2)	梯段侧面面积(m2)	踏步立面面积(m2)	踏步平面面积(m2)	踢脚线长度（直）(m)	靠墙扶手长度(m)	栏杆扶手长度(m)	防滑条长度(m)	踢脚线面积（斜）(m2)	踢脚线长度（斜）(m)
		1#楼梯	16.366	2.7877	17.1682	2.6262	5.655	9.744	22.82	13.7235	9.4588	37.7	3.542	13.7235
		小计	16.366	2.7877	17.1682	2.6262	5.655	9.744	22.82	13.7235	9.4588	37.7	3.542	13.7235
	小计	楼梯	水平投影面积(m2)	砼体积(m3)	底部抹灰面积(m2)	梯段侧面面积(m2)	踏步立面面积(m2)	踏步平面面积(m2)	踢脚线长度（直）(m)	靠墙扶手长度(m)	栏杆扶手长度(m)	防滑条长度(m)	踢脚线面积（斜）(m2)	踢脚线长度（斜）(m)
		1#楼梯	16.366	2.7877	17.1682	2.6262	5.655	9.744	22.82	13.7235	9.4588	37.7	3.542	13.7235
		小计	16.366	2.7877	17.1682	2.6262	5.655	9.744	22.82	13.7235	9.4588	37.7	3.542	13.7235
第3层	1#楼梯	楼梯	水平投影面积(m2)	砼体积(m3)	底部抹灰面积(m2)	梯段侧面面积(m2)	踏步立面面积(m2)	踏步平面面积(m2)	踢脚线长度（直）(m)	靠墙扶手长度(m)	栏杆扶手长度(m)	防滑条长度(m)	踢脚线面积（斜）(m2)	踢脚线长度（斜）(m)
		1#楼梯	16.366	2.7877	17.1682	2.6382	5.655	9.744	22.82	13.7235	9.4588	37.7	3.542	13.7235
		小计	16.366	2.7877	17.1682	2.6382	5.655	9.744	22.82	13.7235	9.4588	37.7	3.542	13.7235
	小计	楼梯	水平投影面积(m2)	砼体积(m3)	底部抹灰面积(m2)	梯段侧面面积(m2)	踏步立面面积(m2)	踏步平面面积(m2)	踢脚线长度（直）(m)	靠墙扶手长度(m)	栏杆扶手长度(m)	防滑条长度(m)	踢脚线面积（斜）(m2)	踢脚线长度（斜）(m)
		1#楼			17.168					13.723				

注：图中报表仅供学习参考用。

第 6 章 鲁班软件建模*

【导读】

本章以鲁班土建 BIM 建模软件为主线，介绍鲁班 BIM 建模软件的操作流程及使用方法，共分为 5 小节，选用教学综合楼案例工程进行分析，按照统一建模标准建立 BIM 模型。对鲁班土建 BIM 建模进行整体剖析，并最终形成成果文件。通过本章的学习，读者能够完全了解鲁班 BIM 建模的思路。

6.1 BIM 模型创建原理

学习要点：

- 《鲁班建模准则和标准》，规范建模
- 鲁班 BIM 建模端之间，及与鲁班 BIM 系统端的模型共享，数据协同

6.1.1 建模准则与标准

为了使 BIM 技术在实际工程中更好地应用，为了帮助从事 BIM 技术的工作人员更好地理解和掌握 BIM，正确运用鲁班 BIM 建模软件，我们为此特别编制了《鲁班建模准则和标准》，通过此标准可以让建模者快速精准建模，且是达到数据协同共享的基础。

《鲁班建模准则和标准》见表 6.1。

表 6.1　鲁班建模准则和标准

鲁班 BIM 建模标准（土建）						
序号	构件类别	构件类型	构件	构件命名标准	构件布置标准	软件设置
1	一次结构	柱	混凝土柱	1. 依据图纸 2. 单边突出墙面：KZ1（外墙）	1. 按照图纸准确定位 2. 梁柱墙相对位置正确	1. 计算规则设置混凝土柱扣现浇板
2			构造柱	1. 严格依图纸 2. GZ200*200		默认
3		墙	混凝土墙	1. 依厚度：TWQ300 2. 弧形：TWQ300（弧）	1. 按图纸准确定位 2. 柱梁相对位置正确 3. 贯穿混凝土柱 4. 墙墙中线闭合	1. 板需完全覆盖墙（按墙梁成板）
4			砖墙	1. 依材质 2. 依厚度 3. 依性质：ZWQ240（零星） 例如：ZWQ241（多孔）	1. 按图纸准确定位 2. 柱梁相对位置正确 3. 贯穿混凝土柱 4. 墙墙中线闭合	默认
5		梁	主次梁	1. 严格依图纸 2. 按性质：阳台梁 200*400 3. 按形状：KL1（弧）	1. 按图纸准确定位 2. 柱梁相对位置正确 3. 贯穿混凝土柱 4. 梁梁中线闭合	1. 计算规则同软件默认设置 2. 模型中板到梁边
6		板	板	1. 依板厚 XB100 2. 依混凝土等级：XB100C40 3. 依性质 PB100（平板） 4. 依形状 XB100（弧）	1. 按图纸准确定位 2. 板的边线到梁和墙的外边	1. 板布置到墙梁边 2. 悬跳板注意加板侧模
7	二次结构	梁	圈梁	1. QL1	1. 直接随墙布置 2. 自动布圈梁默认	默认
8			过梁	1. GL200	1. 直接随门窗 2. 自动布过梁默认 3. 过梁端部搁置 4. 过梁不能相交	1. 注意单边搁置 2. 注意过梁重叠
9		门窗	门窗	1. 依据图纸	依据图纸严格定位	1. 飘窗带侧板，侧板粉刷套相应定额子目
10	基础	独立基础	柱状独立基础/独立基础	严格按图纸名称定义	严格按照图纸	1. 调整相应计算规则 2. 砖胎膜按内边线计算非中线
12		满堂基础	满堂基础	1. MJ400		1. 调整相应计算规则 2. 满基础土方放坡主要自身扣减规则，三满基相交，规定相交边不放坡不加工作面
13		基础梁	基础梁	严格按图纸名称定义		1. 设置基础梁和实体集水井的扣减关系
14		实体集水井	实体集水井	1. J1	1. 底标高 2. 外偏距离 3. 坡度角	3. 设置基础梁和实体集水井的扣减关系

续表

鲁班 BIM 建模规范（钢筋）						
序号	结构类别	构件类型	构件	构件命名规范	构件属性定义规范	构件布置规范
				用例	详细内容	详细内容
1	一次结构	柱	框架柱/暗柱	图纸：KZ1 /AZ1 命名：KZ1 /AZ1	四角筋和中部钢筋区分，异型柱用自定义断面处理	按照图纸要求进行定位、设定标高
2		混凝土墙	剪力墙	图纸：Q1 命名：Q1	按照图纸说明进行配筋	绘制剪力墙按照图纸定位需要准确。注意倒角闭合、标高
3		梁	连梁	图纸：KL1（3） 命名：KL1（3）		
4			框架主/次梁	图纸：KL1（3）/L1（3） 命名：KL1（3）/L1（3）		
5		板	现浇板	图纸：板厚 200 命名：200	按照图纸说明进行定义厚度	按照图纸要求进行定位、设定标高
6			底筋/负筋/支座钢筋	图纸：B12@100 命名：B12@100	按照图纸中说明进行配筋	严格按照图纸中说明进行布置，单板多板布置必须区分
7		基础	独立基础	图纸：CT1 命名：CT1		按照图纸要求进行定位、设定标高
8			基础主/次梁	图纸：JCL1/JL1 命名：JCL1/JL1		同框架梁/次梁
9			筏板基础	图纸：板厚 400 命名：400		按照图纸要求进行定位、设定标高
10			筏板底/中/面筋/支座钢筋	图纸：B12@100 命名：B12@100		按照图纸说明准确定位
11			集水井	图纸：JSJ 命名：JSJ		按照图纸要求进行定位、设定标高
12	二次结构	节点	节点	图纸：挑檐 1 结施 2-3 命名：结施 2-3		按照图纸实际的位置进行处理。
13		柱	构造柱	图纸：GZ1 命名：GZ1		按照图纸要求进行定位、设定标高
14		墙	砖墙	图纸：未命名，宽度 200 命名：ZQ200	按照图纸说明进行截面设定	同剪力墙
15			拉结筋	图纸：未命名，配筋为 A6@500） 命名：A6@500	按照图纸中说明进行配筋	按照图纸说明准确定位。
16			墙洞	图纸：未命名，宽*高为 500*800） 命名：500*800		根据图纸实际要求精确布置。标高按照图纸中说明设定
17		梁	过梁	图纸：GL1 命名：GL1		标高按照图纸中说明设定
18			圈梁	图纸：QL1 命名：QL1		同框架梁/次梁
19		楼梯	楼梯	图纸：AT1 命名：AT1		按照图纸说明准确定位

续表

鲁班BIM建模规范（安装）						
序号	点线分类	构件类型	构件	构件名称规范	构件属性定义规范	构件布置规范
				详细内容	详细内容	详细内容
1	点状构件	照明器具	灯具、开关、插座	严格按照图纸名称定义	按照图例表进行名称定义	按照图纸位置进行提取确定名称，高度进行转化设备
2		配电箱柜	配电柜		按照图纸进行名称定义，配电箱尺寸 1 000×2 000×600	同上
3		电附件	套管		按照图纸进行名称定义	按照图纸位置，运用附件-套管命令完成
4			接线盒			接线盒按照生成规则批量生成
5		卫生洁具	洗脸盆		按照图例表进行名称定义	同照明器具
6		水附件	地漏检查口、雨水斗、闸阀	软件报表可自动区分地漏规格	按照图例表进行名称定义	按照图纸对构件位置进行精确定位（需先有管道的前提）
7		喷头	水喷头	严格按照图纸名称定义	按照图列表进行名称定义	同照明器具（先转喷头才能转化管道）
8		风口	送风口（回、排风口）		按照图纸设置风口尺寸	同照明器具
9	线状构件	管线（水平/垂直）	照明管线、动力管线	严格按照图纸的名称定义。（注：软件按照管线属性出量，自动区分统计导线和导管工程量）	按照系统图定义所需管线（注：进行三步走。即：首先在管线-照明导线下配线，其次在管线-导管下进行配管，最后在管线-导线·导管下，进行管线组合。）	根据图纸线条运用选择布管线命令完成
10			照明管线			确定管线位置，注意标高方式来布置
11		电缆桥架	桥架	严格按照图纸名称定义	按照图纸要求定义桥架尺寸	根据图纸位置，用水平桥架布置命令
12		防雷接地	接地母线		按照图纸要求定义接地母线	利用线变接地母线命令批量操作
13			引下线		按照图纸要求定义引下线	根据图纸，用引下线命令，确定标高
14		管道	给排水管		按照图纸说明要求确定管道材质以及对照系统图确定管道规格	运用任意布管道命令，确定好标高
15			喷淋管道		根据图纸标注软件自动识别喷淋管标注	利用转化喷淋管命令批量转化，自动生成短立管
16		风管	排风管（送风管、回风管同理）		按照图纸说明要求确定管道材质以及对照图纸标注确定管道尺寸	利用转化风管命令批量转化，注意好标高

6.1.2　各专业模型共享、协同方法

鲁班 BIM 建模端可通过 LBIM 文件实现互导。LBIM 是鲁班全系列软件通用建筑信息模型的文件格式，实现了软件之间建筑模型的数据共享，可显著提高建模效率。

鲁班 BIM 建模端成果文件可通过“PDS”及“输出碰撞”导入鲁班 BIM 系统。在算量软件内选择导出 PDS 文件后可导入鲁班 MC、SP、BE 平台；土建及安装 BIM 建模端的文件可选择“输出碰撞”后导入鲁班 BW 中。

鲁班成果文件同时还能够和所有支持 IFC 文件格式的软件实现完美互导，充分达到数据共享的目的，减少多次建模所花费的时间和人力，降低工程成本和加快工程进度，对工程项目管理具有重大的意义。

1. 土建同钢筋建模配合点

模型栋数、划分范围必须保持一致；工程设置需统一，尤其是混凝土等级、楼层设置、工程标高等；相应楼号土建和钢筋负责人要做到发现图纸问题及时沟通，统一图纸问题记录要求；做好互导工作协调要求，确保提升效率。

土建主体部分模型为从钢筋直接导入，其余二次构件等需土建自行建模；钢筋主要为导入土建模型中砖砌体、门窗洞口、构造柱、圈、过梁等二次构件；土建建模过程中需对配筋不同的钢筋二次构件进行命名区分，具体要求钢筋人员需进行交底；导入后需再次检查正确性，达到相互审核目的。

2. 土建同安装配合点

若需做碰撞及管综应确保模型栋数、划分范围、相应楼层层数、轴网及基点定位统一。土建采用结构标高，安装采用建筑标高，安装可以利用 LBIM 文件导入土建完整的工程模型；相应楼号土建负责人需配合协助安装负责人根据土建构件（主要为梁板出现多处高低降板情况）确定管线标高取值。

6.2　项目准备

学习要点：

- 鲁班土建基础参数的设置，并对工程设置进行修改
- 鲁班土建标高参数的关系，建立工程最基础的轴网

6.2.1　工程设置

在建模之前，首先需要按照图纸的要求和工程的具体情况完成工程设置，工程设置包括

工程概况、算量模式、楼层设置、材质设置、标高设置 5 项内容。

（1）工程概况：需要将工程项目的基本情况填写进去，包括工程名称、建设地址、结构类型、建筑类型、建筑用途、建筑规模、基础形式、建设单位等 24 项内容。

（2）算量模式：分为清单模式和定额模式，选取清单模式，在该页面的选项框内选择相对应的清单；选取定额模式，则在该页面的选项框内选择相对应的定额。

清单模式可同时计算清单工程量及定额工程量；定额模式只可计算定额工程量。

（3）楼层设置：根据工程图纸的设计情况来设置楼层的基本情况，包括楼层的层高和楼层的楼地面标高等信息。楼层设置将直接影响竖向构件的长度，对柱墙的计算有直接的影响。需设置正确的设计室外地坪标高及自然地坪标高，前者将影响外墙装饰与外墙脚手架的工程量，后者将影响土方及回填土工程量。软件可计算干湿土的挖填方，需正确设置地下水位。楼层设置如图 6.1 所示。

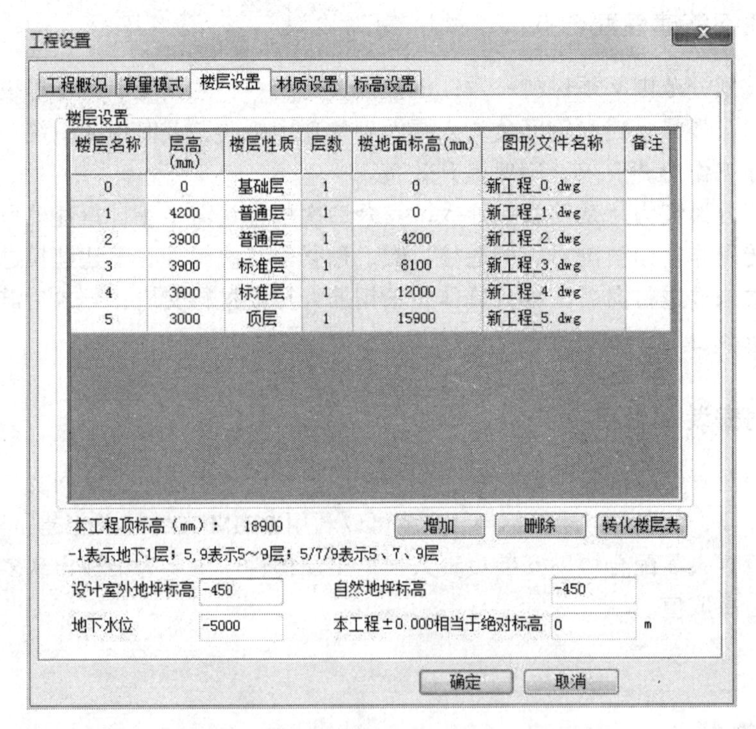

图 6.1

（4）材质设置：可对整个工程构件的混凝土等级、砌体类型和土方等进行统一设置。支持修改混凝土构件的施工方式、模板类型；砌体可修改砌体强度、砂浆等级、搅拌方式；土方设置中可以修改土方类别、挖土方式、运土处理、回填处理及回填材料。如果个别构件的等级不一样，则可在构件属性定义中单独调整。

（5）标高设置：对各楼层、各构件的标高形式进行设置，基础层的基础构件只能选择工程标高，其他构件可以选择工程标高或者楼层表高。

本工程为四层框架结构，一层层高 4.2 m，二、三、四层层高 3.9 m，建筑总高 16.35 m，没有地下室结构，设计室外地坪标高为-450，各楼层的层高和楼地面标高可根据图纸中的楼层表来转化，如图 6.2 所示；也可手动添加楼层，并输入各楼层层高。

楼层号	标高(m)	柱砼标号
楼梯间出屋面	18.900	C30
4	15.900	
3	12.000	
2	8.100	C35
1	4.200	
地梁顶标高	-0.450	

结构层楼面标高表

图 6.2

6.2.2 标高、轴网管理

1. 标高管理

开始布置构件之前，需要设置好标高类型，软件有两种标高类型，一种是工程标高，一种是楼层标高，要根据图纸的标高标注，选择最合理最方便的建模标高形式，同时要注意两种标高之间的换算关系。图 6.3 为软件中对标高的统一设置管理，图 6.4 为在属性定义中对分别构件进行标高调整。

图 6.3

图 6.4

2. 轴网

使用 CAD 转化—转化轴网功能，可一键对图纸中的轴网进行转化，图 6.5 所示的为转化的过程，图 6.6 所示的为轴网转化完成。轴网在工程中起到工程和构件定位的作用，可以大大提高构件布置的准确度。

说明：选择工程当中最全的轴网进行转化，执行提取轴符时要把标注、轴号等提取完全。

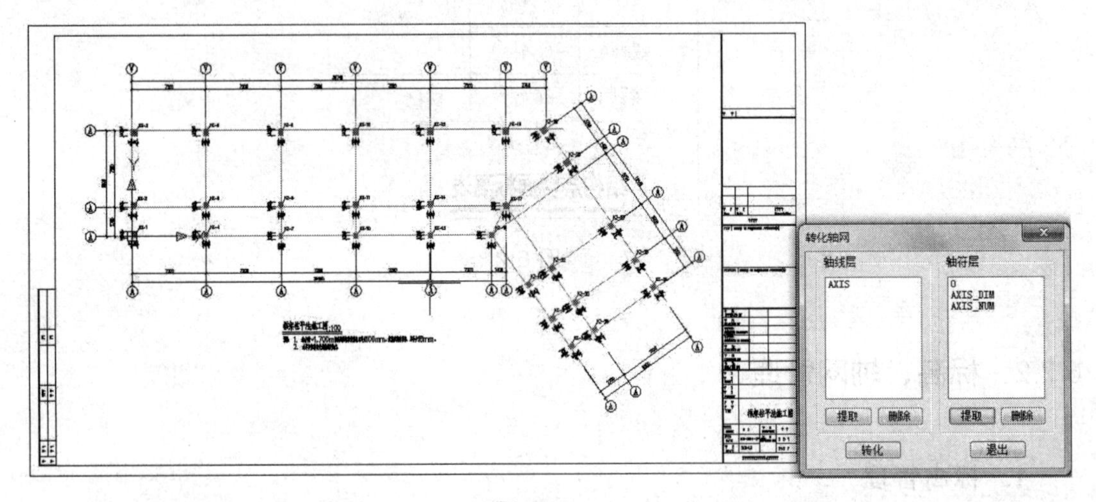

图 6.5

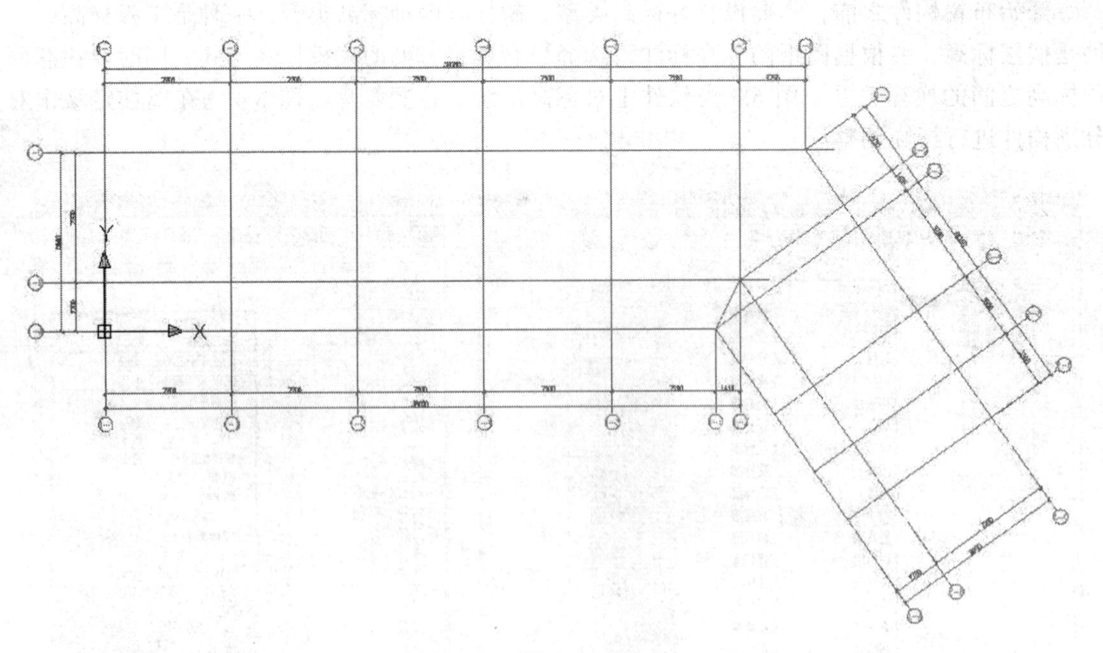

图 6.6

也可使用手动输入轴网数据来进行布置轴网，本工程含有带角度的轴网，在直线轴网中可设置旋转角度，如图 6.7 所示。然后使用【轴网】下的删除轴线和伸缩轴线的命令来完善轴网。

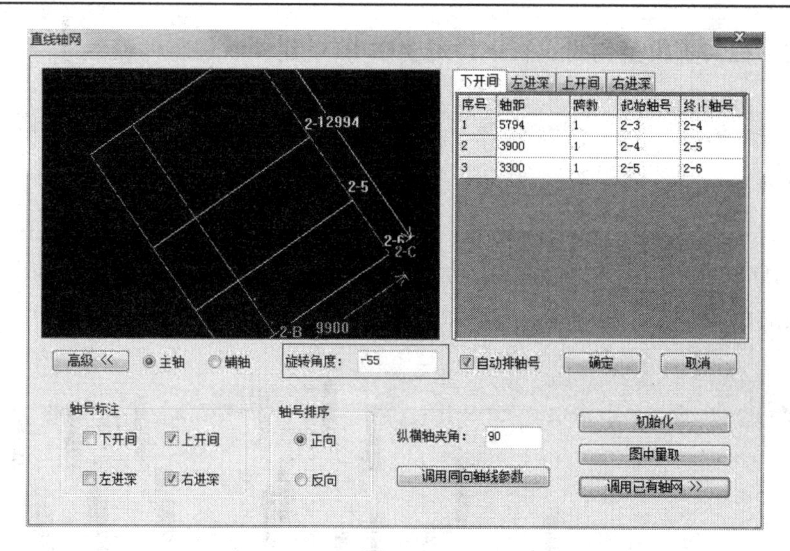

图 6.7

6.3 创建项目模型

学习要点：

- 使用 CAD 转化的功能，对工程的主体构件进行快速高效的转化
- 合理运用软件功能，对工程进行查漏补缺，做到模型的精细完整
- 布置构件：结构柱、结构梁、基础、楼板、屋顶、墙体、门窗、楼梯、扶手

案例工程：综合楼项目，结构形式为四层框架结构，中型建筑，用地面积 488.36 m^2，总建筑面积 1 991.59 m^2，地上四层，基础形式为人工挖孔桩基础，建筑高度 16.35 m。

如图 6.8 所示为此工程的效果图展示。

图 6.8

将围绕此工程讲解模型创建过程中鲁班土建 BIM 建模软件整体流程。

6.3.1 结构柱

使用【CAD 转化—转化柱状构件】功能，对图纸中的柱子进行转化，如图 6.9 所示为柱子转化完成之后的模型。

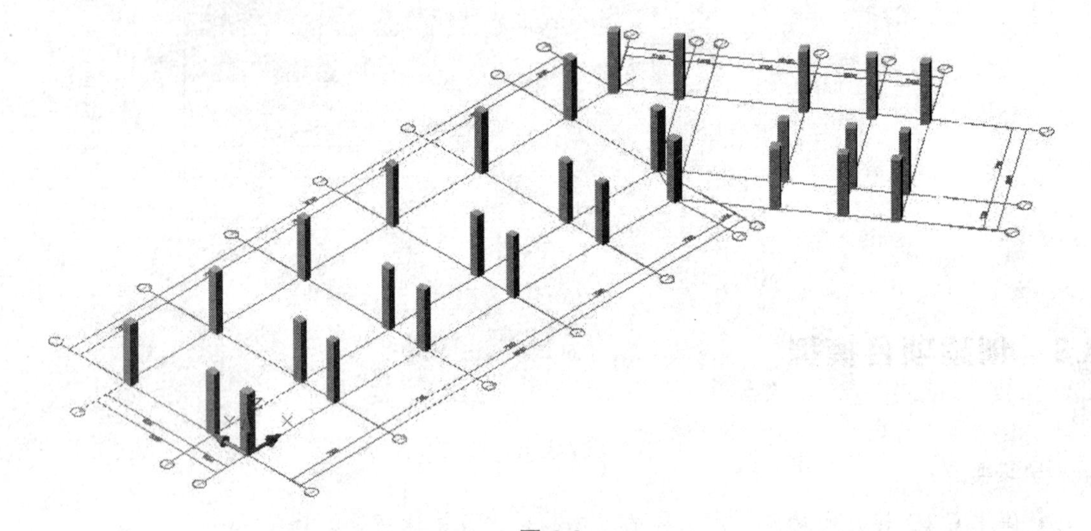

图 6.9

对于个别转化不成功的柱子，可以使用单击布柱的命令进行二次编辑修改；对于有偏心的柱子，可以使用【设置偏心】命令对柱子进行偏心，如图 6.10 所示。

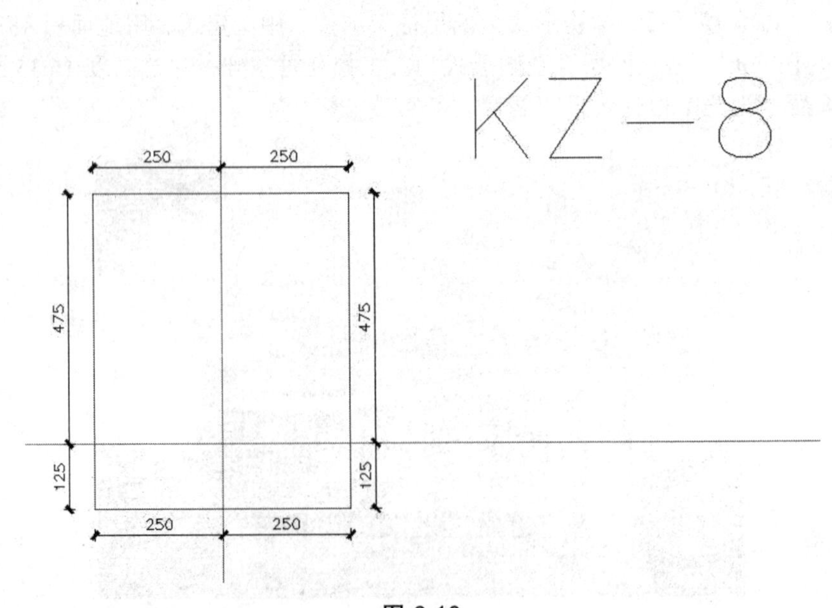

图 6.10

在根据图纸布置柱子时，需注意柱子的变截面以及标高。

手工建模：该工程的柱子类型为框架柱，首先应当在属性定义栏中录入框架柱的尺寸信息和标高信息，如图 6.11 所示；然后使用【柱体】下的单击布柱命令对照图纸进行布置；图纸中柱子有偏离轴线交点的，同样使用【柱体】下的设置偏心或批量偏心对柱子进行偏心设置。需注意本工程存在变截面柱，在输入截面尺寸的时候需细心检查，变截面柱如图 6.12 所示。

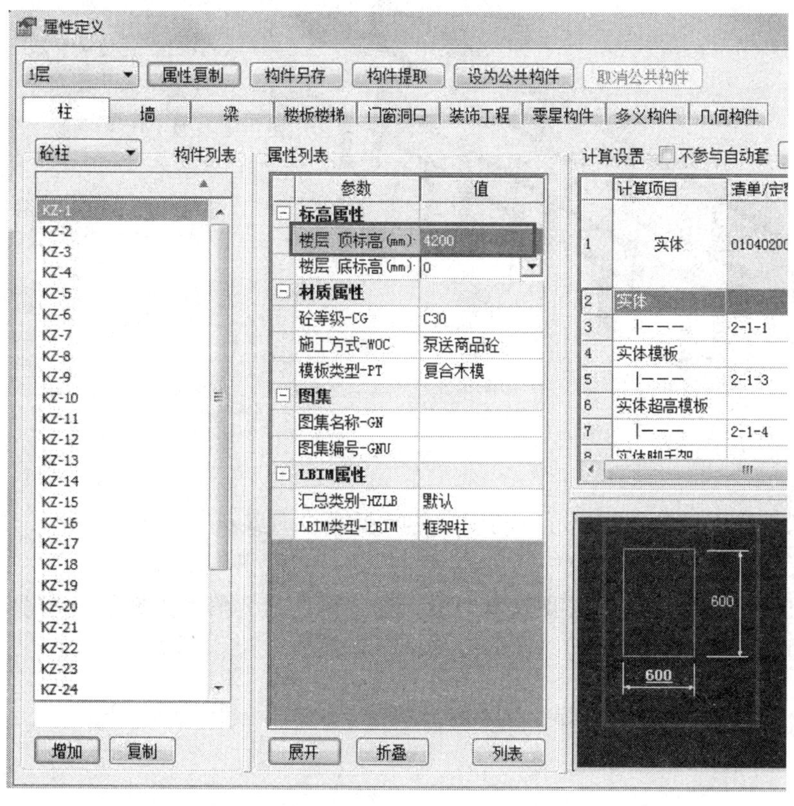

图 6.11

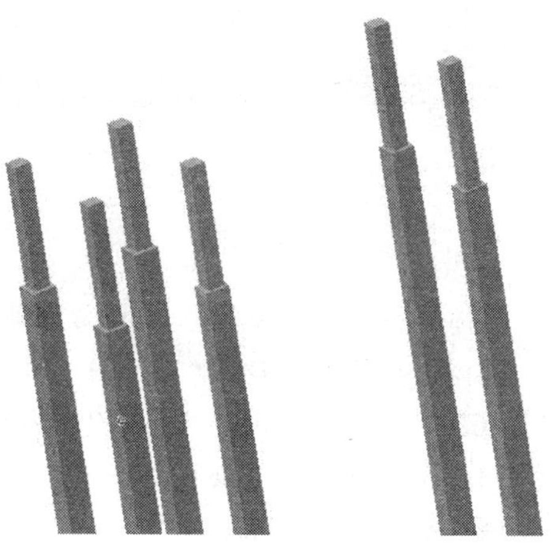

图 6.12

6.3.2 结构梁

使用【CAD 转化—转化梁】功能，可对图纸中的框架梁/次梁进行转化，如图 6.13 所示为本工程梁体转化完成之后的模型。

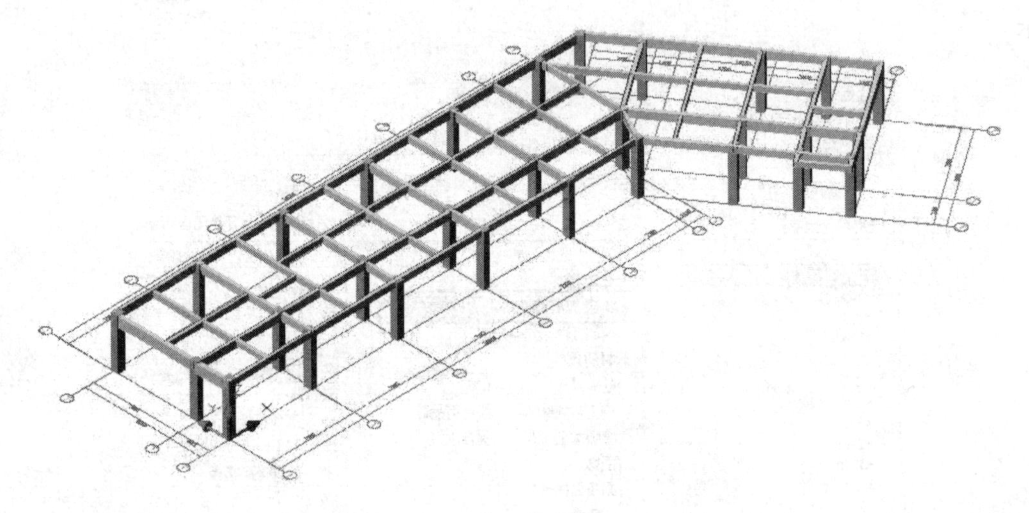

图 6.13

对于个别转化不成功的梁，可以利用名称更换命令对其进行修改；对于部分梁有跨偏移、变截面等情况的，可以使用原位标注的命令对梁进行二次编辑修改。

单击原位标注命令，选中需要修改的梁，选中梁体需要修改的跨进行修改，可修改的参数有：跨截面、跨偏移、跨标高以及单跨的清单定额，效果如图 6.14 所示。

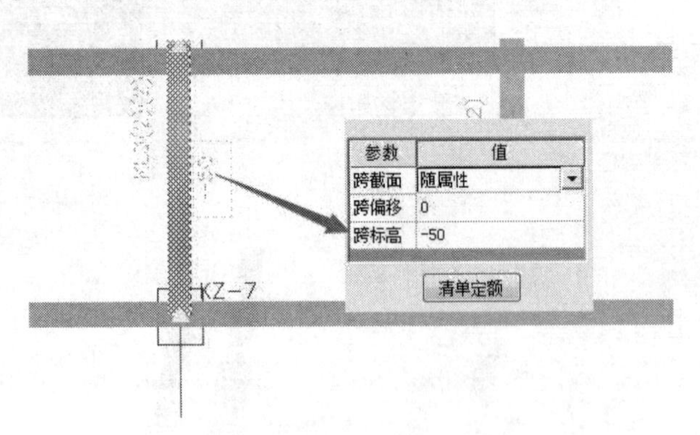

图 6.14

说明：转化梁的时候，因梁体构件较多，标注较为复杂，需修改的参数较多，所以对于转化完成的梁，需要仔细地对梁体进行检查和修改。

软件中的 CAD 转化是根据 CAD 图层进行转化的，转化结果会因为 CAD 图纸的完整度，而产生直接的影响，会出现转化不成功的构件，可以使用软件中的其他命令进行二次编辑修改。

手工建模：本工程的梁类型为框架梁和次梁，首先应当在属性定义栏中录入框架梁和次梁的截面尺寸信息和标高信息，如图 6.15 所示；然后使用【梁体】下的绘制梁命令对照图纸进行布置。本工程的梁有跨标高的改动，使用【梁体】下的原位标注对梁进行跨标高的更改，如图 6.14 所示。

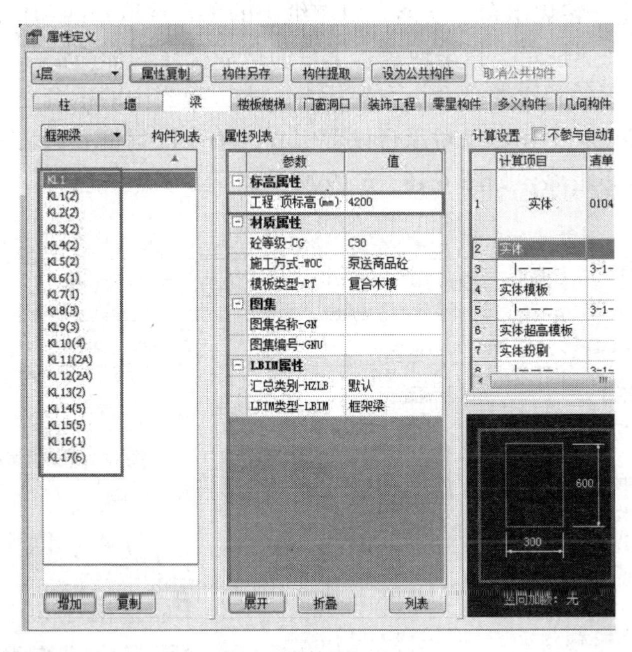

图 6.15

结构梁、柱完成后的整体三维模型如图 6.16 所示。

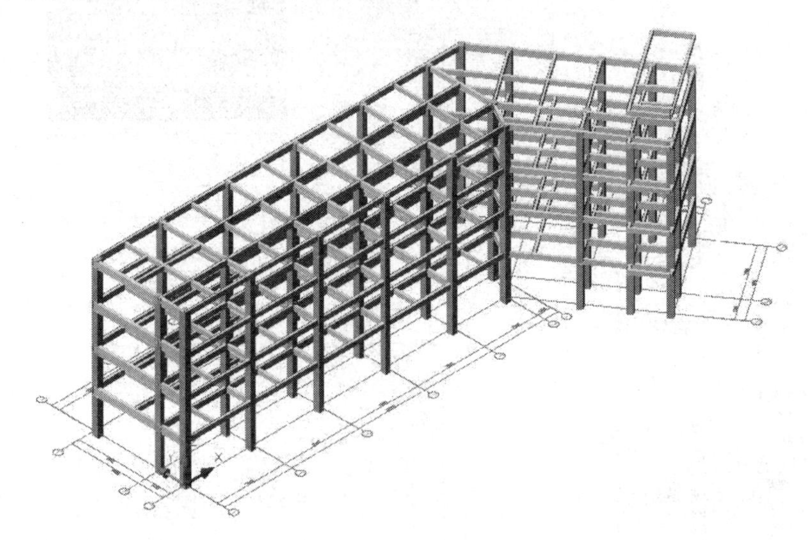

图 6.16

6.3.3 基　础

此工程的基础构件包括：承台、基础梁、桩。可采用 CAD 转化和手工绘制相结合方法布置基础构件。

1. 独立基础

使用【CAD 转化—转化承台】功能，对图纸中的承台选取边线和标注完成转化。

手工建模：首先在属性定义栏里面录入承台的截面尺寸和标高信息，如图 6.17 所示，然后使用【基础工程】下的独立基础命令布置承台，本工程当中的承台是存在偏心的，而软件除了可以对柱子设置偏心，还可以对承台设置偏心，单击设置偏心后，命令栏会提示选择柱或者独基，并设置偏心距离，如图 6.18、6.19 所示。

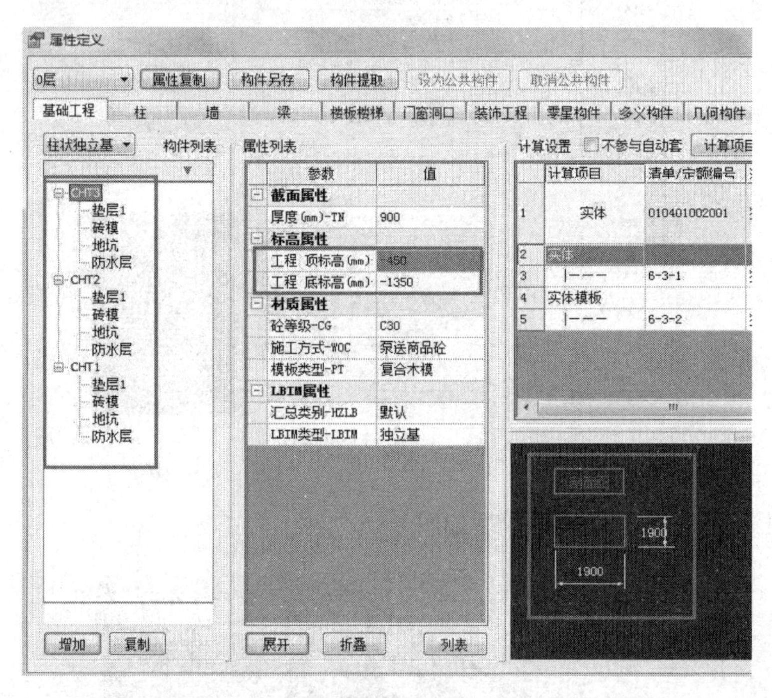

图 6.17

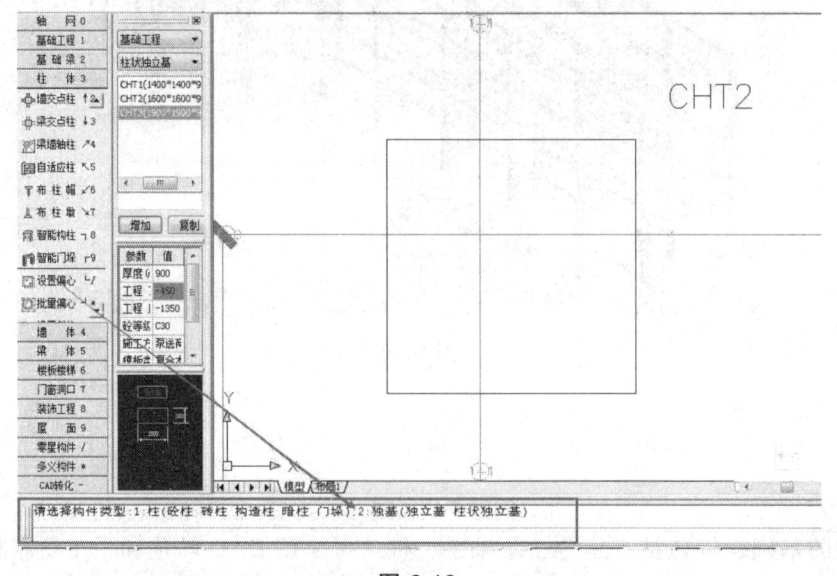

图 6.18

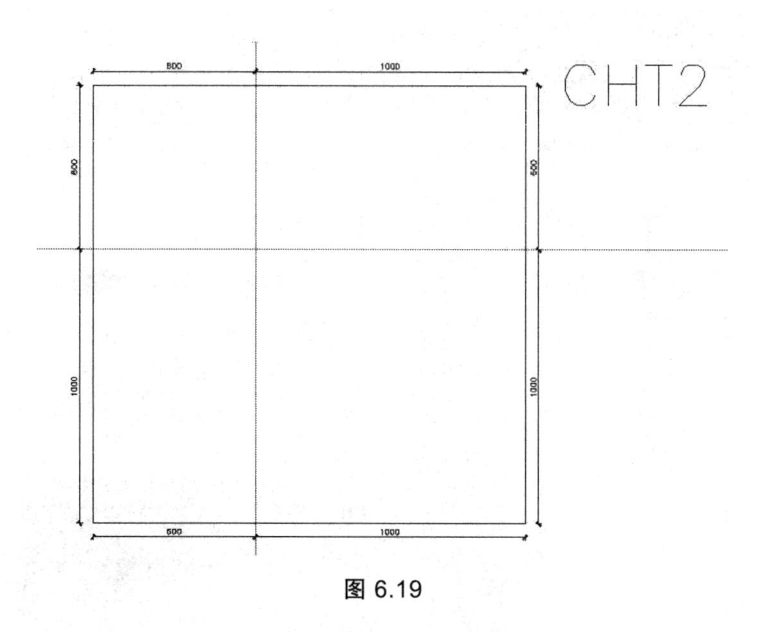

图 6.19

2. 基础梁

使用【CAD 转化—转化梁】功能，对图纸中的基础梁进行转化，方法同转化结构梁。

注：转化基础梁的时候，需要将框架梁和次梁的标识符删掉，以免将基础梁转化成了框架梁；另外，基础梁的标识符也应与图纸相吻合，如图 6.20 所示。

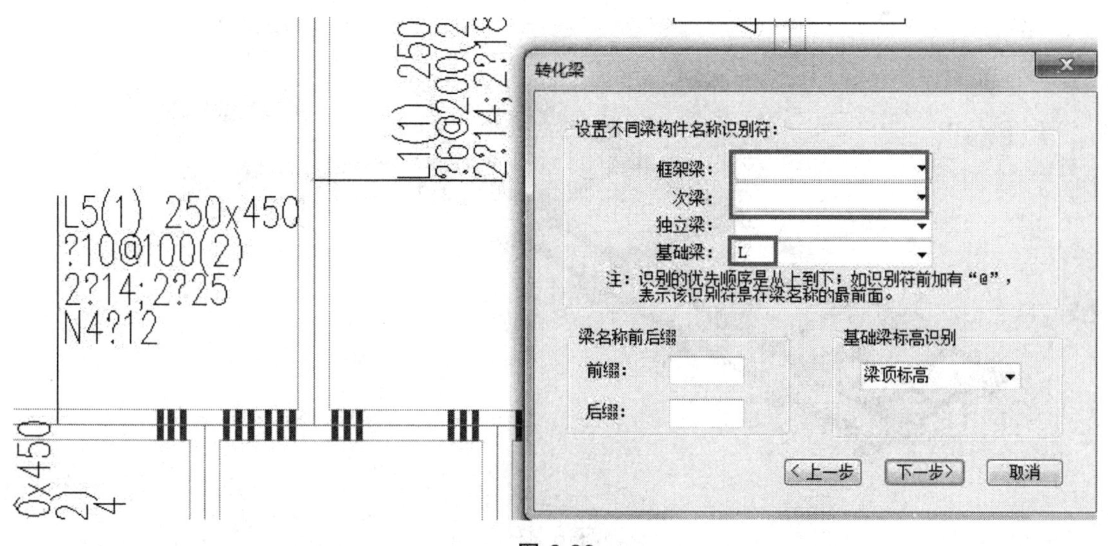

图 6.20

手工建模：根据图纸在 0 层（基础层）的属性定义栏中录入基础梁的截面尺寸和标高信息，如图 6.21 所示，绘制方法、变截面、跨标高修改同框架梁。

如图 6.22 所示为承台、基础梁转化完成之后的模型。

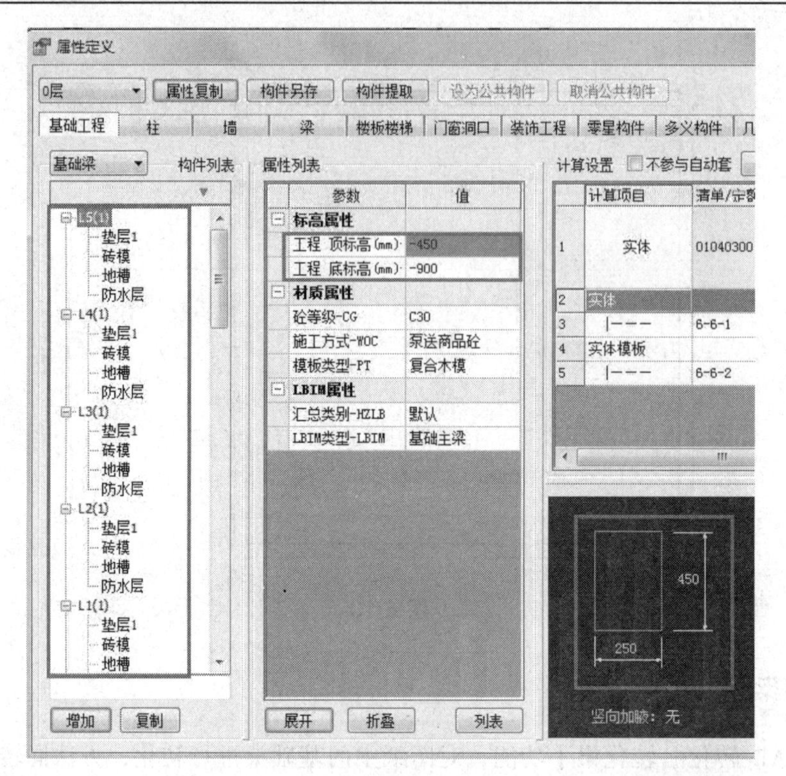

图 6.21

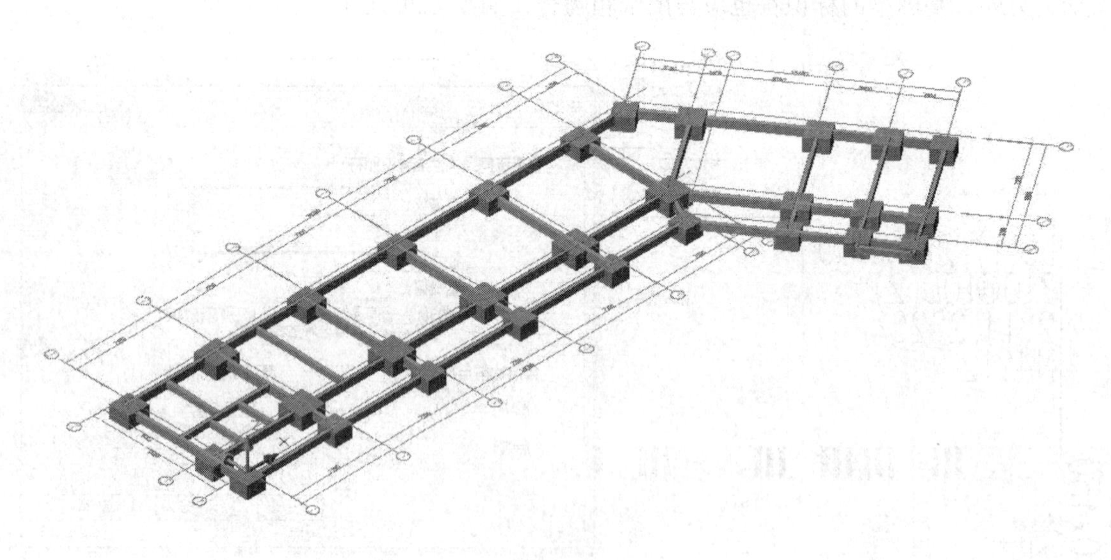

图 6.22

3. 条形基础

砼条基和砖条基绘制方法一样，完成构件属性定义后，进行布置。绘制条形基础的方式有两种：随墙布置和自由绘制。

① 随墙布置，需要以墙体为依附构件布置，选择砼条基或砖石条基，单击【条形基础】，

选择“随墙布置”确定，选择加构件的墙，右键确定即可。

② 自由绘制，选择砼条基或砖石条基，单击【条形基础】，选择“自由绘制”确定，根据图纸中条形基础的位置用鼠标进行任意绘制，需注意的是自由绘制只能取条形基础的中线进行绘制。

4. 桩

使用【CAD 转化—转化桩】功能，对图纸中的桩选取边线和标注完成转化。

手工建模：使用中文工具栏中【桩基础】命令来绘制挖孔桩，可使用图中选择柱、输入柱名称、选择插入点 3 种布置方法，如图 6.23 所示为绘制完成之后的桩基础模型。

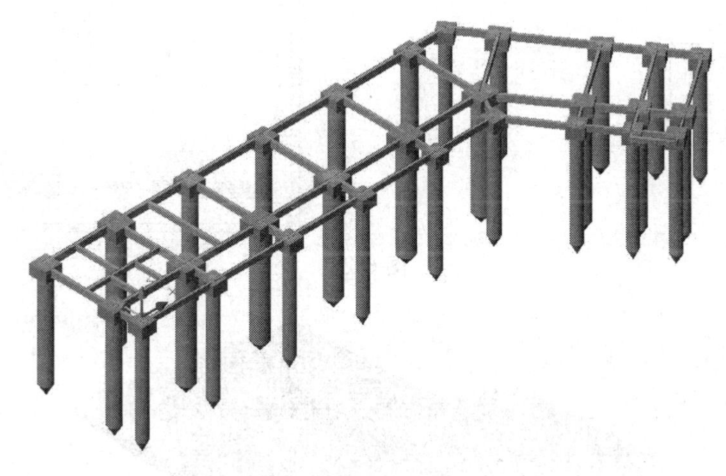

图 6.23

本工程没有集水井构件，在此单独介绍集水井的绘制方法。

5. 集水井

集水井是依附于满堂基础的，在满堂基础上完成实体集水井的布置，完成构件属性定义后，需要分 2 个步骤进行布置。

① 使用【布置井坑】命令根据图纸中井坑的位置和大小来绘制井坑，同时注意设置好井坑的深度。

② 使用【形成井】命令在已布置好的井坑上形成实体集水井，选中井坑，对集水井的参数进行设置，参数包括每条井坑边线的外偏距离、坡度%（坡度角）及集水井底标高。如图 6.24 所示为形成井的过程，如图 6.25 所示为布置完成之后的实体集水井模型图。

6. 子构件

垫层、砖模、土方、防水：基础构件的垫层、砖模、土方及防水层通过子构件直接套用清单或定额来实现，无需布置，相关的尺寸可以在“附件尺寸”里调整，如图 6.26 所示为承台子构件。

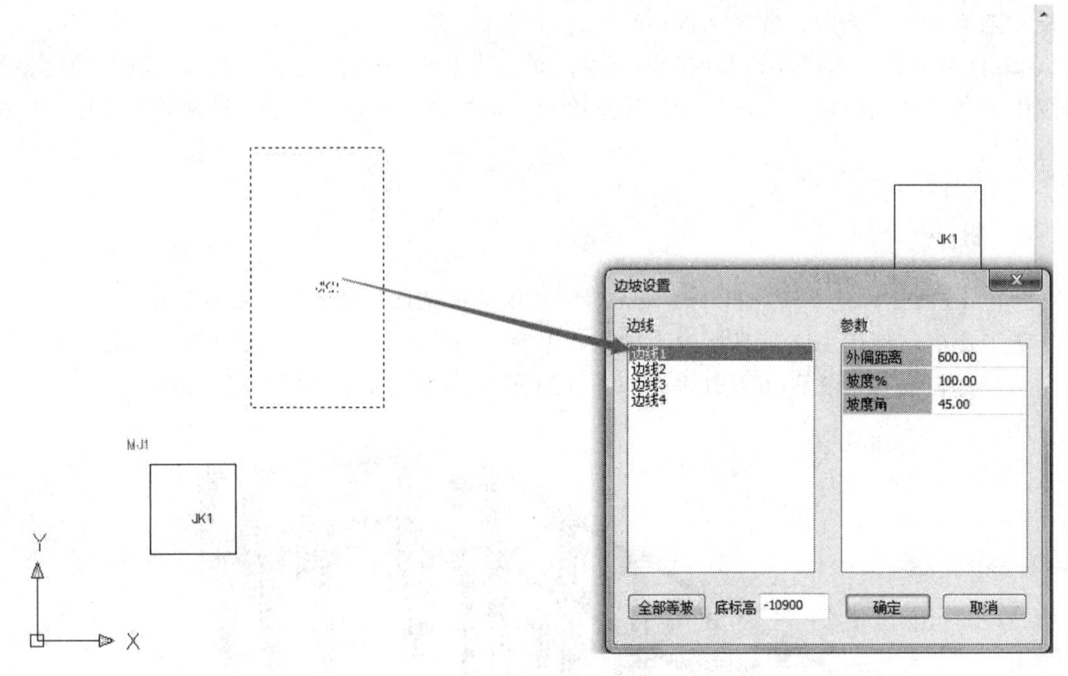

图 6.24

图 6.25

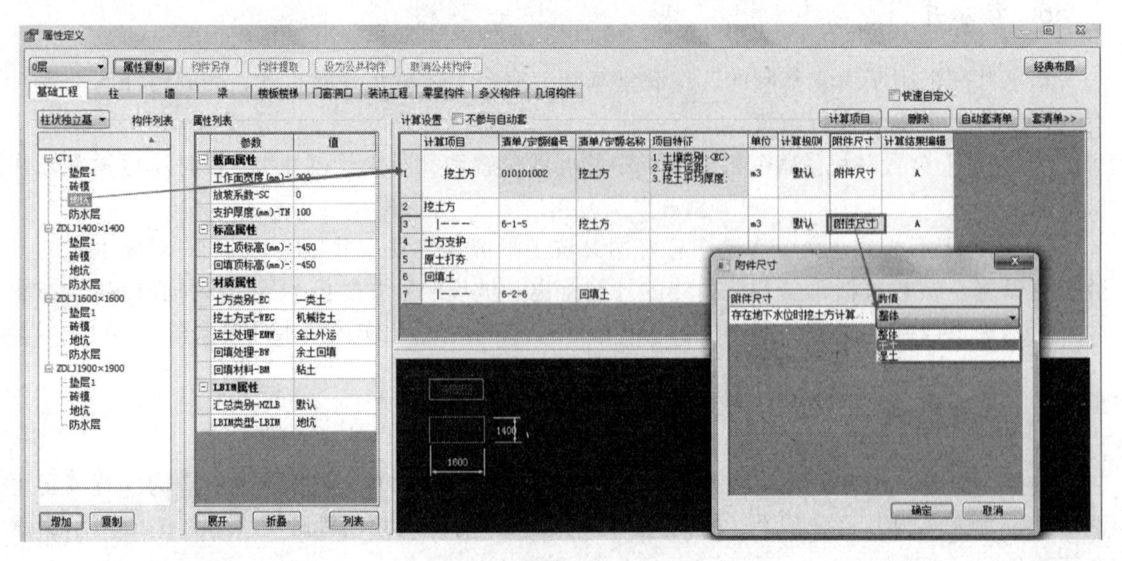

图 6.26

6.3.4　楼板、屋顶

楼板可以使用【形成楼板】命令根据已布置完成的梁构件一键生成。此工程为平屋顶，布置屋面，可以使用【布屋面】命令直接选取已经生成的楼板随板一键生成，方便快捷。如图 6.27 所示为楼板、屋顶三维模型图。

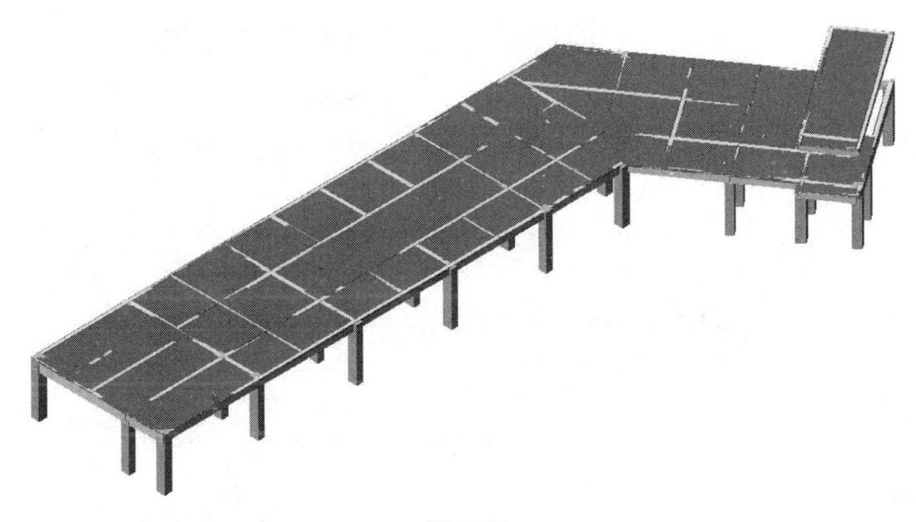

图 6.27

如果屋顶为斜屋顶，则可以通过【构件变斜】对楼板进行变斜调整，也可以先根据绘制好的墙体先生成屋面轮廓线后，使用【多坡屋板】命令直接生成符合图纸要求的斜屋面。生成的斜屋面如图 6.28 所示。

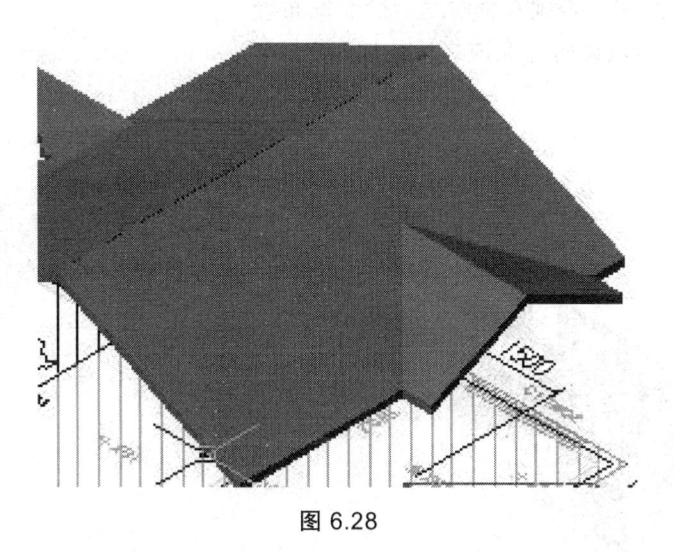

图 6.28

说明：形成楼板必须是依附于墙或者梁之上的，选择好墙、梁的生成基线方式，即可一键生成所有的板。

6.3.5 墙　体

鲁班土建 BIM 建模软件中墙体类型包括：混凝土外墙、混凝土内墙、砖外墙、砖内墙等。

使用【CAD 转化—转化墙体】功能，选择 CAD 图纸中的墙边线进行转化，“转化墙”的对话框如图 6.29 所示。

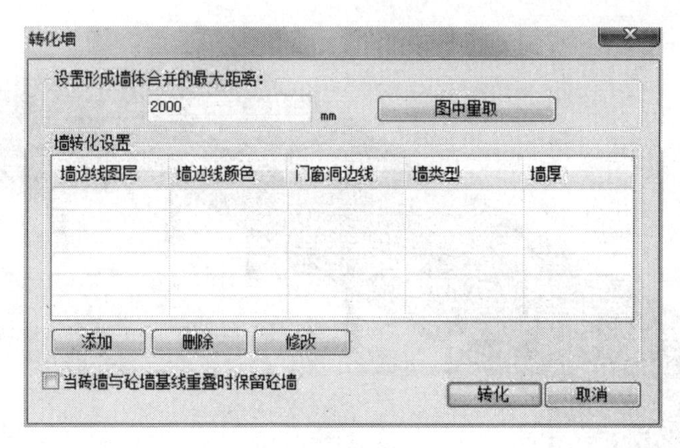

图 6.29

说明：

（1）“设置形成墙体合并最大距离”，为图纸中最大的门窗洞口距离，直接从图中量取即可。

（2）墙体的厚度可从软件提供的“墙厚设置”的列表数据中添加，也可从图中量取。

（3）转化完成后可利用土建云功能中的云模型检查，检查未封闭的墙体构件，进行调整已保证墙体都已经封闭，否则会影响之后的装饰布置。

如图 6.30 所示为墙体转化完成之后的模型。

图 6.30

手工建模：对照图纸在属性定义栏中录入墙体的厚度以及名称信息，本工程有 3 种墙体：

砖外墙、砖内墙、玻璃幕墙，如图 6.31 所示；绘制方法必须由墙中线绘制到墙中线，以保证墙体的闭合性。

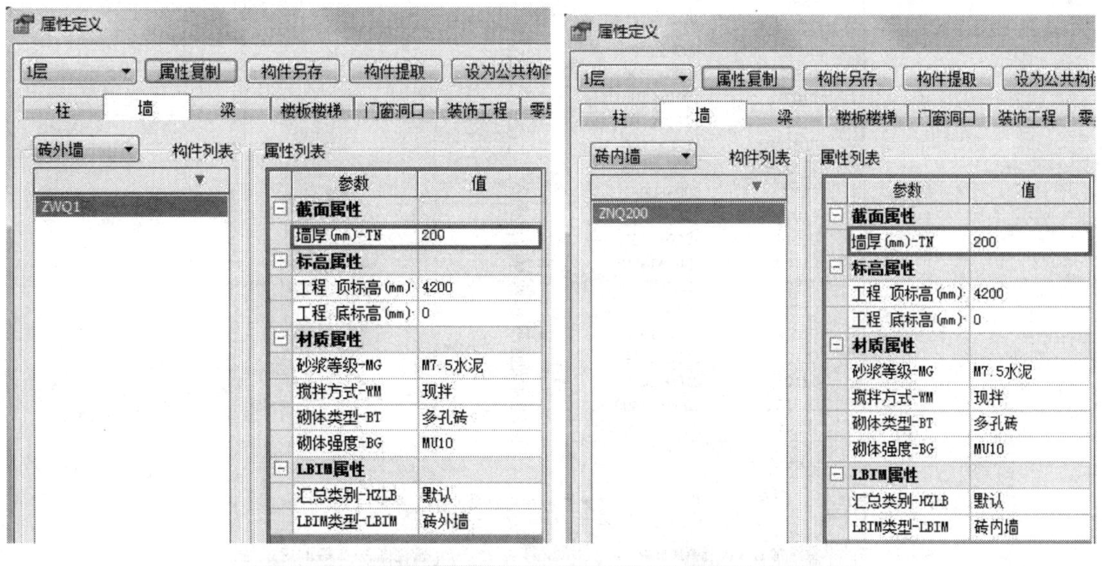

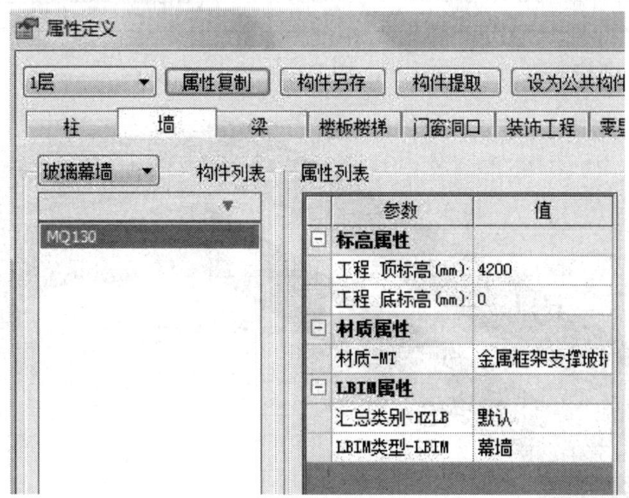

图 6.31

6.3.6 门 窗

可先转化门窗表，再对门窗进行转化。

使用【CAD 转化—转化表】功能，对图纸中的门窗表进行转化，也可以通过 Excel 表格转化插入的方式转化门窗表，完成门窗的属性定义，如图 6.32 所示。

使用【CAD 转化—转化门窗】功能，对门窗构件进行转化，门窗转化完成后的三维模型如图 6.33 所示。

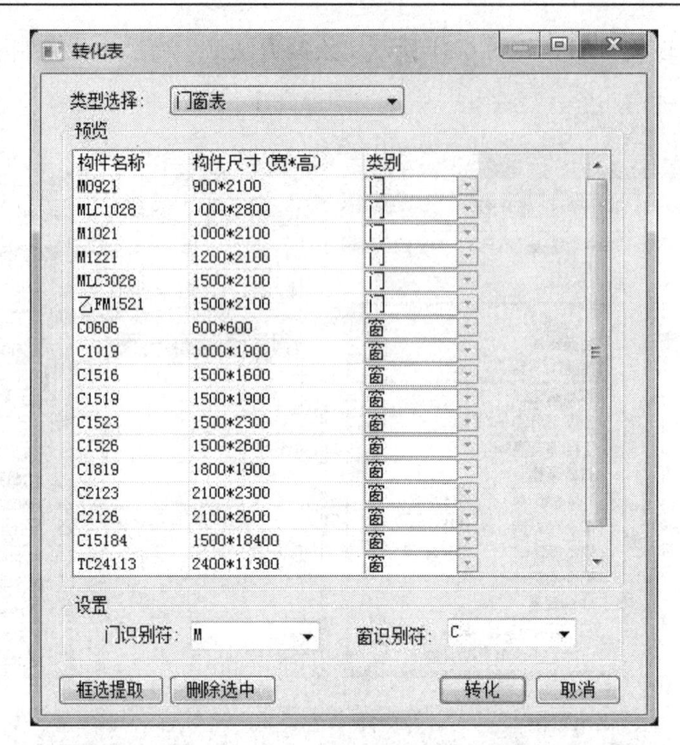

图 6.32

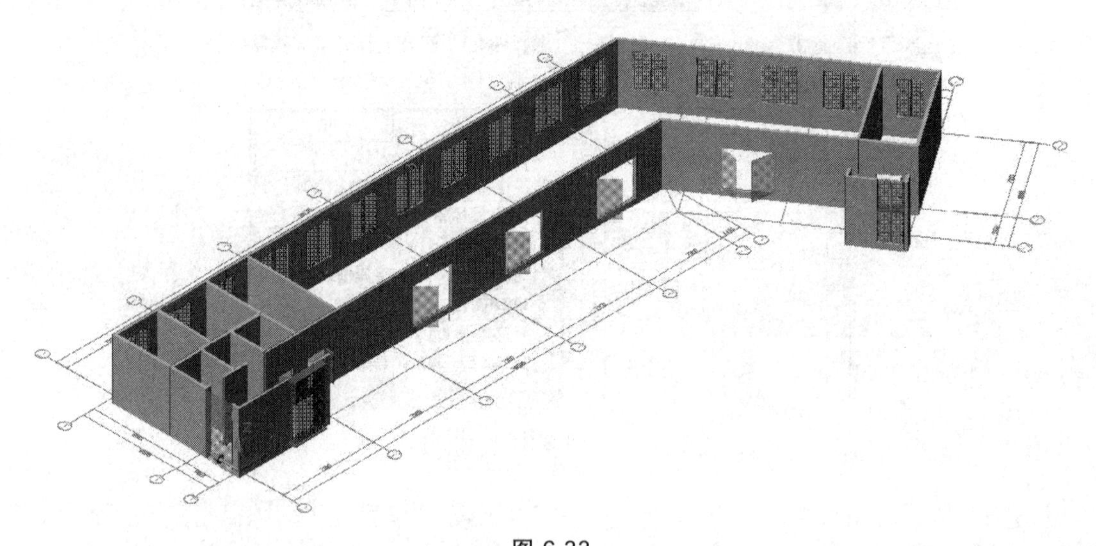

图 6.33

6.3.7 楼梯、扶手

使用【楼板楼梯—布楼梯】命令来布置楼梯构件，布置完成之后的楼梯模型如图 6.34 所示。

(1)在楼梯的属性定义中对各类参数进行设置，扶手的高度也包含在内，如图 6.35 所示。

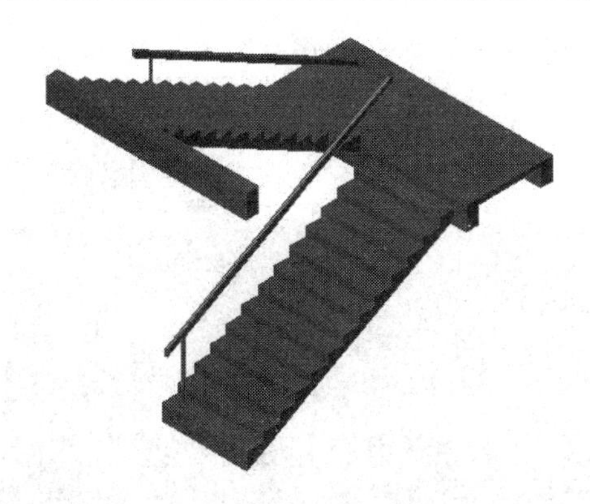

图 6.34

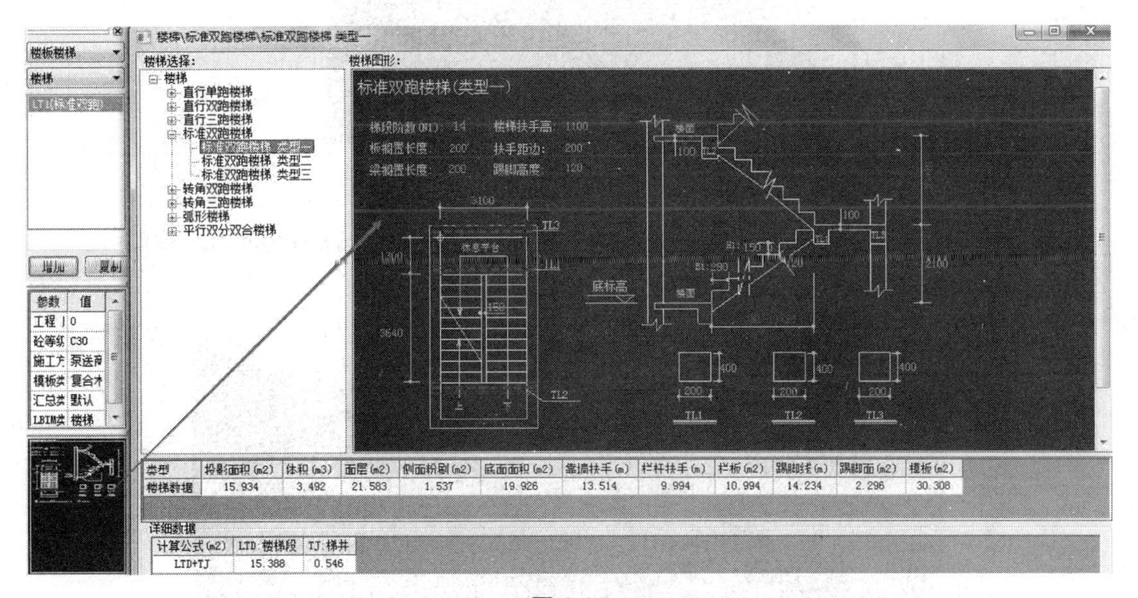

图 6.35

（2）还可以用梯段和梁构件进行拼接完成各式楼梯的布置，如图 6.36 所示。

图 6.36

（3）本工程顶层为楼梯间突出屋顶的部分，如图 6.37 所示。

图 6.37

（4）本工程屋顶层有造型结构以及水箱，可用柱、梁结合，并调整标高来绘制。

本工程建完后的整体模型如图 6.38 所示。

图 6.38

6.4　工程成果文件输出

学习要点：

• 利用自动套功能，对工程进行快速的清单定额套取，并计算出最终的工程量结果，将报表输出为表格，作为后期标书编制的依据。

工程所有构件布置完成之后，可以利用鲁班云功能—云自动套完成对构件清单定额的一键套取，提高可能高达 30% 以上的建模效率，大幅度提高套取清单定额的准确性。套取完成后可通过【工程量计算】得到整个工程的模型数据。

工程量数据会在计算报表中展现，并可以按章节、项目、楼层、构件、位置进行分类显示；在报表中可以看到最精细的计算步骤，并能切换清单与定额报表显示，同时支持构件反查，对于疑惑工程量，可立即反查进行校验，并支持输出 Excel，作为后期标书编制的依据和外部清单的使用。

计算报表分为表格表与树状表两种形式，如图 6.39 所示为表格表、图 6.40 所示为树状表。

鲁班算量计算书 - 综合楼1 - [c:\Users\Administrator\Desktop\综合楼1\综合楼1.eng]
文件(F) 视图(V) 工具(T) 帮助(H)
打印 预览 导出 统计 高亮 合并 清单列表 树状表 按分区 对账 指标模板 云指标库
清单数量
汇总表 计算书 面积表 门窗表 房间表 构件表 量指标 实物量(云报表)
工程数据
A.2 桩与地基基础工程
A.3 砌筑工程
A.4 混凝土及钢筋混凝土工程
B.2 墙、柱面工程
B.4 门窗工程

序号	项目编码	项目名称	计算式	计量单位	工程量	备注
A.2 桩与地基基础工程						
1	010202001001	砂石灌注桩 1.土壤级别: 2.桩截面: 3.桩长: 4.成孔方法: 5.砂石级配:		m	304.50	
		0层		m	304.50	
		ZH1000		m	115.50	
		1-1/1-A	10+0.5	m	115.50	10.50×11件
		ZH1200		m	126.00	
		1-1/1-B	10+0.5	m	126.00	10.50×12件
		ZH1500		m	63.00	
		[illegible]	[illegible]	[illegible]	[illegible]	[illegible]
A.3 砌筑工程						
2	010304001001	空心砖墙、砌块墙 1.墙体类型: 2.墙体厚度:133 3.勾缝要求: 4.砂浆强度等级、配合比:M7.5水泥 5.空心砖、砌块品种、规格、强度等级:		m³	1.03	
		3层		m³	0.58	
		ZWQ3		m³	0.58	
		1-A/1-2-1-3	0.133[墙厚]×1.2[墙高]×3.9[墙长]-0.04[砼柱]	m³	0.58	
		4层		m³	0.45	
		ZWQ2		m³	0.45	
		1-A/1-2-1-3	0.133[墙厚]×1.1[墙高]×3.3[墙长]-0.037[砼柱]	m³	0.45	
		空心砖墙、砌块墙 1.墙体类型:				

章节→项目→楼层→构件→位置

按下Ctrl键同时选择行自动求和

图 6.39

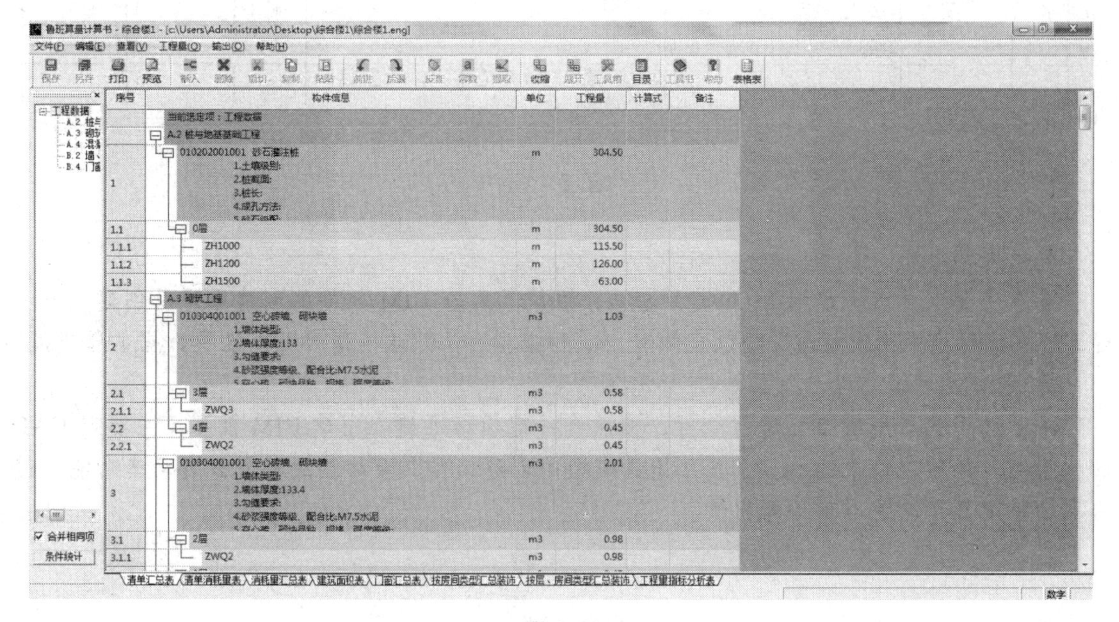

序号	构件信息	单位	工程量	计算式	备注
	当前选定项：工程数据				
	A.2 桩与地基基础工程				
1	010202001001 砂石灌注桩 1.土壤级别: 2.桩截面: 3.桩长: 4.成孔方法:	m	304.50		
1.1	0层	m	304.50		
1.1.1	ZH1000	m	115.50		
1.1.2	ZH1200	m	126.00		
1.1.3	ZH1500	m	63.00		
	A.3 砌筑工程				
2	010304001001 空心砖墙、砌块墙 1.墙体类型: 2.墙体厚度:133 3.勾缝要求: 4.砂浆强度等级、配合比:M7.5水泥	m3	1.03		
2.1	3层	m3	0.58		
2.1.1	ZWQ3	m3	0.58		
2.2	4层	m3	0.45		
2.2.1	ZWQ2	m3	0.45		
3	010304001001 空心砖墙、砌块墙 1.墙体类型: 2.墙体厚度:133.4 3.勾缝要求: 4.砂浆强度等级、配合比:M7.5水泥	m3	2.01		
3.1	2层	m3	0.98		
3.1.1	ZWQ2	m3	0.98		

图 6.40

一份完整的报表需要经过反复的检查与修改，检查工作完成后可以将报表输出为 Excel 格式，如图 6.41 所示，或者直接将报表打印出来，方便进行对量。

	A	B	C	D	E	F	G
2	分部分项计算式						
3	工程名称：综合楼1						第1页 共30页
4	序号	项目编码	项目名称	计算式	计量单位	工程量	备注
5	A.2 桩与地基基础工程						
6	1	010202001001	砂石灌注桩 1.土壤级别: 2.桩截面: 3.桩长: 4.成孔方法:		m	304.5	
7			0层		m	305	
8			ZH1000		m	116	
9			1-1/1-A	10+0.5	m	116	10.50×11件
10			ZH1200		m	126	
11			1-1/1-B	10+0.5	m	126	10.50×12件
12			ZH1500		m	63	
13			1-2/1-B	10+0.5	m	63	10.50×6件
14	A.3 砌筑工程						
15	2	010304001001	空心砖墙、砌块墙 1.墙体类型: 2.墙体厚度:133 3.勾缝要求: 4.砂浆强度等级、配合比:M7.5水泥 5.空心砖、砌块品种、规格、强度等级:		m^3	1.028755	
16			3层		m^3	1	
17			ZWQ3		m^3	1	
18			1-A/1-2-1-3	0.133[墙厚]×1.2[墙高]×3.9[墙长]-0.04[砼柱]	m^3	1	

工程量汇总

图 6.41

本章小结

本章主要以鲁班土建 BIM 建模为基础，讲解了鲁班 BIM 软件的创建原理及创建流程。通过“鲁班建模准则及标准”规范化的建立工程模型，以保证模型的可靠性及数据的精准度。

鲁班 BIM 建模流程，如图 6.42 所示。

本章选用优质案例工程进行分析，按照统一建模标准建立土建 BIM 模型。主要以 CAD 转化为主，再辅以简单的手工布置，完成模型的创建工作。最终利用鲁班云自动套功能一键套取清单定额，快速准确计算出量。

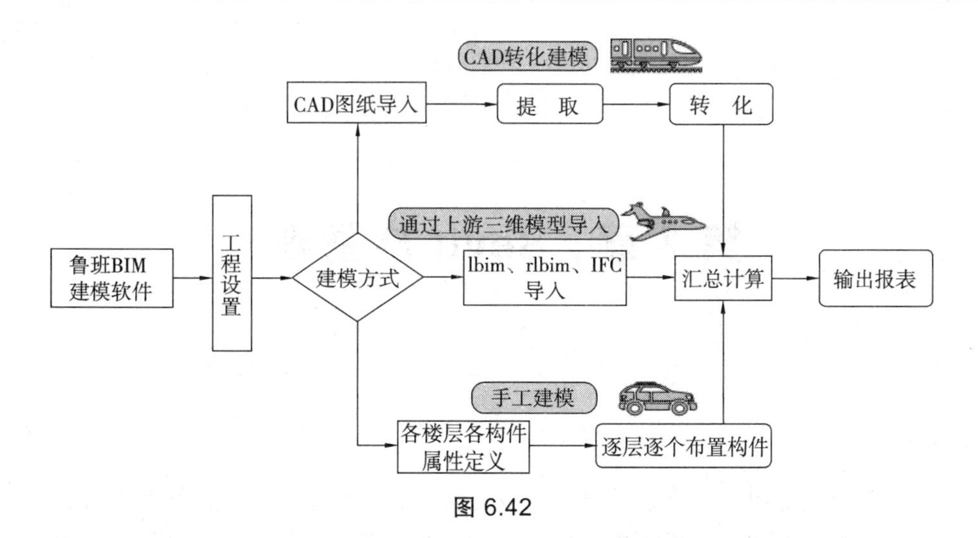

图 6.42

快速高效的模型建立，是鲁班 BIM 建模软件最大的特点；并且鲁班 BIM 建模软件支持不同专业之间的模型互导，大大减少了模型重复建立所花费的时间和精力；还可与鲁班 BIM 系统端进行对接，真正做到模型与数据的共享。

第 7 章　Revit 族基础*

【导读】

在项目设计开发过程中用于组成建筑模型的构件，包括基础、柱、框架、门和窗，以及详图、注释和标题栏等都是利用族工具创建的。因此，熟练掌握族的创建和准确进行族的编辑是整个模型得以高效和精准地服务于实际项目的关键。

族是 Revit 项目的基本元素，族文件以“.rtf”为后缀。族是 Revit 中一个十分重要的功能，熟练掌握族创建、编辑与族使用是有效运用 Revit 软件的关键。Revit 提供的族编辑器可以让用户自定义各种类型的族。虽然 Revit 自身提供了一个很丰富的族库，用户可以直接载入使用，但在实际应用中，还需不断积累自定义族，形成适用于项目的族库，从而提高后继项目的设计效率。

学习要点：

- Revit 族概念
- Revit 族操作界面
- Revit 族实例

7.1　Revit 族简介

7.1.1　概　述

Revit 软件的“族”是构成模型中图元的非常重要的元素。Revit 中的所有图元都是基于族的。族创建者可以根据具体项目的需求，设置不同的尺寸、形状、材质、可见性或其他参数变量，使得族具有不同的属性。同时，用户可以根据自己的需要在族编辑器中修改各种参数变量，以使得族适用于各个不同的项目。

简单来说，族是组成项目的构件，也是参数信息的载体。也正是因为族的开放性和灵活性，使得我们在设计时可以自由定制符合我们设计需求的注释符号和三维构件族等，从而满足了建筑师应用 Revit 软件的本地化标准定制的需要。

Revit 包含 3 种类型的族。

1. 系统族

已经在项目中预定义并只能在项目中进行创建和修改的族类型，例如墙、楼板、天花板等。能够影响项目环境且包含标高、轴网、图纸和视口类型的系统设置也是系统族。它们不能作为外部文件载入或者创建，但可以在项目和样板之间复制、粘贴或者传递系统族类型。

2. 可载入族

在默认的情况下，在项目样板中载入的构件族，但更多的可载入族存储在构件库中，使用族编辑器创建和修改构件。可以复制和修改现有构件族，也可以根据各种族样板创建新的构件族。族样板可以是基于主体的样板，也可以是独立的样板。基于主体的族包括需要主体的构件。例如，以墙族为主体的门族。独立族包括柱、树和家具。

可载入族可以位于项目环境外，具有.rfa 扩展名。可以将它们载入项目，从一个项目传递到另一个项目，而且如果需要还可以从项目文件保存到用户的库中。

3. 内建族

在当前项目中新建的族，它与之前介绍的“可载入族”的不同在于，“内建族”只能存储在当前的项目文件里，不能单独存成 RFA 文件，也不能用在别人的项目文件中。例如，自定义墙的处理。

7.1.2 编辑界面

族编辑器是 Revit 中的一种图形编辑模式名用于创建族的设计环境，能够创建可引入到项目中的族，族编辑器与项目环境的外观相似，但它具有一个包含不同命令的设计栏“族”选项卡。不同的族样板，其族编辑器的命令工具不尽相同。

单击【构件】>>【放置构件】，显示“修改|放置 构件”选项卡，如图 7.1 所示。

再单击“修改|放置 构件”下的【载入族】，可以对族进行选择，如图 7.2 ~ 7.4 所示。

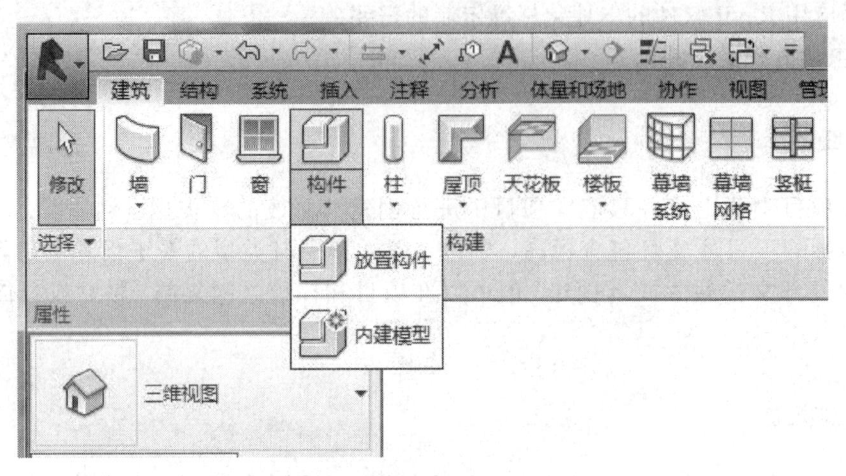
建筑
结构
系统
插入
注释
分析
体量和场地
协作
视图
修改
墙
门
窗
构件
柱
屋顶
天花板
楼板
幕墙系统
幕墙网格
竖梃
选择
构建
放置构件
内建模型
属性
三维视图

图 7.1

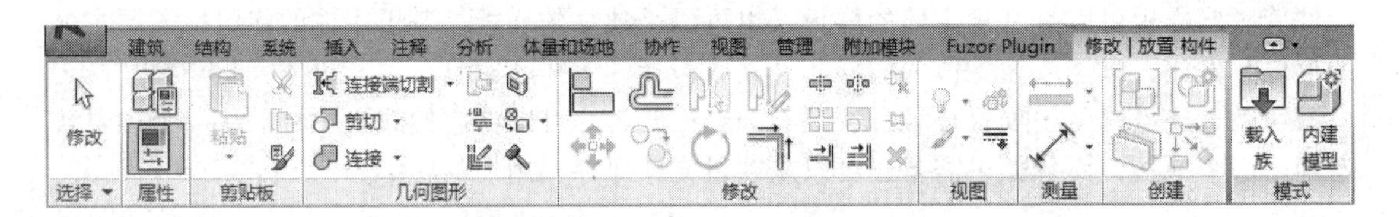
建筑
结构
系统
插入
注释
分析
体量和场地
协作
视图
管理
附加模块
Fuzor Plugin
修改 | 放置 构件
修改
连接端切割
剪切
连接
粘贴
载入族
内建模型
选择
属性
剪贴板
几何图形
修改
视图
测量
创建
模式

图 7.2

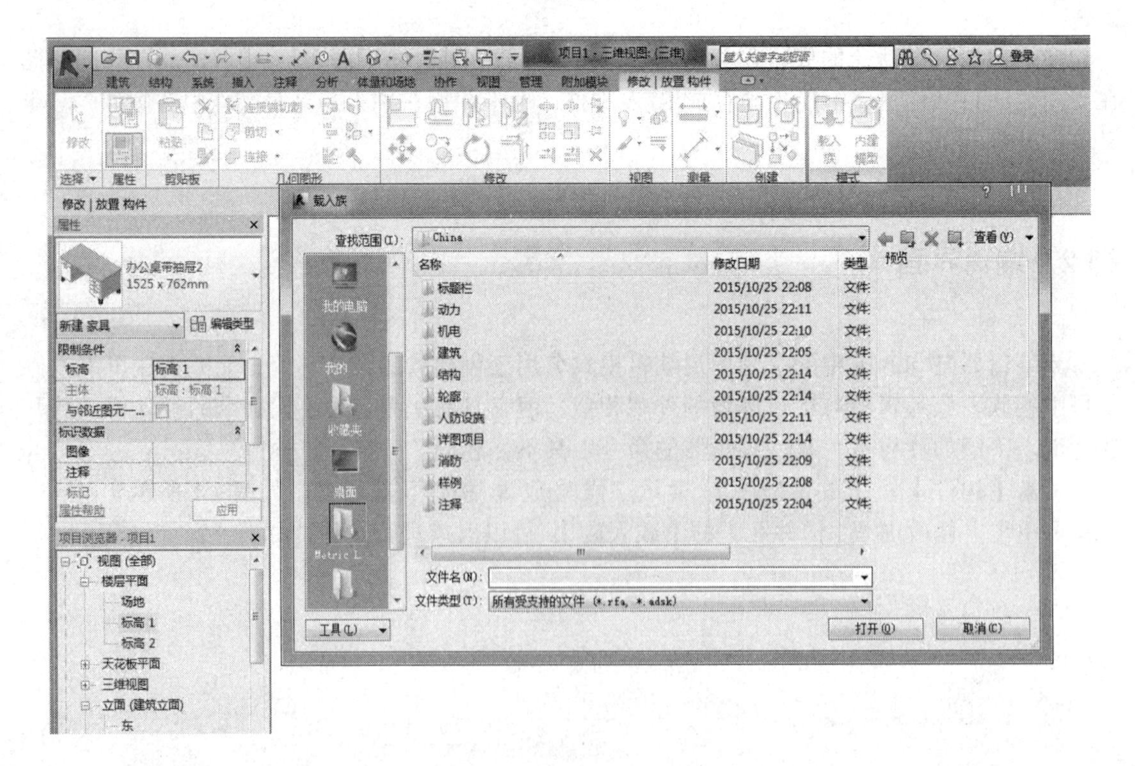
载入族
查找范围(I):
China
名称
修改日期
类型
预览
标题栏
动力
机电
建筑
结构
轮廓
人防设施
详图项目
消防
样例
注释
文件名(N):
文件类型(T):
所有受支持的文件 (*.rfa, *.adsk)
工具(L)
打开(O)
取消(C)
办公桌带抽屉2
1525 x 762mm
项目浏览器 - 项目1
视图 (全部)
楼层平面
场地
标高 1
标高 2
天花板平面
三维视图
立面 (建筑立面)

图 7.3

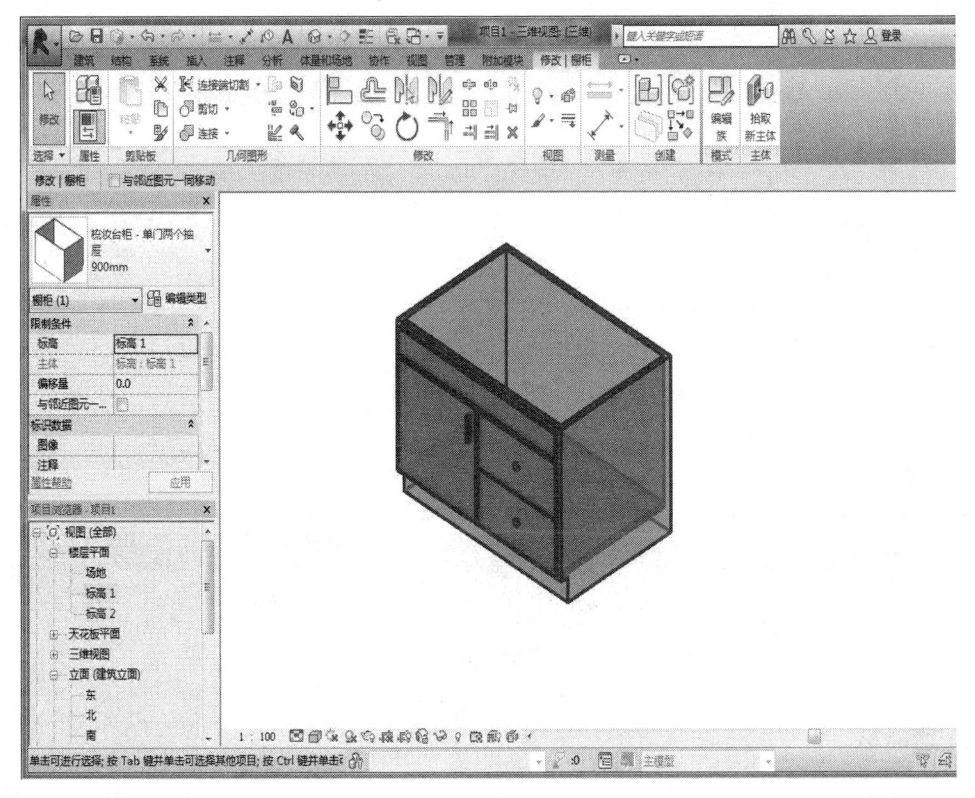

图 7.4

选中族，单击属性面板的“编辑类型”选项卡，如图 7.5 所示，弹出“类型属性”对话框，如图 7.5 所示，可以对族进行编辑。

Revit 操作界面如图 7.6 所示。

类型属性

族 (F)：梳妆台柜 - 单门两个抽屉　　载入 (L)...

类型 (T)：900mm　　复制 (D)...

重命名 (R)...

类型参数

参数	值
构造	
构造类型	
材质和装饰	
箱材质	<按类别>
门/抽屉材质	<按类别>
把手材质	橱柜 - 拉手
完成	
尺寸标注	
深度	600.0
高度	710.0
底座深度	35.0
底座高度	100.0
宽度	900.0
标识数据	
类型图像	

<< 预览 (P)　　确定　　取消　　应用

图 7.5

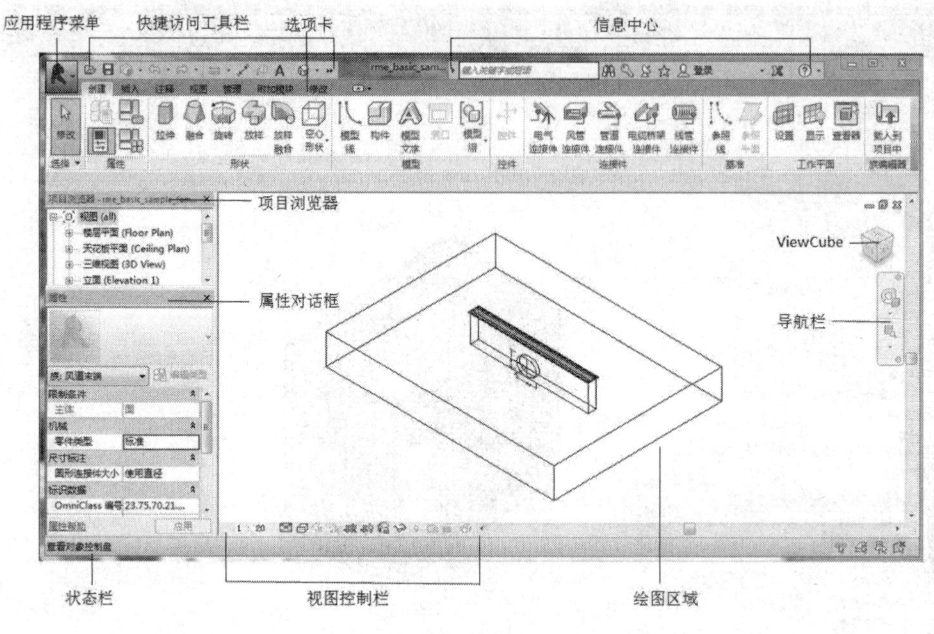

图 7.6

1. 功能区

功能区在创建或打开族文件时会显示，它提供创建族所需的全部工具。调整窗口的大小后，功能区的工具选项将根据可用空间来自动调整大小。

（1）单击功能区中 按钮，可以在显示完整的功能区，如图 7.7 所示；最小化为面板按钮，如图 7.8 所示；最小化为面板标题，如图 7.9 所示；最小化为选项卡，如图 7.10 所示。反复按下则在之间循环变换。

图 7.7

图 7.8

图 7.9

图 7.10

（2）按住功能区面板的下端，可以拖拽该面板重新放置于用户所需的位置上。

（3）如果按钮的底部或侧面部分有箭头，表示可以展开面板，显示其他工具或空间，如图 7.11 所示。

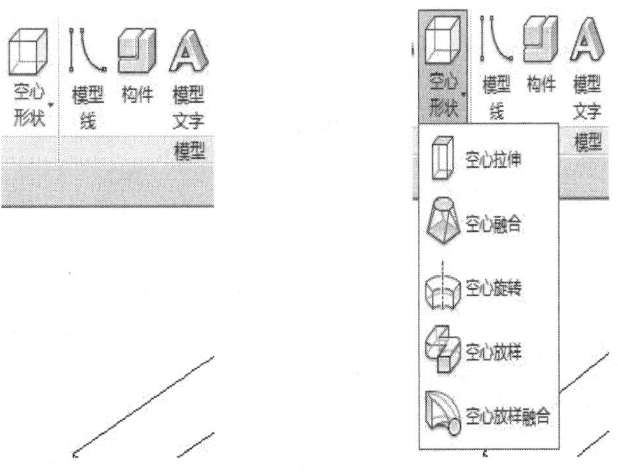

图 7.11

（4）当执行某些命令或选择图元时，在功能区会出现某个特殊的上下文选项卡，该选项卡包含的工具集仅与对应命令的上下文关联，如图 7.12 所示。

图 7.12

（5）大多数情况下，上下文选项卡同选项栏同时出现，同时退出。选项栏的内容根据当前命令或选择图元变化而变化。例如，单击功能区的“创建”-“形状”-“拉伸”，则出现与创建拉伸相关联的上下文选项卡和选项栏，如图 7.13 所示。

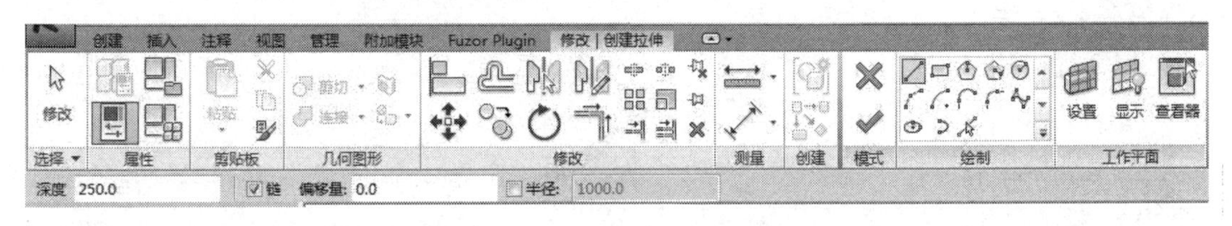

图 7.13

（6）当鼠标光标停留在功能区的某个工具上时，默认情况下，Revit 会显示工具提示，对该工具进行简要说明，若光标在该功能区上停留的时间较长些，会显示附加信息。

2. 应用程序菜单

单击 Revit 界面左上角“应用程序菜单”按钮，展开应用程序菜单，如图 7.14 所示。

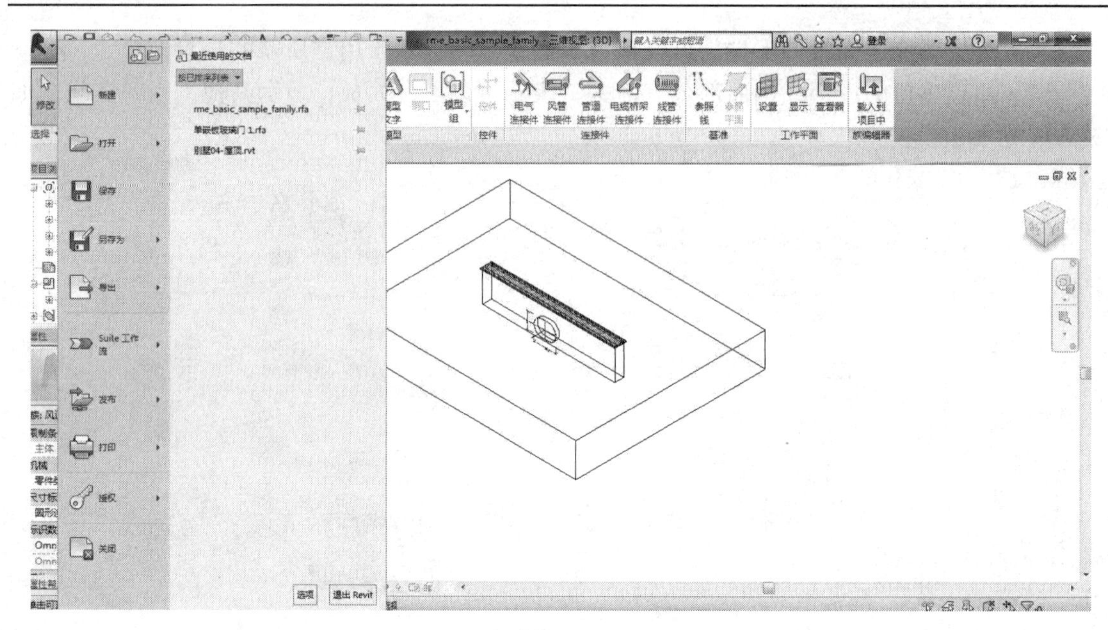

图 7.14

3. 快速访问工具栏

快速访问工具栏默认放置了一些常用的命令和按钮。

单击“自定义快速访问工具栏” 按钮，如图 7.15 所示，查看工具栏中的命令，勾选或取消勾选以显示命令或隐藏命令。单击“自定义快速访问工具栏”选项，在弹出的对话框中对命令进行排序、删除。同时，也可以在功能区的按钮上右键，单击“添加到快速访问工具栏”以增加快速访问工具栏中的命令，或者在快速访问工具栏的命令按钮上右键，单击“从快速访问工具栏中删除”以减少工具栏中的命令，如图 7.16 所示。

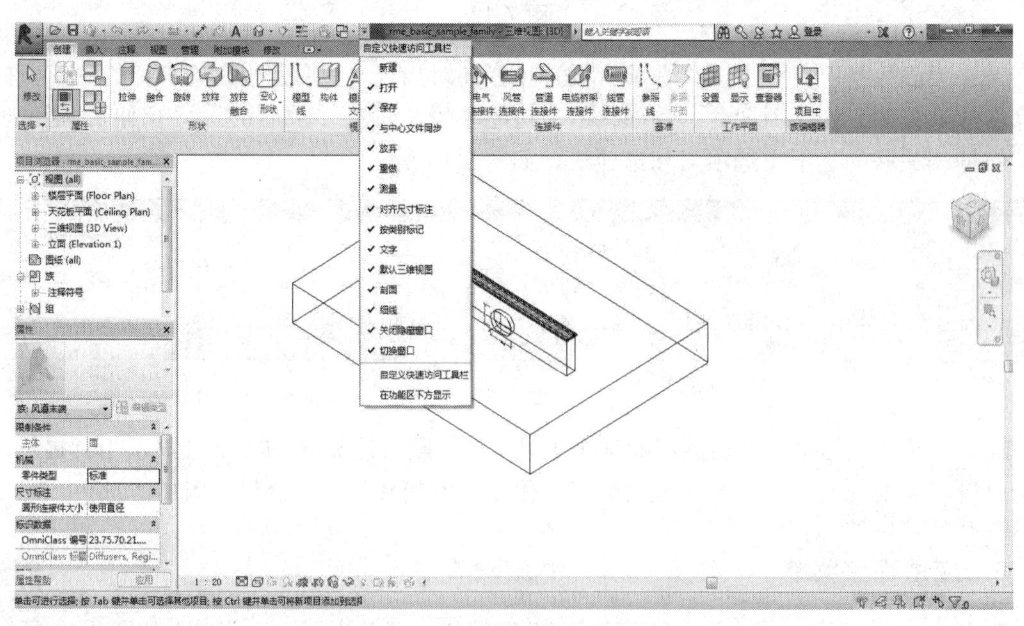

图 7.15

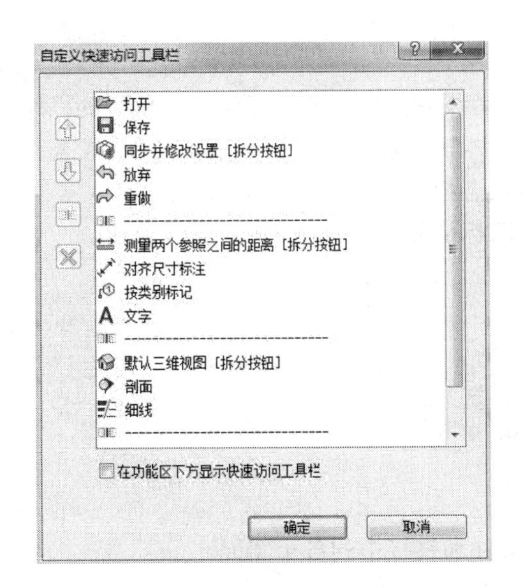

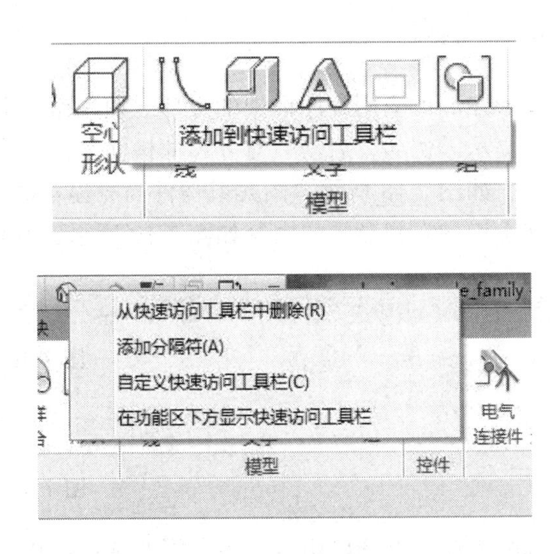

图 7.16

4. 项目浏览器

用于显示当前项目中所有视图、明细表、图纸、族、组链接的 Revit 模型和其他部分的逻辑层次。展开和折叠各分支时，将显示下一层项目。同时，通过右击浏览器的相关选项，可以进行“复制”“删除”“重命名”等相关操作，如图 7.17 所示。

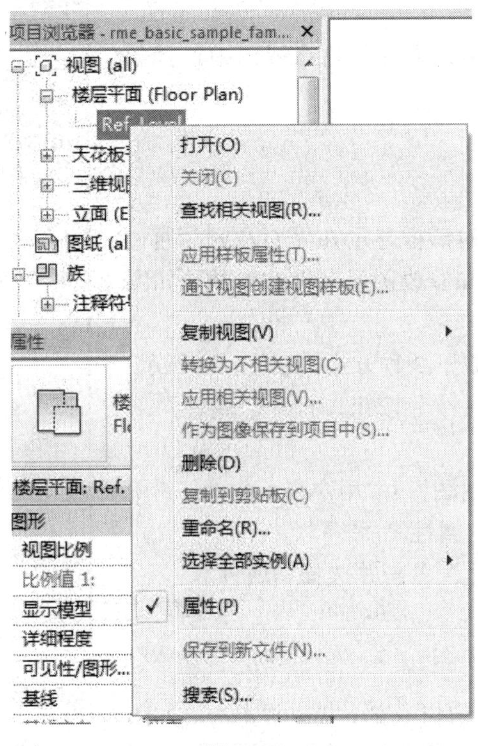

图 7.17

5. 状态栏

位于 Revit 应用程序框架的底部。使用某一命令时，状态栏左侧会提供与要执行的操作有关的提示。例如，启动“对齐尺寸标注”的命令，状态栏会显示有关当前命令的后续操作的提示，如图 7.18 所示。图元或构件高亮显示时，状态栏会显示族和类型的名称。

状态栏的右侧显示的内容如图 7.19 所示，其各图标从左到右依次表示：

选择参照，然后单击空白空间放置尺寸标注。

图 7.18

图 7.19

选择链接：点选启用后，用户能够选择链接的文件和链接中的各个图元。

选择基线图元：点选启用后，用户能够选择基线中包含的图元。

选择锁定图元：点选启用后，用户能够选择被锁定到位且无法移动的图元。

按面选择图元：点选启用后，用户能够通过单击内部面而不是边来选择图元。

选择时拖曳图元：点选启用后，可无需先选择图元即可拖拽。

过滤器：显示选择的图元数并优化在视图中选择的图元类别。

6. 属性对话框

Revit 默认将“属性”对话框显示在界面左侧。通过“属性”对话框，可以查看和修改图元属性的参数，如图 7.20 所示。

启用“属性”对话框有以下 3 种方式，如图 7.21 所示：

（1）单击功能区中“属性”按钮，打开“属性”对话框。

（2）单击功能区中“视图”-“用户界面”，在“用户界面”下拉菜单中勾选“属性”。

（3）在绘图区域空白处，右击并选择“属性”。

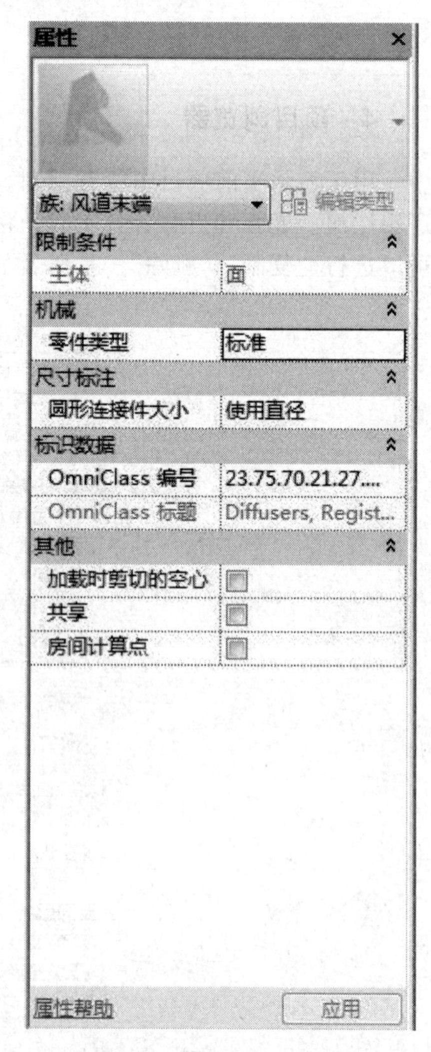

图 7.20

7. 视图控制栏

视图控制栏位于 Revit 窗口底部，状态栏上方，如图 7.22 所示。可以快速访问影响绘图区域的功能。

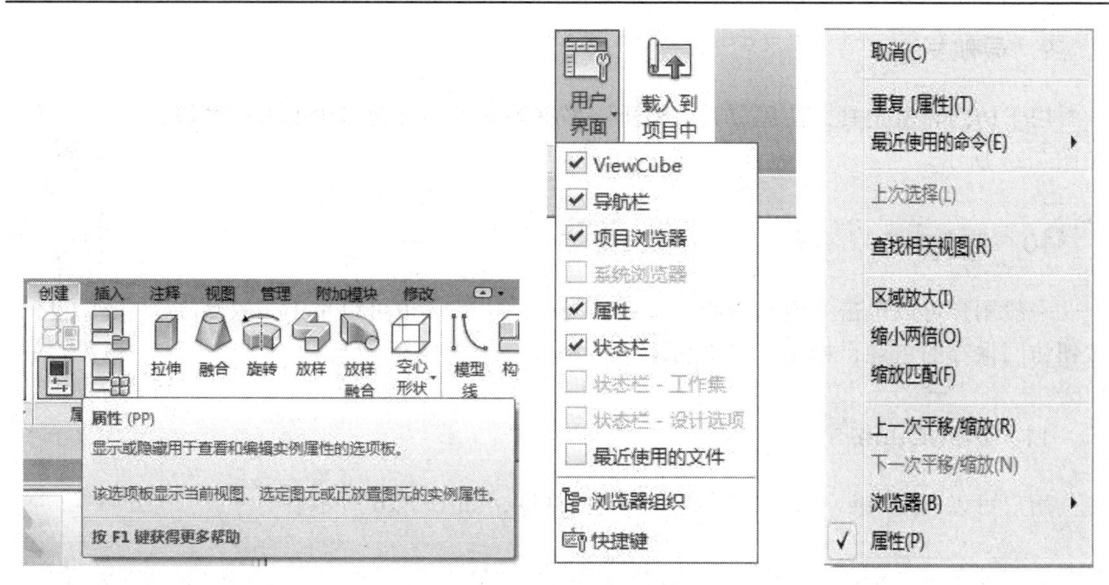

图 7.21

图 7.22

8. 绘图区域

双击“项目浏览器”中的视图名称，绘图区域将显示当前族文件的视图，使用快捷键“WT”可以平铺窗口，如图 7.23 所示。

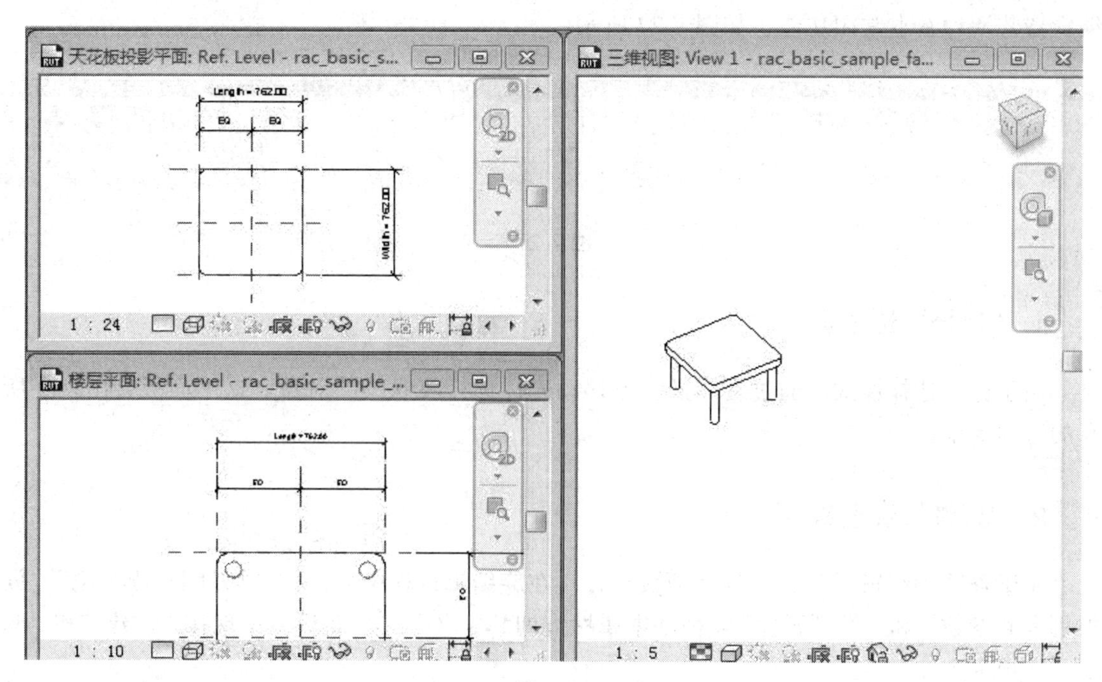

图 7.23

9. 导航栏

用于访问导航工具，使用放大、缩小、平移等命令调整窗口中的可视区域，如图 7.24 所示。

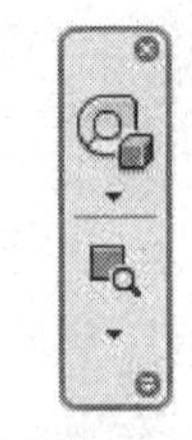

图 7.24

10. 信息中心

一般用户可以单击“通讯中心”按钮访问产品更新，也可以单击“收藏夹”按钮访问保存的主题，如图 7.25 所示。

11. ViewCube

用户可以利用 ViewCube 旋转或重新定向视图，如图 7.26 所示。

图 7.25

图 7.26

7.1.3 常用命令

“创建”选项卡中集中了选择、属性、形状、模型、控件、连接件、基准、工作平面和族编辑器共 9 种基本常用功能，如图 7.27 所示。

图 7.27

1. “选择”选项板

用于进入选择模式。通过在图元上方移动光标选择要修改的对象。这个面板会出现在所有的选项卡中。

2. “属性”选项板

用于查看和编辑对象属性的选项板集合。在族编辑过程中，提供“属性”“族类型”“族类别和族参数”和“类型属性”4 种基本属性查询和定义。这个面板会出现在“创建”和“修改”选项卡中。

单击功能区“创建”-“属性”-“族类别和族参数”按钮，打开“族类别和族参数”对话框，为正在创建的族指定族类别和族参数，根据选定的族类别，可用的族参数会有所变化。

单击功能区“创建”-“属性”-“族类型”按钮，打开“组类型”对话框，可为正在创建的族设置多种族类型，通过设定不同的参数值来定义族类型之间的差异。

3. “形状”选项板

汇集了用户可能运用到的创建三维形状的所有工具。通过拉伸、融合、旋转、放样及放样融合形成实心三维形状或空心形状。

4. “模型”选项板

提供模型线、构件、模型文字和模型组的创建和调用。支持创建一组定义的图元或将一组图元放置在当前视图中。

5. “控件”选项板

可将控件添加到视图中，支持添加单向垂直、双向垂直、单向水平或双向水平翻转箭头。在项目中，通过翻转箭头可以修改族的垂直或水平方向，如控制门的开启方向。

6. “连接件”选项板

将连接件添加到构件中。这些连接包括电气、给排水、送排风等。

7. “基准”选项板

提供参照线和参照平面两种参照样式。

8. “工作平面”选项板

为当前视图或所选图元指定工作平面。可以显示或隐藏，也可以启用工作平面查看器，将“工作平面查看器”用做临时的视图来编辑选定图元。

9. “族编辑器”选项板

用于将族载入到打开的项目或族文件中去。

7.2 族实例创建

7.2.1 族实例概述

Revit 已有大量的常用族，这些族可以直接被用户使用，或者通过简单的复制、修改参数就可以使用，但是，仍然不能满足用户使用的要求。那么没有的族怎么办呢？大家知道，族是形成 BIM 模型最基本的构件，没有这些构件就不能形成最后的 BIM 模型。授人以鱼不如授人以渔，Revit 提供了强大的“族繁衍”功能，让用户可以尽情地发挥自己的创作灵感。

启动 Revit，单击【族】>>【新建】，会弹出来一个 Chinese 的文件夹，文件夹下有各种族样板可供选择，选择合适的族样板可以有助于合理高效地创建族构件。

7.2.2 创建步骤

下面我们通过选择公制结构基础来创建条形基础为例，说明族的创建步骤以及相关注意事项。首先选择公制结构基础为样板，如图 7.28 所示，双击或者单击打开即可进入族编辑界面，如图 7.29 所示。

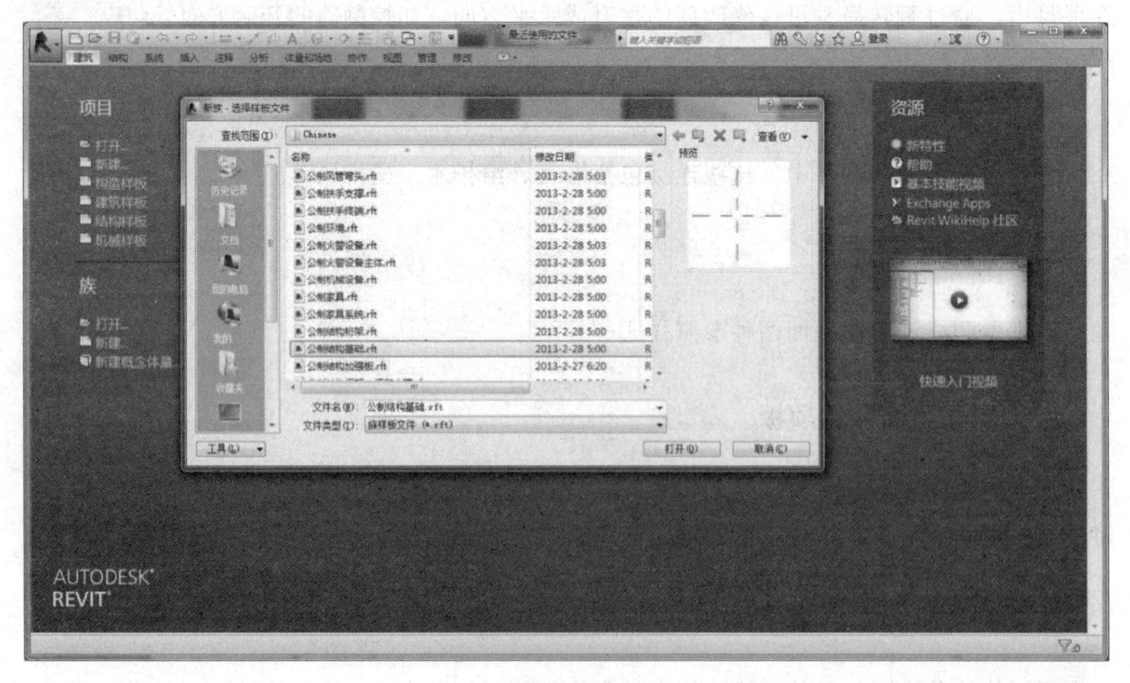

图 7.28

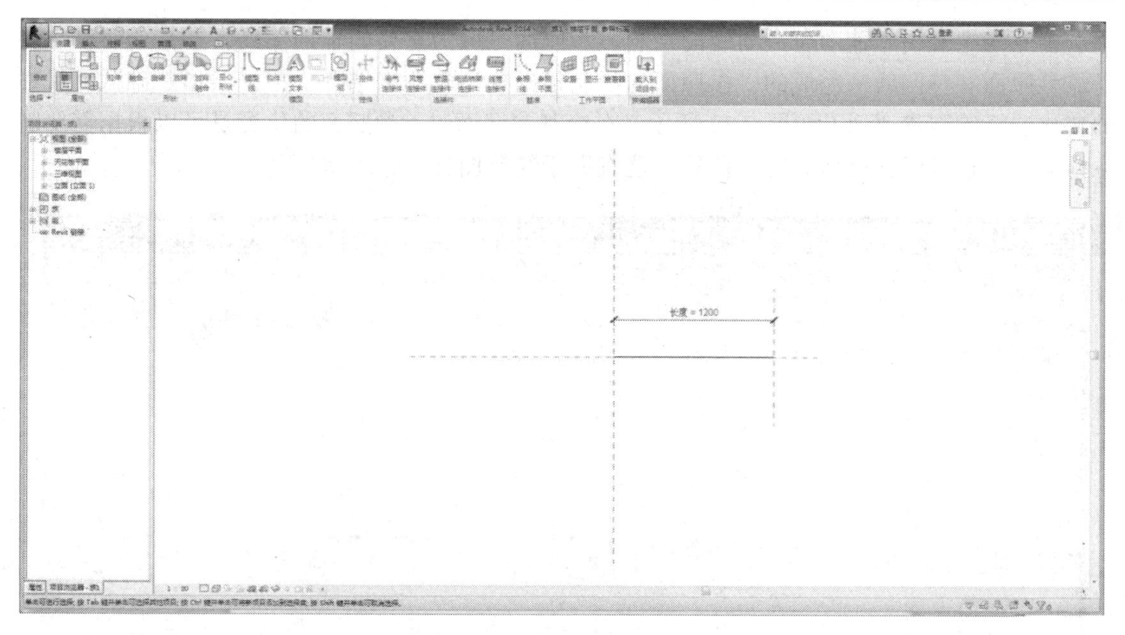

图 7.29

之所以选择公制结构基础为样板，是由于条形基础的模型以及对于 Revit 族样板提供的绘制环境所决定的。创建族之前，需要明白以下内容：

◆ 已有清楚的模型；
◆ 已清楚模型数据之间的关系；
◆ 已确定变量和不变的量；
◆ 选择合适族样板；
◆ 选择合适的创建形状。

在选定族样板后，需要选定一个立面来绘制模型轮廓。在进入立面后绘制轮廓之前，要确定族在调用时的插入点的，通常选择原点。这里以条形基础为例来说明创建过程，首先选择左立面来绘制条形基础的轮廓，如图 7.30 所示，双击后进入绘图界面。

在选定绘制平面后，接着是绘制参照平面。单击【创建】菜单，然后找到基准，这里有参照线和参照面，如图 7.31 所示。

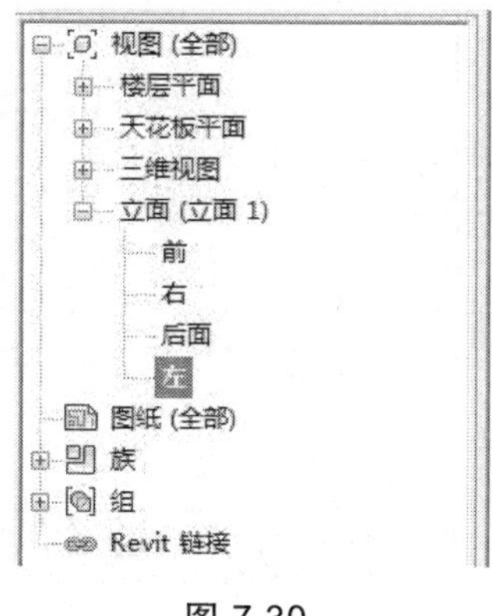

图 7.30

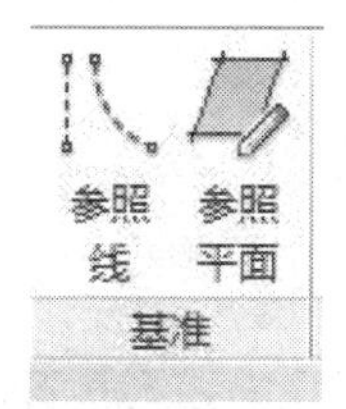

图 7.31

参照线主要用于辅助完成角度的绘制，参照面是最为重要的辅助工具，参数的驱动主要是靠参照面和参照线来完成的。参照面的绘制根据模型轮廓来选择，根据条形基础截面尺寸的变化选择绘制参照面，如图 7.32 所示。在绘制参照面时，参照面的位置是可以根据需要随意拖动的，也可以精确地确定其位置，这有助于绘制图样。

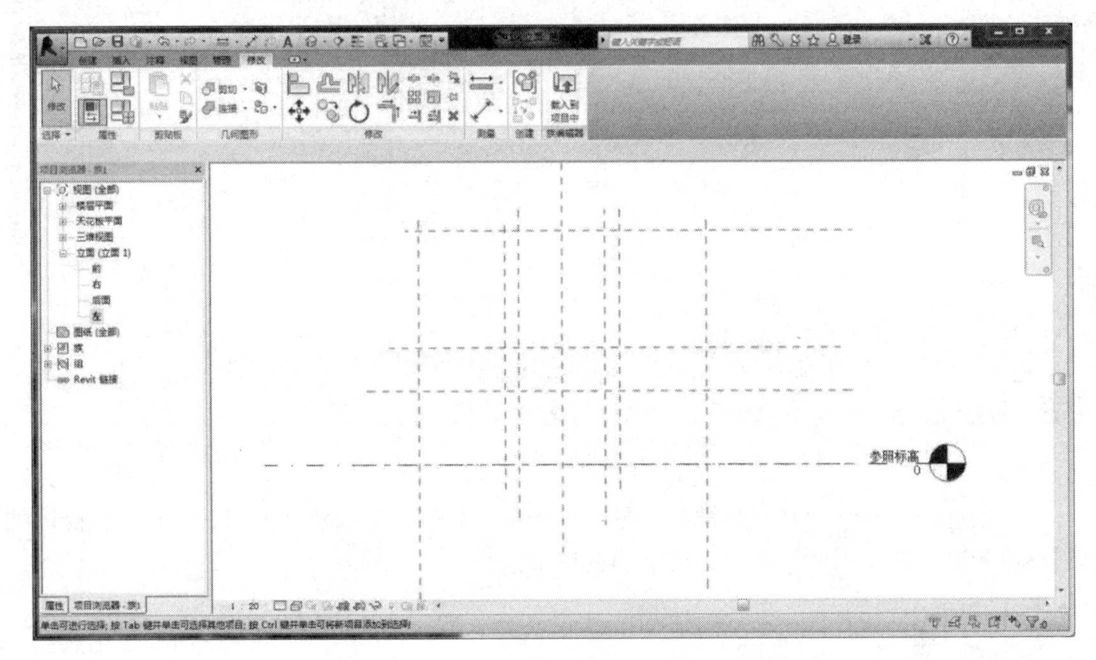

图 7.32

绘制好参照面后，单击【创建】菜单，选择拉伸进行绘制条形基础截面轮廓，如图 7.33 所示。

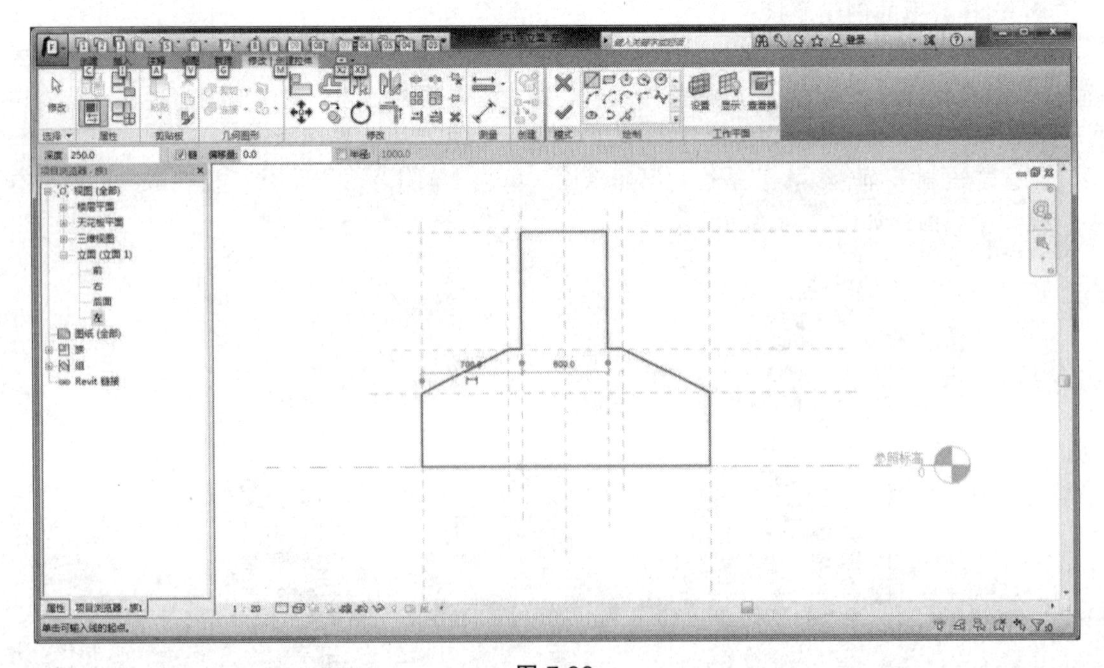

图 7.33

以上图样绘制完成后单击样式里的绿勾✔，到这里仅完成了条基轮廓的绘制工作。此时如果我们迫不及待地想看看 3D 效果，已可以看出条形基础的 3D 效果了，并且长度方向是可以根据赋予的数值随意调整的。但离一个通用的族文件，这是不够的。我们希望创建的条形基础族文件在截面尺寸上也能随意变换，这样就具有了通用性，将来在使用过程中如果遇到了条形基础，截面尺寸有不一样时，仅需通过复制一个条形基础，然后修改截面参数即可，这样就大大提高了建模的效率。

Revit 参照面、参照线与图样尺寸关联，提供了强大的参数编辑功能。下面以条形基础为例说明参数化驱动的编辑过程。首先要将参照面与图形轮廓线、点、角度关联，点击修改下面的图标，先选中参照面，在选中需要被驱动的线条，然后依次锁定，如图 7.34 所示。

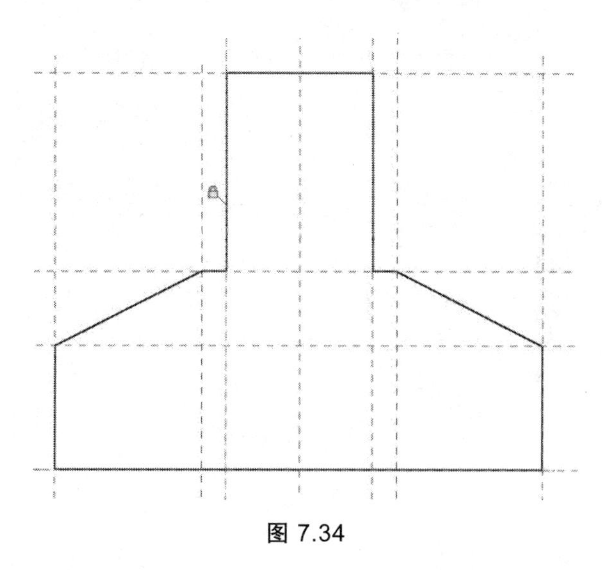

图 7.34

接下来标注尺寸，参数关联。先选中修改，单击测量菜单里面的图标，这里需要注意，标注如图 7.35 所示，会有 EQ 字样出现，单击EQ，如图 7.36 所示。这个时候下面的两把小锁是开放的，没有锁定。这个时候标注的尺寸是可以对称变化的，如果是锁定状态，表面这个尺寸就不能变化了。下一步接着标注尺寸，如图 7.37 所示。单击标注尺寸线，在绘图区的上方会出现标签一栏，单击下拉菜单选中添加参数，即可进入参数编辑界面。如图 7.38 所示，给参数名称命名后，单击参数分组栏的下拉菜单，选择数据，单击确定即可，如图 7.39 所示。

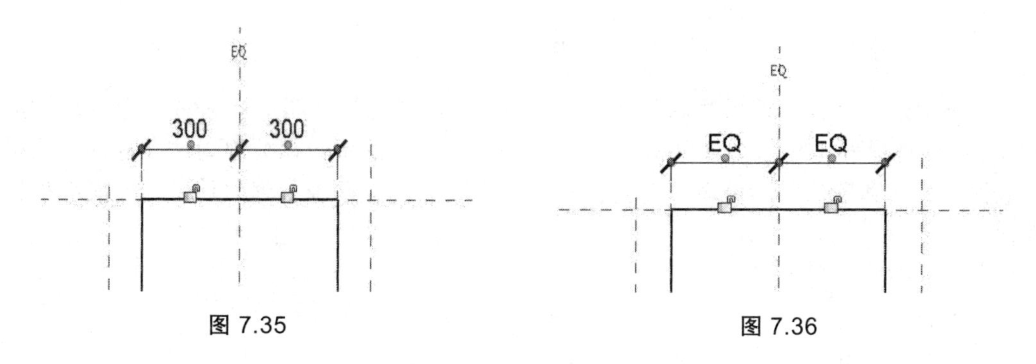

图 7.35　　图 7.36

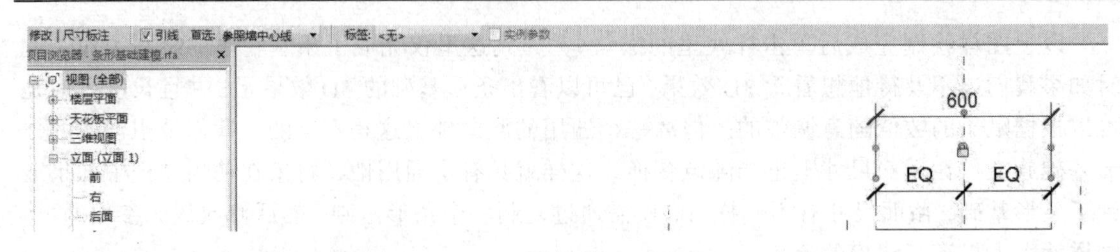

图 7.37

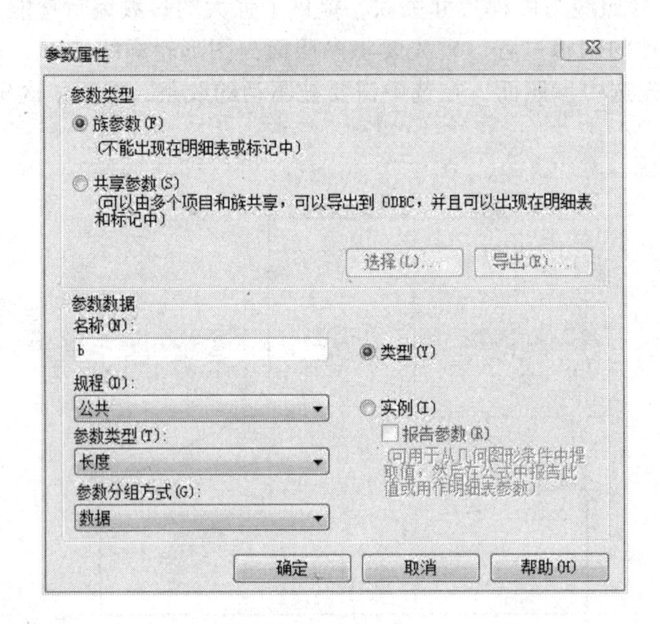

图 7.38

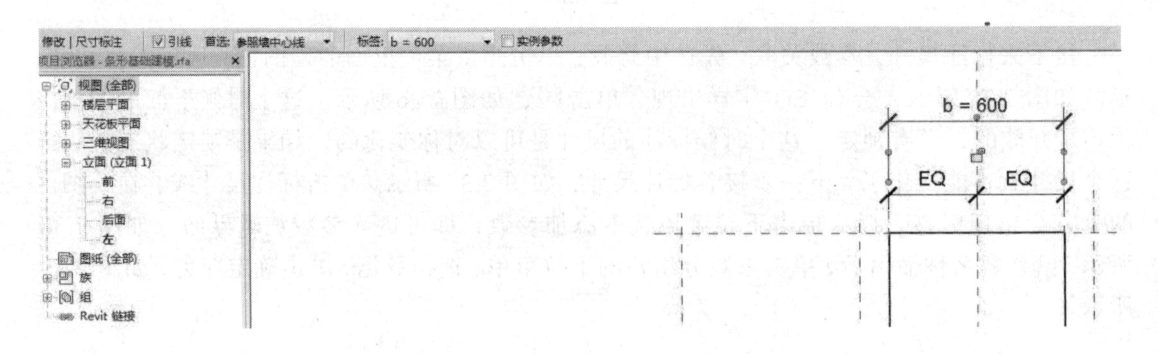

图 7.39

接下来重复以上操作即可完成截面所有的驱动。创建完成如图 7.40 所示，单击属性里面的图标，检查界面尺寸是否可以驱动，如图 7.41 所示。图中数据分组为尺寸标注，这样会导致数据在载入到项目时不可调。需要将其更改为数据，以便载入到项目后界面能够根据需要变化。

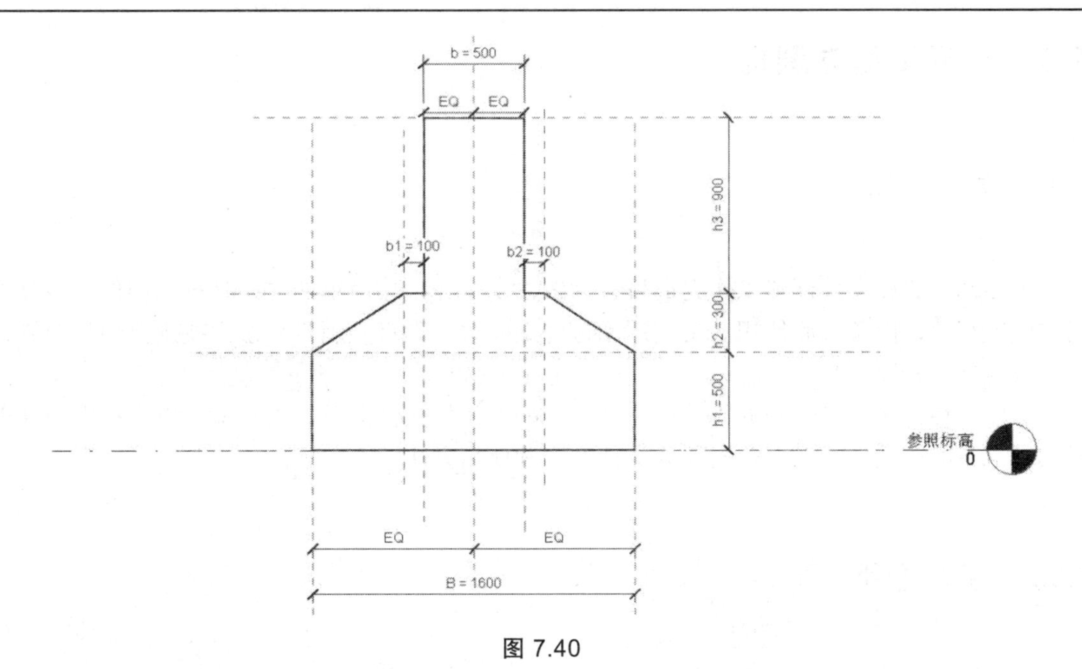

图 7.40

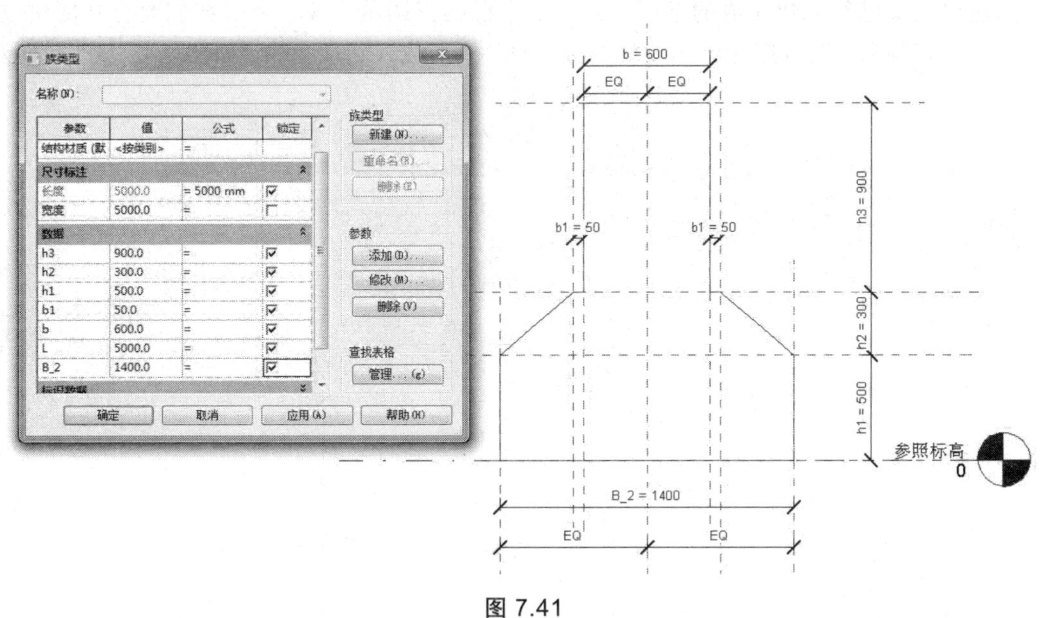

图 7.41

到这一步，截面尺寸的驱动已经完成，接下来单击图标，看看 3D 的效果，如图 7.42 所示。但长度的驱动还没有完成。双击视图下楼层平面下参照标高，沿条形基础长度方向居中绘制一根参照线，并将参照线与条形基础两端面锁定。选中参照线拉动参照线，看看条形基础长度是否随着参照线变化。如果可变化，单击尺寸标注，标注该参照线，然后添加参数 L，参数关联后，该族文件创建才算完成。最后选择填充材料，确定合适的颜色即可。

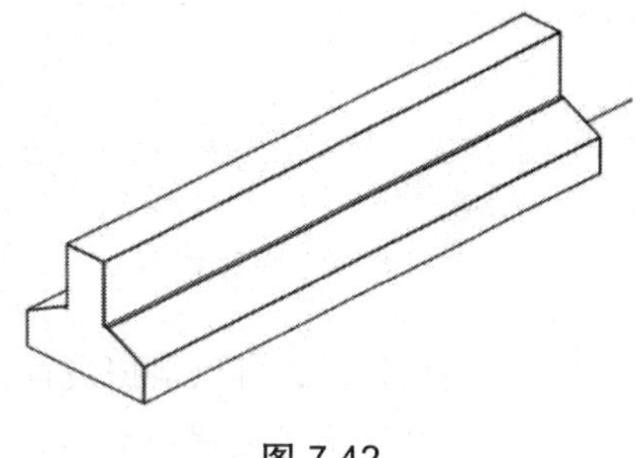

图 7.42

7.3 族库添加与调用

7.3.1 族库添加

条形基础的族文件创建工作完成后，怎么去使用呢？最简单的方式是按照构件类型分别建文件夹存放，以备日后使用。要使用到这些文件时，先打开项目，然后找到要用到的族，直接载入到项目即可。

另外一种方法是将建好的族文件拷贝到 Revit 的族文件夹下，这样就可以直接在构件里面找到自建的族文件，以上是自建族文件的两种使用方法。

7.3.2 族库调用

这里以上文已经创建完成的条形基础为例来说明其调用步骤，首先我们要打开新建或者打开一个工程项目，然后打开已创建好的族文件，单击载入到项目中，如图 7.43 左上角所示。

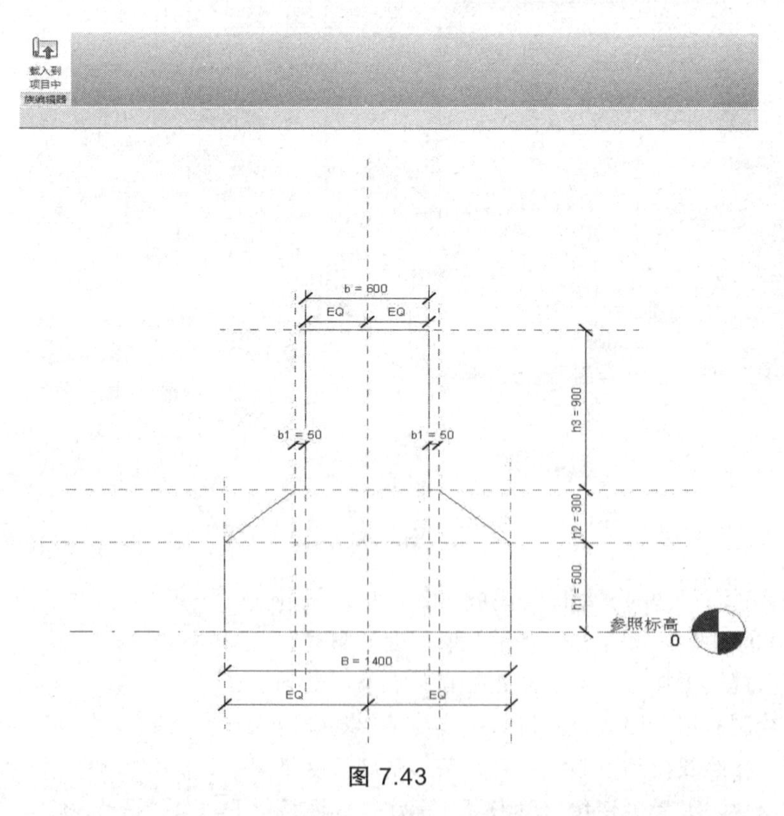

图 7.43

载入到项目后，可以根据设计需要，调整截面尺寸以及长度，如图 7.44 所示。这里需要说明的是，这并不是创建条形基础唯一的做法。不同的构思，创建过程会有差异。这里仅以形状拉伸的条形基础创建过程加以说明而已。要完成条形基础的族文件创建，还可以选择形状放样来完成，读者朋友可以自行尝试。

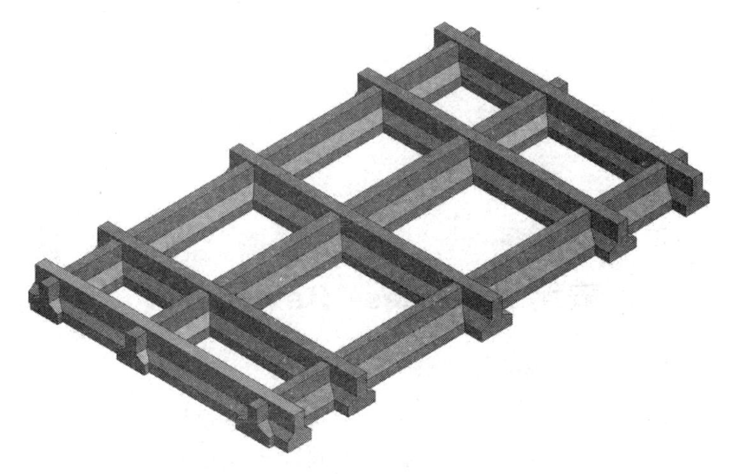

图 7.44

本章小结

本章体现了 Revit 族在 BIM 模型建立过程中的重要作用，介绍了 Revit 自建族操作界面，拉伸、放样、融合、放样融合、空心形状等模块的操作方法。以拉伸模块为例，通过条形基础的创建过程介绍自建族的创建和使用，抛砖引玉。在 BIM 模型建立过程中，族是在设计过程中能否准确表达工程实体的关键性制约因素。由于任何工程都具有单次性的特点，独特的建筑或者构件的表达都离不开自建族的应用。读者可先熟悉单个模块的操作，之后循序渐进掌握多个模块的综合应用。

附录 1

安装 Autodesk Revit 2014

如果已经购买了 Autodesk Revit 2014，则可以直接通过软件光盘直接安装 Autodesk Revit 2014。如果还未购买该软件可以从 Autodesk 官方网站（http：//www.autodesk.com.cn/）下载 Autodesk Revit 2014 30 天全功能试用版安装程序。Autodesk Revit 2014 可以直接安装在 32 位或 64 位版本的 Windows 操作系统上。

在安装 Autodesk Revit 2014 前，请确认系统满足以下要求：保证 C 盘有 5G 以上的剩余空间，内存不小于 4G。操作系统为 Windows 7 Enterprise、Ultimate、Professional 或 Home Premium 或者更高级版本。在安装前，请关闭杀毒工具、防火墙等系统保护类工具，以保障安装顺利进行。在安装过程中，可能要求连接 Internet 下载族库，渲染材质库等内容，请保障网络连接通畅。

要安装 Autodesk Revit 2014，请按以下步骤进行：

（1）打开安装光盘或下载解压后的目录。如图 1 所示，双击 Setup 启动 Autodesk Revit 2014 安装程序。

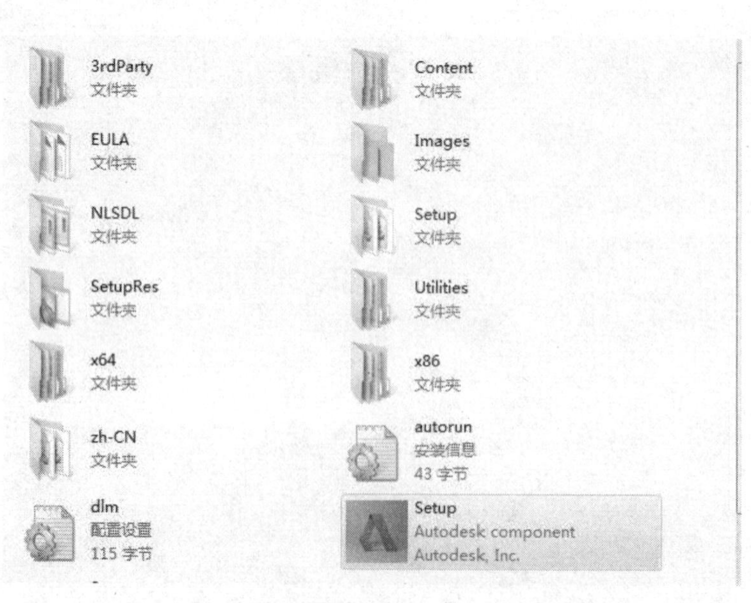

图 1　运行 Setup

（2）片刻后出现如图 2 所示的“安装初始化”界面。安装程序正在准备安装向导和内容。

图 2　初始化界面

（3）准备完成后，出现 Autodesk Revit 2014 安装向导界面，如图 3 所示，可以选择安装语言，然后单击“安装”按钮可以开始 Autodesk Revit 2014 的安装。在安装工具和实用程序中，可以选择你需要安装的工具和程序。

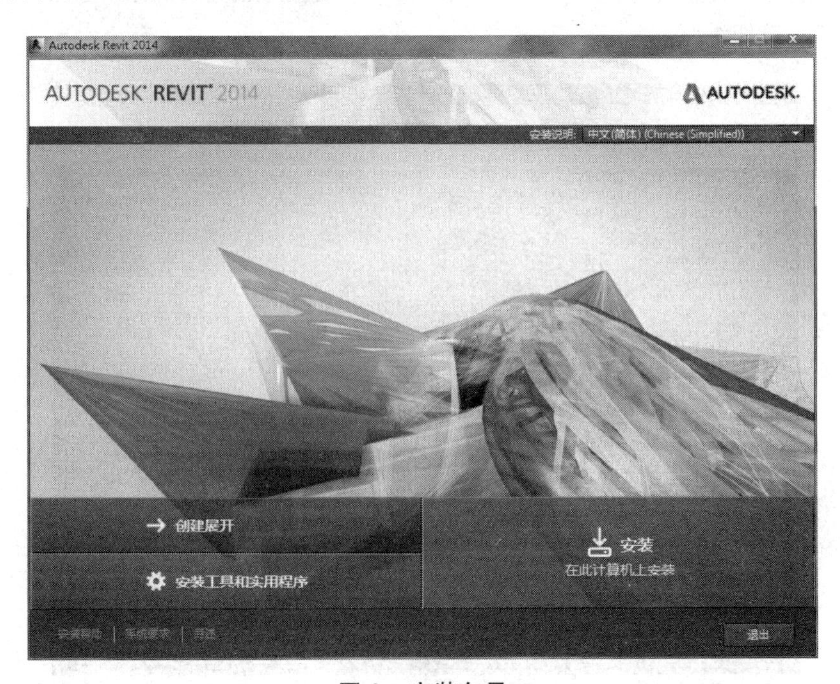

图 3　安装向导

（4）单击“安装”按钮后，弹出软件许可协议页面。如图 4 所示，Autodesk Revit 2014 会自动根据 Windows 系统的区域设置，显示当前国家语言的许可协议。选择底部“我接受”选项，接受该许可协议。单击“下一步”按钮。

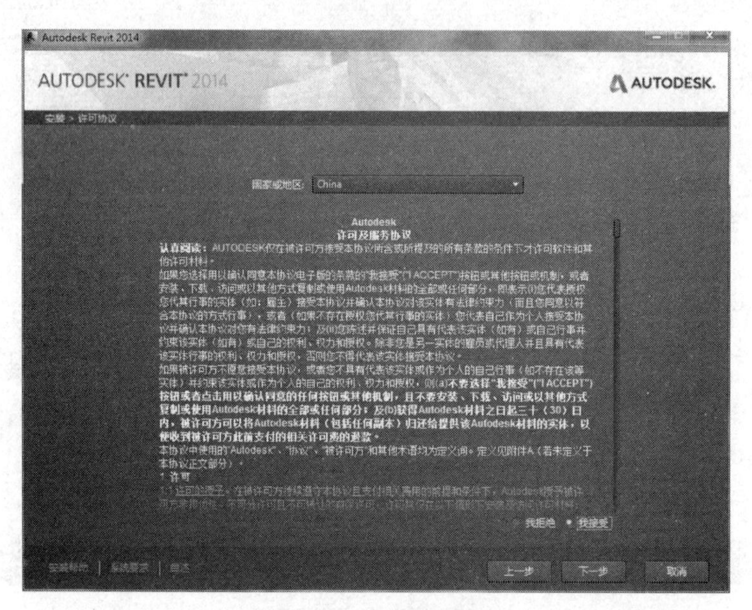

图 4　许可协议页面

（5）如图 5 所示，给出产品信息页面。选择 Autodesk Revit 2014 的授权方式为“单机版”，如果购买了 Autodesk Revit 2014 旗舰版产品，请输入包装盒上的序列号和产品密钥，如果没有序列号，请选择“我想要实用该产品 30 天”选项，安装 Autodesk Revit 2014 30 天试用版。单击“下一步”按钮继续。

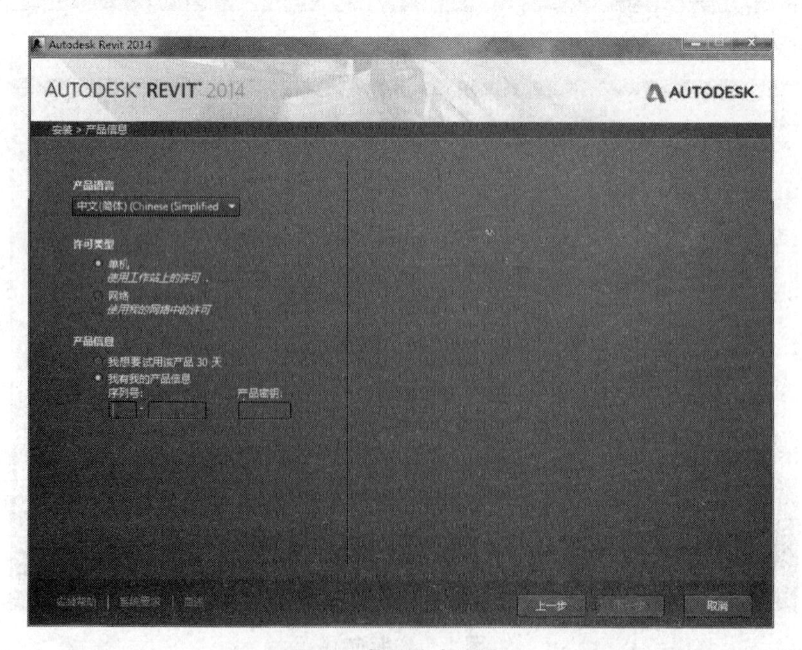

图 5　产品信息页面

（6）如图 6 所示，进入配置安装页面。Autodesk Revit 2014 产品安装包中包括图 6 中的几个产品。可以根据需要勾选要安装的产品。除非硬盘空间有限，否则笔者建议安装全部产品内容。Autodesk Revit 2014 默认将所有产品安装在 C：\Program Files\Autodesk\目录下，如果需要修改安装路径，请单击底部“浏览”按钮重新制定安装路径。

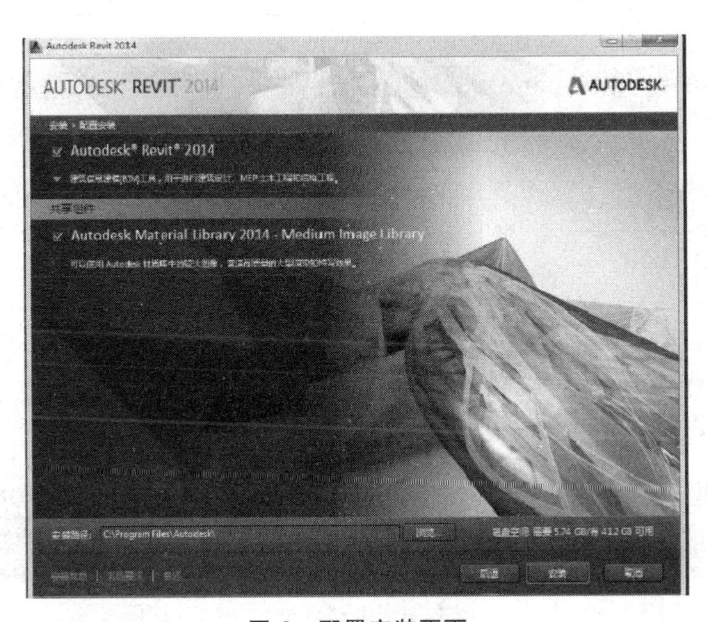

图 6　配置安装页面

（7）如果要配置产品的详细信息，可以单击各产品名称下方的展开按钮查看产品的详细信息，如图 7 所示。配置完成后，再次单击关闭并返回到产品列表按钮，单击底部“安装”按钮，开始安装。

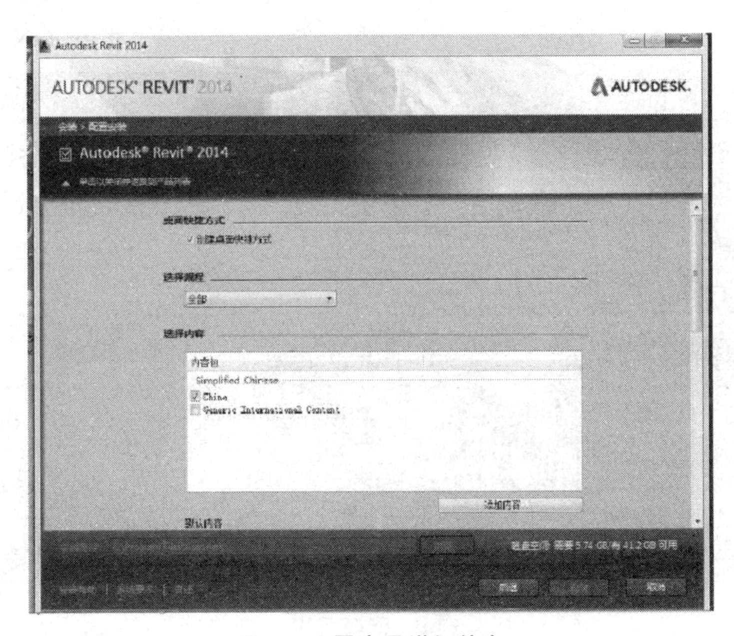

图 7　配置产品详细信息

（8）Autodesk Revit 2014 将显示安装进度，如图 8 所示，右上角进度条为当前正在安装项目的进度，下方进度条显示整体安装进度状态。

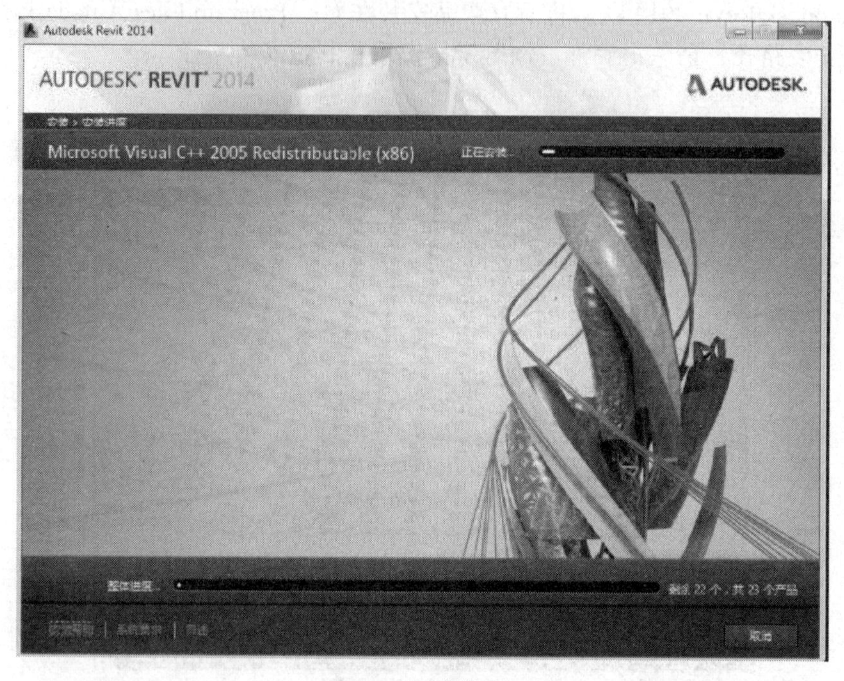

图 8　安装进度

（9）等待，直到所有产品安装完成。完成后 Autodesk Revit 2014 将显示“安装完成”页面，如图 9 所示。单击“完成”按钮完成安装。

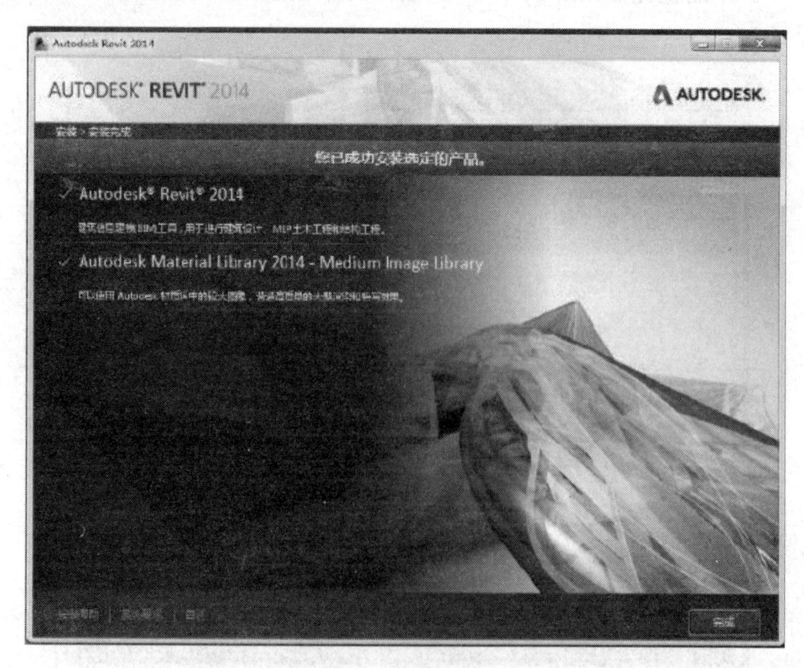

图 9　安装完成

（10）启动 Autodesk Revit 2014，出现 Autodesk 许可协议对话框，如图 10 所示，单击“使用”按钮进入使用状态，在 30 天内，可以随时单击“激活”按钮激活 Autodesk Revit 2014。

图 10　试用或激活

试用期满后，必须注册 Autodesk Revit 2014 才能继续正常使用，否则 Autodesk Revit 2014 将无法再启。注意安装 Autodesk Revit 2014 后，授权信息会记录在硬盘指定扇区位置，即使重新安装 Autodesk Revit 2014 也无法再次获得 30 天的试用期。甚至格式化硬盘后，重新安装系统，也无法再次获得 30 天的试用期。

附录 2

住房城乡建设部
关于印发推进建筑信息模型应用指导意见的通知

建质函[2015]159 号

各省、自治区住房城乡建设厅，直辖市建委（规委），新疆生产建设兵团建设局，总后基建营房部工程局：

为指导和推动建筑信息模型（Building Information Modeling，BIM）的应用，我部研究制定了《关于推进建筑信息模型应用的指导意见》，现印发给你们，请遵照执行。

中华人民共和国住房和城乡建设部
2015 年 6 月 16 日

关于推进建筑信息模型应用的指导意见

为贯彻《关于印发 2011-2015 年建筑业信息化发展纲要的通知》（建质[2011]67 号）和《住房城乡建设部关于推进建筑业发展和改革的若干意见》（建市[2014]92 号）的有关工作部署，现就推进建筑信息模型（Building Information Modeling，以下简称 BIM）的应用提出以下意见。

一、BIM 在建筑领域应用的重要意义

BIM 是在计算机辅助设计（CAD）等技术基础上发展起来的多维模型信息集成技术，是对建筑工程物理特征和功能特性信息的数字化承载和可视化表达。

BIM能够应用于工程项目规划、勘察、设计、施工、运营维护等各阶段，实现建筑全生命期各参与方在同一多维建筑信息模型基础上的数据共享，为产业链贯通、工业化建造和繁荣建筑创作提供技术保障；支持对工程环境、能耗、经济、质量、安全等方面的分析、检查和模拟，为项目全过程的方案优化和科学决策提供依据；支持各专业协同工作、项目的虚拟建造和精细化管理，为建筑业的提质增效、节能环保创造条件。

信息化是建筑产业现代化的主要特征之一，BIM应用作为建筑业信息化的重要组成部分，必将极大地促进建筑领域生产方式的变革。

目前，BIM在建筑领域的推广应用还存在着政策法规和标准不完善、发展不平衡、本土应用软件不成熟、技术人才不足等问题，有必要采取切实可行的措施，推进BIM在建筑领域的应用。

二、指导思想与基本原则

（一）指导思想。

以工程建设法律法规、技术标准为依据，坚持科技进步和管理创新相结合，在建筑领域普及和深化BIM应用，提高工程项目全生命期各参与方的工作质量和效率，保障工程建设优质、安全、环保、节能。

（二）基本原则。

1. 企业主导，需求牵引。发挥企业在BIM应用中的主体作用，聚焦于工程项目全生命期内的经济、社会和环境效益，通过BIM应用，提高工程项目管理水平，保证工程质量和综合效益。

2. 行业服务，创新驱动。发挥行业协会、学会组织优势，自主创新与引进集成创新并重，研发具有自主知识产权的BIM应用软件，建立BIM数据库及信息平台，培养研发和应用人才队伍。

3. 政策引导，示范推动。发挥政府在产业政策上的引领作用，研究出台推动BIM应用的政策措施和技术标准。坚持试点示范和普及应用相结合，培育龙头企业，总结成功经验，带动全行业的BIM应用。

三、发展目标

到2020年末，建筑行业甲级勘察、设计单位以及特级、一级房屋建筑工程施工企业应掌握并实现BIM与企业管理系统和其他信息技术的一体化集成应用。

到2020年末，以下新立项项目勘察设计、施工、运营维护中，集成应用BIM的项目比率达到90%：以国有资金投资为主的大中型建筑；申报绿色建筑的公共建筑和绿色生态示范小区。

四、工作重点

各级住房城乡建设主管部门要结合实际，制定BIM应用配套激励政策和措施，扶持和推进相关单位开展 BIM 的研发和集成应用，研究适合 BIM 应用的质量监管和档案管理模式。

有关单位和企业要根据实际需求制定 BIM 应用发展规划、分阶段目标和实施方案，合理配置 BIM 应用所需的软硬件。改进传统项目管理方法，建立适合 BIM 应用的工程管理模式。构建企业级各专业族库，逐步建立覆盖 BIM 创建、修改、交换、应用和交付全过程的企业 BIM 应用标准流程。通过科研合作、技术培训、人才引进等方式，推动相关人员掌握 BIM 应用技能，全面提升 BIM 应用能力。

（一）建设单位。

全面推行工程项目全生命期、各参与方的 BIM 应用，要求各参建方提供的数据信息具有便于集成、管理、更新、维护以及可快速检索、调用、传输、分析和可视化等特点。实现工程项目投资策划、勘察设计、施工、运营维护各阶段基于 BIM 标准的信息传递和信息共享。满足工程建设不同阶段对质量管控和工程进度、投资控制的需求。

■ 建立科学的决策机制。在工程项目可行性研究和方案设计阶段，通过建立基于 BIM 的可视化信息模型，提高各参与方的决策参与度。

■ 建立 BIM 应用框架。明确工程实施阶段各方的任务、交付标准和费用分配比例。

■ 建立 BIM 数据管理平台。建立面向多参与方、多阶段的 BIM 数据管理平台，为各阶段的 BIM 应用及各参与方的数据交换提供一体化信息平台支持。

■ 建筑方案优化。在工程项目勘察、设计阶段，要求各方利用 BIM 开展相关专业的性能分析和对比，对建筑方案进行优化。

■ 施工监控和管理。在工程项目施工阶段，促进相关方利用 BIM 进行虚拟建造，通过施工过程模拟对施工组织方案进行优化，确定科学合理的施工工期，对物料、设备资源进行动态管控，切实提升工程质量和综合效益。

■ 投资控制。在招标、工程变更、竣工结算等各个阶段，利用 BIM 进行工程量及造价的精确计算，并作为投资控制的依据。

■ 运营维护和管理。在运营维护阶段，充分利用 BIM 和虚拟仿真技术，分析不同运营维护方案的投入产出效果，模拟维护工作对运营带来的影响，提出先进合理的运营维护方案。

（二）勘察单位。

研究建立基于 BIM 的工程勘察流程与工作模式，根据工程项目的实际需求和应用条件确定不同阶段的工作内容。开展 BIM 示范应用。

1. 工程勘察模型建立。研究构建支持多种数据表达方式与信息传输的工程勘察数据库，研发和采用 BIM 应用软件与建模技术，建立可视化的工程勘察模型，实现建筑与其地下工程地质信息的三维融合。

2. 模拟与分析。实现工程勘察基于 BIM 的数值模拟和空间分析，辅助用户进行科学决策和规避风险。

3. 信息共享。开发岩土工程各种相关结构构件族库，建立统一数据格式标准和数据交换标准，实现信息的有效传递。

（三）设计单位。

研究建立基于 BIM 的协同设计工作模式，根据工程项目的实际需求和应用条件确定不同阶段的工作内容。开展BIM示范应用，积累和构建各专业族库，制定相关企业标准。

1. 投资策划与规划。在项目前期策划和规划设计阶段，基于BIM和地理信息系统（GIS）技术，对项目规划方案和投资策略进行模拟分析。

2. 设计模型建立。采用BIM应用软件和建模技术，构建包括建筑、结构、给排水、暖通空调、电气设备、消防等多专业信息的BIM模型。根据不同设计阶段任务要求，形成满足各参与方使用要求的数据信息。

3. 分析与优化。进行包括节能、日照、风环境、光环境、声环境、热环境、交通、抗震等在内的建筑性能分析。根据分析结果，结合全生命期成本，进行优化设计。

4. 设计成果审核。利用基于BIM的协同工作平台等手段，开展多专业间的数据共享和协同工作，实现各专业之间数据信息的无损传递和共享，进行各专业之间的碰撞检测和管线综合碰撞检测，最大限度减少错、漏、碰、缺等设计质量通病，提高设计质量和效率。

（四）施工企业。

改进传统项目管理方法，建立基于BIM应用的施工管理模式和协同工作机制。明确施工阶段各参与方的协同工作流程和成果提交内容，明确人员职责，制定管理制度。开展BIM应用示范，根据示范经验，逐步实现施工阶段的BIM集成应用。

1. 施工模型建立。施工企业应利用基于BIM的数据库信息，导入和处理已有的BIM设计模型，形成BIM施工模型。

2. 细化设计。利用BIM设计模型根据施工安装需要进一步细化、完善，指导建筑部品构件的生产以及现场施工安装。

3. 专业协调。进行建筑、结构、设备等各专业以及管线在施工阶段综合的碰撞检测、分析和模拟，消除冲突，减少返工。

4. 成本管理与控制。应用BIM施工模型，精确高效计算工程量，进而辅助工程预算的编制。在施工过程中，对工程动态成本进行实时、精确的分析和计算，提高对项目成本和工程造价的管理能力。

5. 施工过程管理。应用BIM施工模型，对施工进度、人力、材料、设备、质量、安全、场地布置等信息进行动态管理，实现施工过程的可视化模拟和施工方案的不断优化。

6. 质量安全监控。综合应用数字监控、移动通讯和物联网技术，建立BIM与现场监测数据的融合机制，实现施工现场集成通讯与动态监管、施工时变结构及支撑体系安全分析、大型施工机械操作精度检测、复杂结构施工定位与精度分析等，进一步提高施工精度、效率和安全保障水平。

7. 地下工程风险管控。利用基于BIM的岩土工程施工模型，模拟地下工程施工过程以及对周边环境影响，对地下工程施工过程可能存在的危险源进行分析评估，制定风险防控措施。

8. 交付竣工模型。BIM竣工模型应包括建筑、结构和机电设备等各专业内容，在三维几何信息的基础上，还包含材料、荷载、技术参数和指标等设计信息，质量、安全、耗材、成本等施工信息，以及构件与设备信息等。

（五）工程总承包企业。

根据工程总承包项目的过程需求和应用条件确定BIM应用内容，分阶段（工程启动、工程策划、工程实施、工程控制、工程收尾）开展 BIM 应用。在综合设计、咨询服务、集成管理等建筑业价值链中技术含量高、知识密集型的环节大力推进 BIM 应用。优化项目实施方案，合理协调各阶段工作，缩短工期、提高质量、节省投资。实现与设计、施工、设备供应、专业分包、劳务分包等单位的无缝对接，优化供应链，提升自身价值。

1. 设计控制。按照方案设计、初步设计、施工图设计等阶段的总包管理需求，逐步建立适宜的多方共享的 BIM 模型。使设计优化、设计深化、设计变更等业务基于统一的 BIM 模型，并实施动态控制。

2. 成本控制。基于 BIM 施工模型，快速形成项目成本计划，高效、准确地进行成本预测、控制、核算、分析等，有效提高成本管控能力。

3. 进度控制。基于 BIM 施工模型，对多参与方、多专业的进度计划进行集成化管理，全面、动态地掌握工程进度、资源需求以及供应商生产及配送状况，解决施工和资源配置的冲突和矛盾，确保工期目标实现。

4. 质量安全管理。基于 BIM 施工模型，对复杂施工工艺进行数字化模拟，实现三维可视化技术交底；对复杂结构实现三维放样、定位和监测；实现工程危险源的自动识别分析和防护方案的模拟；实现远程质量验收。

5. 协调管理。基于 BIM，集成各分包单位的专业模型，管理各分包单位的深化设计和专业协调工作，提升工程信息交付质量和建造效率；优化施工现场环境和资源配置，减少施工现场各参与方、各专业之间的互相干扰。

6. 交付工程总承包 BIM 竣工模型。工程总承包 BIM 竣工模型应包括工程启动、工程策划、工程实施、工程控制、工程收尾等工程总承包全过程中，用于竣工交付、资料归档、运营维护的相关信息。

（六）运营维护单位。

改进传统的运营维护管理方法，建立基于 BIM 应用的运营维护管理模式。建立基于 BIM 的运营维护管理协同工作机制、流程和制度。建立交付标准和制度，保证 BIM 竣工模型完整、准确地提交到运营维护阶段。

1. 运营维护模型建立。可利用基于 BIM 的数据集成方法，导入和处理已有的 BIM 竣工交付模型，再通过运营维护信息录入和数据集成，建立项目 BIM 运营维护模型。也可以利用其他竣工资料直接建立 BIM 运营维护模型。

2. 运营维护管理。应用 BIM 运营维护模型，集成 BIM、物联网和 GIS 技术，构建综合 BIM 运营维护管理平台，支持大型公共建筑和住宅小区的基础设施和市政管网的信息化管理，实现建筑物业、设备、设施及其巡检维修的精细化和可视化管理，并为工程健康监测提供信息支持。

3. 设备设施运行监控。综合应用智能建筑技术，将建筑设备及管线的 BIM 运营维护模型与楼宇设备自动控制系统相结合，通过运营维护管理平台，实现设备运行和排放的实时监测、分析和控制，支持设备设施运行的动态信息查询和异常情况快速定位。

4. 应急管理。综合应用 BIM 运营维护模型和各类灾害分析、虚拟现实等技术，实现各种可预见灾害模拟和应急处置。

五、保障措施

（一）大力宣传 BIM 理念、意义、价值，通过政府投资工程招投标、工程创优评优、绿色建筑和建筑产业现代化评价等工作激励建筑领域的 BIM 应用。

（二）梳理、修订、补充有关法律法规、合同范本的条款规定，研究并建立基于 BIM 应用的工程建设项目政府监管流程；研究基于 BIM 的产业（企业）价值分配机制，形成市场化的工程各方应用 BIM 费用标准。

（三）制订有关工程建设标准和应用指南，建立 BIM 应用标准体系；研究建立基于 BIM 的公共建筑构件资源数据中心及服务平台。

（四）研究解决提升 BIM 应用软件数据集成水平等一系列重大技术问题；鼓励 BIM 应用软件产业化、系统化、标准化，支持软件开发企业自主研发适合国情的 BIM 应用软件；推动开发基于 BIM 的工程项目管理与企业管理系统。

（五）加强工程质量安全监管、施工图审查、工程监理、造价咨询以及工程档案管理等工作中的 BIM 应用研究，逐步将 BIM 融入到相关政府部门和企业的日常管理工作中。

（六）培育产、学、研、用相结合的 BIM 应用产业化示范基地和产业联盟；在条件具备的地区和行业，建设 BIM 应用示范（试点）工程。

（七）加强对企业管理人员和技术人员关于 BIM 应用的相关培训，在注册执业资格人员的继续教育必修课中增加有关 BIM 的内容；鼓励有条件的地区，建立企业和人员的 BIM 应用水平考核评价机制。